国家林业和草原局研究生教育"十三五"规划教材
中国林业科学研究院研究生教育系列教材

荒漠生态学

卢 琦 贾晓红 主编

中国林业出版社
China Forestry Publishing House

图书在版编目(CIP)数据

荒漠生态学/卢琦，贾晓红主编. —北京：中国林业出版社，2019.12
国家林业和草原局研究生教育"十三五"规划教材　中国林业科学研究院研究生教育系列教材
ISBN 978-7-5219-0345-4

Ⅰ. ①荒⋯　Ⅱ. ①卢⋯ ②贾⋯　Ⅲ. ①荒漠－生态系统－研究生－教材　Ⅳ. ①P941.73

中国版本图书馆 CIP 数据核字(2019)第 258596 号

国家林业和草原局研究生教育"十三五"规划教材

中国林业出版社·教育分社

策划编辑：肖基浒　范立鹏　　　　　　责任编辑：范立鹏　肖基浒
电　话：(010)83143555　　　　　　传　真：(010)83143516

出版发行　中国林业出版社(100009　北京市西城区德内大街刘海胡同 7 号)
　　　　　E-mail:jiaocaipublic@163.com　电话：(010)83143500
　　　　　http://www.forestry.gov.cn/lycb.html
经　　销　新华书店
印　　刷　固安县京平诚乾印刷有限公司
版　　次　2019 年 12 月第 1 版
印　　次　2019 年 12 月第 1 次印刷
开　　本　850mm×1168mm　1/16
印　　张　18.75
字　　数　480 千字
定　　价　65.00 元

《荒漠生态学》
编写人员

主　　编　卢　琦　贾晓红

副 主 编　吴　波　杨晓晖　时忠杰

编写人员　（按姓氏拼音排序）

包岩峰	包英爽	鲍　芳	曹燕丽	程磊磊
褚建民	崔桂鹏	崔　明	崔向慧	高　莹
郭　浩	贾晓红	兰志春	李嘉竹	李景文
李少华	李永华	刘玉国	卢　琦	马　强
时忠杰	王　锋	王学全	吴　波	闫　峰
杨　柳	杨晓晖	姚　斌	周金星	

编写说明

　　研究生教育以培养高层次专业人才为目的，是最高层次的专业教育。研究生教材是研究生系统掌握基础理论知识和学位论文基本技能的基础，是研究生课程学习必不可少的工具，也是高校和科研院所教学工作的重要组成部分，在研究生培养过程中具有不可或缺的地位。抓好研究生教材建设，对于提高研究生课程教学水平，保证研究生培养质量意义重大。

　　在研究生教育发达的美国、日本、德国、法国等国家，不仅建立了系统完整的课程教学、科学研究与生产实践一体化的研究生教育培养体系，并且配置了完备的研究生教育系列教材。近20年来，我国研究生教材建设工作也取得了一些成绩，编写出版了一批优秀研究生教材，但总体上研究生教材建设严重滞后于研究生教育的发展速度，教材数量缺乏、使用不统一、教材更新不及时等问题突出，严重影响了我国研究生培养质量的提升。

　　中国林业科学研究院研究生教育事业始于1979年，经过近40年的发展，已培养硕士、博士研究生4000余人。但是，我院研究生教材建设工作才刚刚起步，尚未独立编写出版体现我院教学研究特色的研究生教育系列教材。为了贯彻落实《国家中长期教育改革和发展规划纲要(2010—2020年)》《教育部　农业部　国家林业局关于推动高等农林教育综合改革的若干意见》等文件精神，适应21世纪高层次创新人才培养的需要，全面提升我院研究生教育的整体水平，根据国家林业局院校林科教育教材建设办公室《关于申报"普通高等教育'十三五'规划教材"的通知》(林教材办〔2015〕01号，林社字〔2015〕98号)文件要求，针对我院研究生教育的特点和需求，2015年年底，我院启动了研究生教育系列教材的编写工作。系列教材本着"学科急需、自由申报"的原则，在全院范围择优立项。

　　研究生教材的编写须有严谨的科学态度和深厚的专业功底，着重体现科学性、教学性、系统性、层次性、先进性和简明性等原则，既要全面吸收最新研究成果，又要符合经济、社会、文化、教育等未来的发展趋势；既要统筹学科、专业和研究方向的特点，又要兼顾未来社会对人才素质的需求方向，力求创新性、前瞻性、严密性和应用性并举。为了提高教材的可读性、易解性、多感性，激发学生的学习兴趣，多采用图、文、表、数相结合的方式，引入实践过的成功案例。同时，应严格遵守拟定教材编写提纲、撰稿、统稿、审稿、修改稿件等程序，保障教材的质量和编写效率。

编写和使用优秀研究生教材是我院提高教学水平，保证教学质量的重要举措。为适应当前科技发展水平和信息传播方式，在我院研究生教育管理部门、授课教师及相关单位的共同努力下，变挑战为机遇，抓住研究生教材"新、精、广、散"的特点，对研究生教材的编写组织、出版方式、更新形式等进行大胆创新，努力探索适应新形势下研究生教材建设的新模式，出版具有林科特色、质量过硬、符合和顺应研究生教育改革需求的系列优秀研究生教材，为我院研究生教育发展提供可靠的保障和服务。

中国林业科学研究院研究生教育系列教材

编写指导委员会

2017 年 9 月

序

研究生教育是以研究为主要特征的高层次人才培养的专业教育，是高等教育的重要组成部分，承担着培养高层次人才、创造高水平科研成果、提供高水平社会服务的重任，得到世界各国的高度重视。21世纪以来，我国研究生教育事业进入了高速发展时期，研究生招生规模每年以近30%的幅度增长，2000年的招生人数不到13万人，到2018年已超过88万人，18年时间扩大了近7倍，使我国快速成为研究生教育大国。研究生招生规模的快速扩大对研究生培养单位教师的数量与质量、课程的设置、教材的建设等软件资源的配置提出了更高的要求，这些问题处理不好，将对我国研究生教育的长远发展造成负面影响。

教材建设是新时代高等学校和科研院所完善研究生培养体系的一项根本任务。国家教育方针和教育路线的贯彻执行，研究生教育体制改革和教育思想的革新，研究生教学内容和教学方法的改革等等最终都会反映和落实到研究生教材建设上。一部优秀的研究生教材，不仅要反映该学科领域最新的科研进展、科研成果、科研热点等学术前沿，也要体现教师的学术思想和学科发展理念。研究生教材的内容不仅反映科学知识和结论，还应反映知识获取的过程，所以教材也是科学思想的发展史及方法的演变史。研究生教材在阐明本学科领域基本理论的同时，还应结合国家重大需求和社会发展需要，反映该学科领域面临的一系列生产问题和社会问题。

中国林业科学研究院是国家林业和草原局直属的国家级科研机构，自成立以来，一直承担着我国林业应用基础研究、战略高技术研究和社会重大公益性研究等科学研究工作，还肩负着为林业行业培养高层次拔尖创新人才的重任。在研究生培养模式向内涵式发展转变的背景下，我院积极探索研究生教育教学改革，始终把研究生教材建设作为提升研究生培养质量的关键环节。结合我院研究生教育的特色和优势，2015年年底，我院启动了研究生教育系列教材的编写工作。在教材的编写过程中，充分发挥林业科研国家队的优势，以林科各专业领域科研和教学骨干为主体，并邀请了多所林业高等学校的专家学者参与，借鉴融合了全国林科专家的智慧，系统梳理和总结了我国林业科研和教学的最新成果。经过广大编写人员的共同努力，该系列教材得以顺利出版。期待该系列教材在研究生培养中发挥重要作用，为提高研究生培养质量做出重大贡献。

中国工程院院士
中国林业科学研究院院长

2018 年 6 月

前　言

荒漠生态系统作为陆地生态系统的重要组成部分，由于其所处生境的严酷性决定了该系统具有极端的脆弱性和不稳定性。在特殊的环境与生物共同作用下，荒漠区域内各种生物组成与其生境间的物质循环和能量流动，形成了有别于其他生态系统的独特属性。

荒漠生态系统的独特功能特征，使得对荒漠生态系统的相关研究在国内外开展较为普遍，由此逐步形成了独立的"荒漠生态学"学科体系，但国内外尚未出版与其相关的专项学术著作，《荒漠生态学》的编写出版，是我们几十年来对于荒漠生态系统的深入思考、研究和再认识的结晶。

荒漠生态学研究的对象泛指气候干旱、降雨稀少、植被稀疏低矮、土地贫瘠的岩漠、砾漠、沙漠、泥漠和盐漠，以及整个干旱区和半干旱的沙质草原区。荒漠环境主要指生存在荒漠中的生物赖以生存的生境，以及对生物的生长、发育、繁衍、行为和分布有着直接和间接影响的气候、土壤、地形、人类活动和其他相关生物等生态因子。荒漠生物与环境之间的相互关系，多属互馈的关系。一方面，荒漠地区严酷的自然环境对生物的制约作用，限制了生物的生存、生长和繁衍等，区域内生物的适应性分布是长期自然选择的结果；另一方面，气候和人类活动对荒漠地区环境的影响，引起了荒漠地区生物对环境及其变化的生物学和生态学适应，反过来改造了生物的生存、生长和繁衍的生境。荒漠生态学研究有助于客观认识荒漠地区生物与环境的关系，阐述生物有机体的生存能力和进化机制，合理保护和利用资源。

近年来，由于气候变化和人类活动在内的多种因素加剧了极干旱、干旱、半干旱和亚湿润干旱区的荒漠化，严重威胁着人类的生活，荒漠化问题也日益受到国际社会的普遍关注。荒漠地区的人口、资源和环境间的问题日益突出，为荒漠生态学的发展提供了新的契机。从生态安全的角度而言，荒漠生态学研究可以在物种筛选、结构优化、退化植被的改良和更新复壮、生态服务价值评估以及区域生态工程建设等方面起到重大科学引导作用，为国家防沙治沙、生态恢复建设决策提供科学依据，在保障生态安全方面做出积极贡献。此外，大部分荒漠地区自然条件恶劣，自然灾害频发，社会发展落后，经济基础薄弱，特别是我国的荒漠地区大部分属于少数民族聚居区，有些地区还有绵长的国界线和重要的军事基地，这些地区的经济发展和生态安全问题，不仅与少数民族地区的社会稳定和经济发展相关联，也与国家安全息息相关。荒漠生态学研究可以更好地认识各民族文化，促进畜牧业和工业发展、生态环境改善，协调人口、资源、环境的关系，实现荒漠地区经济社会的可持续发展。

荒漠地区环境的形成、生态环境的变化与生物，特别是与植被的关系的研究，对于第四纪地质学、风沙物理学、地貌学、土壤学和生物学等的发展具有重要的推动作用；荒漠化的过程和发生机制、荒漠化土地的治理与修复、荒漠化防治技术与模式、荒漠化防治政策与战略、环境脆弱与退化、生态系统健康、植被恢复与重建以及生物多样性保护等研究则对生态学、恢复生态学和工程学的发展意义重大。随着对荒漠地区的环境及其生物特性的深入认识，人们开始从新的视角探索荒漠地区生物资源的综合利用、环境保护及生态系统管理，并逐渐意识到荒漠生态系统的服务功能和管理对这一区域生态安全和生态文明建设的意义。

荒漠地区独特的地理位置，造就了特有的地貌、植被与土壤类型，也为人类提供了栖息发展的一定空间。该地区经过长期演化，孕育了丰富的、有别于非荒漠区的植物种质资源，其中盐生、旱生、短命植物和珍稀濒危物种等，在抵御逆境、提高光合生产与水分利用效率及育种等方面具有不可替代的优势，为人类提供了丰富的基因资源。受人类利用土地和全球气候变化等因素的影响，荒漠地区的生物多样性遭受了严重的威胁，一些生态地理系统濒于崩溃，直接危及许多种类的生存，有效保护和合理利用这些资源，对实现荒漠区经济社会和谐与可持续发展具有重要的战略意义。

目前，有关荒漠生态系统方面的知识多是各生态学分支书籍中简略的阐述，或是有关荒漠生态系统某一研究方向的专著，缺乏该生态系统环境和生物及其相互作用的全面知识。虽然基础理论部分有相通性，但其中有关荒漠生态系统特性方面尚缺乏细致深入的论述，很难给出特性方面的理论知识，给从事荒漠地区相关研究的人员全面了解相应的知识带来了困难。现有的书籍很难集中体现荒漠生态系统有别于其他生态系统的特性和相关研究方法，也不能为相关区域的生物资源综合利用和环境保护及生态系统管理提供全面的信息，更谈不上为这一生态脆弱地区的生态安全和生态文明建设提供科技服务。

《荒漠生态学》以生物与环境的关系为切入点，论述荒漠地区自然地理环境的基本特点、生物对极端环境的适应性特征以及生态系统的结构和功能、自然资源保护及其利用、生态服务价值和生态系统的综合管理等，为客观认识荒漠地区生物资源的利用和保护提供了科学指导，可对荒漠地区的经济建设和社会发展起到重要的推动作用。

为了更好地为广大学生和科研工作者提供全面的荒漠生态系统相关知识。著者系统总结国内外有关荒漠生态系统的生态理论知识，并结合长期从事科学研究积累的成果，撰写了《荒漠生态学》一书。

本书是全体参编人员集体智慧的结晶，编写人员具体分工如下：第 1 章，卢琦、吴波、贾晓红、时忠杰、兰志春；第 2 章，周金星、崔明、曹燕丽、刘玉国、崔桂鹏；第 3 章，王锋、李永华、鲍芳、李嘉竹；第 4 章，姚斌、王锋、贾晓红；第 5 章，王学全、时忠杰，包岩峰，李少华；第 6 章，贾晓红、马强、李景文、褚建民、高莹；第 7 章，闫峰、杨晓晖、卢琦；第 8 章，时忠杰、杨晓晖、鲍芳、李嘉竹；第 9 章，吴波、闫峰、曹燕丽、高莹、崔向慧；第 10 章，郭浩、卢琦、程磊磊、崔向慧；第 11 章，崔向慧、包岩峰、卢琦、包英爽、杨柳。全书由卢琦、贾晓红统稿和定稿。

在本书编写过程中，中国科学院西北生态环境资源研究院李新荣研究员、中国科学院植物研究所白永飞研究员和黄振英研究员、北京师范大学哈斯额尔敦教授等对书稿进行了审阅，提出了很多有益的意见和建议；研究生成龙、岳艳鹏和赵河聚在全书格式修订中做了大量的工作；中国林业出版社范立鹏博士及其团队对书稿进行了细致的编辑；在此，对他们的支持和帮助表示衷心的感谢！

本书既是荒漠地区生态学基础知识的归纳和概括，也是荒漠相关研究工作的长期积累，本书图文并茂，在每一章后都设有二维码链接与本书有关的数字内容，能够更为真实的展现荒漠的生态面貌。希望可为从事荒漠研究工作的学生和科研工作者提供有益的参考。

编　者
2019 年 7 月

目　录

第 **1** 章
概　论

[**本章提要**]荒漠作为气候、土壤等条件综合作用的结果，在世界范围内分布广泛。本章主要根据生物气候、地貌特征与地表物质组成等特征，介绍了全球荒漠的主要类型、分布范围和环境特征，简要介绍了我国荒漠的空间分布与特征等，阐述了荒漠生态学的内涵、发展简史和未来发展方向。

1.1　荒漠的类型与分布

　　荒漠是指气候干燥、降水稀少、蒸发强烈、风力作用强劲、植被贫乏的地区，是地球表面一类重要的地理景观。地球上的荒漠主要分布在南北纬15°~50°之间的地带，其中15°~35°之间为副热带高气压，是由高气压带引起的干旱荒漠带；北纬35°~50°之间为温带、暖温带，是大陆内部的干旱荒漠区。

　　荒漠的形成受诸多因素影响，如气候、土壤和人类活动等。任何因素的过分强烈都可能导致荒漠的形成，但是荒漠的形成主要是气候和土壤综合作用的结果。因此，荒漠的分类也主要通过这两个方面来划分，即按生物气候、地貌特征与地表物质组成分别进行划分。

1.1.1　荒漠的主要类型

1.1.1.1　按生物气候类型划分

　　荒漠的划分方法很多，按生物气候类型可主要划分为三种类型，即热区荒漠、冷区荒漠和雾漠(表1-1)。热区荒漠主要分布于副热带低纬度地区，其特点是气温很少降到0℃以下。冷区荒漠主要分布于中纬度地区，极端温度经常出现，夏季高温，冬季温度常低于0℃以下。雾漠分布于热带或副热带且仅限于大陆西海岸的区域。北半球拥有广大的陆地，其中既有热区荒漠，也有冷区荒漠，并且面积广大，环境也更加严苛。南半球由于陆地面积较小，其荒漠面积也相对较小。亚非大陆较北美大陆拥有更大且更干旱的荒漠。

表1-1 基于气候区的荒漠物理环境特征

特征参数	热区荒漠	冷区荒漠	雾漠
位置	热带和亚热带；大陆西海岸	中纬度；大陆内部或主要山脉的雨影区	热带；沿西海岸的狭窄带状地区
温度控制	热带纬度；低海拔、强太阳辐射	中纬度；温带大陆性气候；中度海拔	寒冷洋流调节的热带气候
夏季平均温度	29.5~35℃	21~27℃	18~24℃
冬季平均温度	7~15.5℃	-7~4.5℃	10~18℃
极端最高温度	43~49℃	38~43℃	32~38℃
极端最低温度	-6.5~-1℃	-40~-26℃	-1~7℃
降水控制	副热带高压控制	大陆或雨影位置；带有干气团的气旋风暴	副热带高压控制；冷的稳定空气层结
年降水量	0~250 mm，只有降雨	0~250 mm，夏季降雨、冬季降雪	13~125 mm，冬季降雨、夏季雾
降水季节	夏、冬或零星降水	冬季气旋风暴；夏季对流风暴	冬季
土壤	钙化土、盐渍化土、干旱土、非地带性土、盐土、岩石、沙、少量腐殖质	钙化土、盐渍化土、干旱土、非地带性土、盐土、岩石、沙、少量腐殖质	钙化土、盐渍化土、干旱土、非地带性土、盐土、岩石、沙、少量腐殖质

注：引自 Quinn，2009。

（1）热区荒漠

分布范围：热区荒漠在全球主要分布于副热带地区，即南北纬 15°~35°大陆西海岸的热带和亚热带地区的，包括非洲北部的撒哈拉沙漠和南部的纳米比亚沙漠，亚洲的阿拉伯半岛、伊朗、巴基斯坦和印度西部荒漠，大洋洲的澳大利亚荒漠，北美洲的美国西南部和墨西哥北部荒漠，南美洲的阿根廷西部荒漠。

环境特征：热区荒漠由于分布于温度较高的地区，该地区太阳辐射强，具有夏季炎热、冬季凉爽的大陆性气候特征。夏季白天温度平均超过 38℃，极端温度可达 49~54℃，夜间温度下降到 21℃左右；冬季平均温度 7℃左右；冬季最低温度可达 -6.5~-1℃。

由于该地区降水受副热带高压控制，热区荒漠的降水稀少，只有降雨，几乎无降雪，而且多分布于夏季和冬季，零星降雨的降水量多不超过 250 mm。该地区空气相对湿度最低可至 2%，但通常多介于 20%~50%之间，并且呈现季节性变化。由于夏季相对湿度较低，夜间空气水分难以凝结，而冬季气温较低，夜间温度可下降至露点温度以下，从而能够形成凝结水，因此，大气凝结水是该区水分的重要来源之一。

（2）冷区荒漠

分布范围：冷区荒漠在全球主要分布于中纬度地区、大陆内部或主要山脉的雨影区，包括亚洲从里海到中国和蒙古的广大地区，如卡拉库姆沙漠、塔克拉玛干沙漠、古尔班通古特沙漠、戈壁荒漠、巴丹吉林沙漠等；北美洲的大盆地荒漠和南美洲的巴塔哥尼亚荒漠等。

环境特征：冷区荒漠由于分布于大陆内部的中纬度地区，具有夏季炎热、冬季寒冷的大陆性荒漠气候特征，年内温度变化大，夏季白天温度平均超过 21~27℃，极端温度可达 38℃以上，夜间温度下降到 7~18℃左右，冬季平均温度为 -7~4.5℃，极端

最低温度可达 $-40 \sim -26℃$。

由于冷区荒漠多位于大陆内部或山体雨影位置处,降水受夏季大气对流和冬季气旋风暴等因素控制,降水稀少,夏季降雨,冬季降雪,降水季节性差异明显,年降水量多不超过 250 mm。大气凝结水也是这一类型荒漠水分的重要来源之一。

(3)雾漠

分布范围:雾漠在全球主要分布于陆地西海岸的狭长区域,如撒哈拉沙漠、阿拉伯半岛和亚洲西南荒漠邻近海洋的部分,特别是红海和波斯湾地区;美国的加利福尼亚地区、墨西哥、秘鲁、智利、非洲西南部等。

环境特征:雾漠环境主要受控于它们所处的洋流环境,虽然地处热带或亚热带,但雾漠地区全年温度较低,季节差异较小。由于冷洋流团的直接作用,区域气候凉爽,来自于海洋的雾气使空气湿度较大,太阳辐射较低,从海岸向内陆深入,气候向大陆性气候转变,季节温差增大。雾漠地区通常降水量较小,临近极地方向的雾漠冬季降水量最大,而临近赤道地区的雾漠夏季降水最大。

1.1.1.2 按地貌特征与地表物质组成

荒漠按其地貌特征和地表物质组成,通常可划分为沙漠、砾漠、岩漠、泥漠和盐漠等。

(1)沙漠

沙漠,也称沙质荒漠,即在风力作用下形成的,地表被深厚沙土覆盖的,植物非常稀少、雨水稀少、空气干燥的荒漠。其最重要的特征是地面以沙土为主,几乎无土壤或土壤稀薄,植物稀少。特殊的自然因素和地质条件是沙漠形成的基础。大气环流携带沙物质沿地表和不同尺度的空间运动是沙漠的基本特征,地形、植被和基质形成的起伏沙丘及空间内的风沙活动构成了沙漠的生态景观。

(2)砾漠

砾漠指砾石质荒漠,又称戈壁,非洲称石漠,即在干旱、半干旱气候区,较细的物质被吹失后形成以砾石为主要地表组成的大面积荒漠景观。砾漠地势起伏平缓、地面覆盖大片砾石,重要特征是地面无细粒物质,主要是砾石和碎石。戈壁广泛分布于我国西北荒漠地带山前洪积、冲积平原中上部以及蒙古南部的广大地区。

(3)岩漠

岩漠又称石荒漠,是指在风力或水力的作用下,经过长时间剥蚀作用,细粒物质被吹走,使地面十分破碎,地面光秃,岩石裸露,或盖有厚度不到 1 cm 的残积—坡积岩屑地区。岩漠多分布在干旱区大山的山麓,某些风蚀洼地或干河洼地的底部,覆盖着一层薄薄的尖角石块和砾石,其岩性与基岩一致。岩漠在世界上分布很广,在北美洲和我国西北的祁连山、昆仑山的山麓均有分布。

(4)泥漠

泥漠是指由黏土组成的荒漠,分布于荒漠中较低处,如湖沼洼地,冲积扇或洪积扇的前缘等。泥漠地面平坦,富含盐碱,龟裂纹发育,植物稀少,局部地表盐分大量聚积可形成盐漠。泥漠在我国新疆罗布泊、青海柴达木盆地分布较广。

(5) 盐漠

盐漠，亦称盐沼泥漠，指在一定的自然条件下盐分在地表集聚形成的干燥荒漠。其形成的实质主要是各种易溶性盐类在地面作水平方向与垂直方向的重新分配，从而使盐分在集盐地区的土壤表层逐渐积聚起来。在地下水位较浅的地区，含盐分的地下水沿毛细管孔隙上升达到地表时，水分蒸发，盐分在地表积聚，即形成盐漠。因盐分具有吸水作用，地表常处潮湿状态，干涸时形成龟裂。盐漠地区只能生长少量的盐生植物。我国青海柴达木盆地中部有大片盐漠分布。

此外，在高山上部和高纬亚极地带，因低温导致植物的生理干燥而形成的植被贫乏地区，是荒漠的一种特殊类型，称为寒漠。

1.1.2 世界主要荒漠及其分布

世界主要荒漠及其分布见表1-2。

表1-2 世界主要荒漠及其分布

大洲	荒漠名称	地理位置	面积 ($\times 10^4$ km^2)	所处国家
非洲	撒哈拉沙漠	15°N~33°N，15°W~45°E	856	利比亚、埃及、阿尔及利亚、摩洛哥
	索马里—查尔比沙漠	3°S~12°N	15	索马里、埃塞俄比亚、肯尼亚
	卡拉哈里—纳米布沙漠	13°N~33°N，12°E~27°E	55	纳米比亚、南非、安哥拉、博茨瓦纳
亚洲	阿拉伯沙漠	13°N~35°N，34°E~59°E	330	叙利亚、伊拉克、约旦、科威特、沙特阿拉伯
	塔尔沙漠	23°N~31°N，61°E~77°E	75	印度、巴基斯坦
	伊朗沙漠	29°N~35°N，53°E~67°E	15	伊朗、阿富汗
	塔克拉玛干沙漠戈壁	33°N~47°N，97°E~115°E	47	中国、蒙古
	中亚沙漠	36°N~48°N，50°E~83°E	348	哈萨克斯坦、土库曼斯坦、乌兹别克斯坦
北美洲	科罗拉多荒漠	32°N~46°N，116°W~124°W	52	美国
	奇瓦瓦、索诺拉、加利福尼亚半岛荒漠	31°N~33°N，99°W~113°W	140	墨西哥
南美洲	阿塔卡马—秘鲁荒漠	29°S~50°S，69°W~81°W	48	秘鲁、智利
	芒特—巴塔哥尼亚沙漠	24°S~44°S，62.9°W~69.1°W	104	阿根廷
大洋洲	澳大利亚沙漠	19°S~35°S，114°E~144°E	372	澳大利亚

注：引自丁国栋，《沙漠学概论》，2002。

1.1.2.1 亚洲的主要荒漠及分布

亚洲的荒漠主要分布在东亚、中亚和西南亚的广大国家连片地区，既有热带荒漠，也有温带荒漠。面积约 250×10^4 km^2。其中主要包括：

(1) 阿拉伯半岛沙漠

阿拉伯半岛沙漠面积约 79.5×10^4 km^2，世界第一大沙漠——鲁卜哈利沙漠的面积为

56×10^4 km²，大内夫得沙漠的面积为 7.3×10^4 km²，瓦希巴沙漠的面积为 1.6×10^4 km²。此外，还有达赫纳沙漠或小内夫得沙漠以及其他沙漠。阿拉伯半岛沙漠都处于荒漠之中，基本上都是高大密集的流动沙丘。

（2）中亚地区沙漠

中亚地区沙漠分布于哈萨克斯坦、土库曼斯坦、乌兹别克斯坦、里海北岸等国家和地区，面积达 83×10^4 km²，主要包括卡拉库姆沙漠，面积达 35×10^4 km²，克孜尔库姆沙漠面积为 20.5×10^4 km²，穆云库姆沙漠面积为 4.0×10^4 km²，巴尔哈什湖沙漠面积为 7.3×10^4 km²，咸海卡拉库姆沙漠的面积为 4.0×10^4 km²等。

（3）伊朗荒漠

伊朗荒漠主要以盐漠为主，其中卡维尔盐漠面积达 4.7×10^4 km²，卢特盐漠的面积为 5.2×10^4 km²，流动沙丘零星分布于盐漠周围及高原，面积约 5×10^4 km²。

（4）印度和巴基斯坦塔尔沙漠

印度和巴基斯坦塔尔沙漠面积约 26×10^4 km²，中部和东部多为固定和半固定沙丘，流动沙丘主要集中分布在降水稀少的西部。

（5）蒙古荒漠

蒙古荒漠面积约 52×10^4 km²，多为砾漠，零星分布的沙丘约 1.5×10^4 km²。

（6）中国荒漠

中国荒漠面积约 65×10^4 km²，有沙漠、砾漠、盐漠及岩漠等类型，分布在中国的西部和北部地区。

1.1.2.2 非洲的主要荒漠及分布

非洲荒漠主要分布于其北部和西南部，荒漠面积全球最大。

（1）撒哈拉荒漠

撒哈拉荒漠分布于北部非洲，面积约 900×10^4 km²，是全球最大荒漠，包括沙漠、砾漠、盐漠及岩漠等多种类型，沙漠面积达 180×10^4 km²，占全球沙漠总面积的 25.7%，其中面积最大的沙漠有东部大沙漠，面积 19.2×10^4 km²，西部大沙漠面积 10.3×10^4 km²，木祖克沙漠面积 5.8×10^4 km²。

（2）卡拉哈里—纳米布沙漠

卡拉哈里—纳米布沙漠主要分布于非洲西南部。南非卡拉哈里中东部较为湿润，属草原和荒漠化草原，西南部多为流动沙丘，面积达 11.5×10^4 km²。纳米布沙漠主要分布于纳米比亚和南非，年降水量 100 mm 以下，多为流动沙丘，面积 3.4×10^4 km²。

1.1.2.3 美洲的主要荒漠及分布

北美洲荒漠主要分布于美国西南部和墨西哥北部，如科罗拉多、奇瓦瓦、索诺拉、加利福尼亚半岛等荒漠，这里荒漠中无连续分布的大沙漠，零星分布的沙漠面积约 17×10^4 km²。

南美洲阿塔卡马—秘鲁荒漠为雾漠，是世界上最干旱的荒漠，而芒特—巴塔哥尼亚荒漠较为湿润，这些荒漠很少有风成沙丘。

1.1.2.4 大洋洲的主要荒漠及分布

澳大利亚荒漠面积达 $105 \times 10^4 \ km^2$，其中，辛普森沙漠面积 $31.2 \times 10^4 \ km^2$，吉普森沙漠面积 $22.1 \times 10^4 \ km^2$，大沙沙漠面积 $36.0 \times 10^4 \ km^2$。

1.1.3 我国主要荒漠及其空间特征

1.1.3.1 我国荒漠的空间分布

我国的荒漠（包括沙地）主要分布于 75°N ~ 125°E，35°N ~ 50°N 之间的内陆盆地和高原，形成一条西起塔里木盆地西端，东到松嫩平原西部，横跨西北、华北和东北的断续弧形荒漠带。其生物气候带分属于极端干旱荒漠、干旱荒漠、干旱荒漠草原、半干旱干草原、半湿润森林草原，纬向分别属于高原亚寒带、暖温带、中温带和寒温带 4 个气候带，按气候分区，我国的荒漠整体属于冷区荒漠类型。

在行政区划上，我国的荒漠主要分布于新疆、青海、西藏、甘肃、宁夏、内蒙古、陕西、辽宁、吉林和黑龙江等省（自治区）。

1.1.3.2 我国荒漠的分布规律

从分布地理位置看，我国荒漠深居内陆。在乌鞘岭和贺兰山以西，沙漠和戈壁分布比较集中，约占中国沙漠、戈壁总面积的 90% 以上；在乌鞘岭和贺兰山以东，沙漠和戈壁分布较为零散，面积较小。

从分布气候条件看，我国荒漠地区干旱少雨、风大而频繁。四季风力多在 5 ~ 6 级以上，其中贺兰山以西的广大沙漠和戈壁地区降水量多少于 150 mm，很多地区低于 100 mm，塔克拉玛干沙漠中东部和库姆塔格沙漠的年降水量在 25 mm 以下。

从分布地貌看，荒漠多分布于内陆盆地，如塔里木盆地的塔克拉玛干沙漠、准噶尔盆地的古尔班通古特沙漠等。

1.1.3.3 我国的主要荒漠

我国有八大沙漠、四大沙地。八大沙漠分别为塔克拉玛干沙漠、古尔班通古特沙漠、库姆塔格沙漠、柴达木盆地沙漠、巴丹吉林沙漠、腾格里沙漠、乌兰布和沙漠、库布齐沙漠；四大沙地分别为科尔沁沙地、毛乌素沙地、浑善达克沙地和呼伦贝尔沙地。主要沙漠与沙地分布情况见表1-3。

表1-3 我国主要荒漠基本情况与分布

名称	地理位置	地理坐标	海拔（m）	总面积（$\times 10^4 km^2$）	流沙面积（$\times 10^4 km^2$）
塔克拉玛干沙漠	新疆塔里木盆地	37°N ~ 42°N，76°E ~ 90°E	800 ~ 1 200	32.74	28.20

（续）

名称	地理位置	地理坐标	海拔 （m）	总面积 （×10⁴km²）	流沙面积 （×10⁴km²）
古尔班通古特 沙漠	新疆准噶尔盆地	44°N~48°N, 83°E~91°E	300~600	4.73	0.15
库姆塔格沙漠	新疆东部与甘肃西部	39°N~41°N, 90°E~94°E	1 000~1 200	2.28	1.43
柴达木盆地沙漠	青海柴达木盆地	37°N~39°N, 90°E~96°E	2 600~3 400	3.49	2.44
巴丹吉林沙漠	内蒙古阿拉善高原 西部	39°N~42°N, 100°E~104°E	1 300~1 800	4.71	3.68
腾格里沙漠	内蒙古阿拉善高原东 南部	37°54′N~42°33′N, 103°52′E~105°36′E	1 400~1 600	4.27	3.97
乌兰布和沙漠	内蒙古阿拉善高原东 北部	39°40′N~41°N, 106°E~107°20′E	1 000	0.99	0.39
库布齐沙漠	内蒙古鄂尔多斯高原 北部，黄河南岸	39°30′N~39°15′N, 107°E~111°30′E	1 000~1 200	1.61	1.89
科尔沁沙地	西辽河下游	43°N~45°N, 119°E~124°E	100~300	4.23	0.42
毛乌素沙地	内蒙古鄂尔多斯高原 中南部、陕西北部	37°28′N~39°23′N, 107°20′E~111°30′E	1 300~1 600	3.21	1.44
浑善达克沙地	锡林郭勒盟南部	42°10′N~43°50′N, 112°10′E~116°31′E	1 200	2.14	0.58
呼伦贝尔沙地	内蒙古呼伦贝尔市	47°50′N~49°20′N, 117°30′E~120°10′E	600	0.91	零星

注：引自丁国栋，《沙漠学概论》，2002。

1.2　荒漠生态学发展简史

1.2.1　荒漠生态学发展历史

　　生态学作为一门独立科学的历史并不算长，至多也就回溯到 20 世纪后半叶，但"生态"哲学思想至少可以追溯到公元前 4 世纪的亚里士多德（Aristotle）时代。德国科学家海克尔（Haeckel）认为：生态是研究生物体与其周围环境相互关系的科学（"economies" of living forms）。1866 年，他首次使用德文 Ökologie（生态学）一词。1873 年，第一个英文生态学单词诞生，并逐渐由 Oecologie 演变成今天的 Ecology。第一本生态学教科书——《植物生态学》则由丹麦植物学家 Eugen Warming 于 1895 出版并正式作为大学课程教材进行教授。后来，又有诸多生态学家为生态学定义：英国的埃尔顿（Elton）认为生态学是"科学的自然历史"（1927）；澳大利亚的安德烈沃斯（Andrewartha）认为生态学是"研究有机体的分布与多度的科学"（1954）；美国的奥多姆（Odum）认为生态学是"研究生态系统的结构与功能的科学"（1959）等。

恩斯特·海克尔(全名 Ernst Heinrich Philipp August Haeck-el),德国生物学家、博物学家和哲学家(图1-1)。1834年2月16日生于波茨坦、1919年8月9日卒于耶拿。海克尔原本是医生,后任比较解剖学教授。他是最早将心理学看做是生理学分支学科的人之一。他创立了一些今天在生物学中非常普遍的术语(如生态学、门等)。海克尔也是优生学的先驱。他一生著述颇丰:1866年,他编写的《形态学大纲》是世界上第一部诠释达尔文进化论的教科书;1874年,他在《人类学》中首次用比较解剖学的方法来探讨人在动物界的进化和人的起源;三卷本《系统发生学》是一部从1894年到1896年发表的巨著,其中海克尔描述了他对整个动物界的进化和亲属关系的认识,至今很少有人完全读懂。

图1-1 26岁的海克尔

尤金纽斯·瓦尔明(全名 Johannes Eugenius Bülow War-ming),丹麦植物学家、生态学家,1841年11月3日生于丹麦曼岛,1924年4月2日卒于哥本哈根(图1-2)。瓦尔明是自然史科班出身,1859年入哥本哈根大学学习,1871年获得博士学位,期间有幸随古生物学家 Peter Wilhelm Lund 在巴西的 Lagoa Santa 开展野外植物调查,发现植物如何应对干旱和火灾,并由此建立了生态学研究范式。他一生著作等身,并对川苔草科植物情有独钟。1895年以丹麦文出版世界第一本植物生态学(Plantesamfund)教科书,该书被译为多种语言。正是该书的德文版,使得一大批英美学者受益匪浅,其中就包括日后成为生态学大家的 Arthur Tansley, Henry Chandler Cowles 和 Frederic Clements 等人。

图1-2 38岁的瓦尔明

　　20世纪以来的100年,是科技进步最快、社会变革最深刻、人口负担最沉重、环境危机最严峻、生态浩劫最空前的发生时期。人们认识到人类社会的发展如果不按生态学规律办事,只能带来人类与地球的共同厄运。可以说,还很少有像生态学这样一门科学与人类的生存在时空尺度,在自然、社会和经济等方面有如此紧密的联系。生态学对人类如此的重要,不仅因为人类为了生存发展,而且也因为人类自身有责任维护赖以生存的星球,需要以生态学原则来调整人类与自然、资源和环境的关系。由此可见,生态学应该成为我们每个人的必修课。生态学是随着社会需求的日益增强、增多而与时俱进的发展壮大起来的。生态学的发展历程可划分为三个阶段:传统生态学时期、经典生态学时期和现代生态学时期。伴随着生态学的发展,荒漠地区生物与环境之间的相互作用规律也逐渐被认识、掌握、并加以利用,荒漠生态学学科逐渐形成并得到了发展。

(1)第一阶段:传统生态学时期

　　传统生态学时期以古代思想家、农学家对生物与环境相互关系的描述为主,朴素的整体观是其显著的特点，总的来说还处于定性描述阶段，缺乏对生态现象的机理解释。这一时期，生态学主要解决和回答"生物学特性、生态学特性"等问题，沿用植物学野外调查的方法，借鉴植物生理学的实验方法和手段，研判生物对环境的生理响应、应急反应等，发展出了生理生态学分支。最早的生态学科学实验当属1856年在英国洛桑实验站（图1-3）（Rothamsted

图1-3 英国洛桑实验站

Experimental Station，现称 Rothamsted Research）开展的农作物轮作和施肥试验（Rothamsted Research's Classical Experiments）。

19世纪，一些国家组织探险队对世界各地进行考察，其中也包括很多沙漠地区，人们有目的地考察研究沙漠，特别是研究沙漠植物和动物及其环境；19世纪后期，俄国学者对中亚沙漠风沙地貌进行了考察，记录了大量的当地物种组成和植被特征信息，为荒漠生态学的形成奠定了良好的基础。

（2）第二阶段：经典生态学发展时期

从19世纪中期到20世纪50年代，生态学进入了长足发展期，在这一阶段奠定了生态学许多基本理论和研究方法。Clements 的顶极群落理论、Tansley 的生态系统理论、Gause 的竞争排斥假说以及 J. Grinell、C. Elton、G. E. Hutchinson 的生态位理论，Lindeman（1942年）的"十分之一定律"等。这一时期可以说是经典生态学建立、理论形成、生物种群和群落由定性向定量描述、生态学实验方法日臻成熟的辉煌时期。这一时期是经典生态学建立、理论形成、生物种群和群落由定性向定量描述、生态学实验方法发展的辉煌时期。

生态学概念和理论的发展

美国生态学家 Robert P. McIntosh 的 *Background of Ecology：Concept and Theory*（中译本《生态学概念和理论的发展》（中国科学技术出版社，1992)，是为数不多的生态科学发展历史研究成果。这本著作为我们提供了一幅关于生态学概念和理论发展的历史画卷。这本著作为我们提供了一幅关于生态学概念和理论发展的全景式历史长卷。从横的方面说，它几乎涉及生态学的所有分支（植物生态学、动物生态学、湖沼学、海洋生态学、人类生态学，个体生态学、种群生态学、群落生态学、生态系统生态学，生理生态学、遗传生态学、进化生态学、数学生态学、系统生态学、生态学的哲学思考，等等。

从纵的方面说，它差不多囊括了生态学19世纪后期诞生到20世纪80年代的整个发展过程，其中包括主要概念和理论的创造，主要人物和学派，主要学术论争，以及主要生态学事件和活动。生态学经常被批评为"不是一门成熟的科学，因为它缺乏恰当的理论"。生态学家也往往为此而浩叹。然而在本书中，我们看到的却是概念和理论的万花齐放，异彩纷呈。当然，批评和浩叹无疑有着它们真理性的一面，即现有的生态学概念和理论，都不具有物理科学那样的理论模式，它们都不足以构成一个严谨的、有预测能力的逻辑体系，它们中的大多数一直处于时盛时衰。

生态科学发展和完善了达尔文的理论，生命系统与环境系统的相互作用机制仍是生态科学研究的主题。达尔文进化生物学是生态科学产生和发展的理论基础和框架，生态科学就是要研究生命系统与环境系统，包括人与自然之间相互作用的关系，揭示在不同的时间、空间尺度下不同生命层次演化与适应的具体过程和协同进化的机制与规律。传统的数学、物理学、化学、经济学等促进了经典生态科学的研究，现代科学技术的理论和方法，特别是系统科学与高新技术的发展为生态科学提供了先进的研究手段，促进了生态科学研究的定量化、模型化及满足社会需求的可操作性，为经典生态科学演变为现代生态科学提供了方法论基础。这一时期，动物种群生态学在描述种群数量变化、种群间相互作用、食物链、数量金字塔、生态位及生态系统物质生产率的渐减法则等方面取得了一些重要发现；植物生态学着重在植物群落生态学在顶极群落、演替动态、生物群落类型（biome）、植被连续性和排序等重要概念的形成方面，对生态学理论的发展起了重要的推动作用。同时由于各地自然条件不同，植物区系和植被性质差别甚远，在认识上和工作方法上也各有千秋，形成英美学派、法瑞学派、北欧学派、苏联学派等。在这个时期内，动物生态学和植物生态学分别在动物和植物两个方面有较大的发展。

19 世纪后期到 20 世纪上半叶，很多法国人、匈牙利人、美国人和日本人，特别是俄国人对我国西北地区的沙漠进行了多次考察，采集了大量的沙漠动植物标本。英国著名科学家 Beagle 对南美洲和澳大利亚进行了多次探险考察，涉及干旱沙漠地区的自然环境和动植物，有力地促进了荒漠生态学学科的形成。

（3）第三阶段：现代生态学发展时期

进入 20 世纪，人类面临前所未有的环境问题压力，生态科学进入了黄金发展时期：生物圈（biosphere）、生态系统（ecosystem）、生态演替（ecological succession）、动物生态学（Animal Ecology）等诸多新概念和新学说应运而生。与此同时，生态学开始涉足和影响人类学和社会科学，人类生态学（Human Ecology）、盖亚假说（Gaia Hypothesis）、保护生物学（Nature Conservancy）等一系列与地球环境和人类命运密切相关的新学科的提出，使生态学俨然成为解决地球环境问题和人类灾难的救世主和启明星。20 世纪后半叶，全球生态、资源、环境问题的大量涌现，以及由此带来的与经济、社会发展矛盾的尖锐化，使科学界、政府、国际组织及广大公众都深刻意识到生态科学与人类的生存发展的密切关系。现代社会可持续发展的迫切需求，是促进经典生态科学发展演变成为现代生态科学的根本动力。人类影响下的各类自然生态系统中生物与环境的可持续演化，以及"社会—经济—自然"复合生态系统中人与自然的可持续发展的协同机制研究成为生态科学研究的前沿和重点。

这一时期主要研究自然状态下的生态现象，涉及动物生态、植物生态、海洋生态、湖沼生态等不同领域，从个体生态、种群生态、群落生态、生态系统生态的不同层次描述生物与环境相互作用的现象和规律，分析它们的成因并预测它们的变化。这一时期的主要研究成果是提出了生物群落、生态因子、生态位、食物网、能量金字塔、生态系统、演替等重要概念和理论。经典生态学的研究成果主要被用于自然保护和环境管理等实际事务。学科之间的渗透也越来越多，新的学科不断涌现，人们对于人口、资源和环境的关注，自然保护运动得到了普遍重视。

荒漠生态学的发展就起始于该阶段,20世纪初期,荒漠生态学主要集中于美国和苏联沙漠地区的生态环境和动植物基本特征的研究,也包括发达国家地理学家和生态学家在非洲、亚洲的一些研究。20世纪30年代前后,美国对西部草原及荒漠地区的开发,引发了一系列的环境问题,导致大片土地的沙漠化和"黑风暴"的频繁发生,引发了对土壤风蚀的研究,也给干旱区荒漠生态学研究带来了机遇。此后的20多年里,美国相关植物、水文、沙漠等的研究紧密围绕土地退化、土壤风蚀、草地放牧效应、农田保护性耕作、植物引种栽培、退化植被的恢复重建等方面。20世纪50年代中期,苏联对半干旱荒漠草原区进行了大规模的垦荒,导致大面积土地退化和沙化,沙尘暴频发,引发了对干旱荒漠地区的生态环境保护方面的研究。20世纪50年代以后,国外的荒漠生态学研究进入了一个快速发展的时期,这一方面体现在国际社会对荒漠区生态环境问题日益重视,建立了相应的研究机构;另一方面,发达国家已经开始从初期研究沙漠环境、动植物基本特征转向研究环境胁迫对植物和动物的影响,动植物对沙漠极端环境的响应和适应性,以及沙漠生物与环境、生物与生物相互关系。这一时期,联合国教育、科学及文化组织还组织出版了《干旱区研究》系列丛书,促进了干旱沙漠地区生态学的发展。但是20世纪50年代前,除了在美国和苏联等少数国家取得较大进展外,其他国家和地区的相关生态学研究几乎是空白。和其他生态学科相比,荒漠生态学不仅起步较晚,而且发展较为缓慢,这一方面受限于国家的经济实力和荒漠分布面积及生态问题的严重程度;另一方面受限于现代科技的力量和支持力度,难于深入环境条件恶劣的荒漠地区进行大规模的科学考察和长期定位研究。

20世纪80年代以后,美国沙漠生态学的研究进一步向生态系统研究和生态系统长期监测转变。1980年后,美国建立的国家生态观测网络(National Ecological Observatory Network,NEON)将其西南干旱沙漠地区以及干旱、半干旱的大平原区和科罗拉多高原区纳入其中,对其土地利用和生态环境变化进行了长期观测。20世纪80年代中期开始,美国在亚利桑那州图森市以北建立了"生物圈2号",针对森林、草原、海洋、湿地和荒漠5个自然群落和集约农业区、居住区2个人工群落进行了地球大气、水和废弃物循环利用及食物生产进行了科学研究,从而开辟了了解全球范围生态变化过程的新途径。另外,这一时期人们也开始更加重视荒漠地区的植被保护与恢复研究,特别是生物多样性和沙漠稀有物种的研究、保护,标志着荒漠生态学得到了进一步发展。

现代生态学的发展期(20世纪50年代至今),可称之为现代生态学的大发展期。在这一阶段,生态学不断地吸收相关学科(如物理、数学、化学、工程等)的研究成果,逐渐向精确方向前进,并形成了自己的理论体系。这一阶段的生态学发展具有以下特点:一是整体观的发展;二是研究对象的多层次性更加明显;三是生态学研究的国际性;四是生态学在理论、应用和研究方法各个方面获得了全面的发展。目前,生态学的发展正朝着综合化、交叉化方向发展,其研究对象亦从自然生态向人工生态转变,研究尺度从中尺度向宏观与微观两个方面扩展。

现代生态科学在解决生态环境等复杂的全球性问题中被赋予了特殊的使命,这既给生态科学的发展带来了大好机遇,也提出了很多挑战性的问题,需要生态学家思考和回答。如何提高资源的利用率,如何使人类活动与自然规律相协调,如何使已遭破坏的生态系统恢复与重建,如何建立人类与自然的伦理关系等,都需要以生态科学理论和原则为基础。生态科学如何创造性地解决人类所面临的生存危机问题，便成为不能回避的时代课题和历史责任。

这个时期，荒漠化对许多国家经济和人民生活造成的严重威胁为荒漠生态学的发展提供了新契机，生态安全问题被提到前所未有的高度。不仅很多国家相继建立沙漠科学研究机构，搭建荒漠和荒漠生态学研究平台，扩展和充实相关研究队伍，而且人们开始从新的视角认识荒漠，探究荒漠生态研究的意义，不断拓展研究领域，从而促进了荒漠生态学的发展。我国作为全球荒漠化发展迅速、受危害最严重的国家之一。20世纪50年代后，随着我国对防沙治沙和干旱生态环境保护的重视，一批国家科研项目和重大治理工程的实施有力地促进了我国荒漠生态学的发展。起步阶段主要体现在：1952年，在科尔沁沙地东南缘，建立了章古台治沙站，开始了流沙固定研究；1956年，应国家建设包头至兰州铁路中卫—干唐段沙漠铁路防沙治沙的需求，建立了一支研究队伍，开展固沙造林设计和风沙灾害防护体系建设的研究工作，开始了风沙环境、沙漠植物、土壤特征等多方面的综合研究；1959年，中国科学院组建了我国第一支国家沙漠研究队伍——中国科学院治沙队，由中国科学院牵头、有关部委、高等院校、省级科技人员参加的多支科学考察队伍，对塔克拉玛干沙漠、古尔班通古特沙漠、巴丹吉林沙漠和甘肃西部戈壁进行了综合考察。之后，中国科学院在宁夏沙坡头、内蒙古磴口县、陕西榆林县、甘肃民勤县、青海共和县和新疆莫索湾相继建立了6个防沙治沙综合试验站，针对农田防护林建设、铁路防护体系、流沙固定有关的沙漠生态环境、沙生植物等方面的研究。

我国荒漠生态学的研究虽然起始于20世纪50年代末期，但是真正得到较快发展还是在20世纪70年代以后。1978年全国科学技术大会的召开，标志着我国荒漠生态学研究步入到快速发展的轨道。第一，荒漠生态学研究机构和队伍不断扩增。1978年中国科学院兰州沙漠研究所的正式成立，我国开始有了独立的国家级沙漠科学研究单位。同期，中国科学院新疆生物土壤沙漠研究所、内蒙古林学院治沙系、甘肃治沙研究所、榆林治沙研究所等相继成立，并在各大沙漠或风沙区建立了一大批沙漠生态学研究站。第二，各学科在荒漠地区研究中的交叉融合迅速发展。如逆境生理学、沙漠植物分类学和恢复生态学等，使得荒漠生态学作为独立综合性学科的雏形凸显。第三，荒漠生态学逐步从生态特征研究向生态过程和机理机制研究发展。与国际荒漠生态学发展的历程相似，我国荒漠生态学的发展也是从早期的生物特征研究为主，向荒漠化过程中植被的受损机制、沙地植物的逆境生理适应、植物的恢复和调控等与荒漠生态过程和机理的研究发展。第四，大批科研成果的涌现，有力地促进了荒漠生态学的发展，如一大批相关刊物的出现、大批有关荒漠地区研究成果的国家级或者省部级奖励等。

生态学问题往往超越国界，第二次世界大战之后，数以百计的国际计划（项目）得以实施，如国际生物学计划（IBP）、人与生物圈计划（MAB）、国际地圈生物圈计划（IGBP）和生物多样性计划（DIVERSITAS）、《生物多样性公约》等在诸多方面涉及各国的生态学问题，推动了生态学及荒漠生态学的发展。

1.2.2 荒漠生态学发展的新方向

进入21世纪，生态科学向深度、广度发展，一方面向大尺度、全球化的广度方向发展；另一方面则向微观、精细化的深度方向进军。荒漠生态学也在全球变化、生态系统服务、逆境生理、环境保护、生物多样性维持等方面，对可持续发展战略的形成和实施、生态安全和生态文明建设指出了新方向。经典生态科学孕育了可持续发展的思想和理念，唤醒了人们的环境保护意识，提醒人们重新认识近代以来的自然观、科学观、方法论及价值观方面存在的问题；现代生态科学则提供了实施可持续发展战略的理论、方法和应用的具体途径，表现出生态科学的"建设性"和"创造性"，生态哲学、环境伦理、生态工程、生态设计、循环经济、生态产业、绿色消费、生态安全等已逐步成为各国发展的战略选择和政策制度。建立在生态科学基础之上的可持续发展战略，正在深刻和全方位地影响着人类社会的未来发展方向，推动着人类社会从农业文明社会、工业文明社会向生态文明社会演进。荒漠生态科学既面临着社会需求的良好发展机遇，也面临着自身理论和方法突破的严峻挑战。

荒漠生态学伴随着生态学学科的发展，将生态学的理论和方法融入到极端环境研究中的方方面面，并逐渐创立了自己独立研究的理论主体，研究方法也引入了系统论、控制论、信息论等理论和新技术手段，促进了荒漠生态学的长足发展。如今，由于荒漠地区人类生存与发展的紧密相关，社会需求驱动而产生了多个生态学的研究热点，也面临诸多的挑战，如生物多样性形成与维持的多尺度研究、生命系统对全球变化的响应、生态学与进化生物学的融合（从基因组到表型组）、受损生态系统的恢复与重建研究、可持续发展研究等，而大数据时代需要新的分析理论和分析方法更好地诠释生态学。

1.2.3 荒漠生态学的内涵

1.2.3.1 荒漠生态学的定义

荒漠生态学属于生态学的一个分支，是主要研究干旱区生物与其周围环境（包括生物环境和非生物环境）相互关系的科学。荒漠生态学的研究区域包括气候干旱、降水稀少、植被稀疏低矮、土地贫瘠的岩漠、砾漠、沙漠、泥漠和盐漠，以及整个干旱区和半干旱的沙质草原区。荒漠生态因子主要指生物赖以生存的环境要素，对生物的生长、发育、繁衍、行为和分布有着直接和间接影响的气候、土壤、地形、人为因子和其他相关生物等环境因子。荒漠生物与环境之间的相互关系，多属互馈关系。一方面，荒漠地区严酷的自然环境对生物的制约作用，限制了生物的生存、生长和繁衍等，分布着相适应的生物，是长期自然选择确定的结果；另一方面，气候和人类活动对荒漠地区环境的影响，引起了荒漠地区生物对环境和环境变化的生物学和生态学适应，反过来改造了生物的生存、生长和繁衍的生境。

1.2.3.2 荒漠生态学的主要研究内容

荒漠生态学是研究荒漠地区生物与环境、生物与生物之间相互关系，并从不同的学科层次探索荒漠生态系统生物对环境的适应性，生态系统结构、功能、过程及其与环境相互作用的学科。主要涉及荒漠地区的环境，植物和动物对极端环境的适应，荒漠植物分布格局，荒漠生态系统结构、功能与调控，生物土壤结皮组成、结构与生态功能，荒漠景观格局与过程，荒漠生态系统的服务价值，荒漠植物和生态系统对气候变化的响应等方面。它以生态学为基础，与土壤学、气象学、水文学、地貌学、地理学以及环境科学相互交叉。从研究区生态环境的严酷性和生态系统的脆弱性而言，又与荒漠化的发生、发展及其修复密切相关，从而延伸出了其他一些研究内容，如荒漠化的过程和发生机制、荒漠化土地的治理与修复、荒漠化的防治技术与模式、荒漠化防治政策与战略、脆弱与退化生态学、恢复与重建及保护生态学、生态系统健康、生态工程与生态设计、生态经济与人文生态学等方面的研究内容，与可持续发展的目标相互交织。

1.3 荒漠生态学的研究意义

荒漠地区独特的地理位置，造就了特有的地貌、植被与土壤类型，也为人类提供了一定栖息发展的空间。该地区经过长期演化，孕育了丰富的、有别于非荒漠区的植物种质资源，其中盐生、旱生、短命植物和珍稀濒危物种等在抵御逆境、提高光合生产与水分利用效率及育种等方面具有不可替代的优势，为人类提供了丰富的基因资源。受人类利用土地和全球气候变化等因素的影响，荒漠地区的生物多样性遭到了最为严重的威胁，一些生态地理系统濒于崩溃，直接危及许多物种的生存，有效保护和合理利用这些资源，对实现荒漠区经济社会和谐与可持续发展具有重大的战略意义。荒漠生态学以生物与环境的关系为切入点，论述荒漠地区自然地理环境的基本特点、生物对极端环境的适应性特征、生态系统的结构和功能、自然资源保护及其利用、生态服务价值和生态系统的综合管理等，为客观认识荒漠地区的生物资源及其利用、保护和经济发展提供了科学依据，对荒漠地区的经济建设和社会发展起到重要的推动作用。

荒漠生态系统由于其环境的严酷性决定了它的脆弱性和不稳定性，从荒漠生态系统的特征功能和生态环境建设的要求考虑，荒漠生态系统的研究则更具有重要的现实意义。

(1)荒漠生态学研究有助于客观认识荒漠地区生物与环境的关系，阐述生物有机体的生存能力和进化机制，合理保护和利用资源

荒漠地区的一些物种资源或种质资源是特有的，是生物与环境长期作用和自然选择的结果，荒漠生态学的研究对于保护极端环境下的物种或种质资源及阐述生物的演化、种群的发展和群落的演替及生物与环境的关系具有重要的意义。荒漠地区丰富的自然资源，如太阳能、风能、矿产及动植物资源等具有巨大的开发潜力。但自然条件的恶劣和生态环境的脆弱性，加大了开发过程中的生态风险。荒漠生态学研究可为荒漠地区自然资源，特别是生物资源的保护和合理开发利用提供可靠的生态保障。

(2)荒漠生态学研究有利于生态安全建设

荒漠地区面积较大，受荒漠化危害的地区较广，活动频繁的风沙和土地沙漠化，对国土资源和环境造成了越来越严重的威胁。荒漠地区的人口、资源和环境间的问题日益突出，从生态安全的角度而言，荒漠生态学研究可以从筛选物种、优化结构、退化植被的改良和更新复壮、生态服务价值评估以及合理地进行区域生态建设工程等方面起到重大科学引导和指导作用，为国家防沙治沙、生态建设决策提供科学依据，在保障生态安全方面做出积极贡献。

(3)荒漠生态学研究有助于社会经济的可持续发展

大部分荒漠地区自然条件恶劣，自然灾害频发，社会发展落后，经济基础薄弱。特别是我国的荒漠地区大部分属于少数民族聚集区，有些地区还存在绵长的国界线，甚至分布有重要战略军事基地，这些地区的经济发展和生态安全问题，不仅与少数民族地区的社会稳定和经济发展相关联，也与国家安全相关。荒漠生态学研究可以更好地认识民族文化，促进畜牧业和工业发展、生态环境改善，协调人口、资源、环境的关系，实现荒漠地区的经济社会可持续发展。

(4)荒漠生态学研究有助于其他学科的发展

荒漠地区环境的形成、生态环境变化与生物，特别是与植被的关系的研究，对于第四纪地质、风沙物理学、地貌学、土壤学和生物学等的发展具有重要的推动作用；荒漠化的过程和发生机制、荒漠化土地的治理与修复、荒漠化的防治技术与模式、荒漠化防治政策与战略、环境脆弱与退化、生态系统健康、植被恢复与重建及生物多样性保护等研究则对生态学、恢复生态学和工程学的发展意义重大。

思 考 题

1. 简述世界荒漠的主要类型及其分布。
2. 简述各类荒漠的主要特征。
3. 我国有哪些荒漠？这些荒漠是如何分布的？
4. 简述荒漠的定义和内涵。
5. 简述荒漠生态学的发展简史。

推荐阅读书目

1. 生态学概念和理论的发展. 徐嵩龄，译. 中国科技出版社，1992.
2. 普通生态学. 孙儒泳，李博，诸葛阳，等. 高等教育出版社，1993.
3. 中国的荒漠化及其防治. 慈龙骏，等. 高等教育出版社，2005.
4. 中国沙漠与沙漠化. 王涛. 河北科学技术出版社，2003.
5. 沙漠学概论. 丁国栋. 中国林业出版社，2002.
6. Desert biomes. Quinn J A. Greenwood Press，2009.

参考文献

陈曦，高前兆，胡汝骥，等，2010. 中国干旱区自然地理[M]. 北京：科学出版社.

慈龙骏，等，2005. 中国的荒漠化及其防治[M]. 北京：高等教育出版社.

丁国栋，2002. 沙漠学概论[M]. 北京：中国林业出版社.

潘晓玲，党荣理，伍光和，2001. 西北干旱荒漠区植物区系地理与资源利用[M]. 北京：科学出版社.

孙儒泳，李博，诸葛阳，等，1993. 普通生态学[M]. 北京：高等教育出版社.

王涛，2003. 中国沙漠与沙漠化[M]. 石家庄：河北科学技术出版社.

徐嵩龄，1992.《生态学概念和理论的发展》译本[M]. 北京：中国科学技术出版社.

张新时，孙世洲，雍世鹏，等，2007. 中国植被及其地理格局[M]. 北京：地质出版社.

赵哈林，2012. 沙漠生态学[M]. 北京：科学出版社.

Daniel S, 1980. A succession of paradigms in ecology: Essentialism to materialism and probabilism [J]. Synthese, 43(1): 3 – 39.

Donald W, 1994. Nature's Economy: A history of ecological ideas[M]. 2nd ed. Cambridge and New York: Cambridge University Press.

Doug W, 2000. Models of nature: Ecology, conservation, and cultural revolution in Soviet Russia [M]. Pittsburgh: University of Pittsburgh Press.

Egerton F N, 1977. History of American ecology [M]. New York: Arno Press.

Egerton F N, 1983. The history of ecology: achievements and opportunities, Part one[J]. Journal of the History of Biology, 16(2): 259 – 310.

Hagen J B, 1992. An entangled bank: The origins of ecosystem ecology [M]. New Brunswick: Rutgers University Press.

Kingsland S E, 1995. Modeling nature: Episodes in the history of population ecology [M]. 2nd ed. Chicago: University of Chicago Press.

Kingsland S, 2005. The evolution of American ecology(1890—2000)[M]. Baltimore: Johns Hopkins University Press.

McIntosh R P, 1985. The Background of ecology: Concept and theory [M]. Cambridge: Cambridge University Press.

Mitman G, 1994. The state of nature: ecology, community, and American social thought [J]. Quarterly Review of Biology, 1900 – 1950.

Pascal A, 1998. The European origins of scientific ecology(1800—1901)[M]. London: Gordon and Breach Science Publishers.

Quinn J A, 2009. Desert Biomes [M]. London: Greenwood Press.

Real L A, Brown J H, 1991. Foundations of ecology: Classic papers with commentary [M]. Chicago: University of Chicago Press.

Tobey R C, 1981. Saving the prairies: The life cycle of the founding school of American plant ecology (1895—1955)[M]. Berkeley: University of California Press.

Wilkinson D M, 2002. Ecology before ecology: Biogeography and ecology in Lyell's 'Principles' [J]. Journal of Biogeography, 29(9): 1109 – 1115.

第 1 章附属数字资源

第**2**章
荒漠地貌

[**本章提要**]本章主要介绍了荒漠地貌的概况、形成作用，几种主要的风蚀、风积及其他类型荒漠地貌特征形成条件和主要分布区域，并介绍了旱谷、内陆河、沙砾碛以及石河等其他荒漠地貌类型的形态特征及形成条件。

根据地理学上的定义，荒漠是"降水稀少，植物稀疏，因此限制了人类活动的干旱区"。荒漠带的地貌作用营力主要有风化作用、重力作用、流水作用和风力作用4类。地貌的成因类型有岛状山、剥蚀平原、剥蚀台地、干荒盆和干浅盆、洪积扇和洪积平原、龟裂土平原、盐土平原、盐湖、风蚀平原、风积平原等。根据组成可以将荒漠分为沙漠、砾漠、岩漠、泥漠和盐漠。干燥剥蚀基岩称为岩漠；洪积扇、洪积平原多砾石，称为砾漠，又称戈壁；龟裂土、盐土平原分别形成泥漠与盐漠。组成物质的差异，形成了不同的地貌景观。荒漠地区从山地到山前平原，地貌呈有规律的分布：山前剥蚀岩漠—洪积扇、洪积平原砾漠带—风积沙漠带—干盐湖或盐湖、盐漠带。

2.1 荒漠地貌概述

2.1.1 荒漠地貌的概念

荒漠地貌是荒漠地区各种地表形态的总称。气候干旱、植被非常稀少、土地十分贫瘠的自然地带称为荒漠。荒漠地区地面温度变化大、物理风化强烈、风力作用活跃、地表水则显得极端贫乏，大多数地方有盐碱土。在这样的自然环境里，植物的生长条件极差，只有少量的株矮、小叶或无叶、耐旱、耐盐及生长期短的植物才能存活。

2.1.2 荒漠地貌的分布

干旱荒漠的面积约占全球陆地面积的1/4，主要分布在两个地区：一是南北纬15°~35°之间的亚热带，为副热带高压带的控制范围，终年盛行信风，在高压带内对流层气柱下沉，空气绝热增温，相对湿度减小，空气非常干燥；同时，下沉作用也抑制了阵雨和对流，而信风则是吹向低纬度的干冷旱风，特别是大陆西岸的信风是背岸吹的，干旱尤甚，所以，亚热带的大气稳定、湿度低、少云而寡雨，是地球上著名的干燥气候区，例如，北非的撒哈拉、西南亚的阿拉伯半岛、南美的阿塔卡马等地。二是温带内陆地区，如中亚、我国的西北和美国西部等地。由于这些地区深居内陆，远距海洋，多半地形闭塞，四周高山阻止了海洋湿润气流的深入，形成了温带内陆干旱区。

2.1.3　干旱荒漠地貌类型

干旱荒漠按照地貌形态与地表组成物质不同，可分为沙漠、砾漠、岩漠、泥漠和盐漠等。详略见 1.1.1.2 内容介绍。

2.2　荒漠地貌过程

荒漠地区主要有 4 种地貌作用：风化作用、流水作用、风沙作用和重力作用。

2.2.1　风化作用

风化作用在荒漠地貌形成中具有重要的意义。它指岩石矿物在温度、湿度及生物的影响下，遭到破坏的一种过程。也就是说，埋在一定深度的岩石出露于地表，为了适应地表自然条件发生岩石疏松及改变化学成分的一种过程。在荒漠地区的风化作用主要是物理风化和化学风化两种，生物风化作用较微弱，但必须说明风化本身只能造成搬运岩石的准备工作，并不能形成地貌。

(1) 物理风化

物理风化是指岩石在太阳辐射直接影响下所产生的岩石破坏作用。其特点是岩石破碎后，仅仅是改变了颗粒大小，而岩石成分（性质）并未改变。产生物理风化的主要原因是干燥区昼夜温度剧烈变化，以及岩石裂缝或孔隙中水的冻结所引起的岩石松散和粉碎。

在水分极端贫乏的荒漠地区，大大地缩短了增温和冷却的时间。这种增温和冷却主要在于温度变化的速率，而不在于变化的幅度。也就是说，影响岩石破碎不是冬夏温差，而是日较差，这种温度日较差变化是直接取决于太阳的辐射，也即直接由太阳照射所引起的。由于岩石导热率很小，当白天温度增高时，岩石表层要比内部热，表层就企图膨胀，但受到其内部联合力的反抗，而产生表层与内部不平行的细微裂缝；相反，晚上岩石表层要比内部冷却快，表层又力图收缩，反遭到联合力的阻碍而减慢了收缩，于是岩石表层再破裂而成垂直于岩石表面的纤毛状裂缝网。这样就使得岩石表面布满着相互交错的裂缝网或成鳞片状剥落。岩石"外壳"的分裂，常常发出枪声似的响声。分裂的结果是岩石逐渐由大变小、由小变细，并覆盖在地表。如果岩石崩裂发生在悬崖或陡壁处，它就可以因重力或其他外力的关系，在其坡脚或陡壁下面平坦的地方堆成乱石堆（石头滩）或倒石锥（倒石堆）。有时因其胀缩使岩石分子间发生错动，削弱了分子间引力和连接力，崩裂造成岩屑堆积。在另一种情况下也可以发生物理风化作用。例如，干旱节理，是含盐的岩石在夜间从空中吸收了部分水分而顺着毛细管渗入岩石内部，白天在烈日烘烤下，水分又沿毛细管上升，蒸发而结成盐类晶体，撑胀岩石裂隙致使岩石崩裂。自然界如此循环往复，发生上述风化作用的结果，岩石粉碎，大大促进了化学风化的进行。

(2)化学风化

与物理风化同时进行的化学风化是指岩石在水、空气和有机体的生物化学作用下所引起的破坏。化学风化最主要的特点是根本改变岩石的原有性质(成分)。

由于空气极端干燥,化学风化仍然显得十分微弱。对岩石进行风化水的主要来源是沿毛细管矿化水。矿化水将岩石溶化为盐质粉末与溶盐沉积在岩石表面形成特殊的外表,即为"沙漠岩漆"。沙漠岩漆是覆盖在岩石表面一层深色的壳,它经过风沙泥土摩擦后,具有光滑的玻璃似的平滑面。它形成之后,对岩石起保护作用。不过沙漠岩漆在其他地区也常遇到。

总之,风化作用在干旱和半干旱地区是普遍存在的,岩石经风化作用后,获得了新的特性。例如,岩石变成细小的颗粒后,就扩大了它与外界的接触机会,水和空气易于侵入而促进它的迅速溶解(在水分较好的条件下),同时微粒又获得另一毛细管特性,反而排斥了渗透性,促使水分蓄积,加强了化学风化作用。

2.2.2 流水作用

流水在荒漠地区也是不可忽视的一种动力。尽管该区多位于无水外泄的内陆区,河流很少,即使有河流,也经常处于干涸状态。但是荒漠地区的骤然暴雨常形成力量巨大的洪流,它不仅冲刷着陡峭的山坡,将山坡风化产物冲泄下来,使山坡更加陡峭,山峰耸立,地势险峻,而且它可以携带风化产物在山口或山间低地(盆地)的边缘或中心堆积起来,形成各种由洪积物组成的堆积地形。例如,冲积锥、洪积扇、陆上三角洲乃至洪积平原。

2.2.3 风沙作用

随着流水作用日益渐弱,代之而起的是日益加强的风的作用,成为地形发展最重要的动力。风的巨大作用,主要是通过气流沿地表流动时与地面发生摩擦作用而产生的(图2-1)。摩擦可使风产生涡流,它在地形形成过程中具有特殊的意义。风和风沙流对地表物质所发生的侵蚀、搬运和堆积作用,称为风沙作用。

(1)风沙流

含沙的气流称风沙流。从流体力学角度来看,它是一种气—固两相流。风吹经松散沙物质组成的地表,当地面上某些凸起的沙粒,受到风的压力(F_1)所产生的动力矩大于颗粒重力(F_2)的力矩时,沙粒便开始沿沙面滑动或滚动。在滚动过程中,碰到地面凸起沙粒或被其他运动沙粒相撞时,由于冲击力(可以超过沙粒重力的几十倍至几百倍),都会引起沙粒骤然向上(有时几乎垂直的)跳起进入气流中搬运,形成风沙流(图2-2)。

图2-1　风沙物理学研究的先驱
Brigadier Ralph Alger Bagnold
(C. R. Thorne 摄)

注:Bagnold 是有记载以来东西穿越利比亚沙漠的第一人(1932 年),他1941 年写作的 *The Physics of Blown Sand and Desert Dunes* 一书至今仍在出版,是风沙领域的重要的教科书。NASA 利用书中的原理研究火星的沙丘,并将其中的一座沙丘命名为 Bagnold 沙丘。

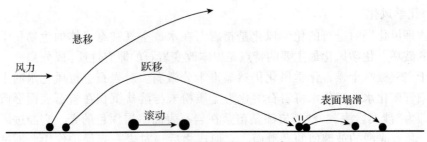

图 2-2　风力搬运颗粒过程示意图

(改绘自 Holden，*An Introduction to Physical Geography and the Environment*，2nd ed，2008)

运动的沙粒是从气流中获取运动动量的。因此，沙粒只在一定的风力条件下才开始移动。沙粒开始起动的临界风速称为起动风速，一切超过起动风速的风称起沙风。起动风速与沙粒粒径、地表性质和沙子含水率等多种因素有关。根据拜格诺的研究，任何高度 Z 处的起动风速 Vt 与粒径 d 具有如下关系：

$$Vt = 5.75A \cdot \sqrt{\frac{\sigma - \rho}{\rho} gd} \cdot \tan\frac{Z}{Z_0}$$

式中　A——系数，对粒径大于 0.1 mm 的颗粒为 0.1；

σ——颗粒的密度；

ρ——空气的密度；

g——重力加速度，m/s；

Z_0——地面粗糙度，即风速等于零的高度。

风沙流运动是一种贴近地面的沙子搬运现象，其搬运的沙量绝大部分是近地面的气流层中通过的。研究表明，对于粒径大于 0.1 mm 的石英颗粒来说，起动风速是与粒径的平方根成正比的。沙漠地区的沙，多属于粒径 0.1~0.25 mm 的细沙，对于一般干燥裸露的沙质地表来说，沙粒起动形成风沙流的风速为 4~5 m/s，但在颗粒较粗的山前洪积沙砾戈壁地区，一般风速要在 8~9 m/s 才有风沙流活动。

(2) 风蚀作用

风吹经地表时，由于风的动压力作用，将地表的松散沉积物或者基岩上的风化产物(沙物质)吹走，地面遭到破坏，称为吹蚀作用。风速愈大，其吹蚀作用愈强。一般情况下，组成地表的沙质物体愈细小，愈松散、干燥，要求的起动风速愈小，受到的吹蚀也愈强烈。风挟带沙子贴地面运行时，风沙流中的沙粒对地表物质的冲击、摩擦，如果岩石表面有裂隙等凹进之处，风沙甚至可以钻进去进行旋磨，这种作用称为磨蚀作用。磨蚀的强度取决于风速和挟带沙粒的数量。近地表处沙粒大而多，但风速小；远离地表处风速大而沙粒数量少且小。因此，只有在中间某一高度处才能产生最大的磨蚀。夏普(R. Sharp)在马哈维沙漠中用 113 cm 高的人造荧光树脂棒测定迎风面的磨蚀，证明最大的磨蚀出现在距地表 23 cm 处。吹蚀作用和磨蚀作用统称风蚀作用。

(3) 风沙搬运作用

风挟带各种不同颗粒的沙物质，使其发生不同形式和不同距离的迁移，称为风沙搬运作用。

风沙搬运的形式，依风力、颗粒大小和质量不同，有下列 3 种：①悬移：悬浮于空气中的流动；②跃移：跳跃式运动；③蠕移：沙子沿地表滑动和滚动。观测表明，通常粒径小于 0.05 mm 的细小颗粒(粉沙和尘土),由于它们体积细小,质量轻微,在空气中的自由沉速很小,一旦被风扬起,就不易沉落,能够随风悬移很长距离,有时甚至可远离源地至 1 000 km 以外。大于 0.05 mm 的沙粒,以跃移和蠕移为主。跃移的沙粒以巨大的速度旋转(100~1 000 r/s),其运动轨迹具有特殊的抛物线形状。野外观测查明,对沙质地表来说,呈悬浮状态搬运的沙量很少;沙蠕移量通常约占总输沙量的 1/4。所以,风沙运动与水流中的泥沙运动不同,它是以跃移运动为主要形式,造成这种差异的原因是空气和水密度的不同。众所周知,在常温下,水的密度(1 g/cm^3)要比空气密度($1.22 \times 10^{-3} \text{ g/cm}^3$)大 800 多倍,所以水中泥沙反弹不起来,沙粒在水中的跳跃高度只有几个粒径,而在空气中的跳跃高度却有几百个粒径或几千个粒径。沙粒既然能在空气中跳得相当高,则从气流中所取得的动能也相当大,在下落和地面冲击时,不但本身又会反弹跳起,而且还把下落点附近别的沙粒也冲击溅起;这些沙粒在落到地面以后,又溅起更多的沙粒。因此,沙子在气流中这种跃移运动过程具有连锁反应的特性。高速跃移的沙粒通过冲击方式,靠其动能可以推动比它大 6 倍或重 200 多倍的表层粗沙粒(>0.5 mm)蠕移运动。蠕移的速度较小,每秒仅向前移 1~2 cm;而跃移的速度快,一般每秒可达数十厘米到数米。

根据理论研究,气流搬运的沙量(输沙率)与风速超过沙粒起动速度部分的三次方成正比。但是,自然界影响输沙率的因素是很复杂的,它不仅取决于风力的大小,沙子的粒径、形状和密度,还受沙子的湿润程度、地表状况以及空气稳定度等影响。因此,到目前为止,对特定区域输沙率的确定,一般仍用集沙仪直接观测,然后运用相关分析方法,求得特定条件下的输沙量与风速的关系。

(4) 风沙堆积作用

风沙搬运过程中,当风速变弱或遇到障碍物(包括植物或地表微小的起伏),以及地面结构、下垫面性质改变时,沙粒都能够从气流中脱离堆积。如地表具有任何形式的障碍物,那么气流在运行时就会受到阻滞而发生涡旋减速,从而削弱了气流搬运沙子的能量,就会在障碍物附近产生大量的风沙堆积。

2.2.4 重力作用

强劲的物理风化作用使荒漠地区产生丰富的碎屑物质,在坡度较大的地方(如悬崖或陡壁)便发生重力引起的崩落,在坡或陡壁下平坦地面上形成碎屑堆积。如在新疆克里雅河上游的昆仑山地段,风化的石块在重力作用下向坡下滚动,常发出轰隆声,堆积在坡脚及其附近。

2.3 荒漠地貌的类型

2.3.1 风蚀地貌

风蚀(wind erosion 或 aeolian erosion)是以风为外营力的侵蚀类型,即在风力作用下,地表物质发生位移,导致岩石圈(或土壤圈)破坏和损失的过程,是风沙活动和风蚀地貌形成的关键环节。风蚀是发生于干旱、半干旱地区的主要地貌过程之一。干旱、半干旱地区广泛分布的风蚀地貌主要是由风和风沙的吹蚀、磨蚀作用,同时受暂时性的流水作用、风化作用(主要是物理风化)等因素的影响而形成。

在干旱地区,由风和风沙对地面物质进行吹蚀和磨蚀作用所形成的风蚀地貌广泛发育,特别是正对风口的迎风地段,发育更为典型。由于岩性和岩层产状等因素的影响,它们具有不同的形态。因为风沙活动只限于距离地表的较低高度内,所以风蚀地貌一般以接近地面处最为明显。干旱荒漠地区最重要的、有代表性的几种大型风蚀地貌形态特征如下。

(1)风蚀残丘

一个由基岩组成的地面,经风化作用、暂时性流水的冲刷,以及长期的风蚀作用以后,使原始地面不断破坏缩小,最后残留一些孤立的小丘,称为风蚀残丘。它们的形状各不相同,以桌状平顶形(蚀余方山地形)和长流线型伏舟状居多,也有尖塔状的,这主要是与岩层产状和构造有关。

例如,我国新疆准噶尔盆地古尔班通古特沙漠西北部的乌尔禾地区,方圆数十千米内风蚀残丘地貌发育非常典型。它发育在以白垩系岩层为主的构造台阶上,构造台阶由岩性软硬不同的吐鲁谷砂岩和泥岩水平互层所组成,垂直节理发育不均。这里气候干旱,降水量小,但常以暴雨形态出现,冲沟相当发育。白垩系中一般都含有较多的盐分,在干旱气候条件下,风化和盐化作用很强,形成一层疏松的风化壳,使地层表面变得很疏松。而这种疏松易受侵蚀的地层,又恰好位于准噶尔西部著名的大风口上,经常受到六、七级以上大风的吹蚀。因此,经长期风化剥蚀和风的吹蚀,在原来暴雨侵蚀的地貌基础上,形成了以风蚀"城堡"形态为主的风蚀残丘地貌。它们是一些平顶的层状山丘,也有生成尖塔状的。山丘高度多为 20~30 m,高者可达 50 m。从高处远眺,沟谷两旁不同形态的丘体相互组合在一起,高低起伏,蔚为壮观,宛如一座古城废址中街巷两边屹立着鳞次栉比的断垣残壁,故称"风城",往往伴以风蚀穴、风蚀蘑菇等附生形态。

乌尔禾地区"风城"这样的风蚀残丘地貌,还广泛见于新疆东部吐鲁番与哈密盆地之间的风口七角井、十三间房以南一带。这里常年刮大风,据统计,七角井全年大风(8 级以上)日数平均为 67.8 d,年平均风速为 4.9 m/s;十三间房年平均风速高达 9.3 m/s,4 月平均风速更达 13.3 m/s。因此,风蚀作用显著,古近系、新近系红色砂岩受到强烈风蚀,"风城"地貌十分典型。塔里木盆地东端罗布泊洼地,在楼兰古城东北部孔雀河畔一带,新近系红褐色粉砂岩出露的地区,也有风蚀城堡分布,一般高 20~25 m,顶部平坦,古代烽火台多建于其上。

在我国柴达木盆地的西北部,东起马海、南八仙一带,西达茫崖,北至冷湖、俄博梁之间的范围内,由古近系岩层(泥岩、粉砂岩和砂岩)所构成的西北—东南走向的短轴背斜构造非常发育,岩层疏松,软硬互层,且多断裂与节理,在风向与构造方向相近似的情况下,强烈的风蚀作用,形成了与构造方向一致、排列与风向大致平行的垄岗状风蚀丘,称为风蚀长丘。在一些褶曲隆起的弯形丘陵上也广泛分布有这种风蚀长丘。它们的排列方向受主风向的影响,从风蚀丘分布区的西北部往东南部,逐渐由北西北—南东南方向转变为西北—东南和西北西—东南东方向。高度多在 10~20 m 不等,有的达 40~50 m;长度多在 10~200 m 之间,也有长达数千米的。除垄岗状风蚀长丘外,还有锥状、拱背状、鲸背状等多种形态。柴达木盆地风蚀残丘分布面积为 2.24 × 10^4 km^2,是我国最大的风蚀地貌分布区。

(2)风蚀雅丹

雅丹地貌（yardang landform）与风蚀残丘不同，不是发育在基岩上，而是发育在未固结的比较松散的土状堆积物（如古代河湖相沉积物）上。雅丹地貌以我国新疆罗布泊洼地最为典型，分布面积约 $3\ 000 \times 10^4$ km^2。"雅丹"在维吾尔语中意为"陡壁的小丘"，后来用它来泛指风蚀土墩和风蚀凹地（沟槽）的地貌组合。雅丹地区地面崎岖起伏，支离破碎，高起的风蚀土墩多作长条形，排列方向与主风向平行（图2-3）。高度多为5～10 m，也有的高达 10～15 m，有长有短。土墩物质全为粉沙、细沙和沙质黏土互层，沙质黏土往往构成土墩顶面，向下风方向作 1°～2° 的倾斜。

图 2-3　库姆塔格沙漠中的风蚀雅丹
（George Steinmetz 摄）

风蚀雅丹在世界许多沙漠地区都有分布。例如，皮尔（1974）报道了利比亚提贝斯提的古代湖相沉积物，经风侵蚀形成的雅丹地貌；德雷斯奇（1968）和克里斯利（1970）详细描述过伊朗南部卢特的克尔曼盆地（Kerman Basin），它是由于盐湖沙质黏土层选择性的风蚀（selective wind erosion）所产生的雅丹；吴正（1978）在埃及的哈尔加盆地也观察到大片风蚀雅丹。在我国罗布泊东北部的土墩，由灰白沙泥岩夹石膏层组成，一般高 10～20 m，长 200～500 m，也有长达几千米的，远远看去好像一条条白色巨龙蜷伏在大漠之中，故有"白龙堆"之称。在甘肃敦煌玉门关以西68 km的疏勒河下游故道北侧，也分布着一片面积达 398 km^2 的高大雅丹群。这里的雅丹一般高 20～40 m，最高可达 100 m，形态丰富多彩，为世所罕见的大中型、密集的、形态奇特的雅丹地貌景观，现已建立敦煌雅丹国家地质公园。在我国广东沿海的惠来县靖海镇资深村，还可看到半胶结的古海岸沙丘沙（老红沙），经风蚀形成典型的伏舟状雅丹地貌。

(3)风蚀洼地

松散物质组成的地表，经风的长期吹蚀，可形成大小不同的风蚀洼地。单纯由风蚀作用形成的洼地多为小而浅的碟形洼地。例如，我国准噶尔盆地三个泉子干谷以北，在平坦薄层粗沙地上分布有许多风蚀洼地，呈圆形或椭圆形，直径都在50 m以内，深度仅 1 m 左右；又如，美国亚利桑那州的开比托高原等地，散布于整个易于风化的砂岩地表的风蚀洼地，也仅有 10 m 宽、17 m 长和 1 m 深。

一些大型风蚀洼地，或称风蚀盆地，其面积可从几平方千米到几百平方千米。如在南非，风蚀盆地面积有的达到 300 km^2，深度 7～10 m；在北非的埃及西部沙漠和利比亚的某些地区，也有很大的风蚀盆地分布。埃及西北部的卡塔拉（Qattara）盆地，面积约为 1 800 km^2，最低处为海拔 −134 m，被认为是由风蚀作用形成的盆地。在我国，甘肃河西走廊的弱水（额济纳河）东西两侧，风蚀盆地的面积有数平方千米到数十平方千米，深度达 5～10 m 或更大；新疆的乌伦古河下游西南至玛纳斯湖之间，乌伦古河与额尔齐斯河之间的丘陵平原区，准噶尔盆地东部二台以南将军庙戈壁一带，东疆七克台与哈密之间，风蚀盆地面积小者不足 1 km^2，深度自数米至二三十米不等，大者面积可达数百平方千米，其深度可达几十米至 250 m，在盆地底部还经常为次一级的小洼地所叠套。盆地的边崖常为众多暴雨冲沟切割而成的劣地地貌。

沙漠地区这些较大的风蚀盆地的成因是比较复杂的，不能单归因于风蚀作用。从其外形来看，有些盆地具有断陷的构造盆地性质，或以第四纪地方性古河道为基础，后为风蚀作用修饰而形成。

风蚀洼(盆)地在风蚀过程中，当风蚀深度低于潜水面时，地下水出露可储水成湖，例如，呼伦贝尔沙地的乌兰湖、浑善达克沙地中的查干诺(淖)尔，毛乌素沙地中的纳林诺(淖)尔等，都是这样形成的。

2.3.2　风积地貌

风积地貌是指被风搬运的沙物质，在一定条件下堆积所形成的各种地貌。其中给人印象最深刻的是由风成沙堆积成的形态各异、大小不同的沙丘；大部分沙丘不是孤立分布的，而是群集构成巨大的连续起伏的浩瀚沙漠。因此，风积地貌主要指沙漠的沙丘。几种最主要沙丘的形态特征及其分布介绍如下(图 2-4，彩图链接见章后二维码)。

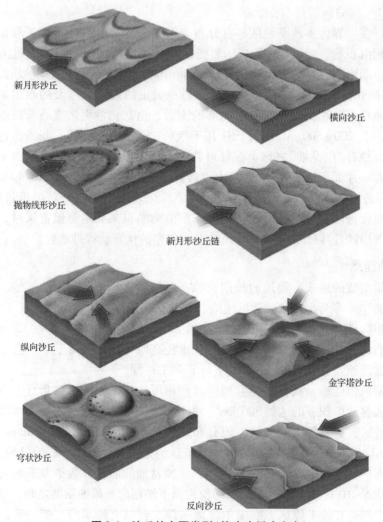

图 2-4　沙丘的主要类型(箭头为风力方向)

(改绘自 Christopherson，*Geosystems-An Introduction to Physical Geography*，8th ed. 2012)

(1) 新月形沙丘和沙丘链(梁窝状沙丘)

新月形沙丘是形态最简单的一类沙丘，在我国沙漠地区分布很广泛。顾名思义，新月形沙丘最显著的形态特征，是其平面具有新月的形状，新月的两尖端(称兽角或丘臂)指向下风方向。新月形沙丘的横剖面具有两个不对称的斜坡，迎风坡凸出而平缓，坡度介于 5°~20°，它取决于风力、移动的沙量、沙粒的形状、大小和密度；背风坡是凹而陡的斜面，即滑落面，也称落沙坡，倾角为 28°~34°，相当于沙子的最大休止角。新月形沙丘的高度较低，通常在 3~8 m，很少超过 15 m；其宽度一般为高度的 10 倍。新月形沙丘大多零星分布在沙漠边缘地区。

新月形沙丘链是在沙源比较丰富的情况下，由许多密集的新月形沙丘横向相互连接而成的。在单向风作用的地区，沙丘链的弯曲度较大，两坡不对称；在两个相反方向风交互作用的地区，沙丘链则比较平直，两坡亦比较对称，顶部有时有一摆动带，使剖面形态成为复式。因沙丘链的排列方向(走向)与长时期的起沙风合成风向近于垂直，所以有人把它称为横向沙丘。沙丘链的高度一般在 10~30 m，长度可达数百米，甚至 1 km 以上。我国巴丹吉林沙漠边缘的沙丘链，高度 40~60 m 的很常见，高者达 80~90 m，这是一般沙漠所罕见的。

沙丘链在中亚土库曼斯坦的卡拉库姆沙漠、阿拉伯半岛的鲁卜哈利沙漠东部吉瓦地区，美国怀特沙漠，墨西哥索诺拉州大沙漠，纳米布沙漠的沿海地区，波斯湾沿海地区(阿拉伯联合酋长国)，以及我国塔里木盆地西部的布古里沙漠、内蒙古阿拉善的巴丹吉林沙漠的四周、鄂尔多斯的毛乌素沙地和冀东、粤东沿海等地都有广泛分布。

密集的新月形沙丘或沙丘链，在有植被覆盖的情况下，被植物所固定或半固定时，称之为为窝状沙丘。其形态为有一半月形的深凹的沙窝，每一沙窝有一弧形沙梁所围；迎风坡较陡，两坡比较对称，多见于中亚乌兹别克斯坦的克孜尔库姆的东部、印度塔尔沙漠东部巴尔梅尔(Barmer)地区，我国的古尔班通古特沙漠西南部、毛乌素沙地南部和浑善达克沙地东南部也较为常见。

(2) 抛物线形沙丘

抛物线形沙丘是一种较特殊的固定和半固定沙丘形态。其形态特征与新月形沙丘刚好相反，即沙丘的两个兽角指向上风方向。迎风坡平缓而凹进，背风坡陡而呈弧形凸出，平面图形与马蹄相似，又像一条抛物线，所以称抛物线形沙丘。如果风力较大，抛物线形沙丘的中部(弯曲的丘顶)未被植物固定的部分继续向前移动，则把两个兽角拉成又长又窄，相互近于平行，使沙丘外形呈 U 字形，又似发夹，称为 U 形沙丘或发夹形沙丘。

抛物线形沙丘在水分、植被条件较好的半干旱和半湿润地区的沙地上常见。如我国毛乌素沙地和浑善达克(小腾格里)沙地，抛物线形沙丘有大片分布，但都比较矮小，高度一般在 10~20 m；内蒙古锡林郭勒盟东部的西乌珠穆沁旗嘎亥额勒苏沙地(也称乌珠穆沁沙地)，抛物线形沙丘也有大片分布且十分典型，但沙丘规模也较小，高度多在 10 m 以下。

抛物线形沙丘在印度和巴基斯坦的塔尔沙漠不仅分布广，而且高大、形态特殊。塔尔沙漠的抛物线形沙丘，从印度库奇兰恩北缘一直延伸到比卡内尔、面积达 10×10^4 km²。

在曼达尔北部北纬25°附近，这类沙丘高37~70 m，有的高达150 m，平均长度2.5 km，间距250 m，沙丘走向为NE50°~55°。在佐德浦尔、比卡内尔及巴尔梅尔附近地区，抛物线形沙丘群长1~3 km，高30~70 m，兽角接近于平行。

（3）沙垄与复合型沙垄

沙垄和复合型沙垄是一种排列方向（走向）大致平行于全年起沙风的矢量合成方向的线性沙丘，通常称为纵向沙丘。

全世界约有1/3或一半的沙漠面积被纵向沙丘覆盖，尤以南半球的沙漠所占此类沙丘比例最大。如北非撒哈拉的西部大沙漠、利比亚沙漠，南非的卡拉哈里沙漠，澳大利亚的吉布森沙漠，以及中亚土库曼斯坦的卡拉库姆沙漠和乌兹别克斯坦的克孜尔库姆沙漠等，都主要由纵向沙丘所组成。我国的古尔班通古特沙漠、塔克拉玛干沙漠和柴达木盆地的沙漠，也有大面积分布。然而，纵向沙丘的形态各个沙漠有所不同。古尔班通古特沙漠、卡拉哈里沙漠、吉布森沙漠及卡拉库姆和沙漠克孜尔库姆沙漠的纵向沙丘，是生长有植被的固定和半固定的线形沙垄（简称沙垄），平直作线状伸展，常分叉和连接（Y形交汇），平面形态作树枝状，故又称树枝状沙垄。高度10~50 m，长度数百米至十余千米，垄间距离从数百米到1~2 km。剖面形态具有比较对称的斜坡和微穹形的顶部，也有的两坡明显不对称，丘顶有摆动的尖脊。

在我国塔里木河南岸冲积平原上，有裸露的小沙垄分布，高度1~3 m。在柴达木盆地和塔里木盆地的阿尔金山北麓等地，所见的纵向沙丘是一种裸露的新月形沙垄，它的剖面形态不对称，有刃形沙脊，沙垄上风的尾部有时还遗留有新月形沙丘的痕迹，而下风的尽头则是尖削的，整个沙丘外形像鱼钩状，高度3~5 m，长度数百米，最长可达5 km以上。这种新月形沙垄在撒哈拉称之为塞夫（Seif，阿拉伯语为"刀剑"之意）沙丘。在土库曼斯坦柯彼达格山前平原上，也分布有大片新月形沙垄，在非洲许多沙漠中及西奈沙漠、中东沙漠等地也有大量分布。

在塔克拉玛干沙漠的中部，鲁卜哈利沙漠及撒哈拉沙漠等，则主要是裸露的复合型沙垄。沙垄上面覆盖着许多次生沙丘，整个垄体高大，延伸很长。在塔克拉玛干沙漠中部82°E~85°E的广大地区，以及沙漠西南部罗斯塔格以南、皮山以北的倍尔库姆等地的复合型沙垄，其表面覆盖着许多次生沙丘链。沙垄狭长平直，垄高一般为50~80 m，长度一般为10~20 km，最长可达45 km，垄体宽度一般为0.5~1.0 km，垄间地宽度在1~2 km之间，剖面形态比较对称，两侧斜坡均较平缓，坡度为10°~24°。塔尔沙漠西缘的巨大复合型沙垄，平均宽度2 km，长度一般为20 km。在沙特阿拉伯西南部契阿米亚特地区的鲁卜哈利沙漠中，巨大的复合型沙垄，高100 m，宽约1~2 km，间距3 km，长度可达200 km。

（4）格状沙丘（沙垄—蜂窝状沙丘）

格状沙丘是由纵横交叉的沙梁组成，平面形状呈网格状。格状沙丘在我国主要分布在腾格里沙漠的东部和南部、库布齐沙漠的中部。腾格里沙漠的格状沙丘，是由西北—东南走向的平行排列的沙丘链（主梁）和在沙丘链间产生的东北—西南走向的低矮沙埂（副梁）所组成。主梁丘高一般为10~30 m，副梁丘高为数米。

格状沙丘的固定和半固定形态，称为沙垄—蜂窝状沙丘，在中亚土库曼斯坦的卡拉库姆沙漠西部，乌兹别克斯坦的克孜尔库姆沙漠的西北部，以及我国古尔班通古特沙漠的中南部都有分布。

(5)金字塔沙丘

金字塔沙丘因其形态与埃及尼罗河畔的金字塔相似而得名，在阿拉伯语中称作"诺德(rhourds)"，即塔形沙丘之意，也因其在平面上类似多角星，又称为星状沙丘。金字塔沙丘有一个高尖的峰顶，并从尖顶向不同方向延伸3个或更多个沙丘臂(脊或棱)，每个丘臂都有一个发育良好的三角形滑落面(棱面)，坡度一般在25°~30°。

金字塔沙丘比较高大。在伊朗的卢特沙漠，金字塔沙丘高度可达150 m；在我国塔克拉玛干沙漠的且末、于田之间，麻扎塔格和罗斯塔格以北，以及巴楚东部诸山附近，所见的金字塔沙丘高度一般为50~100 m，有的可达100 m以上，有孤立的个体分布，也有一个接一个组成狭长而不规则的垄岗，垄岗长度1~2 km不等，垄岗与垄岗之间分布着低矮(高度1~3 m)的沙垄。

金字塔沙丘有简单型，也有复合型。复合型金字塔沙丘是在沙丘的斜面(棱面)上叠置有次生沙丘。在我国巴丹吉林沙漠南部和东北边缘，分布的金字塔沙丘多属复合型，最高可达200~300 m，很少孤立分布，往往是数个高大的金字塔沙丘串联成垄岗，长达5~10 km。在撒哈拉沙漠、纳米布沙漠等地广泛分布的金字塔沙丘，亦多为复合型，且常常一个接一个组成狭长而不规则的垄岗，形成所谓线形复合型星状沙丘。根据卫星相片量测，在阿尔及利亚的西部大沙漠中部和北部地区，金字塔沙丘平均直径为0.9 km，其中克扎兹附近有一个巨大金字塔沙丘高达200 m以上。阿尔及利亚的东部大沙漠，金字塔沙丘分布面积最广，沙漠中部和吉达米斯以西的南缘地区，孤立的金字塔沙丘很特别，呈横向交叉分布，该沙漠西部，金字塔沙丘与沙垄结合而形成线形复合型金字塔沙丘(即线形复合型星状沙丘)分布较广。

世界范围内，金字塔沙丘的平均宽度为500~1 000 m，平均高度50~100 m，多数金字塔沙丘的间距在1 000~2 400 m，但不同沙漠中金字塔沙丘的间距、宽度和高度差异很大。金字塔沙丘在各个沙漠中分布的位置也各不相同。在我国塔克拉玛干沙漠和巴丹吉林沙漠、非洲西南部纳米布沙漠的金字塔沙丘多分布于沙漠边缘，特别常见于地形障碍附近。在沙特阿拉伯东南部、也门和阿曼的小型金字塔沙丘沿鲁卜哈利沙漠东南边缘分布于干谷的出口附近，并向北、向西渐变为大型金字塔沙丘，然后又过渡为很大的向南迁移的新月形沙丘，但其脊顶上仍有金字塔沙丘形态。在北非金字塔沙丘却分布于撒哈拉沙漠某些地区的中心。

(6)穹状沙丘

穹状沙丘又称圆形沙丘，其形态特征是：两侧斜坡较为对称，没有明显的曲弧形落沙坡，长和宽大致相等，平面图形呈圆形或椭圆形，沙丘一般较低矮，如美国新墨西哥州白沙沙地的一个典型穹状沙丘，长137 m，宽128 m，高5.5 m。有的穹状沙丘上有次生沙丘层层叠置，称为复合型穹状沙丘，沙丘比较高大，一般都呈零乱不规则分布，部分地区也有相连的，但仍保持每个穹体的形态特征。在塔克拉玛干沙漠北部的塔里木河老河床以南，以及乌兰布和沙漠西南部地区有这种复合型穹状沙丘分布，高度一般为40~60 m。穹状沙丘在阿尔及利亚的西部大沙漠的东北部和西北部、阿拉伯半岛的大、小内夫得沙漠等也分布有一定面积，多属于高大的复合型穹状沙丘。

(7) 蜂窝状沙丘

蜂窝状沙丘是一种固定和半固定的沙丘形态，与沙垄—蜂窝状沙丘的区别是：缺乏固定方向的沙梁，为中间低而四周为无一定方向的沙梁所组成的圆形或椭圆形的沙窝地形。在中亚乌兹别克斯坦的克孜尔库姆，我国的古尔班通古特沙漠的西南部有较多分布。除了上述主要沙丘形态外，在沙漠地区的基岩山地丘陵的迎风山坡上，或沿海的沙丘、台地的向海坡上，分布有一种特殊的沙丘形态类型——爬坡沙丘，它是风沙吹移过程中遇到了山体的阻挡，风沙沿山坡上爬堆积所形成的。

在沙漠的边缘和深入沙漠内的河流两岸现代冲积平原，以及湖盆洼地周边，由于地下水位较高(一般为1~3 m)或者暂时性流水(主要为洪水)影响的关系，水分、植被条件较好，可分布有多种草灌丛沙丘。草灌丛沙丘的形状为圆形或椭圆形，其大小不一。高度取决于形成沙丘的植物，例如，红柳灌丛沙丘比白刺沙堆要高大，前者高度为3~6 m，后者一般在2 m以下。

2.3.3　其他荒漠地貌类型

(1) 旱谷

旱谷是干旱区的干河谷，为干燥的沟壑或陡壁的峡谷，暂时性的洪流侵蚀形成的沟壑或河床，有的还参与改造，使谷道加深展宽，形状极不规则，主谷、支谷难以分辨。平时河床干涸，只在暴雨形成洪流时河床中才有水。

(2) 内陆河

内陆河指由内陆山区降水或高山融雪产生的、不能流入海洋、只能流入内陆湖泊或在内陆消失的河流，又称内流河。这类河流大多处于大陆腹地，远离海洋，得不到充足的水汽补给，干旱少雨、水量不丰，而山峦环绕、丘陵起伏的地形又阻断了入海的通路，最终消失在沙漠里或汇集于洼地形成尾闾湖，如我国的塔里木河、黑河、乌裕尔河等。这类河流的年平均流量一般较小，但因暴雨、融雪引发的洪峰却很大。内陆河成因主要是河流流经的区域高温干旱，两岸不但没有支流汇入，而且河水因大量的蒸发、渗漏而消失在内陆。现在因人类对河流的过度引水、截流会加快内流河的形成。

图 2-5　库姆塔格沙漠中的沙砾碛
(陈建伟 摄)

(3) 沙砾碛

沙砾碛(sand-gravel moraine)是指在库姆塔格沙漠腹地中首次被发现的、由松散砾石组成的、具有一定规模和形态的不连续堆积体，是发源于阿尔金山的突发性洪流产生的、通过内流河河谷运输、堆积于沙漠腹地的洪积物在经历了风力作用改造后形成的一种特殊的地貌类型。我国科研人员首次在库姆塔格沙漠确认了沙砾碛风沙地貌(图2-5)。沙砾碛的命名参照了冰川学中"冰碛"(moraine)的概念。从分布特点来看，沙砾碛既不同于库姆塔格沙漠下伏的西域砾岩，也不同于典型的戈壁砾石，沙砾碛主要分布在发源于阿尔金山的河流的河谷（干谷）末端地区，海拔高度多在1 000 m左右；从地层来看，沙砾碛表面为砾石层，砾石的粒径较粗，砾石层多沉积在风沙层之上，有时砾石层与风沙层呈现互层现象；从形态来看，沙砾碛可以分为砾石台、砾石梁、砾石崀和砾石锥、砾石滩和砾石条、砾石环等类型，沙砾碛的高度有的高达25 m，有的只有0.5~3.0 m。

（4）石河

由寒冻风化产生的岩块、岩屑，在重力作用下汇集到斜坡下的沟槽内，碎石沿沟槽徐徐向下移动，形成一条用石头填满的小河，即为石河。山坡上寒冻风化产生的大量碎屑沿坡滚落到凹地、沟谷中，厚度逐渐加大，在重力作用下发生的整体运动，大型的石河又称石冰川。温度变动对石河的运动起着重要作用，会引起碎屑空隙中水分的反复冻结和融解，导致碎屑整体的膨胀和收缩，促使石河向下运动，中央部分比两侧流速快，湿润气候时比干燥气候时的流速快。石河中岩块长期运动至山麓停积下来，形成石流扇。石河停止运动是气候转暖的标志，此时角砾表面开始生长地衣、苔藓，有时在石河上生长树木或堆积新沉积物。这些石河多分布在多年冻土的南界（北半球）或高山冻土的下界。

2.4 荒漠地质与环境演变

荒漠（desert）一词的字面意思为"deserted"或"unoccupied"，即"荒芜的"或"无人生存"。通常荒漠地区的地貌是光秃秃的，没有太多的土壤或生物，到处都是裸露的岩石、粗细不一的沙砾等物质。荒漠是如何形成的？何时形成的？荒漠环境形成后是如何演化的？荒漠地区的未来会演变成什么样子？荒漠里堆积的颗粒物质来自哪里、又要去向何方？回答这些问题，就需要从荒漠地区的地质学角度来进行解读。

2.4.1 地球为何存在荒漠

荒漠的形成不是由单独的某一个地质条件控制的，而是由构造活动（造山运动）、流水作用、风力作用等多种因素共同控制的。这些不同类型的作用因素，在地球表面的不同地区，其组合方式不同、强度不同，所以造就了千奇百怪的荒漠形态。

从世界地图上看，荒漠分布地区具有以下几个特点：第一，一些荒漠地区多分布在高大山脉环绕的盆地地区，内部地势比较平坦；第二，荒漠地区大多分布在气候干旱内陆地区，部分荒漠分布在大洋东岸的沿海地区；第三，有些沙漠分布在中纬度地区，有些则分布在低纬度地区；第四，荒漠地区的周围大多是草原。那么如何从地质学角度来解释这些现象呢？中亚、北美的中纬度地区荒漠，地处大陆内部、被高山环绕且远离海洋，这意味着来自海洋的水汽和云团要想达到这些地区，需要跨越千山万水，困难重重。例如，北美的内华达山脉、海岸山脉和卡斯卡德斯山脉阻挡了来自太平洋的暖湿水汽进入内陆地区，形成了"雨影"效应，在下风坡，气流下降时是很难形成降水的。再如，我国的塔克拉玛干沙漠，北有天山、南有昆仑山，水汽受到高山的阻隔，同样难以到达沙漠内部。对于非洲、阿拉伯半岛和澳大利亚等地的沙漠，它们分布的区域主要取决于全球气压和风场的分布。这些位于低纬度地区的荒漠受到副热带高压的控制，由下沉的气流控制，空气被压缩、变暖，同样是不利于形成降水的条件。总之，从气候条件上讲，干旱可能是导致荒漠形成的一个原因。

高大山脉在长期的物理风化和化学风化等作用下，导致山体被剥蚀产生碎石，突发的洪水足以将这些碎石搬运到山脚下的冲积扇区域。当零星的降水或冰雪融水汇集到山谷地区，逐渐汇为流量较大的激流时，流水就会携带大量的碎屑进入山谷（图 2-6）；当流水逐渐流淌至山下的缓坡时，流速减弱，流水携带的碎屑就会堆积下来，形成冲积扇。常年的物质积累下，冲积扇面积不断扩大，最终临近高大山脉的多个冲积扇就会连成一片，形成一个裙带状的连片沉积区域，这就是冲积平原。长期的风力作用、流水作用会将这些物质继续搬运到山脉中间的低洼的盆地，堆积起来。高山不断被侵蚀，侵蚀后的碎屑物质最终不断填入山间盆地。从物质来源上讲，高大山脉的侵蚀为荒漠提供了大量的碎屑物质。

人们通常认为，沙漠里面缺水，沙漠里面没有水面，然而现实却是，在有些沙漠中，湖泊是大量存在的（图 2-7）。在一些极端天气条件情况下，如突发高强度降水和冰雪融水时，河流可以从高山山谷经冲积平原，直接达到盆地内部，并在冲积平原上形成冲沟，河流水不断积累在盆地内部，直至形成湖泊。当然，在盆地内部，这种湖泊没有出水口，因此必然形成盐湖。由于水源情况不同、蒸发强烈，这些湖泊的寿命也参差不齐：有些湖泊水源补给多，那么可能一直保持高水位；有些湖泊由于强烈的蒸发，寿命则可能只有几天。残留的干盐湖由于水分蒸发、盐分凝结，表面常附有一层盐层，称为盐滩。此外，地下水、周边高大山脉的地下潜流等，也是沙漠湖泊重要的水源。巴丹吉林沙漠密布 100 多个湖泊，令人难以想象这是在沙漠中的情景。

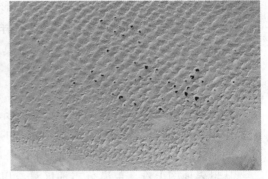

图 2-6 库姆塔格沙漠中的壮观的冲沟　　图 2-7 巴丹吉林沙漠高大沙山和星罗棋布的湖泊
（王学全 摄）　　　　　　　　　　　　（引自 NASA 观测影像，Jesse Allen 摄）

我们需要特别注意河流在荒漠地区的重要作用。沙漠地区虽然存在季节性的河流，但是河床通常是干涸的，然而这并不意味着沙漠中的河流作用无足轻重；相反，当沙漠地区出现一年中，甚至是多年一遇的暴雨时，短时间的降水不能立即渗入地下，加上沙漠地区植被稀少、地势平坦，地表径流几乎没有阻隔，因此非常容易形成洪水。在美国西部干旱区，季节性的河流被称作旱谷、冲蚀谷；在阿拉伯半岛和北非，河流称为干谷；在南美洲，称为陡岸干谷；在印度，则称为水道。在湿润地区，河流具有我们常见的典型流水系统，但是在荒漠地区，河流没有足够的水源供给，通常会因为强烈的蒸发作用和渗透作用，而很快干涸。虽然尼罗河等河流穿越了大沙漠，但是尼罗河的源头并不在沙漠，而是在沙漠外围、降水丰盈的高原、山地地区，水分补给和源自沙漠内部的河流不可同日而语，尼罗河穿越撒哈拉沙漠接近3 000 km，却在沙漠中没有一条支流。

【总结】荒漠形成的条件：①丰富的碎屑物质来源；②碎屑物质侵蚀、搬运、堆积的动力；③一个低洼的盆地提供碎屑物质稳定持续堆积、填充的场所。

2.4.2 荒漠的前世今生

沙漠到底何时形成？人们曾经认为沙漠是由于人类活动破坏了现在的干旱地区的植被后，土地发生了严重的退化，才产生沙漠。实际上，远在人类文明出现以前，甚至是人类出现以前，地球上就已经有沙漠存在。董光荣等（1999）认为，根据地层中的岩性岩相对比和年代测定结果，在时间上，我国沙漠经历了白垩纪沙漠、第三纪沙漠和第四纪沙漠三大演化阶段；在空间上，第四纪前为自西北往东南横贯我国中部的亚热带红色沙漠，第四纪为集中于我国西北部的温带黄色沙漠；其中，早更新世时期，沙漠面积小而分散，中更新世时期沙漠面积迅速扩大，奠定了温带黄色沙漠的基本格局；晚更新世后期，东部沙区迅速活化，但沙漠范围似未超出中新世时期，全新世时期沙漠总体有所缩小，期间仍有不同程度的固定与活化，主要在东部沙漠。现代地表的沙漠，包括沙漠化土地，只是沙漠长期发展演变过程中新近经历的一幕。这一结果大致可与大陆风成红土、土堆积及深海风成沉积对比。

如何测定一个沙漠的年龄？科学家们通过在沙漠中心钻孔和沙漠地区出露的沉积剖面中识别古老的风沙层，并测定这些古风沙层的年龄。当然一个前提是需要论证这些古风沙层是否能够代表当时广泛发育了的沙漠。近年来，随着一些钻孔和剖面的挖掘，一些著名沙漠的年龄逐渐开始揭开神秘的面纱。例如，我国最大沙漠——塔克拉玛干沙漠的年龄，有的科学家认为是形成于700万年前，有的科学家则认为形成于2200万—2700万年前。关于沙漠的形成年代是目前国际上最前沿的科学问题之一，目前并未形成广为接受的看法。

另一个令人感兴趣的话题是：沙漠形成后是如何演化的？沙漠形成后是否一直是沙漠状态？从沙漠中心地区向下挖掘的沉积钻孔中的记录发现，沙漠只有在最近的几十万年才长成现在的模样，尽管会时不时地在某些时期成为湖泊；在几十万年以前，现在的沙漠地区更多地是以湖泊的形式存在的，中间的某些时期以沙漠形式存在；越老的地层颜色越发红色，越年轻的地层越发黄色。我们似乎可以推测，在现在的沙漠地区，其历史上沙漠和湖泊是交替存在的。过去地球上的沙漠面积曾经在某一段时间比现在要更广，当然也曾经在另外一些时间比现在要更小。

我们了解了沙漠的过去，那么沙漠的未来会是什么样子呢？在未来，沙漠会扩张，还是会收缩？沙漠仍然会变成湖泊吗？这就需要基于未来全球变化的情景和过去地质历史时期的记录综合考量。

2.4.3 荒漠中堆积物质的来龙去脉

通过前面的讲述，我们不难想象沙漠物质的来源：山脉的侵蚀、流水的冲刷、冲积扇的暂时存储等过程。那么沙漠物质的去向呢？我们知道沙漠地区经常发生沙尘暴现象，即相对细一些的颗粒被风力携带在大气中传输，那么这些颗粒去了哪里呢？在地图上我们看到，在我国西北地区沙漠的下风向，正是我国的黄土高原，我国的第四纪地质科学家们通过半个世纪的研究发现，黄土的物质来源正是来自沙漠地区的粉尘。另外，河流也可以将干旱地区沙漠的沙子向下游搬运。

一个有趣的现象是，当细颗粒的物质被吹走之后，干旱地区的表面剩下了那些不容易被搬运的粗颗粒物质。这些粗颗粒物质堆积在表面，反而"保护"了其下方的那些细颗粒的沙子，这就是戈壁地区常有的一种现象。在戈壁地区的地表向下挖一个数米深的剖面，往往可以看到表层是较粗的砾石，下层则是一些相对较细的颗粒。

另外，一些更细的颗粒可以被风吹起的高度更高，那么传输距离也就更远。一部分的颗粒（粉尘）就会被输送到海洋，进入海水。来自陆地荒漠地区的粉尘含有铁矿物，是海洋生物最重要的"铁肥"来源。科学家通过实验发现，在一片水生生物稀少、养分贫瘠的海域撒放沙子，进行持续观测，发现这片海域的生物活动明显加强。

思 考 题

1. 简述荒漠地区主要的 4 种地貌作用及其形成的地貌类型。
2. 简述新月形沙丘的形态特征及形成过程。
3. 干旱的气候条件到底是不是荒漠形成的一个必要条件？
4. 中国的哪些地区可以观察到沙漠演化的各个阶段？
5. 对于中国西北干旱地区来说，是先形成沙漠？还是先有黄土高原的黄土堆积？

推荐阅读书目

1. 地貌学 . 严钦尚，曾昭璇 . 高等教育出版社，1985.

2. 沙漠生态学 . 赵哈林 . 科学出版社，2012.

3. Quaternary deserts and climatic change. Alsharhan A S, Glennie K W, Whittle G L, et al. Balkema Publishers, 1998.

4. The physics of blown sand and desert dunes. Bagnold R A. Methuen, 1941.

5. Geosystems-An Introduction to Physical Geography. Christopherson. 8th ed. Pearson Prentice Hall, 2012.

6. Reconstructing quaternary environments. Lowe J J, Walker M. 3rd ed. Routledge, 2014.

7. Climate change in deserts: Past, present and future. Williams M. Cambridge University Press, 2014.

8. A study of global sand seas. McKee E D. U. S. Geological Survey Professional Paper, 1979.

9. Geomorphology of desert dunes. Nicholas Lancaster. Routledge, 1995.

10. Geomorphology of desert environments. Abrahams P. 2nd ed. Springer, 2009.

11. Sand and sandstone. Pettijohn F J, Potter P E, Siever R. Springer, 1972.

12. Aeolian sand and sand dunes. Pye K, Tsoar H. Springer, 2009.

13. Arid zone geomorphology, process, form and change in drylands. Thomas. 3rd ed. Wiley-Blackwell, 2011.

参考文献

拜格诺 R A, 1959. 风沙和荒漠沙丘物理学[M]. 钱宁, 译. 北京：科学出版社.

董光荣, 2002. 中国沙漠形成演化气候变化与沙漠化研究[M]. 北京：海洋出版社.

董治宝, 等, 2011. 库姆塔格沙漠风沙地貌[M]. 北京：科学出版社.

卢琦, 等, 2012. 库姆塔格沙漠研究[M]. 北京：科学出版社.

南京大学地理地貌教研组, 1961. 地貌学[M]. 北京：人民教育出版社.

王锋, 褚建民, 王学全, 等, 2011. 库姆塔格沙漠研究：进展与成果[J]. 资源与生态学报（英文版）(3)：193 - 201.

吴正, 2009. 现代地貌学导论[M]. 北京：科学出版社, 127 - 142.

尤联元, 杨景春, 2013. 中国自然地理系列专著：中国地貌[M]. 北京：科学出版社.

Holden, 2002. An introduction to physical geography and the environment[M]. 2nd ed. Edinburgh Gate：Pearson Education Limited.

Montgomery, 2011. Environmental geology[M]. 9th ed. New York：McGraw-Hill.

Sarnthein, 1978. Sand deserts during glacial maximum and climatic optimum[J]. Nature, 272(5648)：43 - 46.

Sun J, Liu T, 2006. The age of the Taklimakan Desert[J]. Science, 312(5780)：1621 - 1621.

Warner, 2004. Desert meteorology[M]. Cambridge：Cambridge University Press.

Li Z J, Wang F, Wang X, et al., 2018. A multi-proxy climatic record from the central Tengger Desert, southern mongolian plateau：Implications for the aridification of inner asia since the late pliocene[J]. Journal of Asian Earth Sciences：160.

Zheng H, Wei X, Tada R, et al., 2015. Late Oligocene-early Miocene birth of the Taklimakan Desert[J]. Proceedings of the National Academy of Sciences of the United States of America, 112(25)：7662 - 7667.

第 2 章附属数字资源

第**3**章

荒漠气候

[**本章提要**]本章结合地球能量分布、海陆位置、地形特征等几个影响气候区分布的主要因子，阐述荒漠气候的形成，并以我国为例，对荒漠区气候特征、气象灾害等方面进行了详细介绍。

3.1　世界荒漠气候的形成

全球辐射不均匀分布导致的行星际大气环流，主导了世界荒漠气候的形成。另外，海陆分布、洋流、地形变化等地理因素也是影响世界荒漠气候形成的重要因子。

3.1.1　世界荒漠气候形成的辐射因子

在地球赤道附近，太阳辐射强、空气受热膨胀形成上升气流，并在低空形成低压带，称为赤道低压带；由于赤道附近多为海洋，蒸发旺盛，充沛的水汽在上升过程中凝结、降落，在赤道附近形成一个多雨带(图3-1)。赤道上升气流在高空向高纬度方向运动，在地球自转偏向力作用下，气流在南北纬20°~30°附近下沉，并在低空形成高压带，称为副热带高压带；由于下沉气流水汽含量低，导致该区域多干燥少雨。

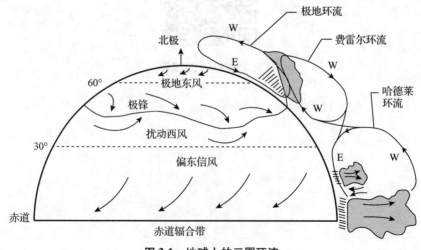

图 3-1　地球上的三圈环流

(Warner, 2004)

副热带高压带空气在低空分为两支气流。一支向赤道运动，在自转偏向力作用下，北半球形成东北风、南半球形成东南风（即东北信风带和东南信风带），二者合称为东风带；东风带气流与赤道附近上升气流共同构成一个完整的环流，称为信风环流或哈德莱环流。另一支气流向高纬度流动，在自转偏向力作用下，北半球形成西南风、南半球形成西北风，二者合称为西风带。

在两极地区，太阳辐射终年较弱，空气冷却收缩形成下沉气流，从而在低空形成高压带，称为极地高压带；极地气流在低空向低纬度流动，在自转偏向力作用下，北半球形成东北风、南半球形成东南风，二者合称为极地东风带。极地东风带寒冷气流向低纬度方向移动过程中，在南北纬60°附近与西风带温暖气流交汇，导致温暖气流抬升，从而在该区域形成副极地低压带；气流上升过程中冷凝，形成一个多雨带。副极地低压带气流在高空分为两支：一支向高纬度方向移动，与极地下沉气流形成一个完整循环，称为极地环流；另一支向低纬度方向移动，在南北纬30°附近下沉，形成中纬度环流或费雷尔环流。

另外，行星风系在近地表与海面摩擦，是推动形成洋流的主要因子，而海陆分布格局能够改变洋流的运动方向。由于陆地与海洋的热容与水汽含量不同，大规模洋流运动不仅改变了陆地经向与纬向温度分布，同时也使陆地东部降水增加、陆地西北降水减少。

在辐射及辐射主导的行星风系、洋流、季风等影响下，在低纬度0°~10°地区形成了热带雨林气候，在大陆西部纬度为10°~30°附近形成了热带草原和热带沙漠气候，在大陆东部纬度为10°~30°附近形成了热带季风和亚热带季风气候；在大陆西部中纬度30°~60°地区形成了地中海气候和温带海洋性气候，在大陆中部形成了温带大陆性气候，在大陆东部35°~50°地区形成了温带季风气候；在中高纬度大陆西部60°~70°地区及大陆西部50°~70°地区形成了亚寒带大陆性气候；在高纬度70°~90°地区形成了苔原和冰原气候（图3-2）。

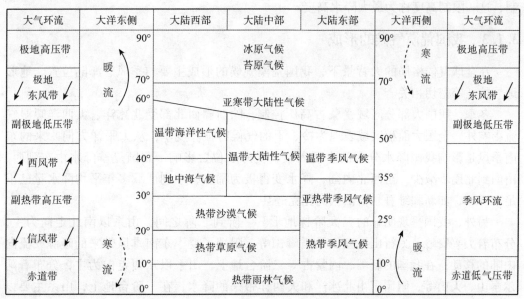

图3-2　世界主要气候类型分布模式

3.1.2　荒漠气候形成的地理因子

海陆分布不仅能够改变洋流运动方向，同时也阻断了湿润气流向大陆内部的远距离传输，并在远离海洋区形成干燥的大陆性气候。亚洲陆地面积最大，内部区域距离海洋较远，从而形成了世界上最大的大陆性气候分布区，使亚洲中部分布大面积的戈壁和荒漠。

由于陆地与海水的比热容不同，导致陆地冬季降温迅速，近地表大气层形成大陆高压区。与大陆比较，海洋温度变化缓慢，近下层大气形成低压区。因此，风在冬季由大陆吹向海洋，形成干燥寒冷的冬季风；相反，夏季陆地近地表增温迅速，形成低气压区，风由海洋吹向大陆，形成湿润多雨的夏季风，如亚洲东部、西非和澳大利亚的北部沿海地带出现的季风。同样，由于亚洲陆地面积最大，季风表现得最为强烈。受季风影响，亚洲东南部区域成为较为湿润的地区，而同纬度的亚非地区却多为沙漠覆盖。

较大的地形起伏往往能够改变气流运动方向及近地层气压场分布，并对区域甚至全球气候格局产生重要影响。地形对气候的影响最为典型的例子是青藏高原的隆起。青藏高原平均海拔约 5 000 m，从而能够影响高层大气环流，在冬季使高压中心北移至蒙古—西伯利亚地区形成蒙古高压，同时由于冬季高原吸收的太阳辐射小于地表释放的热量而形成冷源，更进一步加大了蒙古高压的强度；在夏季使低压中心南移，形成并强化了东亚季风。然而，由于青藏高原的阻碍作用，从印度洋来的湿润气流无法到达高原的北侧，使中国的青海北部、新疆大部、甘肃西部在夏季降水稀少。

海拔变化也是影响区域降水的重要因素。高原区，水汽含量通常随海拔升高而减少，所以在面积辽阔的高原内部降水总体较为稀少。山地与高原不同，山地迎风坡降水要显著高于背风坡降水，这是因为海拔升高，一方面能够阻挡并抬升暖湿气流，另一方面温度降低能够促使水汽凝结形成地形雨。但是，降水随海拔升高具有一定的限制，这一限制高度称为最大降水高度。

3.1.3　我国荒漠气候的形成

在全球气候格局的大背景下，我国荒漠气候的形成主要与季风、海陆位置、地形地貌特征等密切相关。

冬季，我国大部分区域受蒙古高压控制，除新疆西北部受北冰洋、大西洋暖湿气流影响外，全国大面积区域表现为冷、干的气候特征。夏季，从太平洋方向吹来的东南季风是影响我国降水分布的主要因素，受海陆位置影响，我国夏季降水由东到西、由南到北逐步减少，至西北内陆，降水变得极为稀少，个别区域多年平均降水量已不足 10 mm，如新疆维吾尔自治区的托克逊县。

另外，我国呈现明显的三大阶梯地形。一阶到二阶之间，山系以南北走向为主，分布着大兴安岭、太行山、巫山及雪峰山等，阻挡了夏季东南季风带来的暖湿气流向内陆的移动；在我国的新疆、内蒙古等二阶台地上，山系以东西走向为主，分布着阿尔泰山、天山等，阻碍了由北冰洋和大西洋带来的降水；在三阶台地上，山系主要以东西走向为主，分布着喜马拉雅山、昆仑山，加上三阶台地东南部分布的横断山，阻挡了由印度洋吹来的西南季风,使其仅能影响到长江上游以南的西南地区及青藏高原的东部地区。在以上原因的共同作用下,使我国西北内陆形成广袤的温带荒漠区。

3.2 荒漠的气候特征

3.2.1 荒漠的降水特征

(1)全球的降水分布

赤道地区是全球降水最多的区域,这里全年蒸发旺盛,以对流雨为主,年均降水量在 2 000~3 000 mm;南北纬 15°~30°受副热带高压控制,是全球降水的最为稀少的区域,在该区域的大陆内部和西岸降水通常不超过 500 mm;中纬度多雨带主要是由极地与副热带两种性质不同的气团相遇形成的锋面雨,在这个区域中由于大陆东海岸受夏季风影响、降水较多,但在大陆内部因距离海洋遥远、空气干燥,降水逐步变的稀少,从而分布着大面积温带荒漠。高纬度地区由于长年气温低、蒸发小、大气中水汽不足、并以下沉气流为主,故而降水稀少,形成极地寒漠。

(2)我国的降水分布

虽然我国大面积区域处于北纬 15°~30°之间,但受季风及海陆位置影响显著,夏季东南风成为影响我国降水及其分布的主要因子。从降水分布看,我国年平均降水量从东南沿海向西北内陆逐步降低,且降水主要集中在夏季(新疆北部区域受大西洋和北冰洋影响降水多集中在冬季)。400 mm 降水等值线从呼和浩特,经过兰州、班戈,在西藏的日喀则北面转而向东,50 mm 降水等值线从额济纳东北开始,经敦煌、绕柴达木盆地向西,在喀什转向东至吐鲁番—哈密盆地。荒漠区有 3 个少雨的闭合区域,分别位于准噶尔盆地,降水等值线为 150 mm;塔里木盆地,降水等值线为 25 mm;柴达木盆地,降水等值线为 25 mm。

另外,海拔与区域位置对区域降水影响尤为明显。在新疆及甘肃地区由于受北冰洋或大西洋暖湿气流影响,在山系的迎风坡(北坡)降水较多,而南坡降水稀少。

(3)我国荒漠区的降水特征

荒漠地区除降水量稀少外,同时具有年际变化大、降水强度小、持续时间短、间隔时间长等特征。

从年际变化看,随降水量降低,降水年际波动具有增加趋势。据统计,半干旱区降水年际变率平均值为 15%~25%,干旱区为 25%~35%,极端干旱区 35%~50%。以敦煌(多年平均降水量为 39.5 mm)、民勤(多年平均降水量为 115.3 mm)、阿拉善左旗(多年平均降水量为 208.2 mm)、通辽(多年平均降水量为 366.3 mm)为例,1960—2011 年 4 个地区降水年际变化分别为 78.6%、39.9%、32.9%、27.1%,年际降水最大变幅分别为 653%、296%、151%、141%(图 3-3)。

根据 1960—2011 年国家气象局公布的全国日气象数据,筛选出数据年限超过 30 a 的站点 688 个,其中 584 个站点数据年限超过 50 a。通过对这些数据的进一步分析,可以更为清晰地看到我国干旱区的降水属性及其变化规律。多年平均降水量在 500 mm 以

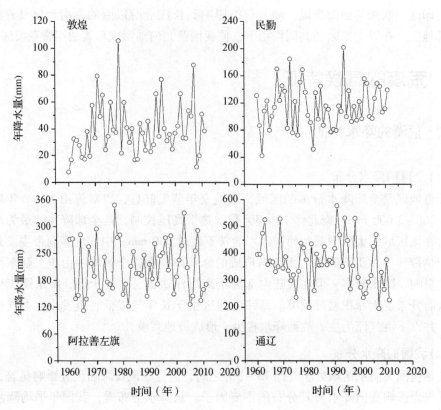

图 3-3　敦煌、民勤、阿拉善左旗、通辽年降水量动态变化

下的区域，年降水发生天数多在 120 d 以下，年降水次数多在 45 次以下，单次降水量通常不超过 12 mm，降水日平均降水强度在 6 mm 以下；多年平均降水量在 250 mm 以下的区域，年降水天数多在 60 d 以下，年降水次数多在 30 次以下，单次降水量通常不超过 6 mm，降水日平均降水强度在 4 mm 以下；多年平均降水量不足 100 mm 时，年降水天数多在 40 d 以下，年降水次数多在 25 次以下，单次降水量通常不超过 4 mm，降水日平均降水强度在 3 mm 以下(图 3-4)。

　　根据多年平均降水量，将 668 个站点划分为 4 个降水区，分别为 0 ~ 200 mm、200 ~ 400 mm、400 ~ 800 mm、> 800 mm；同时，依据单次降水量，对各降水区降水分为 6 组，分别为 0 ~ 5 mm、5 ~ 10 mm、10 ~ 20 mm、20 ~ 40 mm、40 ~ 80 mm、> 80 mm。统计结果显示，随降水量的降低，小量级降水的降水总量及降水次数占比逐步增加。在 0 ~ 200 mm 的降水区，单次 0 ~ 5 mm 的降水次数和降水总量的占比分别可达 79.91%、31.74%(表 3-1、表 3-2)。

表 3-1　不同降水区不同级别的单次降水占降水总量的比例

降水量分级	不同级别降水占总降水量的比例(%)					
(mm)	0 ~ 5 mm	5 ~ 10 mm	10 ~ 20 mm	20 ~ 40 mm	40 ~ 80 mm	> 80 mm
0 ~ 200	31.74 ± 10.31	22.95 ± 3.93	23.78 ± 4.53	16.04 ± 6.83	5.06 ± 4.43	0.55 ± 1.14
200 ~ 400	13.78 ± 4.88	14.67 ± 4.59	23.28 ± 4.50	25.59 ± 3.68	17.13 ± 6.96	5.57 ± 5.64
400 ~ 800	7.22 ± 1.88	8.61 ± 1.87	15.94 ± 3.19	24.47 ± 3.20	25.36 ± 2.92	18.41 ± 7.89
> 800	2.74 ± 1.19	3.89 ± 1.56	8.75 ± 2.87	17.15 ± 4.38	25.50 ± 4.34	41.98 ± 12.62

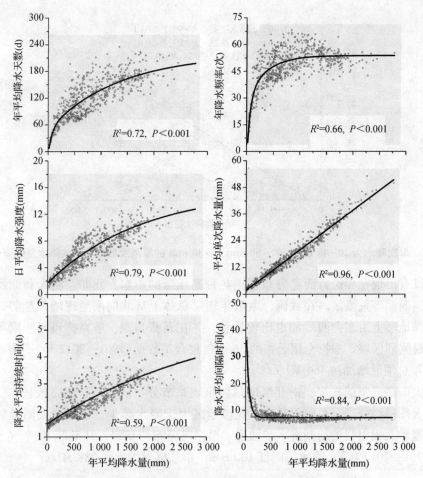

图 3-4 年平均降水天数、降水频率、降水日平均降水强度、单次平均降水量、
降水持续时间及降水间隔时间随年平均降水量的变化特征

表 3-2 不同降水区不同级别的单次降水占总降水次数的比例

降水量分级 （mm）	不同级别降水占总降水次数的比例（%）					
	0~5 mm	5~10 mm	10~20 mm	20~40 mm	40~80 mm	>80 mm
0~200	79.91±6.61	11.08±2.55	6.27±2.63	2.35±1.59	0.43±0.48	0.03±0.06
200~400	64.54±5.59	14.01±2.07	11.59±2.06	6.88±2.08	2.54±1.43	0.47±0.57
400~800	55.45±5.10	13.81±1.49	12.94±1.63	10.20±1.55	5.58±1.43	2.00±1.05
>800	41.36±5.90	12.01±1.58	13.79±1.68	13.99±2.12	11.03±2.49	7.76±3.57

荒漠区降水稀少，极端降水事件的发生概率极低具有极高的不确定性。统计多年
平均降水量 500 mm 以下的站点 52 a（1960—2011 年）数据，可以看出，单个降水过程
降水量在 20~40 mm，40~80 mm，>80 mm 的降水次数随多年平均降水量增加而增加，
而且暴雨量级越高发生概率越小（图 3-5）。

3.2.2 荒漠的辐射特征

随太阳高度角的转变，地表太阳辐射呈现一定的纬度地带性。受大气密度、大气
层厚度、海拔及天空云量对太阳辐射的透射、反射及散射影响，世界太阳辐射最高的

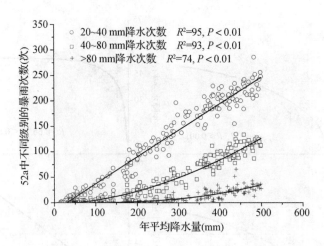

图 3-5　单次降水为 20～40 mm，40～80 mm，> 80 mm 的暴雨次数随年平均降水量的变化特征

地区并没有出现在赤道，而是分布在副热带高压带的中东、北非、澳大利亚及海拔较高的我国西部等荒漠区。在我国，太阳年辐射总体上从北向南呈现增加趋势，同时在三个阶梯地形上由东向西增加也比较显著，并在青藏高原、塔克拉玛干沙漠等区域形成辐射最强烈区域。根据全国公布的 56 个气象台站数据（1961—2012 年），海拔每升高 1 km，年总辐射增加约 464 MJ/m²。

随太阳高度角的转变，南北半球辐射呈现季节分布。夏季日照时数长、日地距离较近、太阳辐射变强、总辐射量高。荒漠地区由于降水稀少，云雾对太阳辐射的阻挡微小，夏季总辐射强度得到进一步加强。根据已公布的新疆、甘肃等 10 个气象台站的数据（1961—2012 年），降水每降低 100 mm，年总辐射增加约 288 MJ/m²。

3.2.3　荒漠的温度特征

（1）地温

荒漠区能量收支平衡具有以下特征：①荒漠区云量较少、空气干燥、大气对阳光的反射、散射、吸收能力较弱，更多的太阳辐射能量能够直接到达地面，使单位面积上热量累计速率更高；②荒漠区地表比热容小、热传导能力弱，地表与大气之间主要通过感热进行能量交换，加速了荒漠区地表白天升温和夜晚降温的速率。这两个因素导致荒漠区地温日波动和季节波动增大。以吐鲁番盆地和额济纳旗为例，两个地区最冷月（1 月）平均表层地温分别约为 - 10℃ 和 - 12℃，极端最低表层地温可达 - 28 ～ - 25℃；最热月（7 月）平均表层地温分别可达 40℃ 和 32℃ 以上。年极端最高温度，荒漠区均在 50℃ 以上，其中塔里木盆地、吐鲁番盆地可以达到 70℃，最高观测值曾到达 82.3℃。这样高的温度对于荒漠区生存的动植物是一种严峻的考验。

土壤内部，夏季土温随土层深度的增加而降低，冬季土温随土层深度的增加而增加。越靠近地面，土温波动越明显，其日较差和年较差越大。从敦煌 2012—2013 年阳关戈壁荒漠区 10～100 cm 土壤温度监测数据可以看出，夏季 10 cm 土层最高温度超过 45℃，日波动幅度最高超过 30℃，年较差接近 60℃；而在地下 100 cm 处，温度变化更为平滑，最高温度不超过 35℃，而最低温度不低于 0℃（图 3-6，彩图链接见章后二维码）。

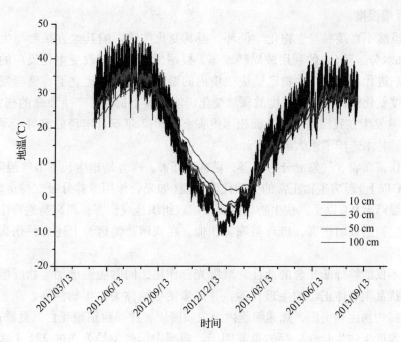

图 3-6 敦煌阳关戈壁地温变化

(2)空气温度

近地层空气温度主要受 3 个因素影响。

①地表辐射决定空气能量收入：虽然全球能量分布决定于太阳辐射，但由于空气对太阳辐射的直接吸收能力较弱，太阳直接辐射对空气温度的影响并不明显。相比较，由于地表能够吸收大部分太阳辐射，并能够通过长波辐射将能量输送给空气，所以地表辐射(或温度)成为影响空气温度的主要因子。

②大气层特征决定空气能量支出：大气层结稳定、天空云层较厚等因素能够降低空气中能量流动、增加大气逆辐射，从而起到增温效应；相反，如果天空晴朗、大气层稀薄等因素将降低大气逆辐射、增加能量向外界逃逸速率，从而加速空气温度降低，这也是高原地区辐射高而气温低的重要原因之一。

③海陆位置、季风、洋流的影响：由于海水比热容高、温度变化具有时滞效应，并使温度波动幅度小于大陆，相同辐射环境下，越靠近海洋的区域气温变幅越小，冬季温暖而夏季凉爽；洋流和季风的发生是物质和能量的流动，从而能够快速打破所经过区域的能量平衡，改变原有空气温度。

由于荒漠区地表裸露、地温变化剧烈，同时降水稀少、大气层透明度较高，导致这一区域气温夏季炎热、冬季寒冷，日较差和年较差巨大的特征。据统计，在热带、亚热带荒漠区最高气温可达 55℃，极端值接近 60℃；温带、寒温带荒漠区最高气温可达 50℃。我国荒漠区记录的最高气温出现在吐鲁番盆地，达到 48.9℃。另外，我国荒漠区最高温度超过 35℃的天数随着降水的减少而增加，在年降水量仅为 15 mm 的吐鲁番，最高气温超过 35℃的天数达到了 100 d。同时，我国荒漠区温度日较差通常都超过 20℃，而年较差多在 40~60℃，最大年较差接近 85℃。

(3) 极端温度

温度虽然不直接参与生物化学循环,但其变化能够影响其他直接参与生物化学循环物质(如水分、养分)的利用或周转速率,极端情况下能够改变生化反应的方向和结果。在长期进化过程中,生物已适应生境内的温度条件,并建立了一整套复杂而完善的应对温度变化的机制,但温度的骤然变化仍能对其生长发育产生致命的伤害。例如,2008 年 1 月发生在我国南方的大面积冰雪灾害、2013 年 6 月出现的酷暑干旱,均对当地农作物及林木造成了重大的伤害。

低温伤害在农业气象上分为冷害、霜害和冻害。冷害是指生长季节气温降低(但温度仍在 0℃ 以上)影响生物正常的生理代谢功能(如光合作用、养分吸收与运输等);冻害是指气温降至 0℃ 以下,使生物体内部细胞或组织造成伤害;霜害是遇冷生物体表面凝霜而对生物造成的伤害,机理与冻害相似。在我国荒漠区,上述 3 种伤害发生都较为普遍。

高温不仅能够降低光合酶活性,减缓光合作用,同时能够增加生物呼吸及水分流失速率、扰乱生物体正常的生理代谢,并逐步使生物体失去生物活性。严重的高温伤害能够直接灼伤生物组织,加速细胞内蛋白质凝固,并导致细胞死亡。夏季高温频发,是限制荒漠区生物生长、生存的重要因子。根据中国气象局公布的 222 个多年平均降水量(1960—2011 年)小于 500 mm 的气象台站数据,年日平均温度大于 35℃ 的天数随着降水量的降低呈现增加趋势(图3-7)。干旱区高温日数出现最多的地区为新疆的吐鲁番,每年这里有 100 d 最高温度超过 35℃。

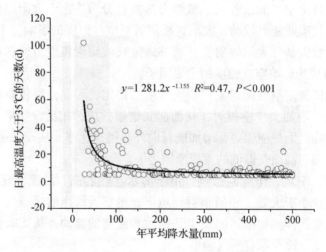

$$y = 1\ 281.2x^{-1.155} \quad R^2 = 0.47,\ P < 0.001$$

图 3-7　日最高温度大于 35℃ 的天数随降水量变化的规律

3.2.4　荒漠的蒸发与空气湿度特征

(1) 蒸发

影响潜在蒸发的因素主要包括:温度、空气饱和水汽压差、气压、风速等。荒漠区潜在蒸发量极高,通常在 2 000~3 000 mm,一些地区甚至可以超过 4 000 mm;干燥度指数(潜在蒸发量与降水量之比)通常可以为 4~10,中国干燥度指数最高的地区出现在塔里木盆地、柴达木盆地及内蒙古西北部的戈壁区,这些区域潜在蒸发量与降水量之比可以超过 100。荒漠区虽然潜在蒸发量较高，但由于荒漠区大气降水及地表水不足，土壤内部含水量极低，实际蒸发量却很低，从而造成荒漠区空气湿度普遍较低。

(2) 空气湿度

在我国北疆及其他高大山脉的迎风坡，由于降水相对丰富，荒漠空气相对湿度可以达到或超过 60%；塔克拉玛干沙漠、库姆塔格沙漠及内蒙古西北的戈壁区，年降水量通常低于 50 mm，为我国极端干旱区，这里空气相对湿度通常小于 45%；高寒荒漠区(青藏高原)大部分地区空气相对湿度在 40% 左右，青藏高原东南部和南部区域受降水影响，空气相对湿度可以达到 50% 左右。

通常，随着夏季降水的增加，荒漠区空气相对湿度具有增加的趋势。但在极端干旱区和一些干旱区，降水极为稀少或降水间隔时间较长，空气将变得更为干燥。例如，敦煌绿洲外围的荒漠区，在 6~9 月，空气相对湿度多在 10%~30%；在库姆塔格沙漠内部，白天空气相对湿度多在 10% 以下。

3.2.5 荒漠的风与沙尘特征

受大气环流和荒漠局部地形与地貌影响，荒漠地区多风，且风力通常较大，同时由于荒漠区地表多裸露、沙尘丰富，使沙尘天气成为荒漠区重要的气候特征之一。

受大陆性季风以及下垫面地形地貌影响，春夏之交，高冷暖气团移动迅速且变换频繁，出现大风频发期(根据蒲氏风力，气象上将风速大于 17.2 m/s 的风称为大风)，并表现为西北大、东北部小，高山区大、低山区小的特征。春夏之交，高空受西风带影响，大风通常以西风或偏西风为主。我国荒漠区每年大风日数多在 10~15 d，属于大风多发区。

地形对风速的影响，主要表现为狭管效应、绕流效应和摩擦减速效应等。在地形影响，新疆的阿拉山口和七角井、青海的托托河和五道梁成为我国西北荒漠区的 4 个大风中心，这些地区年平均大风日数在 100 d 以上。其中，阿拉山口大风最多，年平均达 164 d，最多可达 188 d；其次是达坂城为 149 d，最多可达 202 d。其他以大风著称的地区，如吐鲁番盆地西北部的"三十里风区"、哈密西部十三间房一带的"百里风区"等地的大风均与地形密切相关，这些地区年大风日数均超过 100 d。

由于荒漠区地表多裸露，冬季融冻之后地表物质松软，春夏之交风力加剧，使春夏之交成为我国沙尘暴爆发期。另外，我国荒漠区高大山地多东西走向，西风或偏西风向东推进过程中没有遇到有效的阻挡，导致我国荒漠区沙尘可以快速的迁移到东部。在全球气候变化影响下，最近半个多世纪以来全球风速持续降低，我国荒漠区风速也同样呈现持续降低的趋势，从而降低了扬沙及沙尘暴的发生(图 3-8)。

我国主要沙尘的发生路径可以分为 3 条：东路、中路和西路。东路：从蒙古东中部南下，影响我国东北、内蒙古东中部、山西、河北及以南地区；中路：从蒙古中西部东南下，影响我国内蒙古中西部、西北东部、华北中南部及以南地区；西路：从蒙古西部和哈萨克斯坦东北部向东南方向移动，影响我国新疆西北部、华北及以南地区。由于中路与京津地区的距离最短，而且沙尘传输路径经过内蒙古浑善达克沙地，所以对京津地区影响也最大。

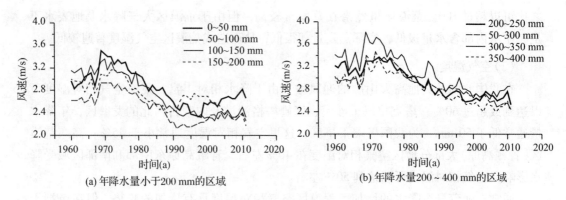

(a) 年降水量小于200 mm的区域　　　　(b) 年降水量200 ~ 400 mm的区域

图 3-8　不同降水区域风速变化趋势

3.3　荒漠的气象灾害

3.3.1　风沙灾害

风沙灾害是指由风沙活动造成的人畜伤亡,村庄、农田、牧场埋压,交通通信设施损坏,土地生物生产能力下降,大气环境质量恶化,各种运输机械和精密仪器毁损等共同组成的生态灾难。西北干旱区由于地面浩瀚贫瘠,沙漠、戈壁广布,地表富含沙性沉积物、气候干燥、植被覆盖较低,大风频发是干旱区风沙灾害的主要自然因素。而由于人类不合理的土地利用,使沙漠边缘流沙蔓延、固定沙丘活化、古沙翻新,以及沙质土地风蚀沙化,则是在干旱、半干旱气候背景下,导致广泛分布沙质沉积物地区风沙灾害的人为因素。

沙尘暴是极端沙尘天气、沙暴与尘暴的总称,多发生在干旱、半干旱地区,是一种由强风将干燥地表上的松软沙土和尘埃刮起,导致空气浑浊,水平能见度小于 1 km 的天气现象。

(1)风沙灾害的成因

作为干旱地区天气现象和风成地貌过程,沙尘暴在漫长的地质时期就一直存在;只是进入人类历史时期后,随着人口的增长和社会生产力的不断提高,人们逐渐认识到沙尘暴对社会经济和生态环境的巨大破坏,是一种突发性的气象灾害和生态灾难。地面强风、沙源和热力作用是沙尘暴形成的三大因子。我国的西北、华北、东北以及蒙古高原是亚洲沙漠和沙砾地集中分布的地方,浩瀚的沙海为沙尘暴提供源源不绝的沙源。

(2)风沙灾害的时空特征

我国沙尘暴灾害受冷高压路径、下垫面性质、地形等因素的控制,呈现显著的区域特色。从总体上,我国沙尘暴灾害主要发生于西北、华北和东北西部,尤其以西北地区沙尘暴灾害发生范围广,危害最为严重。

大量的研究表明,从季节(月)变化上看,沙尘暴主要发生于春季。其中,我国西北地区主要发生在 4 ~ 5 月;而在青藏高原北部,沙尘暴主要发生于夏季,青藏高原南部，则主要发生于冬季。在沙尘暴的日变化上，每天 13:00~18:00 是沙尘暴天气发生的高峰期，而南疆地区的沙尘暴天气多形成于每天的 20:00~23:00，较其他地区晚 4~5 h，在月和日两个时间尺度上，不同地区的沙尘暴时间有所不同，反映出沙尘暴形成、发展过程的区域差异。在年际变化上，沙尘暴灾害反映了气候变化和区域环境演变过程。在不同的时间尺度上，沙尘暴灾害的时间演变过程表现出不同的特点：

①在万年时间尺度上，沙尘暴形成是以东亚特殊的大气环流为背景，并与季风的强弱紧密联系在一起。其演化主要受地球轨道因素的控制，通过黄土中的尘暴事件和冰心中的微粒分析，虽然在一定时期曾出现有突发性的强沙尘暴事件，但从平均水平来看，沙尘暴的发生频数总体上处于波动的状态，没有显著地增加或减少。

②在千年时间尺度上，沙尘暴频发期对应于干冷的气候背景。根据历史沙尘记载绘制的公元 300 年以来我国沙尘暴的频数曲线显示，大约在公元 1100 年，我国沙尘暴发生频数急剧增加。近千年来，我国沙尘暴的频发期有 5 个，即 1060—1090 年、1160—1270 年、1470—1560 年、1610—1700 年和 1820—1890 年。这与冰芯中的微粒记录基本一致。

③在百年时间尺度上，我国沙尘暴的发生频率与区域性的气候变化有关。沙尘暴的发生可由局地天气条件导致，更多的是由大尺度天气系统所造成。20 世纪 50 年代以来，我国除青藏高原的部分地区外，沙尘暴日数总体上呈递减趋势。

3.3.2 干旱灾害

干旱是我国分布最广、危害最终的自然灾害之一，干旱面积约占我国国土面积的 47%，大部分集中在我国西北地区，西北地区的干旱面积占干旱总面积的 80% 以上。按照干旱、半干旱区的定义（干旱区年降水量 < 200 mm，半干旱区年降水量 200~400 mm），我国的干旱、半干旱区包括我国新疆、甘肃河西地区、青海柴达木盆地、内蒙古和宁夏两地区中西部，习惯称西北干旱区。

(1)干旱灾害的成因

远离海洋和高原地形造成了西北的干旱气候，而高原地形的热力、动力作用除了造成高原西侧和北侧的平均下沉带外，还阻隔了暖湿的夏季风气流北上。青藏高原的隆升导致该区大气环流的重大改变，哈德莱环流在亚洲低纬地区被强大的季风环流代替，其结果一方面是形成生物多样性极为丰富、物华天宝的亚洲季风区，以全球陆地仅 10% 的土地养活着世界半数以上的人口；另一方面则使广大的亚洲内陆地区变成连绵千里的流动沙丘和戈壁荒漠，加上外围半干旱的草原地带总面积接近 $1\,000 \times 10^4\ km^2$。盛行环流的年际变化等又造成了干旱区相对干、湿年的变化。青藏高原地形的热力、动力作用、远离海洋和环流是形成西北干旱气候的主要因子，它们通过影响垂直运动和水汽状况而影响我国西北降水气候。

(2)干旱灾害的时空特征

在贺兰山以西的荒漠地带，气候极端干旱，年降水量不到 200 mm，不灌溉就不能农耕，植树种草也需浇水，并且环境一旦遭受破坏就很难恢复。贺兰山与温都尔庙—百灵庙—鄂托克—盐池一线之间是荒漠草原地带，年降水量 200~300 mm，不灌溉仍不能农耕。该县以东是干草原地带，属半干旱气候，年降水量 300~400 mm，可勉强进行雨养农业。各自然地带之间，特别是半干旱向半湿润过渡的地区，对环境变化非常敏感，是生态上的"脆弱带"，也是自然灾害萃集区。干旱区降水量的季节变化和年际变率很大，往往 6~8 月以前滴雨不降，土地干裂，一场暴雨又常常引起洪水灾害。

近千年来，我国最严重的干旱大概首推明朝崇祯年间发生的大旱。从崇祯元年（1628 年）陕北干旱起，至 1638 年旱区扩大，中心区连旱 17 a。于是赤地千里，民不聊生，爆发了农民起义。近一百多年来，我国也出现了像 1900 年、1928—1929 年、1934 年、1956—1961 年和 1972 年等大范围干旱。华北地区自 1965 年降水出现剧减跃变后，20 世纪 70 年代末又再次剧减，近 30 a 来干旱化明显。

3.3.3　洪涝灾害

传统观点认为，干旱区年降水稀少，年径流的年际变化小，不可能发生大的洪水，也就无大的洪涝灾害。事实上，干旱区不但有洪水，而且成因类型复杂多样。

（1）洪涝灾害的类型

干旱区洪水类型复杂多样，是干旱区的基本水文特征之一。西部洪水基本上形成于山区，洪水形成的垂直地带性可概括为：中低山带主要为暴雨洪水，中山带主要为季节积雪融水形成的洪水，高山带在冰川发育地区，属于高山冰雪融水洪水（冰川洪水）。

（2）洪涝灾害的时空特征

洪灾在空间上呈斑状分布，很少连成一片，干旱区河流短小，大部分为内陆河流，又都是绿洲经济，因此洪灾的受载体往往是河流的中下游地区，造成局部的严重灾情。洪水出现的时间基本上可分为春汛与夏洪两大类。春汛是由山地积雪融化所形成的，干旱区大部分地区是以夏洪为主，是全年径流量的重要组成部分，夏秋季风期流量可为年径流总量的 60%~80% 以上。洪水出现的时间在很大程度上反映了洪水的成因。季节积雪融水洪水出现最早，高山冰雪融水洪水出现最晚，暴雨洪水主要发生在夏季。

干旱区洪水年际变化大，有时暴雨降水总量不大，但由于当地特殊的自然条件（包括地质地貌条件、植被条件等）和人们抗灾能力意识薄弱、平时防范措施缺乏等原因，造成了洪灾。

3.4　荒漠气候变化

气候变化是指气候平均状态和离差（距平）两者之一或两者一起出现了统计意义上显著的变化。离差值增大，表明气候变化的幅度增大，气候状态不稳定性增加，敏感性也增大。改变地球能量收支的自然和人为强迫是气候变化的驱动因子。前者包括太阳辐射变化、火山爆发等；后者包括人类燃烧化石燃料及毁林引起的大气温室气体浓度增加、气溶胶浓度变化、路面覆盖和土地利用变化等。联合国政府间气候变化专门委员会（IPCC）评估报告中的气候变化是指气候系统随时间的变化，无论其原因是自然变化还是人类活动的结果。2013 年 9 月 30 日，IPCC 第五次评估报告（AR5）第一工作组报告最终草案在线发布，引入了"有效辐射强迫"的概念来量化不同驱动因子对气温变化的贡献。辐射强迫可以定量描述自然和人为因素对气候变化的作用，正的辐射强迫值表示该因素导致地球表面和近地面大气变暖，负值则表示变冷。《联合国气候变化框架公约》明确指出，气候变化是指除了自然变化外，由人类直接或间接作用于气候系统而导致的气候变化的异常现象。

3.4.1 过去的气候变化

大气中温室气体（CO_2、CH_4、N_2O）浓度升高导致的全球气候变暖已经成为一个不争的事实。1880—2012 年，全球平均地表温度升高了 0.85℃，1951—2012 年，全球平均地表温度的升温速率为 0.12℃/10a，几乎是 1880 年以来升温速率的两倍。过去的 3个连续十年比之前自 1850 年以来的任何一个十年的平均温度都要高。工业化以来温室气体浓度的增加主要是由使用化石燃料排放和土地利用排放造成的。1750—2011 年，化石燃料燃烧和水泥生产释放到大气中的 CO_2 达 375 GtC，毁林和其他土地利用变化估计已释放了 180 GtC，所以人为 CO_2 累积排放量已达 555 GtC。1971 年以来人为排放温室气体产生热量的 93% 进入了海洋，海洋还吸收了大约 30% 人为排放的 CO_2，导致海表水酸化严重，其 pH 值已经下降了 0.1。

荒漠生态系统是干旱、半干旱区生态系统的重要组成部分，其生态环境脆弱、对气候变化极其敏感，甚至成为全球变化的指示器。因此，全球气候变化对干旱、半干旱区所产生的影响越来越受到关注。我国干旱区气温变化趋势与全球气温基本变化趋势一致。近百年来，我国气温上升了 0.4~0.5℃，低于全球平均 0.85℃。从 1957—2007 年，我国干旱、半干旱区气温总体呈上升增加趋势，1957—1967 年气温略有下降，1967 年至今气温持续上升，到 21 世纪初，我国干旱、半干旱区年平均气温较 20世纪 60 年代上升了约 1.8℃，其中西藏北部小部分地区、青海北部大部分地区、新疆北部气温上升 2℃以上，西藏中部、青海中部、新疆南部、甘肃气温上升了约 1.5~2.0℃，西藏东南部、青海南部气温最高上升了约 1.5℃，新疆南部、青海个别地区气温略有下降。

由全球变暖导致的全球降水格局的改变，在干旱、半干旱区也有显著的表现。1957—2007 年，我国干旱、半干旱区（甘肃、宁夏、青海、新疆、西藏北部以及内蒙古西部）降水呈增加趋势，20 世纪 60 年代为谷值，以后持续上升，20 世纪 90 年代为峰值。近些年，降水量比 20 世纪 90 年代略有下降，西藏中部、青海南部、新疆北部大部分地区降水量增加了 50~100 mm，西藏北部、新疆南部、青海西部、甘肃西北部、内蒙古西部降水量增加了约 0~50 mm，甘肃东南部、宁夏降水量减少。

3.4.2 未来的气候变化情景

全球气候变暖是当今世界各国政府、公众和科技界共同关注的重大问题，如何应对全球气候变化及其影响是各国面临的共同挑战。2012 年全球 CO_2、CH_4、N_2O 的大气浓度，为近 80 万年来最高。由于这些气体能在大气中长期存留，即使现在不再增加向大气中排放，这些气体在大气中的浓度也不会很快恢复到工业化前的水平。大气 CO_2 浓度仍将继续上升，并在 21 世纪中的某个时刻达到比工业化前增加一倍的程度。因此，气候进一步变暖是不可避免的。限制气候变化需要大幅度持续减少温室气体排放。如果将 1861—1880 年以来的人为 CO_2 累积排放控制在 1 000 GtC，那么人类有超过 66% 的可能性把未来升温幅度控制在 2℃ 以内（相对于 1861—1880 年）。

IPCC 第 5 次报告采用全球耦合模式比较第五阶段（CMIP5）的模式和新排放情景（典型浓度路径，RCP）预估未来气候系统变化。CMIP5 模式耦合了大气、海洋、路面、海冰、气溶胶、碳循环等多个模块，动态植被和大气化学过程也被耦合，被称为地球系统模式。RCP 包括 RCP2.6、RCP4.5、RCP6.0、RCP8.5 4 种情景。预估结果表明，未来全球气候变暖对气候变化的影响仍将持续，21 世纪末全球平均地表温度在 1986—2005 年的基础上将升高 0.3~4.8℃。人为温室气体排放越多，增温幅度就越大。在未来变暖背景下，极端暖事件将进一步增多，极端冷事件将进一步减少，热浪发生的频率更高、时间更长，中纬度大部分陆地区域和湿润的热带地区的强降水强度可能加大，发生频率可能增加，全球降水将呈现"干者愈干、湿者愈湿"的趋势。

根据我国气候模式，在假定大气 CO_2 继续增加的各种情景下，预测未来 50 a 我国西北地区气温可能上升 1.9~2.3℃，降水量将增加 19%，其中甘肃偏多，可达 23%，内蒙古偏少，仅有 14%。但由于西部大多属于年降水量不足 400 mm 的半干旱区或干旱区，降水量增加十几至几十毫米，不可能改变这些地区的环境面貌。

未来气候变化及其影响具有非常大的不确定性，主要包括：相对给定的 CO_2 当量浓度情境下敏感性的不确定；气候对不同过程反馈的估计尚不确定，特别是对云、海洋吸收以及循环的反馈过程；气候对温度以外的其他变化以及小尺度的预估结果具有较大的不确定性。目前，有关云和水对气溶胶气候效应响应幅度的认识仍不足。

思 考 题

1. 荒漠气候形成的大气环流和地理特征是什么？
2. 干旱区的主要灾害类型是什么？其中最显著的灾害是什么？
3. 近 60 a 来沙尘暴发生的趋势变化是什么？

推荐阅读书目

1. 自然地理学. 伍光和，田连恕，胡双熙，等. 3 版. 高等教育出版社，2004.
2. 中国干旱区自然地理. 陈曦. 科学出版社，2010.
3. 荒漠生态气候与环境. 李江风，魏文寿. 气象出版社，2012.
4. Biogeochemistry. Schlesinger W H, Bernhardt E S. 3rd ed. Academic Press, 2013.

参考文献

《第二次气候变化国家评估报告》编写委员会，2011. 第二次气候变化国家评估报告[M]. 北京：科学出版社.

陈宜瑜，丁永建，佘之祥，等，2005. 中国气候与环境演变（下卷）：气候与环境变化的影响与适应减缓对策[M]. 北京：科学出版社.

高尚玉，史培军，2000. 我国北方风沙灾害加剧的成因及其发展趋势[J]. 自然灾害学报，9(3)：

31 - 37.

国家林业局，2009. 第七次全国森林资源清查结果[Z]. 北京：国家林业局.

姜修洋，李志忠，陈秀玲，2011. 新疆伊犁河谷风沙沉积晚全新世孢粉记录及气候变化[J]. 中国沙漠，31(4)：855 - 861.

李江风，魏文寿，2012. 荒漠生态气候与环境[M]. 北京：气象出版社.

钱正安，吴统文，宋敏红，等，2001. 干旱灾害和我国西北干旱气候的研究进展及问题[J]. 地球科学进展，16(1)：28 - 38.

汤奇成，1996. 中国干旱区洪涝灾害的研究[J]. 干旱区资源与环境，10(1)：38 - 45.

吴敬禄，刘建军，王苏民，2004. 近1500年来新疆艾比湖同位素记录的气候环境演化特征[J]. 第四纪研究，24(5)：585 - 590.

伍光和，田连恕，胡双熙，等，2004. 自然地理学[M]. 3 版. 北京：高等教育出版社.

徐祝龄，1994. 气象学[M]. 北京：气象出版社.

赵哈林，2012. 沙漠生态学[M]. 北京：科学出版社.

赵庆云，张武，王式功，等，2005. 西北地区东部干旱、半干旱区极端降水事件的变化[J]. 中国沙漠，25(6)：904 - 909.

周淑贞，2003. 气象学与气候学[M]. 3 版. 北京：高等教育出版社.

IPCC，2013. Climate change 2013：the physical science basis[M]. Cambridge：Cambridge University Press.

Mann M E，Bradley R S，Hughes M K，1998. Global scale temperature patterns and climate forcing over the past six centuries[J]. Nature，392(6678)：779 - 787

Wang F，Cui J M，Wang X Q，et al.，2011. A Study of Kumtag Desert：Progresses and Achievements [J]. Journal of Resources and Ecology(2)：193 - 201.

Wang F，Pan X，Wang D，et al.，2013. Combating desertification in China：Past，present and future [J]. Land Use Policy(31)：311 - 313.

Wang F，Zhao X，Mu Y，et al.，2017. Global sources，emissions，transport and deposition of dust and sand and their effects on the climate and environment：A review[J]. Frontiers of Environmental Science & Engineering(11)：13.

第3章附属数字资源

第4章

荒漠土壤

[**本章提要**]荒漠土壤是维系人类社会可持续发展的重要基础之一，但人类不合理开发利用，以土地沙化(荒漠化)、土地盐渍化、水土流失等为表现形式的土地退化正严重威胁人类的生存及自然生态环境的平衡。如何兼顾生态及社会的可持续发展是世界各主要发展中国家面临的巨大挑战。本章介绍了荒漠区的主要土壤类型及其分布，分析了土地退化的原因和特点，同时阐述了如何正确利用包括以生物土壤结皮为代表的自然生态恢复模式，以及人为调控措施对退化土地进行生态恢复的可能途径和措施。

4.1 荒漠区的主要土壤类型及其分布

荒漠土壤是在降水量非常少、地表生物极其稀少地区的自然地理气候条件下发育的土壤，广泛分布在温带和热带漠境地区。荒漠区土壤的类型及其分布受区域气候条件、植被发育程度和地貌与水文条件的影响。土壤类型一般具有山地垂直地带性和平原区水平地带性的分布规律。依据土壤发生分类体系，随海拔高度变化，山地土壤类型由低到高呈现灰钙土→黑钙土(粟钙土)→灰褐土→高山草甸土→寒漠土的分布带谱；平原区随气候条件与植物类型的变化，从山麓到河流尾闾区形成与之相适应的灰钙土(粟钙土)→灰漠土→灰棕漠土→棕漠土的分布规律。地带性土壤受人工灌耕及水盐条件等因素的综合影响，其空间位置分布如图4-1所示。非地带性土壤主要由草甸土、沼泽土、盐土、风沙土及灌耕土等类型组成，其中盐土与风沙土多分布于流域下游。由于植被分布与水热状况的差异，土壤的空间分带规律在平原和径向分布上都存在一定分异性。

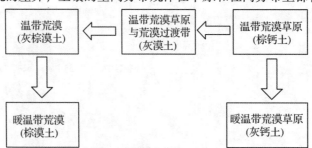

图4-1　荒漠草原与荒漠区地带性土壤的分布示意图

在低山丘陵、洪积扇或冲积扇中上部以及排水良好的古老冲积平原和侵蚀高平原发育着干旱区的地带性土壤——棕钙土、灰钙土、灰漠土、灰棕漠土和棕漠土等。这5种土壤类型的景观指标参考表4-1。

表4-1 5种地带性土壤类型的景观与气候比较

土壤类型	景观地带及植被覆盖度	主要植被组成	年平均气温（℃）	年平均降水（mm）
棕钙土	温带荒漠草原，覆盖度10%~30%	针茅、锦鸡儿、冷蒿	2~7	150~280
灰钙土	暖温带荒漠草原，覆盖度20%~30%	沙生针茅、蒿属、短命植物	6~9	200~300
灰漠土	温带荒漠草原与温带荒漠过渡带，覆盖度10%	琵琶柴、梭梭、猪毛菜	5~8	100~200
灰棕漠土	温带荒漠，覆盖度5%~10%	假木贼、草麻黄	7~9	<100
棕漠土	暖温带荒漠，覆盖度<5%	草麻黄、霸王	10~12	<100

发生学分类体系下的棕钙土、灰钙土、灰漠土、灰棕模土和棕漠土大致相当于美国土壤分类制的干旱土（Aridisol）及部分新成土（Entisol），联合国分类制下的沙性土（Arenosols）、石膏土（Gypsisols）、钙积土（Calcisols）及部分冲积土（Fluvisols）、盐土（Solonchaks）、碱土（Solonetz）等。

（1）棕钙土

棕钙土是中温带半干旱草原地带的栗钙土向荒漠地带的灰漠土过渡的一种干旱土壤。它具有薄的腐殖质表层，地表普遍沙化和砾质化；在非覆沙砾地段，地表有微弱的裂缝和薄的假结皮，其下为棕色弱黏土化、铁质化的过渡层，在50 cm深度内出现钙积层，底部有石膏（有时还有易溶盐）的聚集。

棕钙土分布在内蒙古高原中西部（苏尼特左旗、温都尔庙以西，白云鄂博以北），鄂尔多斯高原西部，新疆准噶尔盆地北部，塔城盆地的外缘以及天山北麓山前洪积扇的上部，总面积6.7×10⁴ km²。棕钙土分布区为温带大陆性气候，年平均气温2~7℃，≥10℃的积温1 400~2 700℃，年降水量100~300 mm；受东南季风影响的内蒙古地区降水70%集中于夏末秋初；受西风影响的北疆地区四季降水较平均。棕钙土地区年辐射总量达600~670 kJ/cm²，光热资源十分丰富。

棕钙土的植被具有从草原向荒漠过渡的特征，分为邻近干草原的荒漠草原和向荒漠过渡的草原化荒漠两个亚带。在内蒙古西部的荒漠草原常为克氏针茅（*Stipa klemenzii*）、沙生针茅（*S. glareosa*），且常伴生冷蒿（*Artemisia frigida*）、狭叶锦鸡儿（*Caragana stenophylla*）等；草原化荒漠则以超旱生的毛刺锦鸡儿（*C. tibetica*）、红砂（*Reaumuria songarica*）等构成群落。在北疆除超旱生小半灌木的蒿属（*Artemisia* spp.）、假木贼（*Anabasis* spp.）以及小禾草，如沙生针茅、新疆针茅（*S. sareptana*）等外，还有短命与类短命植物。

在地形上，除残丘和山前洪积—冲积平原外，绝大部分为剥蚀的波状高原，地面起伏不大。成土母质以沙砾质残积物和洪积—冲积物以及风成沙为主，只有塔城盆地和天山北麓的棕钙土发育在黄土母质上。棕钙土地带是我国西北主要的天然牧场，有灌溉条件的可以发展牧业。

（2）灰钙土

灰钙土是发育于暖温带荒漠草原地带、黄土及黄土状母质上的干旱土壤，地表有结皮, 腐殖质含量不高, 但染色较深, 石灰有弱度淋溶核淀积, 土壤剖面分化不明显。

我国灰钙土分布是不连续的, 分东、西两个区, 其间为漠土所间断, 总面积 4.6×10^4 km^2。东区主要分布在银川平原、青海东部湟水河中下游平原、河西走廊武威以东地区。在毛乌素沙漠西南起伏丘陵、宁夏中北部一些低丘和甘肃屈吴山垂直带上也有分布; 西区分布仅限于伊犁谷地。

灰钙土地区年平均气温约 $5 \sim 9$℃, $\geqslant 10$℃的积温为 $2\,000 \sim 3\,400$℃; 年降水量 $180 \sim 300$ mm, 但在年内分配上, 东西两个分布区有明显的差异: 东区主要集中于 $7 \sim 9$ 月, 这是季风气候的特点; 而西区一年中降水较均匀, 仅春季较高一点。严格地讲, 东西区在温度条件上也是有差异的, 西区伊犁谷地由于纬度较高, 属于温带, 而不是暖温带, 但由于其受大西洋暖湿气流的影响, 冬季较温暖, 热量接近暖温带。气候影响灰钙土植被的特点, 东区自然植被为蒿属—多种草类与蒿属—猪毛菜(*Salsola collina*)等群落; 而西区为蒿属—短命植物群落。灰钙土分布地区的地形为起伏的丘陵和由洪积、冲积扇组成的河谷、山前平原、河流高阶地等, 成土母质以黄土及黄土状物为主。

(3) 灰漠土

灰漠土是发育于温带荒漠草原向荒漠过渡, 分布于温带荒漠边缘, 即由棕钙土向灰棕漠土过渡的狭长地带。母质为黄土及黄土状物的地带性土壤, 具有明显多孔状荒漠结皮层、片状—鳞片状层、褐棕色紧实层、可溶性盐和石膏聚集层组成的土体构型。

灰漠土在我国主要分布于新疆准噶尔盆地南部, 天山北麓山前倾斜平原与古老冲积平原, 甘肃的河西走廊中、西段的祁连山山前平原以及贺兰山以西, 三道梁以北至内蒙古的乌力吉山以南的阿拉善高原, 后套平原的西部和鄂尔多斯高原的西北部也有小面积分布, 整个分布区东西长逾 1 000 km, 总面积 6.7×10^4 km^2。新疆灰漠土主要发育在黄土状母质上, 根据其来源与沉积特征又分为洪积黄土状母质、冲积—洪积黄土状母质、冲积黄土状母质。甘肃河西走廊一带的灰漠土主要发育在第三纪红土层与第四纪洪积砾石层上覆盖的黄土状沉积物上。

灰漠土形成于温带荒漠生物气候条件下, 分布地区的气候特点是夏季炎热干旱, 冬季寒冷多雪, 春季多风且风力较大。灰漠土年平均温度 $5 \sim 8$℃, 年降水量多为 $100 \sim 200$ mm。植被属旱生、超旱生小半灌木荒漠类型, 常见的主要物种为红砂、梭梭(*Haloxylon ammodendron*)、蒿属、假木贼等, 在准噶尔盆地常出现少量的短命—类短命植物(其数量与每年早春降水量关系密切), 植被覆盖度一般在 10% 左右, 高者可达 20%。

灰漠土分布区域植被组成较复杂, 新疆天山北麓倾斜平原是博乐蒿(*Artemisia borotalensis*)为主的荒漠植被, 伴生少量的短命植物; 盆地南缘临近沙漠地带是以假木贼为主的荒漠植被, 伴生猪毛菜、红砂等; 古老冲积平原是以红砂为主的盐化荒漠植被, 伴生细枝盐爪爪(*Kalidium gracile*)、盐穗木(*Halostachys caspica*)等。在冲积扇与古老冲积平原之间的交接地带及河谷阶地上, 是以芨芨草(*Achnatherum splendens*)、多枝柽柳(*Tamarix ramosissima*)、白刺(*Nitraria tangutorum*)为主的植被, 伴生苦豆子(*Sophora alopecuroides*)、芦苇(*Phragmites australis*)等; 在甘肃的河西走廊灰漠土地区, 植被属旱生小灌木和草原化荒漠类型。

(4) 灰棕漠土

灰棕漠土是发育于温带荒漠地带、粗骨性母质上的地带性土壤，地表有砾幂，存在石灰表聚现象，具有孔状结皮、鳞片层、铁质黏化层和石膏、易溶盐聚集。灰棕漠土主要分布于内蒙古西部和甘肃北部的阿拉善—额济纳高平原，河西走廊中西段山前平原、北山山前平原、新疆准噶尔盆地西部山前平原，将军戈壁、诺敏戈壁、青海柴达木盆地怀头他拉—都兰一线以及西砾质戈壁。在准噶尔西部山地的东南坡、天山北坡的低山、甘肃马鬃山东北坡、合黎山、龙首山等山地也有分布，总面积 2.9×10^4 km^2。

灰棕漠土是在温带大陆性干旱荒漠气候条件下形成的。主要特征是夏季热而少雨，冬季冷而少雪，气温年、日较差大，年平均气温为 7~9℃，年降水量大部分在 50~100 mm。植被甚为稀疏，覆盖度一般在 5% 以下，为旱生与超旱生的灌木与小半灌木，主要植物种为假木贼、膜果麻黄（*Ephedra przewalskii*）、梭梭、霸王（*Sarcozygium xanthoxylon*）、猪毛菜及红砂等，几乎没有短命或类短命植物。

灰棕漠土广泛发育在北疆和东疆北部的砾质洪积—冲积扇、剥蚀高地及风蚀残丘上。成土母质主要有两类，在山前平原上的沙砾质洪积物或洪积—冲积物，在低山和剥蚀残丘上为花岗岩、片麻岩、其他古老变质岩等风化残积物或坡积物，以粗骨性为主，细土物质甚缺。

(5) 棕漠土

棕漠土是发育于暖温带极端干旱荒漠，具有多孔状结皮、鳞片层、铁质黏化层和石膏，易溶盐聚集的地带性土壤。主要分布于河西的赤金盆地以西，天山、马鬃山以南，昆仑山以北，包括河西走廊的最西段，新疆的哈密盆地、吐鲁番盆地、噶顺戈壁以及塔里木盆地边缘洪积—冲积扇中上部，甚至延伸到中低山带。东与阿拉善—额济纳高平原灰漠土和灰棕漠土相连，西隔帕米尔高原与塔吉克斯坦、吉尔吉斯斯坦境内天山和中亚细亚南方棕漠土相望，构成亚洲大陆中部温带、暖温带漠境土壤带，总面积 2.5×10^4 km^2。

棕漠土分布地区的气候特点是：夏季极端炎热干旱，冬季比较温和，极少降雪，年平均气温在 10~14℃，年降水量低于 100 mm，大部分地区低于 50 mm，托克逊、吐鲁番及且末、若羌一带仅有 6~20 mm。因此，棕漠土分布地区植被分布稀疏，多为肉质、深根、耐旱的小半灌木和灌木，以草麻黄（*Ephedra sinica*）、戈壁藜（*Iljinia regelii*）、红砂、假木贼、泡泡刺（*Nitraria sphaerocarpa*）、霸王、合头草（*Sympegma regelii*）、沙拐枣（*Calligonum mongolicum*）等为主，覆盖度极低，常常不到 1%。

在这种气候条件下，棕漠土形成过程中的生物累积作用极其微弱、化学风化也很弱，土壤形成过程完全受漠境水热条件所左右。蒸发强烈，土壤水分以上升水流为主，从而形成了特殊的地球化学沉积规律，具有石灰表聚和强烈的石膏、易溶盐积累过程。由于风大频繁、风蚀作用十分强烈，土壤表层细土多被吹走，残留的沙砾便逐渐形成砾幂，从而造成棕漠土的粗骨性。

棕漠土分布的地形主要是塔里木盆地山前倾斜平原、哈密倾斜平原和吐鲁番盆地，其中包括细土平原、砾质戈壁。在昆仑山、阿尔金山北坡，其分布高度上升到 3 000 m 左右的山地上。棕漠土的成土母质主要有洪积—冲积细土，沙砾洪积物、石质残积物和坡积—残积物，一般粗骨性强。

4.2 荒漠区主要土壤的形成过程和剖面特征

4.2.1 棕钙土形成过程和剖面特征

4.2.1.1 棕钙土的形成过程

(1) 腐殖质积累过程

棕钙土的植被中旱生及超旱生灌丛的比例增加，植被覆盖度 15% ~ 30%，鲜草产量仅 750 ~ 1 500 kg/hm²，地下生物量远大于地上，每年死亡的数量明显少于干草原。因此，干旱气候下，土壤有机质积累量很少，且腐殖质结构比较简单，以富里酸为主。

(2) 石灰质、石膏和易溶盐类的淋溶与淀积

干旱气候下，矿物风化产生的碱金属与碱土金属的盐类受到一定的淋溶，但较弱，且钙、镁的生物积累明显，盐生植物(如红砂)对钠的积累也不可忽略，所以在腐殖质层之下石灰质发生显著聚集，形成钙积层甚至石化的钙积层。在向荒漠过渡中，淋溶更弱，石膏和易溶性盐类在土体中下部聚集逐渐明显。

(3) 弱黏化与铁质化

A 层下部是水热条件相对较好、较稳定的层位，土内矿物在碱性介质中缓慢破坏形成黏粒，发生黏化现象。矿物分解破坏释出的含水氧化铁，在干热条件下逐渐脱水成红棕色的氧化铁，与黏粒及腐殖质一起使 B 层上部染成褐棕色。这种荒漠化的征象是一个缓慢而长期的过程，因而其表现程度与成土年龄及荒漠化强度有关。

4.2.1.2 棕钙土的剖面特征

典型的棕钙土剖面构型从上到下依次为：$A—B_w—B_k—C_{kz}$。

(1) A 层

厚度约 20 ~ 30 cm，棕色，质地较粗，多为砾质沙壤土，屑粒至小块状结构，稍多的根分布在 5 ~ 20 cm 深度中。地表常覆沙于灌丛下或砾质化，在无覆沙及砾质化的地面则呈微细龟裂或假结皮特征。由于表层干旱，植物残体矿化度高，A 层中有机质较多、颜色略暗者，有时不是表层，而是在 3 ~ 5 cm 以下的亚表层。A 层向下清晰地过渡到 B 层。

(2) B 层

厚约 30 ~ 40 cm，紧接 A 层之下有一弱黏化弱铁质化的红棕色层 B_w，厚约 5 ~ 10 cm，沙质黏壤，块状、柱状结构，结构表面有胶膜，紧实。以下是浅色钙积层 B_k 或石化钙积层 B_{mk}，极坚实。

(3) C 层

因母质而异，残积坡积物常呈杂色斑块，有石灰质斑点条纹及石膏结晶。洪积物的沙砾常被石灰质膜包裹。

4.2.2　灰钙土形成过程和剖面特征

4.2.2.1　灰钙土的形成过程

(1)弱腐殖质积累过程

由于灰钙土是荒漠草原的地带性土壤,地面植被以半灌木蒿属植物为主,其腐殖质积累过程已明显减弱,但由于其具有季节淋溶及黄土母质特点,其腐殖质染色较深,腐殖质层扩散而不集中,一般可达 50~70 cm。

(2)石灰质在土体中的移动与聚积

灰钙土的水分状况比较干旱,在西部地区的降水分布比较均匀,加以黄土母质的特点,所以石灰质在剖面中分布曲线表现平缓,一般在剖面 30~50 cm 处能观察到假菌丝状的石灰质聚积。

4.2.2.2　灰钙土的剖面特征

灰钙土特点为剖面发育微弱,但仍可见结皮层、腐殖质层、钙积层及母质层等。典型剖面构型为 $A_1—A_h—B_k—C$ 或 $A_1—A_h—B_k—C_y$,或 $A_1—A_h—B_k$ 等。灰钙土的全剖面颜色、质地、结构均较均一,但也出现表土层有沙土、黏土、壤土覆盖的现象,还有夹层型,如腰砂、腰黏、夹砾等土层变化,这些均是冲积扇末端交互沉积所形成。灰钙土的剖面可分为腐殖质层,钙积层及母质层 3 个发生层段。腐殖质层厚度平均为 26.4 cm,呈灰黄棕色或淡灰棕色,亮度值较高。块状或碎块状结构,少数粒状结构,植物根系较多。

4.2.3　灰漠土形成过程和剖面特征

4.2.3.1　灰漠土的形成过程

灰漠土、灰棕漠土与棕漠土成土过程类似。

(1)微弱的生物积累过程

灰沙土分布地区植被覆盖度一般不到 10%,植物残落物数量极其有限,在干热的气候条件下,有机质易于矿化,土壤表层的有机质含量通常在 5 g/kg 以下,很少超过 12 g/kg,水热条件直接作用于母质而表现出非生物的地球化学过程。

(2)孔状结皮和片状层的形成

荒漠砾幂下的孔状结皮与片状层是荒漠土壤的重要发生特征。一方面在地表风和水等外营力作用下形成层状结构,在这些层状结构的表层,仅有少量蓝绿藻及地衣在早春冰融时于土壤表层进行光合作用而放出 O_2,从而形成微小的气孔;另一方面是在夏季高温下阵雨降水的快速汽化也可形成气孔,因此形成荒漠区所特有的具有表层层状或海绵状孔隙的脆性表层 A_1。地表常有 2~3 cm 厚的土质结皮,色泽灰暗,有较多的海绵状孔隙。钙积层位于腐殖质层之下,平均出现部位在 31.7 cm 左右,平均厚度为

39.1 cm。土壤侵蚀较重地段，腐殖质层厚度减小，钙积层部位升高，甚至接近地面。部分平坦地段，钙积层可在地面下 50 cm 或 80 cm 的部位出现。钙积层比腐殖质层及母质层紧实，块状结构，植物根系很少，在结构面或孔壁可见到白色假菌丝状或斑块状石灰质新生体，有时还有少量雏形砂姜。母质层因母质类型不同，形态各异。黄土母质比较疏松，有时可见少量的盐结晶；洪冲积母质的则呈不同粒级的洪积—冲积物叠加出现。

（3）荒漠残积黏化和铁质化的过程

因荒漠区地表下一定土层厚度内的水热状况能相对短暂的保持稳定，产生蚀变风化而具有少水或无水氧化铁相对积聚的特征，使土壤黏粒表面涂染成红棕色或褐棕色，从而形成相对紧实的 B$_w$ 层。这种过程也可发生在地面砾石和岩石的表面以下，这些蚀变风化的氧化铁、锰可在雨后随岩石风化裂缝和毛管而蒸发于岩石表层，形成暗褐棕色的所谓"荒漠漆皮"。

（4）石膏与易溶盐积聚

在荒漠气候条件下，石膏与易溶盐一般都难以淋溶出土体，积聚在土层下部。根据其溶解度的关系，易溶盐出现的层位深于石膏。石膏和易溶盐的积累强度在灰漠土、灰棕漠土、棕漠土呈增加趋势，同时随干旱程度的增加出现层位升高的现象。

4.2.3.2　灰漠土的剖面特征

灰漠土的剖面特征表现为发育比较完善的灰漠土剖面由下列层次组成。①结皮层，厚 1~3 cm，具有海绵状孔隙，呈浅灰或浅棕色；②结皮以下为片状—鳞片状层次，厚度多为 5~10 cm；③褐棕色或浅红棕色的紧实层，厚度常为 10~15 cm，质地较黏重，呈不明显的团块状或块状结构；④在紧密层以下为过渡层，色稍浅，无结构或为不明显的块状—团粒状结构，有少量白色脉纹状的盐类新生体，其厚度由几厘米至 20 cm 以上不等；⑤石膏与易溶盐聚集层，白色粉末状的盐分呈晶簇状的石膏，一般聚积于 40 cm 或 60 cm 以下。

4.2.4　灰棕漠土形成过程和剖面特征

4.2.4.1　灰棕漠土的形成过程

棕漠土的形成过程与灰漠土类似，参考灰漠土成土过程。

4.2.4.2　灰棕漠土的剖面特征

灰棕漠土土壤表层腐殖质积累很少。土壤性状与母质类型及成土年龄关系密切。一般灰棕漠土地表常有砾幂，砾石上有黑褐色的荒漠漆皮，土壤表层也为发育良好的海绵状结皮层，厚约 1~3 cm。亚表层为褐棕或红棕色紧实层，厚度为 5~10 cm，由于质地粗，一般片状—鳞片状层不明显。石膏与易溶盐累积层出现于 10~40 cm 处，石膏呈白色或玫瑰色的粒状或纤维状结晶，多夹于砾石层中或附于砾石背面，易溶盐与石膏的富集程度与时间因素关系很大，在古老残积物和古老洪积扇上发育的灰棕漠土，其易溶盐与石膏的富集远较新沉积物上发育的灰棕漠土明显，甚至形成坚硬的盐磐与石膏磐，即所谓石化盐层与石化石膏层。

4.2.5 棕漠土形成过程和剖面特征

4.2.5.1 棕漠土的形成过程

棕漠土的形成过程与灰漠土类似，参考灰漠土成土过程。

4.2.5.2 棕漠土的剖面特征

棕漠土的地表通常亦为黑色的砾幂，全剖面主要由砾石或碎石组成，但剖面分化明显。表层为发育很弱的孔状结皮，厚度小于 1 cm。在结皮下为棕色或玫瑰红色的铁质染色层，细土颗粒增加，但无明显结构，土层厚度只有 3~8 cm。石膏层在上述土层以下，石膏层以下有时出现黑灰色的坚硬盐磐，盐磐层以下即过渡到沙砾石或破碎母岩。

4.3 土地退化

4.3.1 土地退化及其分布

土地退化是指土地受到人为因素或自然因素或人为、自然综合因素的干扰、破坏而改变土地原有的内部结构、理化性状，土地环境日趋恶劣，逐步减少或失去该土地原先所具有的综合生产潜力的演替过程。合理开发利用土地，防止土地退化已成为许多国家所关注的热点环境问题。

土地是人类赖以生存和发展的物质基础，也是一个国家最为重要的自然资源，受全球气候变化、人口膨胀带来的食物需求以及人类不合理的开发利用土地的影响，土地退化问题已经成为世界面临的重大环境问题之一，已经对人类赖以生存的生态环境、粮食安全等造成了严重威胁，最终可能危及人类的生存与发展。据统计，全球土壤退化面积达 $1\,965 \times 10^4$ km^2。土壤退化以中度、严重和极严重退化为主，轻度退化仅占总退化面积的38%。地处热带亚热带地区的亚洲、非洲土壤退化尤为严重，约300×10^4 km^2的严重退化土壤中有 120×10^4 km^2分布在非洲、110×10^4 km^2分布于亚洲。全球土壤退化评价(Global Assessment of Soil Degradation)研究结果显示，土壤侵蚀是最重要的土壤退化形式，全球退化土壤中水蚀影响占56%，风蚀影响占28%；全球受土壤化学退化(包括土壤养分衰减、盐碱化、酸化、污染等)影响的总面积达 240×10^4 km^2，其主要原因是农业的不合理利用和森林的破坏；全球物理退化的土壤总面积约 83×10^4 km^2，主要集中于温带地区，绝大部分与农业机械的压实有关。

我国土地退化状况也相当严重，在部分地区有进一步加重的趋势。由于对土地资源的不合理利用而引发的资源短缺和环境退化，已经成为严重影响我国经济可持续发展的主要问题之一。

4.3.2 土地退化的主要类型

依据环境及土地退化原因，可将土地退化分为以下主要类型。

(1) 土地沙化和荒漠化

一般发生于气候较干旱地区，如降水量小于 200~400 mm，且年降水量变幅大而不稳定，土质较沙且土壤含水量较小。自然植被覆盖度低的地区由于人为因素破坏，土地裸露、流沙移动致使土地开始沙化，进而沙丘移动形成沙质荒漠化(简称荒漠化)。土地沙化和荒漠化及土地盐碱化是干旱、半干旱区土地退化的主要表现形式。

(2) 土地盐碱化

在干旱、半干旱地区，年蒸发量远远大于年降水量，含盐的地下潜水通过土壤毛细管蒸发而使盐分聚积于地表层，造成作物生长困难，土地盐碱化。

(3) 水土流失

一般多见于具有一定坡度的高地，由于人为对植被的破坏或不合理的耕作，地面失去了植被保护以及植株根系对地面径流的阻力，降至地面的雨水流速加大，使土地遭受到水体和土体的双重流失，致使土壤表层变薄而土地的生产能力和生态功能下降。

(4) 土地污染

土壤受污染的原因很多，主要是由工业"三废"、化肥农药和生物入侵所造成。

(5) 土壤肥力下降

农业管理粗放，只施用化肥而少用有机肥料，导致土壤出现有机质缺乏和养分元素不均衡等状况。

4.3.3 土地退化的原因及特点

土地退化由自然灾害、人为的破坏和不合理利用等多种因素综合作用导致。土地退化的主要自然制约因子包含地貌及其物质的不稳定性、外营力多变，降水不稳定和变干、变暖的气候演变。具体而言，风力作用为主的区域，具有风成沙和沙质土的地段是沙漠化发生的敏感区；水力作用为主的区域，具有斜坡(山地丘陵)的地段是水土流失发生的敏感区，盐碱性土分布区是盐渍化发生的敏感区；受气候变化影响，草地区最为敏感；三大外营力过渡的地带与地貌斜坡不稳、物质不稳相交错的地带是土地退化发生最敏感的地带。土地退化存在三大特点：①发生范围广、类型复杂，区域差异明显；②发展快、具有一定的阶段性；③强度大，生态、社会后果严重。

4.3.4 土地退化的防治措施

土地退化的预防和控制措施大致可分为合理利用水资源、利用生物措施和工程建设保护系统、调整农林与畜牧用地之间的关系和控制人口增长等几个方面。具体可以采取以下应对措施。

(1) 加强宣传教育

使人们认识到滥伐森林、刀耕火种、陡坡开垦、过度放牧、乱占土地等人为活动所引起的土地退化的危害性。

(2)有效控制人口的增长

减少人口爆炸式增长和人类频繁活动对土地资源造成的过重压力。

(3)水土流失防治

保护及合理利用水土资源、防止水土流失是改变风沙区、丘陵区及山区面貌，减少风沙水旱灾害，建立良好生态环境，实现农林业可持续发展的根本措施，是一项重要的国土整治内容。

(4)土地沙化防治

不合理的土地利用促使土地沙化蔓延。根据国内外土地沙化地区的自然资源、社会经济特点，土地沙化防治必须本着生态效益、经济效益及社会效益统一的原则，建立起既能防止土地沙化，同时又能促进生产发展的资源节约型，开发适度型及环境友好型体系。

(5)土壤盐碱化防治

改良利用盐碱地技术是一个世界性的难题，其对国内外特别是内陆干旱农业灌区的国土治理、生态环境的保护及可持续发展等具有重要的意义。

(6)土地污染防治

土地污染防治的根本要从污染源治理着手，土地污染与水污染防治并重。防治土地污染的措施主要包括生物防治、施加抑制剂、增施有机肥料、加强水田管理、改变耕作制度及换土、翻土等。

4.4 土地沙化

4.4.1 土地沙化及其分布

土地沙化是指因气候变化和人类活动所导致的天然沙漠扩张和沙质土壤上植被破坏、沙土裸露的过程。土地是否会发生沙化，决定因素在于土壤中含有多少水分可供植物吸收利用，并通过植物叶面而蒸发的水分，任何破坏土壤水分的因素都会最终导致土壤沙化。

土地沙化的大面积蔓延就是荒漠化，是最严重的全球环境问题之一。根据联合国最新统计表明，目前地球上有 25% 的陆地正在受到荒漠化威胁，并在加速发展，世界近 1/5 的人口受到荒漠化的影响。非洲和亚洲是土壤沙化现象最严重的地区：在非洲，46% 的土地和 4.85 亿人受到土地沙化威胁；亚洲一半以上的干旱地区已受到沙化的影响，其中中亚地区尤为严重。

我国是世界上沙漠、沙地、戈壁及沙化土地最多的国家之一，根据国家林业局 2015 年发布的最新一期《中国荒漠化和沙化状况公报》，截至 2014 年底，全国范围内荒漠化土地总面积约 261.16×10^4 km²，占国土面积的 27.2%，沙化土地面积 172.12×10^4 km²，占国土面积的 17.93%。我国的沙区分为西部、北部、东部 3 部分。西部沙区北起中蒙边界,向南经阴山西端、贺兰山、青海湖、扎陵湖一线以西和天山山脉以南,其间分布着塔克拉玛干、库姆塔格、柴达木、巴丹吉林、腾格里等沙漠。天山以北为北部沙区,包括古尔班通古特、阿克库姆各片沙漠以及巴里坤盆地沙漠。西部沙区以东为东部沙区,包括松嫩沙地、呼伦贝尔沙地、科尔沁沙地、浑善达克沙地、库布齐沙漠、毛乌素沙地、宁夏河东沙地、青海湖周围、共和盆地等沙漠。

国家林业局的监测结果显示,土地沙化仍然是当前最为严重的生态问题,我国土地荒漠化、沙化的严峻形势尚未根本改变,当前面临的形势包括:①我国是世界上荒漠化、沙化面积最大的国家,而且还有 31×10^4 km² 呈现明显沙化趋势的土地。②川西北、塔里木河下游等局部地区沙化土地仍在扩展。③我国北方荒漠化地区植被总体上仍处于初步恢复阶段,自我调节能力仍较弱,稳定性仍较差,难以在短期内形成稳定的生态系统。④人为活动对荒漠植被的负面影响远未消除,超载放牧、盲目开垦、滥采滥挖和不合理利用水资源等破坏植被的行为依然存在。⑤气候变化导致极端气象灾害(如持续干旱等)频繁发生,对植被建设和恢复影响甚大,土地荒漠化、沙化的危险仍然存在。

4.4.2 土地沙化的因素

导致土地沙化的因素是多方面的,归结起来主要包括自然环境因素和人为因素两大类,且人为因素居主导地位。

(1)自然环境因素

①自然地理条件:地球表面部分的土地沙化是自然地理条件的必然产物,为土地沙化的原生状态。受副热带高压控制的赤道地区,除亚欧大陆东岸季风气候区外,其他地区气候干燥,云雨少见,而成为世界主要的沙化土地分布区。

②自然地理条件和气候变异:气候变异为土地沙化形成、发展创造了条件,气候变化是导致土地沙化的主要自然因素。当气候变干时,沙化就发展;气候变湿润时,沙化就逆转。研究表明,近百年来全球气候变化最突出的特征是温度显著升高,而我国近百年来的温度变化与世界平均的温度变化情况基本相似。异常的气候条件,特别是严重的干旱条件,容易造成植被退化,使土壤结构变得更加松散,风蚀加快,引起荒漠化。干旱的气候条件在很大程度上决定了当地生态环境的脆弱性,因而干旱本身就包含着土地沙化的潜在威胁;气候异常可以使脆弱的生态环境失衡,是导致土地沙化的主要自然因素。另外,气候增暖、大范围气候持续干旱,给各种水资源(冰川、湖泊、河流等)造成严重影响,使冰川退缩、河流水量减少或断流、湖泊萎缩或干涸、地下水位下降。大面积的植被因缺水而死亡,失去了保护地表土壤的功能,加速了河道及其两侧沙化土地的扩展及沙漠边缘沙丘的活动,使荒漠化面积不断扩大。总之,全球变暖、北半球日益严重的干旱、半干旱化趋势等都造成当今土地沙化加剧的趋势。

(2)人为因素

研究认为,除极端干旱区以外,其他类型的干旱土地尚有较高的生产潜力。干旱区占陆地面积的12%,降水少,尚具有些许生产能力,可满足游牧业及牲畜生存所需。若能将人口控制在适当范围以内,则一般不会发生过度放牧危机。半干旱区占陆地面积的18%，如果人口数量适当，在没有灌溉的情况下发展畜牧业和农林业是可行的。干燥的亚湿润区占陆地面积的10%，可在流域和高原地区有限制地发展旱作农业，在山前地带和丘陵缓坡发展畜牧业。然而，世界范围内人口的快速增长和经济发展使土地承受的压力过重，过度开垦、过度放牧、乱砍滥伐和水资源不合理利用等使土地严重退化，森林被毁，气候逐渐干燥，最终形成沙化土地。这些情况在我国的西部地区表现尤为明显。

4.4.3 我国土地沙化的特点

我国沙化土地面积大、分布范围广，沙化类型复杂多样、发展程度高，沙化扩展速度快、发展态势严峻。我国土地沙化的特点包括以下两点。

(1) 自然原因形式多样

我国沙化土地的形成独具特色，几乎聚集了世界上所有沙化土地的形成特点。由于地形的独特，我国自北向南、从东到西依次形成了风蚀沙漠化，水蚀沙漠化，土壤盐渍化的沙化土地独特形态。

(2) 人为原因独特

20世纪50年代以来，我国北方气候的干旱化倾向，是土地沙化发展的基本背景条件。但是，过度开垦、过度放牧、乱砍滥伐和水资源不合理利用等不合理的人类活动是土地沙化扩展的主要原因。

4.4.4 土地沙化的防治措施

土地荒漠化、沙化仍是人类发展的主要制约因素之一，严重威胁生态安全，严重制约经济社会可持续发展。加大力度，加速荒漠化、沙化防治刻不容缓，应对土地沙化主要包括以下防治措施。

(1) 推进工程治理

坚持因地制宜、因害设防、适地适树、乔灌草相结合，大力开展林草植被建设，努力增加沙区植被覆盖度。

(2) 强化植被保护

推行禁止滥樵采、禁止滥放牧、禁止滥开垦的制度，加大林草植被保护力度。充分发挥生态系统自我修复功能，依法推进沙化土地封禁保护区建设，促进荒漠植被自然修复。沙生植物具有水分蒸腾少，机械组织、输导组织发达等特点，可抵抗狂风袭击，其细胞内经常保持较高的渗透压，具有很强的持续吸水能力，使植物不易失水，能够适应干旱少雨的环境。

(3) 严格控制环境的人口容量

我国西部生态极其脆弱，破坏易而恢复难，"地广人稀"只是一种表面现象。由于环境容量十分有限，许多地区的人口已经大大超出土地的承载力。

(4) 做好预警监测

加强监测基础设施建设，建立健全荒漠化和沙化监测预警体系，对荒漠化和沙化动态变化进行适时跟踪监测，为防沙治沙工作提供科学依据。

（5）依靠科技进步

推广和应用适用的技术和模式，加强技术示范和培训，增加科技含量，提高建设质量。

（6）优化政策机制

遵循物质利益驱动原则，坚持增绿与增收、治沙与治穷相结合，调动广大群众参与防沙治沙的积极性。

4.5   土壤盐渍化

4.5.1   盐渍化土壤及其分布

土壤盐渍化是自然或人类不合理的灌溉造成的含盐碱较多的地下水水位上升，同时随着地表蒸发，盐分在土壤中逐渐积累而形成的土壤退化现象，主要发生在地势低且气候干旱的地区。

目前，世界上除南极洲尚待调查研究外，其余六大洲及其大多数主要岛屿的滨海和干旱、半干旱地带，涉及 100 多个国家和地区，都有各种类型的盐渍土分布。当前土壤盐渍化已成为世界性的问题，为满足世界人口急剧增长对粮食的要求，迫使人们更加集约地开发利用土地资源，由灌溉引起的土壤次生盐渍化导致许多国家的可耕面积减少，而盐渍化土壤的范围却在增加。

我国盐渍土总面积约 $3\,600 \times 10^4\ hm^2$，占全国可利用土地面积的 4.88%，盐渍土占比明显高于世界平均水平，近 1/3 的灌区土壤存在盐渍化问题，其中现代盐渍土约占 37%，残积盐渍土约占 45%，潜在盐渍土约占 18%，盐渍土分布于全国 19 个省份。

4.5.2   土壤盐渍化的形成原因及特点

土壤与环境是统一的整体，土壤盐渍化是土壤与环境长期综合作用的结果，其中也有人为因素的影响，在众多的环境要素中，又以气候、地形、地质、水文和水文地质及生物因素的影响最为显著。

（1）气候条件

世界盐渍土分布的地域十分广泛，但大面积的盐渍土都分布在干旱、半干旱地带和沿海地区。研究表明，盐渍土的分布规律主要是和气候地带性相适应的。在气候要素中，降水和地面蒸发强度与土壤盐渍化的关系最为密切。降水量和蒸发量的比值反映了一个地区的干湿情况，它也同时反映该地区的土壤水分状况及土壤积盐情况。

（2）地形和地貌

地形和地貌是影响土壤盐渍化的形成条件之一。地形高低起伏，直接影响地面、地下径流的运动，同时也影响土体中盐分的运动。岩石风化所形成的盐类，以水作为载体，在沿地形的坡向流动过程中，其移动变化基本服从于化学作用的规律，按溶解度的大小，从山麓到平原直至海滨低地或封闭盆地的水盐汇集终端，呈有规则的分布：

溶解度小的钙、镁碳酸盐和重碳酸盐类首先沉积,溶解度大的氯化物和硝酸盐类,可以移动较远的距离;地表水和地下水的矿化度也随之逐渐增高,土壤盐渍化也从高到低,从上游到下游呈现出相应的变化,从而形成不同的盐渍地球化学分异带,特别是在闭流盆地中,这种分异现象更为明显。从大、中地形来看,土壤盐分的积累从高处向低处逐渐加重。各种负地形常常是水盐汇集区,因而盐渍土的分布往往与地形条件有密切的关系,现有的盐渍土和潜在的盐渍化地区都集中在各种大小的低地和洼地。

(3)成土母质

母质的沉积类型及特性与盐渍化的形成也有密切关系。第四纪沉积物在地质史中是最新的沉积物,在干旱、半干旱地区,第四纪沉积物的类型和岩性与盐渍土的形成关系最为密切,大部分盐渍土都是在第四纪沉积物基础上发育起来的。大多数第四纪沉积物没有经过硬结成岩作用,多为松散的堆积物,具有较大的移动性和不连续性。第四纪沉积母质含盐多属次级循环来源,因沉积母质的分布及沉积特性不同,其盐渍程度也有差别。另外,有一些地区的土壤盐渍化和古老的含盐地层有一定联系,特别是在干旱地区,因受地质构造运动的影响,古老的含盐地层被隆起为山地、高原或阶地,地表裸露,成为现代土壤盐分的来源。

(4)水文及水文地质条件

水是盐的载体,盐溶于水并随水移动。由此可见,水文及水文地质条件与土壤盐渍化有十分密切的联系。特别是地表径流、地下径流的运动规律和水文化学特征,对土壤盐渍化的发生、分布具有更为重要的作用。

(5)生物积盐作用

土壤形成的生物小循环中,植物具有十分重要的作用。在土壤盐渍化过程中,植物对盐分在土壤中累积的作用也是不容忽视的,特别是干旱地带的一些深根性盐生植物,多具有特殊的抗盐生理特性,对于盐渍生态环境具有非常强的适应能力。盐生植物可以反映一个地区的含盐状况,故常常把它作为盐渍土的指示植物。从总体上看,草原土壤形成过程中生物积盐作用较为显著;荒漠区虽然有盐生植物,但由于生物量很小,植被覆盖率极低,故而植物积盐作用较小。

(6)人为经济活动影响

土壤不仅是自然体,也是人类劳动的产物。土壤一旦被人们开发利用后,人的活动将对土壤形成过程产生巨大的影响,可改变成土条件和土壤基本性质,从而导致土壤形成过程向新的方向发展。土壤盐渍化特别是土壤次生盐渍化,就是人们开发利用土地资源不当,引起水文及水文地质条件恶化,从而导致土壤形成过程向不利于人类生产方向发展的例证。水文和水文地质条件恶化的另一个原因,是大量矿化水和碱性水灌溉。此外,人类不合理利用土地、耕作粗放、管理不善、过度放牧,都会破坏土壤团聚体结构,促进地面蒸发,也可引起盐分向表层积累增加。

4.5.3 土壤盐渍化的防治措施

土壤盐渍化的防治是一个世界性的难题和长期的过程,世界各地的劳动人民在长期的生产实践中总结和发展了许多有益的应对措施和方法。世界盐渍土的地理分布范围甚为广泛，各地生物气候、地质、地貌、水文和水文地质条件差异很大，从热带到寒温带，从滨海到内陆，从湿润地区到极端干旱的荒漠地区，从低地到高原，无论海拔高低盐渍土都有存在。因此，土壤盐渍化的原因、过程和特征等也多种多样，导致形成类型繁多的盐渍土。加之各种盐渍土分布地区开发利用的历史长短各异，利用情况不尽相同，经济发展水平高低有别，经济支撑实力相差悬殊，对盐渍土的改良利用经验相差也很大。因而，各地对土地盐渍化的防治和改良必须根据实际情况"因时因地制宜，综合防治"。土壤盐渍化的防治措施包括以下方面。

(1)利用与改良相结合

改良盐渍土的目的是为了更好地利用，改良为利用创造条件，利用则可以巩固提高改良的效果，两者是相得益彰、相互促进的关系。

(2)水利工程措施和农业生物措施相结合

可能引起土壤盐渍化的矿化地下水的深度平均为 2.5~3 m。通过建立完善的灌溉系统，使地下水深度保持在临界深度以下。在众多的生物措施当中，种植水稻是一种行之有效的方法。此外，种植耐盐碱的树种特别是能固氮的耐盐树种和草木(绿肥)植物，既可以减少地表水分的蒸发、防止土壤表面积盐，又可以降低地下水位和盐分、改良土壤的物理性状、增加有机质和土壤微生物、降低土壤 pH 值，从而彻底改善周围的生态环境。

(3)排出土壤盐分与提高土壤肥力相结合

利用水利措施改良利用盐渍土，能够排出土壤中过多的土壤盐分及其在土壤表面的累积，为植物创造正常的生长环境。但是随着土壤盐分的流失，土壤中的植物营养元素也同时处于流失状态，必须通过农业生物措施培肥土壤，补充和提高土壤有机质和植物营养素的累积量，这样才能真正改良利用好盐渍土。

(4)灌溉与排水相结合

综合防治土壤盐渍化，防止出现与发生学有关的旱、涝、洪等自然灾害，必须配备齐全而有实效的灌溉排水措施。

(5)近期和长期结合

土壤盐渍化的防治是一个长期的过程，相关的防治措施需根据经济社会条件及科学技术发展水平来实施。

(6)坚持动态监测

坚持长期开展土壤水盐动态监测，对土壤盐渍化进行预测预报，为改良利用盐渍土地提供科学依据，为预防土壤次生盐渍化奠定基础。

4.6　土壤结皮

4.6.1　土壤结皮的概念

土壤结皮广泛分布在陆地表面，尤其在寒区和旱区等维管束植物生长受限的极端地区普遍存在。土壤学家、地貌学家、微生物学家和生态学家等都根据自己的标准对自然界这一客体赋予了很多称谓。国外有关土壤结皮的术语有 microbiotic crust，microphytic crust，cryptogamic crust 和 cryptobioti ccrust 等，国内以"土壤结皮""微生物结皮""生物结皮""生物土壤结皮""土壤微生物结皮""藻结皮"和"藻壳"等最为常见。

在不同的生境，土壤结皮在形态、种类组成和生境功能上是不同的，依据外部形态可以分为光滑型、多皱(粗糙)型、尖塔型和波动起伏型。光滑型结皮主要分布在热带荒漠，即土壤没有冻结现象的地区，土壤结皮几乎是独有的内生蓝藻、绿藻和真菌；其他3种类型，除了内生的自养生物外，一般都有外生拓殖者(地衣和藻类)。尖塔型结皮出现在超干旱和干旱的热带荒漠区；多皱型结皮则出现在热、干旱荒漠区，波动起伏型结皮出现在更冷的半干旱寒漠区。

4.6.2　土壤结皮的类型与特征

按照土壤结皮的性质，土壤结皮一般分为生物土壤结皮和非生物土壤结皮两类。相对于生物土壤结皮中复杂的生物体组成和丰富的生物类群，物理结皮和化学结皮及其所覆盖的表土层因生境严酷、非生物限制性因子表现强烈、生物体匮乏，故称为非生物土壤结皮。两者之间虽然存在十分显著的差别，但在一定条件下是可以相互转化的。

(1)生物土壤结皮

土壤生物土壤结皮是由藻类、地衣和藓类等隐花植物及其他土壤生物与土壤表层颗粒等非生物体胶结在土壤表层形成的复杂生物覆盖体。它的形成使土壤表面在物理、化学和生物学特性上均明显不同于松散的沙土和物理结皮。依据优势隐花植物类型组成，生物土壤结皮可分为：藻结皮、苔藓结皮和地衣结皮。

①藻结皮：藻结皮是各种藻类和土壤颗粒、微生物及其分泌物相互作用构成的一种土壤结皮。不同地区藻结皮的藻类组成及其多样性有较大差别，但大多数沙漠地区的藻结皮都以蓝藻和绿藻为优势类群，还有少量的裸藻和硅藻。藻结皮通常由3层组成，表层是由黏粉粒与藻类分泌物构成，中间层由单个藻细胞、藻丝体、藻类分泌物与沙粒紧密结合的富藻层，下层藻类较少，并与沙粒结合成比较松散的疏藻层。发育良好的藻结皮干燥状态下呈灰黑色或灰绿色，厚度约为 1~5 mm，有些地方可达10 mm。虽然藻结皮的组成仍以沙粒为主，但是粉粒含量已大幅度提高，沙粒含量明显下降。藻结皮有机质、养分状况明显改善，有一定的团聚体形成，但胶结性差，易碎，具有一定的抗机械冲击能力。

②苔藓结皮：苔藓结皮是以藓类和苔类为优势种的土壤结皮，以藓类为主，也有大量的藻类分布，很少发现苔类。组成苔藓结皮的藓类个体非常小，呈垫状丛生的外

部特征。苔藓发育于疏松的沙丘上，苔藓底下形成密集的网状茎连接层土壤，土壤因子，特别是 pH 值和黏粒的含量对苔藓的分布会产生影响。随着底土层中黏粒含量的增加，苔藓的丰富度和种的多样性也在增多。pH 值较低，稳定性不高的沙丘植被覆盖度较低。不同地区生物结皮层中苔藓类和藻类的种类组成差异较大。苔藓结皮的颜色多随苔藓的种类不同而有很大差别，主要有绿色、棕色和棕红色，也有黑色或灰白色，其结皮厚度多在 10 mm 以上，甚至可达 30 mm 以上。苔藓类结皮的黏粉粒含量、养分和有机质含量较藻结皮明显增加。由于苔藓网状茎的固结作用和黏粉粒含量的增加，结皮较为紧实，抵抗风蚀能力和固定沙面作用明显增强。

③地衣结皮：地衣是藻类和菌类共生的复合生物，每一形式的联合都形成一种特殊的地衣。地衣具有支撑结构（如假根和根状体），能穿过土壤最上层形成密集的地下网络，进而紧密地固定土壤颗粒，将地衣紧紧地固定在土壤表面。其发育较苔藓更缓慢，且喜欢干扰少，相对稳定的土壤。地衣常出现在地带性植被发育区的生物土壤结皮组成中，但在一定条件下也会出现在先锋生物土壤结皮组成中。地衣结皮特有的生长和结构属性，可使它们能够抵御水蚀和风蚀，有利于提高土壤的稳定性。地衣的分布除受土壤理化性质的影响外，还受气候格局和地表稳定状况的影响，因此被认为是一些生境生态环境变化的指示生物。

（2）非生物土壤结皮

非生物土壤结皮一般包括物理结皮和化学结皮。

①物理结皮：物理结皮多为干旱区降水后，在雨滴冲溅和土壤黏粒理化分散作用下，土表孔隙被堵塞后形成，或挟沙水流流经土表时细小颗粒沉积而形成的一层很薄的土表硬壳或者土壤表面的板结。土壤物理结皮是雨滴作用下排列紧密地表土壤颗粒物质沉积和悬浮的细颗粒物质沉积在地表，细小颗粒在位移和沉积过程中堵塞了表层土粒的孔隙，呈现凹凸不平状。物理结皮的土壤团聚结构稳定性较低，养分和有机质含量较低。物理结皮由细菌、真菌和藻类组成，但种类和数量均较少，对结皮的影响也较微弱。物理结皮呈色灰白，薄而脆，易破碎，抗风蚀性差，且呈零星状分布。

②化学结皮：化学结皮多为干旱区蒸发引起的土壤表面盐分的积累并形成的壳状层，俗称盐结皮。盐结皮是盐土表层一个特殊层次，它主要是通过水分蒸发散失，易溶性盐在地表聚集、结晶胶结土壤颗粒而形成。它与土壤物理结皮和生物结皮存在极大差异。一般钠和碳酸钙含量高得土壤能够在其表面形成盐结皮。盐结皮的盐分含量很高，硬度较大，具有很强的抗风蚀能力。自然条件下形成的盐结皮可以有效降低土壤风蚀，对土壤沉积结构产生重要影响。

4.6.3 生物土壤结皮的形成及演替

生物土壤结皮的形成有其前提条件（如土壤稳定性），与土壤的物理、化学和生物状况，如土壤质地、土壤结构、前期含水量及降雨特征等相关，同时也受到多种因素的影响，包括大气降尘、土壤环境、高等植物覆盖度、温度和干扰等，其影响因素错综复杂。生物土壤结皮的形成，不仅与土壤中微生物的分泌物有关，也与蓝藻的分泌物密切相关，尽管在生物土壤结皮形成之前土壤中已存在大量的细菌，能够产生一些有利于与土壤颗粒黏结的分泌物，但是蓝藻在土表层的拓殖和发展才开始形成了真正意义上的生物土壤结皮。

生物土壤结皮的演替与区域气候、土壤环境、微地形、火烧和干扰等非生物因子和生物因子以及高等植物覆盖密切相关。根据生物土壤结皮发展过程中主要优势隐花植物的演替特点，其演替可分为三个阶段：首先是先锋种阶段或演替的初级阶段，主要优势种是蓝藻；其次是能够抵抗较大干扰的演替阶段，以绿藻和蓝藻为优势种；最后为演替的后期或相对稳定阶段，主要以地衣为优势种，在降水较多或局部湿度相对较高的地区则形成以苔藓为优势的结皮类型。一般，生物土壤结皮的发生和演替基本遵循从简单到复杂、从低等到高等的自然规律，无论是在维持结皮结构的胶结方式方面，还是在组成不同类型结皮的优势种变化方面，都有一个循序渐进的演化过程。当然，在某些特定条件下，如水分条件良好、基质稳定等，这种阶段性变化也会出现超越某个中间阶段而发展到更高级阶段的现象。从广义上来说，生物土壤结皮的产生与发展过程也是最原始的植被初生演替的过程。在经历了一系列物理、化学和生物学特性的变化之后，荒漠土壤便具备了植物生长的基本要素条件，为下一步的演替进程奠定了基础。而生物土壤结皮中物种演替是维持结皮结构和促进演替进程的重要生物基础。

(1) 生物土壤结皮的早期阶段——土壤酶和土壤微生物

该阶段主要是在土壤酶和土壤微生物的共同作用下，土壤理化性质改善、有机质积累的过程。在生物土壤结皮自然发育过程中，其早期需经历"前"藻结皮阶段，即在丝状藻类大量出现以前，土壤微生物（主要包括细菌、放线菌和真菌）便开始发挥作用，形成具有一定强度的结皮，沙粒通过黏性菌体及其分泌物（胞外多糖）的黏结作用而相互连接，从而形成具有一定的抗外力干扰能力的结皮。

(2) 生物土壤结皮的初级阶段——藻结皮

随着土壤微生物在沙土表面的生长，随后出现丝状蓝藻和荒漠藻类，进入以藻类植物为主体的藻结皮阶段。此时，沙粒间依靠细菌分泌物所产生的黏结作用开始逐步减弱，取而代之的是丝状藻体更紧密和高强度的机械束缚作用以及藻体胞外分泌物对沙粒的黏结作用，对维持藻结皮的结构起着至关重要的作用，是藻结皮强度提高的主要贡献者。其中的蓝藻和荒漠藻类具有较强的固氮和聚集能力，能够在沙土表面生长，进一步改善土壤的物理和化学性质，对土壤抗侵蚀性能的提高有着显著功效。所形成的藻结皮为其他植物的定居奠定良好的生物基础。藻结皮是荒漠地区土壤拓殖演替中的重要结构，同时也是沙漠固定的首要标志。

(3) 生物土壤结皮的高级阶段——苔藓结皮与地衣结皮

作为许多植被初生演替的先锋种，苔藓植物、地衣定居以后，加速了物质的风化速度，累积风尘物质，包括植物生长的一些必要元素（如 K、P 和 S），提高了土壤的形成速度。同时由于有机质的积累、微生物的侵入，使基质中养分的可利用性提高。当有机层达到足够厚度时，草本和木本植物便可侵入。该阶段的结皮发育最为完善，其蓄水能力、抗机械干扰和固沙的能力最强。

4.6.4　生物土壤结皮的分布及影响因素

(1) 生物土壤结皮的分布

生物土壤结皮现象在干旱、半干旱地区最为常见，它们也分布于高山高寒地区和较湿润地区早期演替阶段。即生物土壤结皮在生态条件较为严峻、脆弱的地区作为先锋群落而广泛分布，如高海拔寒区、旱区、荒漠、苔原等环境中。有些结皮有机体仅分布于某一植被类型或生态区域，所以是特定植被类型或生态区域的良好指示物。而有些种类，则生态位较宽，能广泛分布于不同的地理、气候和植被类型中。由于许多生物结皮在潮湿寒冷的季节能够继续生长，故环境条件的相似性能导致不同地区和不同生态环境中生物土壤结皮种类成分较接近。高山地区的生物土壤结皮在夏季生长活跃，此时高山地区的温度和湿度条件与荒漠地区冬季的环境条件相似，所以高山与荒漠地区的生物土壤结皮种类成分比较接近。

(2) 影响生物土壤结皮分布的主要因素

影响生物土壤结皮分布的因素主要有土壤、风、水分、干扰、维管束植物群落结构等。

①土壤：土壤层较薄时常能分布许多类型的蓝藻、地衣和苔藓。土壤质地在很大程度上影响着生物土壤结皮的群落种类组成。土壤越稳定，质地越细，其上蓝藻、地衣和藓类的高度越高且种类数量越多；而质地较粗糙的土壤可能仅分布移动性较高的丝状蓝藻（如微鞘藻）。荒漠区不稳定的土壤，地衣和藓类可能只分布于维管植物之下，因为这时维管植物能保护地衣和藓类免受沙埋。随着土壤稳定性增加，由蓝藻、地衣和苔藓组成的生物土壤结皮则分布得更为广泛，生物土壤结皮亦会在湿度较高的沙丘北坡分布。其他因素如土壤化学成分和坡度坡向等也会影响生物土壤结皮的覆盖度和种类组成。

②风：生物土壤结皮在沙丘表面的形成、分布与风速也有很大关系。从固定沙丘纵断面表面气流和生物土壤结皮的发育之间的联系来看，风速较高的区域生物土壤结皮的发育程度较低，风速较低区域生物土壤结皮的发育程度较高，表现出生物土壤结皮在沙丘不同地貌部位的分布与由地形差异导致的气流变化之间具有密切的关系。

③水分：水分对生物土壤结皮的发育有着重要的影响。极端干燥的气候条件下由于土壤水分的限制，不利于藓类和一些中生或旱中生的隐花植物参与结皮生物体的组成，而多以蓝藻、绿藻类为主；在极度炎热和干旱的地区，生物土壤结皮表面光滑，生物土壤结皮多以蓝藻为主。在许多地区，生物土壤结皮在灌丛间的空隙发育最好，而多雾荒漠地区的生物土壤结皮则在灌丛下发育最好，这都与灌丛能改善水分条件密切相关。此外，有利于集结雨水或者凝结水的微地形都有利于生物土壤结皮的形成。

④干扰：动物及人为活动对土壤表面干扰的强度、类型、距离时间都会影响生物土壤结皮的组分。高强度干扰会导致土壤完全裸露，干扰强度较大且较频繁，干扰时间间隔较短的生物土壤结皮常以大型丝状体蓝藻为优势种；而干扰程度较轻且不频繁，距离时间较长时土壤结皮常处于中期演替阶段，有能行无性繁殖的苔藓和地衣。如果干扰一直持续不断，生物土壤结皮则将停留在仅有蓝藻的早期演替阶段。

⑤维管束植物群落：许多干旱、半干旱植物群落的垂直和水平结构与生物土壤结皮的形成关系密切。维管束植物通过强的抵抗风沙能力，提供稳定的环境条件，并通过影响到达土壤表面的水分和光照条件，以及养分状况，为生物土壤结皮的发育提供有利条件。某单一种类维管束植物分布密集，且死地被层均匀分布时，维管束植物群落结构多样性较低，导致生物土壤结皮覆盖度和物种丰富度下降；维管植物群落结构多样性较高会使生物土壤结皮的组分多样性也较高。例如，沙坡头地区的人工固沙植被演替过程中，随着固沙时间的延长，生物土壤结皮的覆盖度增高，生物土壤结皮的组成成分也愈为复杂。

4.6.5 生物土壤结皮的主要生态功能

4.6.5.1 生物土壤结皮在荒漠生态恢复中的作用

生物土壤结皮在荒漠生态恢复中的作用来源于其在流沙固定过程中的演替。而生物土壤结皮的特点增加了其拓殖于严酷环境的能力：①微小繁殖体的风播特点；②对干燥的耐性；③拥有一些光保护色素；④固氮能力；⑤固碳能力。流动沙丘在逐渐固定过程中，生物土壤结皮在表面拓殖和演替，表现出不同阶段与环境的相互作用特征，深刻地揭示了生物土壤结皮在荒漠生态恢复的作用。固沙初期，沙面基本得到固定，大量的降尘累积再经雨滴的打击，在沙面形成一层黏粒和粉粒含量较高的物理结皮，细菌和土壤微生物和蓝藻的拓殖使沙面形成了以蓝藻为优势的蓝藻结皮。此后大量的绿藻等旱生、超旱生的荒漠藻在结皮中逐渐占优势地位，形成荒漠藻结皮。在固沙植被进一步演变时，地表出现了大量的地衣结皮和地衣、蓝藻和荒漠藻的混生结皮，这些结皮的形成改变了占60%以上小降水(<7 mm)的时空分布，为藓类结皮逐渐在地势平缓或水分相对较好的局部开始大量拓殖创造了条件。固沙后期，固沙植被形成了高等植物和结皮隐花植物镶嵌分布的稳定格局。在早期发育的不同阶段，当藻类，尤其是在丝状蓝藻大量出现以前，一些低营养细菌的黏质外壁及其黏性分泌物是将沙粒相互连接的主要媒介；而当丝状藻类大量出现后，沙粒间的黏结作用发生变化，沙粒间依靠细菌分泌物所产生的黏结作用逐步减弱，取而代之的是丝状藻类更紧密和高强度的机械束缚作用以及藻体胞外分泌物对沙粒的黏结作用。在这一演替过程中，生物土壤结皮特殊的结构及复杂的组成有效地缓解了雨滴对土表的溅击，有效地控制了径流的发生和发展，增强了土壤抵抗侵蚀(风蚀和水蚀)的能力，提高了土壤的稳定性。此外，生物土壤结皮的发育，促进了沙区的成土过程，有效地改变了荒漠系统非生物因素的胁迫，为土壤生物的繁衍创造了条件，加强了生物地球化学循环。

在非生物因素强烈胁迫的生态系统中，生物土壤结皮在系统演替中起着十分重要的作用。一方面在没有干扰的情况下系统趋于稳定，生物土壤结皮是系统的永久组成成分；另一方面，它的丧失或增加可以引发系统在两个稳定阶段之间的转换，在一定时间尺度上造成系统稳定性的破坏或崩溃。在非生物因素低胁迫的生态系统中，生物土壤结皮往往是初级演替的拓殖者之一；在高等植被构建的系统中，次生演替引发的光照和其他资源的土壤可利用性(如林窗)可以为生物土壤结皮的拓殖和发展提供一个窗口机会，但这些生物土壤结皮最终会被冠层郁闭的维管束植物所取代。

4.6.5.2 生物土壤结皮在土壤地球化学循环过程中的作用

生物土壤结皮对土壤性质的改变包括改变土壤表面的粗糙度、土壤质地、温度、养分的有效性、有机质组成和水分含量等。生物土壤结皮的存在能够显著地改变土壤pH值、植物所需主要养分的含量和有效性及土壤有机质组成。荒漠生态系统中，生物土壤结皮的存在增加了大多数重要生命元素，如氮、钾、钙、镁、磷、铁、锰、氯和硫在表土中的含量，对荒漠生态系统的能流和物质流产生了重要的影响和贡献，有助于系统生产力的提高。生物土壤结皮中一些生物体具有的固氮能力。例如，生物土壤结皮中蓝藻的固氮可使土壤含氮量增加，是荒漠土壤和植物主要的氮素来源之一，增大了维管束植物的存活率和生长率。生物土壤结皮中的生物体通过光合、呼吸、分解和矿化作用对荒漠生态系统的碳循环起着直接或者间接地作用，是干旱、半干旱地区荒漠生态系统碳的主要贡献者。由于它们调节了分解和矿化率，进而调节着养分的有效性和初级生产力。具有光合作用的生物土壤结皮生物体还能显著地增加土壤的pH值，但pH值的升高则降低了某些养分在荒漠生态系统中的有效性，降低了CO_2的溶解率、碳酸盐的形成速率以及土壤矿物质的溶解能力。此外，生物土壤结皮的存在能够降低土壤的碳氮比，增加了分解速率，使养分对一些相关的生物体更有效或者能提高其利用率。生物土壤结皮能够大量捕获大气降尘，为系统输入养分，促进沙区土壤成土过程，有效地改变了荒漠系统非生物因素的胁迫，为土壤生物繁衍创造了生境。

土壤微生物将非结晶黏胶状的有机物紧密地黏结在一起，而有机物又将矿物细粒进一步黏结，形成球状表面团聚。这样既借助于菌丝体将土壤细粒紧实地黏结，又通过微生物分泌物的黏结，促使土表的稳定性增强而避免风蚀和水蚀。生物土壤结皮的存在不仅增加了土壤的稳定性，而且生物土壤结皮创造了有利于荒漠表层土壤原生矿物风化的条件，降低土壤粒径的同时增加了土壤养分。

4.6.5.3 生物土壤结皮在荒漠系统生物过程中的作用

(1)生物土壤结皮与维管束植物的关系

生物土壤结皮通过改变土壤性状进而影响维管束植物的萌发、定居和存活。有研究表明，生物土壤结皮和维管束植物之间存在着负相关关系，也有研究认为生物土壤结皮覆盖度与维管束植物覆盖度之间无相关性，还有研究认为两者之间是正相关的。产生上述结论不一的原因是研究是在不同土壤质地、不同物理化学结皮、不同土壤表面粗糙度、不同气候条件和不同生物土壤结皮种的组成以及不同维管束植物种的生活条件下进行的。因此，在分析生物土壤结皮和维管束植物关系时，应综合分析所有差异。一般而言，生物土壤结皮可通过改变土壤表面的微地形，直接影响土壤捕获风和水携带的种子、有机质和土壤黏粉粒的能力，间接地影响参与萌发与定居的种子数量。生物土壤结皮也可通过改变植物对养分和元素的吸收状况影响植物的生长。此外，种子萌发的生物学特性因为生物土壤结皮的存在而改变，如缺乏适合的埋藏深度，增深或变浅都会阻碍其萌发。

(2)生物土壤结皮与土壤动物、荒漠昆虫多样性的关系

土壤食物链的营养结构在土壤养分循环中十分重要。土壤初级生产者是生物土壤

结皮中的地衣、藓类、绿藻和蓝藻，这些生物体连同植物材料一起既被土壤生物取食又被其分解。生物土壤结皮是其他土壤食物链成分的重要食物来源。如细菌是蓝藻土壤结皮的主要分解者和消费者，真菌比细菌更能克服难于分解的物质，放线菌则以蓝藻作为食物来源；原生动物包括变形虫、纤毛虫和鞭毛虫，它们和线虫在土壤食物链中以生物土壤结皮的蓝藻和藻类为食；微小节肢动物以藻类、真菌、蓝藻（尤其是具鞘微鞘藻）、细菌及其他无脊椎动物和植物碎化为食；对大型节肢动物是否取食或直接依靠生物土壤结皮生存目前知道的还很少。

4.6.5.4 生物土壤结皮在在土壤水文过程中的作用

生物土壤结皮对土壤水文过程的影响主要集中在降水入渗、凝结水捕获和蒸发3个环节。其中对降水入渗影响的研究存在很大的争议，有研究认为结皮的存在增加了入渗，减少了地表径流；有研究则持相反的观点，甚至少数研究认为它们之间不存在任何联系。产生这些争议的原因可能是与研究区域、研究方法及研究过程中生物土壤结皮的生理活性及所选对照有关。生物土壤结皮对土壤生态水文过程，特别是对降水入渗的影响，要与降水强度、区域的降水量和结皮层下土壤基质的理化性质以及隐花植物组成等相结合进行综合分析。干旱区的生物土壤结皮对凝结水有着极强的捕获能力，这种能力则为生物土壤结皮中的隐花植物和其他微小的生物体提供了珍贵的水资源，激活了生物体的活性。生物土壤结皮的存在增加了土壤的持水性能，改变了土壤水分的蒸发过程。例如，苔藓结皮在更长的时间可维持较高的蒸发速率，而藻结皮需要更长时间才能完成蒸发过程。

思 考 题

1. 在全球气候变化场景下，阐述如何更好地应对日趋严峻的荒漠化形势。
2. 结合我国的实际，阐述如何更好地防治土地荒漠化。
3. 如何正确认识土壤生物结皮的生态环境效应？
4. 新西兰与我国贵州气候相似，贵州局部地区表现为石漠化为代表的土地退化，而新西兰不存在类似的环境问题，谈谈你对此问题的理解和认识。

推荐阅读书目

1. 中国土壤系统分类：理论、方法、实践. 龚子同，等. 科学出版社，1999.
2. 中国的荒漠化及其防治. 慈龙骏，等. 高等教育出版社，2005.
3. 中国沙漠及其治理. 吴正. 科学出版社，2009.
4. 气候变化与中国国家安全. 张海滨. 时事出版社，2010.
5. 荒漠生物土壤结皮生态与水文学研究. 李新荣. 高等教育出版社，2012.

参考文献

曹志洪，周健民，等，2008. 中国土壤质量[M]. 北京：科学出版社.

慈龙骏，等，2005. 中国的荒漠化及其防治[M]. 北京：高等教育出版社.

龚子同，等，1999. 中国土壤系统分类：理论、方法、实践［M］. 北京：科学出版社.

李新荣，贾玉奎，龙利群，等，2001. 干旱、半干旱地区土壤微生物结皮的生态学意义及若干研究进展［J］. 中国沙漠，21（1）：4 – 11.

李新荣，张元明，赵允格，2004. 干旱、半干旱地区微生物结皮土壤水文学的研究进展［J］. 中国沙漠，24（4）：500 – 506.

李新荣，张元明，赵允格，2009. 生物土壤结皮研究：进展、前沿与展望［J］. 地球科学进展，24（1）：11 – 24.

李新荣，2012. 荒漠生物土壤结皮生态与水文学研究［M］. 北京：高等教育出版社.

廖治平，2011. 我国土壤污染问题及治理措施［J］. 河南科技（4）：4.

曲鲁平，2011. 黑龙江杜尔伯特重度盐碱化草地改良技术研究［D］. 长春：东北师范大学.

孙永，杨秀娟，周延超，等，2012. 浑善达克沙地防沙治沙几种模式的探讨［J］. 山东林业科技（1）：39 – 41.

王遵亲，等，1993. 中国盐渍土［M］. 北京：科学出版社.

吴永胜，哈斯，屈志强，2012. 影响生物土壤结皮在沙丘不同地貌部位分布的风因子讨论［J］. 中国沙漠，32（4）：980 – 984.

吴玉环，高谦，程国栋，2002. 生物土壤结皮的生态功能［J］. 生态学杂志，24（1）：41 – 45.

吴玉环，高谦，于兴华，2003. 生物土壤结皮的分布影响因子及其监测［J］. 生态学杂志，22（3）：38 – 42.

吴正，2009. 中国沙漠及其治理［M］. 北京：科学出版社.

张凤荣，2001. 土壤地理学［M］. 北京：中国农业出版社.

张海滨，2010. 气候变化与中国国家安全［M］. 北京：时事出版社.

张桃林，王兴祥，2000. 土壤退化研究的进展与趋向［J］. 自然资源学报，15（3）：280 – 284.

张元明，王雪芹，2010. 荒漠地表生物土壤结皮形成与演替特征概述［J］. 生态学报，30（16）：4484 – 4492.

中国科学技术学会工作部，1990. 中国土地退化防治研究——全国土地退化防治学术研讨会［M］. 北京：中国科学技术出版社.

邹碧莹，丁美，籍春蕾，等，2012. 江苏省丘陵山区及平原沙土区水土流失综合治理及效益评估研究［J］. 水土保持通报，32（1）：156 – 180.

Li X R, Chen Y W, Yang L W, 2004. Cryp togam diversity and formationof soil crusts in temperate desert［J］. Annals of Arid Zone（43）：335 – 353.

Li X R, Kong D S, Tan H J, et al. , 2007. Changes in soil and in vegetation following stabilisation of dune in southeastern fringe of the Tengger desert, China［J］. Plant & Soil（300）：221 – 231.

Li X R, Wang X P, Li T, et al. , 2002. Microbiotic soil crust and its effect on vegetation and habitat on artificially stabilized desert dunes in Tengger Desert, North China［J］. Biology & Fertility of Soils（35）：147 – 154.

Li X R, Zhou H Y, Wang X P, et al. , 2003. The effects of sand stabilization and revegetation on cryp togam species diversity and soil fertility in Tengger Desert, Northern China［J］. Plant & Soil（251）：237 – 245.

第 4 章附属数字资源

第**5**章

荒漠水文

[**本章提要**]本章重点阐述了荒漠区水资源的存在形式和水资源转换的客观规律，解释了荒漠区以水循环和水量平衡为基础的水资源转化过程，并从应用的角度阐述干旱区植物对水分的适应、水分对植被格局的调控和生态需水等生态水文要素变化机理。

水是干旱区的关键生态因子，荒漠水文既是水文学的重要分支，也是荒漠生态学研究的重要内容。荒漠水文过程的实质是荒漠生态系统功能、结构和水分之间相互关系问题。荒漠水文包括冰川融雪水、地表水（内陆河）和地下水转化等完整水文循环。荒漠水文放大了凝结水和优先流在荒漠灌丛的作用。荒漠水文的重要应用在于生态需水估算和水分承载力研究方面，只有建立在荒漠水分平衡以及流域水循环基础上通过荒漠水文学的指导，荒漠区生态需水量的确定才会更合理。特别是在植被恢复和荒漠化防治工作中，科学准确地理解荒漠水文特性，是荒漠化防治工程决策的重要科学依据，也是干旱区造林、水资源开发利用和保护以及生态建设等工作开展的前提。

5.1 荒漠区水资源类型

荒漠区主要有 6 种形式的水资源，包括降水、冰川、地表径流（河川径流、湖泊蓄水、水库蓄水）、地下水、土壤水、凝结水，其中降水、冰川、河川径流和湖泊（水库）蓄水水体属地表水资源，冰川是贮存在高山地区的固体水，湖泊（水库）蓄水是降水、冰川融水和河川径流的转换形式，冰川和河川径流又是由干旱区周围山地和邻接地区的大气降水转换而来；土壤水和地下水属地下水资源。流域内一条河流的上下游，地表水与地下水关系极为密切，相互转化频繁。

(1) 降水

降水是荒漠区所有形式的地表水体和地下水体的最初补给源，不仅决定着荒漠区水资源总量，其时空分布直接影响着干旱地区的水分状况、河川径流形成和分布、土壤含水量、地下水的天然补给、高山冰川积雪分布和发育。

我国荒漠区降水分布极不均匀，平原地区降水很少，除银川平原、准噶尔盆地南部、甘肃河西走廊东部的年降水量可达 100~250 mm 外，其余广大地区的降水量均不超过 100 mm。在塔里木盆地、准噶尔盆地、柴达木盆地和内蒙古西部中蒙边境的居延海盆地，形成 4 个降水低值中心。根据年降水等值线估算，中国西北干旱地区（包括山区）多年平均年降水总量超过 $5\,000 \times 10^8\ m^3$，折合平均降水量约为 175 mm，其中新疆面积约占 60%，降水量约占 1/2。在这些降水总量中，尽管荒漠区平原面积很大、约有 1/2 以上的降水是在盆地周围的山区，实际降落到地面的水量也仅为该地区上空水汽输水量的一小部分。根据新疆维吾尔自治区气象局测算，降落到地表的水量，仅占空中水汽的 20.8%。这些降水是荒漠和绿洲地区植被生长的唯一可靠保证。

（2）冰川

在我国西北高山地区发育着的冰川，是荒漠区存在的一种特殊形式的水资源。由于冰川的存在，冰川融水可对河流产生重要的补给作用。在年内，高山冰川集中在 5～9 月内消融，与夏季集中的降水径流重叠，可以增加河川径流年内分配的集中度。在年际间，在低温多雨年份，可将大量固体降水储集起来，而到高温少雨年份释放，起着河川径流的多年调节作用。因此，高山冰川资源不仅为荒漠区提供一定数量的贮备水资源，而且可为平原地区水资源利用创造稳定和有效利用条件。据统计，通过河流融水补给西北干旱地区的冰川面积达 $2.58 \times 10^4\ km^2$，年平均融水量约 $228 \times 10^8\ m^3$，冰川径流在河流中的比重，新疆地区为 20.8%，甘肃河西走廊为 12.0%，青海为 15.6%。

（3）地表径流

地表径流包括河川径流资源和湖泊（水库）蓄水。山区的降水和冰川融水是我国荒漠区河川径流的主要补给源。对于干旱的平原地区来说，这些水资源只有汇集于河道，转化为地表径流，进入山前平原，才能直接利用。按多年平均进入西北干旱地区的出山口河川径流计，总资源量为 $1\,403 \times 10^8\ m^3$，其中外流河水 $475 \times 10^8\ m^3$，占 34%，内陆河径流量 $928 \times 10^8\ m^3$，占总径流资源的 66%，可见在干旱地区内陆河川径流是主要的水资源存在形式。

荒漠区河川径流是该区的优质淡水，绝大多数河流在天然状况下，河水水质可以满足供水要求。山区河源是矿化度为 0.1～0.3 g/L 的重碳酸钙型的天然水，至出山口径流为 0.1～0.5 g/L 的重碳酸钙镁型水。当河水流至山前平原灌溉利用和大量入渗转化后，水质产生明显变化，在平原地区的下游，如在塔里木河下游、黑河下游、克孜河下游、乌伦古河下游矿化度有时可达 1.0～5.0 g/L。黄河水质自河源初至宁夏和内蒙古时，矿化度为 0.1～0.8 g/L，黄河山溪支流和河源的矿化度均小于 0.2～0.3 g/L，但在宁夏境内、甘肃东部的苦水地区，汇入支流的河水矿化度可达 3.0～5.0 g/L。

荒漠区境内湖泊众多，这是由于荒漠区径流向内陆盆地汇集，在地质、地貌条件适宜的地区储积成湖，所有的湖水都属于地表水和地下水蓄积的一种存在形式。众多湖泊有一部分是受黄河上游和少数较大河流的水流补给，水量交替较快，属淡水湖和微咸水湖，湖水矿化度小于 1.0 g/L。但大部分湖泊位于盆地中心，受干旱地区强烈蒸发和地下径流影响，湖水浓缩而形成碱湖、咸水湖和盐湖。这些湖泊对维护区域生态环境有重要作用。

（4）地下水

地下水是荒漠区水资源的重要组成部分。地下水和地表水是一个相互转换、互相制约的统一整体，地下水是水资源在运行、转化和开发利用中不可缺少的一种存在形式。在我国西北干旱地区，据已有的水文地质调查资料表明，我国干旱地区的地下水资源主要分布于山前平原、山间盆地、山间谷地、湖洼盆地和沙漠地区。

山前平原地下水主要分布于巨大盆地靠近大山体的山麓前缘。根据山前平原地区的水文地质普查，按通过测定河床渗漏、观测渠系和田间渗漏与水文分析求算山前平原地区的河道和渠系、田间渗漏量，按控制水文地质剖面计算地下水侧向径流量和估算降水入渗量，求得我国西北干旱地区四大盆地里山前平原的地下水天然补给量为 $316.35 \times 10^8 \ m^3$。在山前平原地下水天然资源中，60%~90%是从地表水转化而来。黄河流域山前平原地下水，由于黄河干流过境，通过灌溉系统、山区径流和部分大气降水等多方面的补给，而成为西北干旱地区地下水资源较丰富的地区。

荒漠区地下水的另一个储存区是山间谷地和盆地，其地下水的形式和补给特征与山前平原大体相似，区别在于其规模远不如大型盆地，而且在这里人类活动较弱，渠系和田间渗漏不强烈，地表径流成为主要补给源。荒漠区地下水水质较好，矿化度一般在 0.5 g/L 左右。需要指出的是，这里的地下水大部分在盆地和谷地，经由河流出口转化为地表径流，再向山前平原流泄，因此是属于与地表径流重复的地下水资源形式。

分布在山前平原下部或山间盆地、谷地的低洼地区的冲积湖积平原和内陆湖盆洼地，占据着干旱地区的广大地域，除大沙漠的流动沙丘覆盖外，基本仍保持着平原的面貌。在平原低处湖泊尚存，并处于收缩过程中，其中绝大部分为咸水湖和盐湖，有一部分为淡水湖和微咸水湖，这里因地形条件是地表水和地下水的汇集中心。由于位于地表水和地下水补给的最下游并受人类活动的影响，正面临着地下水位下降、湖盆收缩、地下水资源枯竭等严重威胁。

沙漠所占据的我国西北干旱区大型盆地中心和高原边缘，总面积达 $69.4 \times 10^4 \ km^2$。这些沙漠多为流动沙丘、半固定和固定沙丘，沙漠中广泛分布有几百平方米至上百平方千米的丘间低地，这些丘间低地地表形态多为黏质土组成的光板地、龟裂地，是接受大气降水的天然径流场，可为沙漠潜水补给地下淡水。尽管这些沙漠地区年降水量大都在50~100 mm 以下，但因干旱地区降水多以暴雨形式降落，有效降雨的降水量可达10~50 mm，这样在沙层本身具有较强的渗漏能力，容易将偶然的降雨和融雪水作为丘间低地潜水贮存在地表下，形成淡水透镜体。同时因沙漠多分布于地势低洼的盆地之中，河水、山前平原地下径流和附近山地临时径流补给，可以延伸至沙漠内形成沙漠潜水。

(5) 土壤水

土壤水是大气降水扣除地表径流和地下水后的那部分水量。土壤水是可更新的，且是平均更新周期为一年的水资源，在地域分布上基本是连续的，但与土壤的结构特性密切相关。在干旱地区降水转化相当复杂，地表水、地下水和土壤水的水分交换极其频繁。

(6) 凝结水

凝结水是指大气或土壤孔隙中的水汽在地面或物体表面温度低至露点时凝结生成的液态水。在干旱、半干旱地区，凝结水作为除降水以外最主要的可持续的补充水源，对植物、动物以及人类的生命活动具有重要的、不可替代的生态作用。荒漠化地区气候干燥、日温差变化大，地表温度与地层内部地温的温差大，且地温变化滞后于地表温度的变化。在热力场的作用下，包气带中的水分通过凝结、蒸发不断与大气进行水量交换，在交换过程中凝结水的形成延缓了包气带中水分蒸发的速度，凝结水的形成对维持我国西北荒漠化地区降雨或洪水泛滥后形成的包气带中含水量较高部分也起着重要的作用。

5.2　荒漠区水资源转化

荒漠区内陆河流域的降水、地表水、地下水转化关系复杂。由于存在地质构造、自然条件垂直分带规律，由源头到尾闾经过径流形成区和散失区，流经山丘区、山前洪积—冲积倾斜平原和沙漠等地貌单元，从而使地下水的埋藏分布呈自山前向盆地中心逐渐由深变浅的规律。山丘区河流是山区基岩裂隙水的集中排泄，地下水在河流出山之前几乎全部转化为地表水；进入山前平原后，地表水渗漏补给地下水，地下水在一定条件下以泉水形式溢出地面。河水—地下水—河水的转化过程是荒漠区内陆河流域自上而下水循环运动的基本方式。

盆地周边为基岩山区，经由地壳历次构造运动，特别是晚近时期的构造运动，产生褶皱、断裂、改造和复合，导致地壳挤压、岩石破碎、节理发育。在干旱气候的影响下，寒冻崩解，风化剥离等物理风化作用强烈。这些裂隙、节理彼此衔接与沟通，为地下水储存和运动以及基岩裂隙水发育创造了良好条件。海拔 3 800 m 以上的永久冻土山区，存在着冻结层水，由于降水量大，达 400 ~ 500 mm。以青藏高原共和盆地为例，盆地低洼处的泉水及河流是地下水的排泄区，青海沙珠玉盆地、河卡坳陷、尕海坳陷形成了内陆河及 6 个内陆小湖泊，除小部分流入黄河外，大部分消耗于蒸发。由于黄河深切，贯穿两岸滩地含水层，形成潜水溢出带，每年溢出泉水总量达 0.35×10^8 m³。盆地地下水天然补给资源总量为 3.460×10^8 m³，其中由地表水转化的重复量为 2.804×10^8 m³，占总量的 81%。

5.3　荒漠区水量收支

荒漠区内或外部输送的水汽凝结以雨、雪、凝结水等形式输入到荒漠生态系统中，部分被植被冠层截留，通过蒸发直接进入到大气中，剩余部分进入土壤表面，部分形式再次地表径流，而大部分则通过下渗储蓄到土壤中，供植物吸收利用并以植物蒸腾形式再次进入到大气中，而土壤中的部分水分继续通过渗透形成地下水储存起来，而储存的土壤水和地下水转化为壤中流、地下径流进入河流，形成河川径流。

5.3.1　荒漠区水循环

荒漠水循环是指干旱、半干旱荒漠地区各种形态的水，在太阳辐射和重力等作用下，通过蒸发、植物蒸腾、水汽输送、降水、地表径流、下渗、地下径流等环节，在水圈、大气圈、岩石圈、生物圈中不断发生相态转换的连续运动过程。荒漠地区的水循环与其他系统的循环过程基本相似，但存在着其独特的过程。蒸发（包括植物冠层截留蒸发和水面蒸发)、植物蒸散等以水汽的形式在能量驱动下升入空中,又可以重新凝结形成降水,从而构成一个连续的动态系统。荒漠区水循环过程可大体可分解为水汽蒸散发、水汽输送、降水或凝结水、水分入渗、植物截留、地表与地下径流等基本环节,这些环节相互联系、相互影响,又相对独立,并在不同的环境条件下呈现不同的组合,在荒漠地区形成不同尺度的水循环过程(图5-1)。

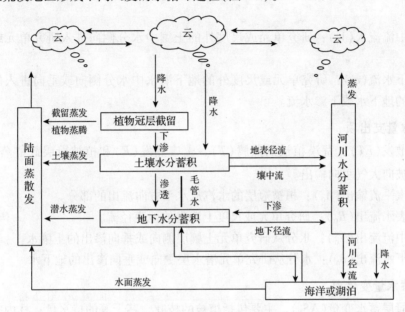

图 5-1 荒漠水循环示意图

5.3.2 荒漠区水量平衡

水量平衡是指任意选择的区域、水体或生态系统等空间尺度,在任意时段内,其收入的水量与支出的水量之间差额等于这一时段相应空间尺度内蓄水的变化量,也即水在循环过程中,水量保持收支平衡的状态。水量平衡研究是荒漠生态水文、水文与水资源等学科的重大基础研究课题,同时也是研究和解决一系列实际问题的手段和方法,具有十分重要的理论意义和实践价值。基于水量平衡原理,水量平衡的通用方程为:

$$\frac{\mathrm{d}s}{\mathrm{d}t} = I - Q \tag{5-1}$$

式中 I——水量收入项;

Q——水量支出项;

$\dfrac{\mathrm{d}s}{\mathrm{d}t}$——研究时段内相应空间尺度内蓄水变化量。

式中的收入项 I 和支出项 Q 还可根据具体情况进一步细分。为此,先对水量平衡项进行分解和定量,以荒漠生态系统来说,可以归纳为以下方面。

(1)水量收入项

①大气降水(P):以降雨、降雪和其他形式的降水等垂直降落到荒漠生态系统的各

种形式的降水。

②水汽的进入(A_i)：随水平方向气流进入荒漠生态系统的水分，包括水汽和在荒漠植被等表面凝结形成的液态水，也称水平降水。

③地表水的进入(R_i)：研究尺度或单元外流进的地表径流。例如，荒漠中从植被斑块流入裸地斑块的地表径流、内陆河流域从山地森林系统流入荒漠生态系统的河川径流。

④壤中流流入(V_i)：研究单元或尺度外的土壤中水分侧向进入研究单元或尺度内的水流。

⑤地下水流(q_i)：研究单元或尺度外的地下潜水中水分侧向或垂向进入研究单元或尺度内的地下水或下渗水流。

(2)水量支出项

①蒸散发(ET)：荒漠植被的蒸腾(T)、土壤蒸发(E)和植被冠层截留蒸发(E_c)，水分由植被向大气垂向输出。

②水汽平流输出(A_0)：植被冠层的水汽从水平方向流出的部分。

③地表水流出(R_0)：研究单元或尺度上流走的地表径流。

④壤中流流出(V_0)：水分从研究单元土壤层侧向或垂向渗出的土壤水。

⑤地下水流出(q_0)：水分从研究单元潜水层侧向或垂向渗出的地下水。

(3)蓄水量变化项

植被冠层蓄水变量(ΔS_1)，主要包括植被的枝叶、茎干等的持水量；林内空气中的水汽含量变化(ΔS_2)；蓄积在地面坑洼中的地表蓄水变量(ΔS_3)；植被层下的地被物或枯枝落叶中水分蓄水变量(ΔS_4)；土壤层中的蓄水变量(ΔS_5)；地下潜水层中的蓄水变量(ΔS_6)。对于荒漠生态系统水量平衡计算，可对通用方程细化分解得到：

$$(P + A_i + R_i + V_i + q_i) - (A_0 + E + T + R_0 + V_0 + q_0)$$

$$= \Delta S_1 + \Delta S_2 + \Delta S_3 + \Delta S_4 + \Delta S_5 + \Delta S_6 = \sum_{n=1}^{6} \Delta S_n \tag{5-2}$$

在实际应用中，根据研究对象或研究尺度的大小，有些项可以忽略。例如，对于一个没有外来径流输入的荒漠生态系统来说，降水是其唯一的收入项，而在荒漠地区，蒸散发和壤中流是其最主要的支出项，蓄水变化量主要以土壤蓄水和地下水蓄水变量为主，这时，水量平衡方程可以简化为：

$$P - (E + T + V_0) = \Delta S_5 + \Delta S_6 = \sum \Delta S \tag{5-3}$$

5.3.3　荒漠区水文循环过程

荒漠区水文循环过程包括了降水、冠层截留、蒸散发、土壤入渗、径流等水文过程。

(1)降水

降水作为水文循环的收入项，也是其最基本的水文循环过程。降水是自然界中发生的雨、雪、雾、露、霜等的统称，其中以雨和雪为主。干旱荒漠所处的地理环境多位于西风带或大陆内部，大气环流是其降水量少的主要决定因素。但在干旱荒漠地区，特定的地形条件对降水区域的抬升作用特别大，从而增加了迎风坡高海拔区的降水量，但其背风坡降水量通常较少或无降水。例如，我国西部干旱地区的祁连山、天山等地降水较多，而在海拔较低的地区降水量特别少。

(2) 凝结水

空气凝结水也是干旱荒漠地区非常重要的降水形式。凝结水是指在当物体表面温度低于周围大气露点温度时，大气中气态水在物体表面凝结形成的水源。凝结水水量通常较小，在降水量充沛的地区，水汽凝结量与降水量相比微不足道，但在干旱、半干旱荒漠地区，凝结水却是生态系统非常重要的水资源。凝结水具有湿润荒漠中的植物、促进土壤生物结皮、提高沙漠一年生种子的萌发等生态作用，同时它还是沙漠中昆虫、小型动物的重要水源，是维系干旱荒漠地区主要食物链的重要水分来源。

(3) 冠层截留

冠层截留是指大气降水通过植被后被冠层截留的降水，最后通过蒸发又返回到大气中，其他部分降水以穿透降水、茎流的形成进入到土壤。即大气降水输入到植被层后，被重新分配为冠层截留、穿透降水和茎流。冠层截留在森林植被中比较明显，截留量也较大，但在荒漠植被中，由于大气降水量较小，加之荒漠植被较为稀疏，其冠层截留量不大，但它却是荒漠生态水文循环的重要一环。我国学者对油蒿和柠条的观测结果表明，它们的冠层截留率能够分别达 26.8% 和 17%，这对于水文循环来说是一个不可忽略的环节。茎流是通过乔灌木树干或茎干进入到土壤中的水分，在荒漠水文循环和生物地球化学循环中具有非常重要的作用，可以增加乔灌木根基部分的水分和养分，为荒漠中的灌木提供更多水分，对于促进荒漠植被生长发育具有重要的作用。

(4) 蒸散发

蒸散发是指水分通过土壤和植物表面散发到大气中的过程，主要包括土壤蒸发、植物蒸腾和冠层截留蒸发，是水文循环中的重要支出项，在干旱荒漠地区占到水分支出的 90% 以上。蒸散量受以下 3 方面的因素制约：①大气的干燥程度、辐射条件及风力大小所综合决定的蒸发势；②土壤湿润程度和导水能力所决定的土壤供水状况；③植被状况，包括植物水分输导组织、叶片气孔数量与大小以及群体结构对湍流交换系数的影响等。平坦地面被矮秆绿色作物全部遮蔽，土壤充分湿润情况下的蒸散量称为蒸散势(potential evapotranspiration)，也称潜在蒸散量、最大可能蒸散量。因此，实际蒸散量是蒸散势、土壤含水量及植被覆盖状况的函数。

(5) 土壤入渗

土壤入渗是指水分从地表渗入土壤和地下的运动过程，直接影响着土壤水和地下水的动态，决定着壤中流和地下径流的形成，并且对河川径流组成也有影响。入渗是地表水与地下水、土壤水联系的纽带，是径流形成过程和水循环过程的重要环节。土壤入渗主要包括 3 个阶段，分别为渗润阶段、渗漏阶段和渗透阶段。降水初期，如果土壤较为干燥，下渗水主要受分子力作用，被土粒所吸附形成吸湿水，进而形成薄膜水；当土壤湿度达到土壤最大分子持水量时，开始进入渗漏阶段；随着土壤含水率不断增大，分子作用力渐由毛管力和重力作用取代，水在土壤孔隙中作不稳定流动，并逐渐填充土壤孔隙，直至其饱和；此后，土壤水分主要受重力作用而呈稳定流动。土壤水分入渗分为非饱和入渗过程和饱和入渗过程。在非饱和入渗阶段，土壤水分运动过程可利用 Richards 方程来表达，饱和入渗阶段可以利用 Green-Ampt 入渗模型表达。另外，Horton 公式也是描述土壤水分入渗过程较为常用的经验公式。

（6）径流

径流是指降水由地面和地下汇入河网，流出流域出口断面的水流。径流是水循环的基本环节，是重要的水量平衡支出项，在一定程度上可以直接被人类利用，也直接影响着人类的活动，是人们最关心的水文现象之一。根据径流的形成过程和途径不同，径流可分为地面径流、地下径流和壤中流三部分。影响径流的因素主要有气候、流域下垫面和人类活动等。气候因素包括降水、蒸发、气温、风和空气湿度等。径流过程通常是由流域上游降水过程转换来的，降水和蒸散发的总量、时空格局与变化直接导致径流组成的多样性和复杂性。而温度、风和空气湿度通过影响蒸散发量而间接影响径流量。流域下垫面因素包括地理位置、地形地貌和植被等特征，不同的因素在流域或空间上的组合构成了多样的下垫面条件，而植被等因素的时空格局变化对径流等水文过程的影响正是荒漠生态水文所关注的核心内容。人类活动对干旱区径流的影响更为显著。在河流出山口修建水库和防渗渠道等水利工程为绿洲供水，是我国干旱区普遍存在的水资源利用方式，其负面影响是人为隔断了河流生态系统的水力联系，引起山前冲积、洪积扇植被退化，下游尾闾湖泊干涸。

5.4 荒漠区水分承载力

荒漠水分承载力的核心是在一定的水资源开发利用阶段和生态环境保护目标下，区域可利用水资源量能够支撑的社会经济生态系统发展规模，合理管理有限的水资源（开源与节流），维持和改善陆地生态系统水资源承载能力。水资源承载力受水的供需影响，需要从水循环系统出发，通过"自然生态—社会经济"系统对水的需求和流域可利用水量的"支撑能力"量度。水资源承载能力的大小随水资源开发阶段、社会经济目标和条件变化。

水循环是荒漠水分承载力的基础。区域水资源承载能力的大小，直接与区域的可利用水资源量有联系。区域可利用水资源量决定了自然环境和人类活动影响下水文循环规律及其控制的水资源形成规律。荒漠区是我国人工"增绿"最多的区域。生态修复和人工造林要充分考虑区域水资源承载力，以区域自然和社会系统水资源可持续利用为目标，建立生态系统完整、水资源持续供给和水环境容量充足的良性循环体系。生态系统需水是水资源承载力必须要考虑的重要方面。荒漠水分承载力的度量与计算包括以下方法。

①对区域水资源进行评价和开发利用条件分析，确定区域水资源量。区域水资源量是水循环过程中可更新恢复的地表水与地下水资源总量。区域水循环受自然变化人类活动的影响。由于降水和径流形成的不确定性，对应不同保证率的水资源量。

②根据地区拥有的水资源量和开采利用条件，预测满足用水需要的新增供水工程的可供水量和相应措施。可供水量是在水资源可持续利用的前提下，考虑技术上的可行性、经济上的合理性以及生态环境的可承受性，通过工程措施可以获取并利用的一

次性水量。随着技术发展及经济增强，开发利用水资源的手段和措施会不断改进或更新，水资源可利用量也会发生变化，所以只能根据可能预计的未来某个水平年的技术经济条件进行估算。

③根据地区经济规模和生活水平指标预测未来各项用水的需求量和总量，确定综合用水。人均年综合用水可以建立人口总量和经济总量与水资源之间的定量关系。综合用水量包括了生活用水、生产用水和生态用水，是经济规模和生活水平的函数。

④根据人均需求向量和功效因子，用"水资源的承载人口数"这一综合性指标来反映区域水资源承载力。人均综合用水与可供水量的比值即为水资源可承载人口，与预测人口比较可知区域水资源超载状况。

5.4.1 干旱区植被对水分的适应

对干旱区植被缺水的适应机制研究表明，干旱区的某些植物具有水分补偿能力，即利用冬季(低强度)降水补偿夏季干旱用水，冬季干旱就以夏季降水来补偿，这大概是灌木在这种环境中得以与一年生植物竞争的一种手段。荒漠植物为了适应荒漠环境，具有许多生理结构上的变化。荒漠区水文过程，特别是地下水和地表水变化控制着生态过程，生态系统内的植物为了适应水文过程的变化也表现出许多适应性特征。例如，许多植物在一部分根系处于土壤干旱条件下，仍可以利用有限的土壤水分供应来维持气体交换、水分平衡和生长。植物利用土壤水分的量因植物不同而有很大差异，有些植物根系可以伸展到深层湿的土壤中吸收土壤水分，耐旱植物比农作物具有更多的根系从而增强了从干旱土壤中吸收水分的能力。

荒漠灌丛土壤优先流可显著改变根系水分。树干茎流通过根孔大孔隙优势流快速运移到深层土壤，减少土壤蒸发，延长水分保持时间，提高水分利用效率。荒漠灌木的丛状树冠结构比热带、亚热带和暖温带树种在树干茎流形成方面更具有优势。在热带、暖温带和干旱区，树干茎流百分数的最大值分别为3.5%、11.3%和19%。荒漠灌木的体形和叶片较小，树皮较光滑且有蜡质层，在小于2 mm降雨条件都可以形成树干茎流。柠条锦鸡儿(又称柠条，*Caragana korshinskii*)、红砂、北沙柳(*Salix psammophila*)等旱生优势灌木树干茎流可使根部单位面积接收的降水比空地增加25~150倍，土壤湿润锋增加1.2~4.5倍，土壤水分含量提高10%~140%，可为灌木在受干旱胁迫时提供水分。

以青海沙珠玉人工固沙植被环境适应为例，在沙丘及丘间地上，群落的总覆盖度及草本层覆盖度均随着恢复年限的增加而增大。尽管流动沙丘经过了十几年甚至于更多年的封禁，但是由于一直没有采取设置机械沙障或生物沙障的治理措施，植物群落的恢复效果很差，总覆盖度还不到10%。风蚀与风积制约了流动沙丘上植物群落的发展，强烈的风沙活动是沙珠玉地区流动沙地上植物定居的关键性制约因子，仅靠封禁不能有效地抑制风沙的活动，也不能有效的恢复流沙区的植物群落。随着植被恢复程度的提高，沙丘上灌木的覆盖度呈逐渐降低趋势，而丘间低地灌木的覆盖度却逐渐升高。植被恢复10a以上的沙丘上，草本层的覆盖度均高于灌木层的覆盖度，植被恢复6a、10a的沙丘上，灌木层的覆盖度大于草本层，流动沙丘上只有少量一年生草本植物(表5-1)。随着沙丘群落覆盖度逐渐增大，尤其是草本层的覆盖度呈现出明显增大的趋

表 5-1 不同生境群落生物量的方差分析

植被恢复年限(a)	沙丘植被生物量(g/m²)	丘间生物量(g/m²)
46	68.28 ± 8.34a	—
33	63.45 ± 6.47ab	—
24	38.11 ± 4.02bc	36.25 ± 4.93a
10	36.17 ± 5.70bc	22.59 ± 1.02a
6	28.21 ± 3.71c	14.02 ± 0.10a
0	14.30 ± 0.73c	—

注:引自李少华等,2016。

势,植物群落的蒸腾需要大量消耗土壤中的水分,从而降低了深层土壤的含水量,使得深根性的黑沙蒿(又称油蒿,*Artemisia ordosica*)、柠条锦鸡儿不能自我更新,从而逐渐地衰退,因此沙丘上灌木覆盖度随固沙年限的增加而逐渐降低。丘间地上,群落的覆盖度主要是灌木种乌柳(*Salix cheilophila*)的覆盖度,草本层覆盖度较低,乌柳林下草本层的覆盖度随恢复年限的增加呈增大的趋势,但是不同恢复年限的群落间差异不明显。乌柳属于小乔木,其冠幅及覆盖度均较大,在乌柳与林下草本层的竞争过程中,乌柳处于优势地位,林下植被受乌柳遮阴影响,生长处于弱势,因此丘间低地上的灌木覆盖度随植被恢复程度的提高而增高。

从植被生长型考虑,多年生草本植物有着绝对优势,占种类组成的74.1%。且随着沙丘固定程度的提高,多年生草本植物的物种数逐渐增加,一年生草本的物种数则呈降低趋势。丘间低地亦呈现出与沙丘同样的趋势,即随植被恢复程度的增加,多年生草本植物的物种数逐渐增加,但是在丘间低地上均为多年生草本植物,没有出现一年生草本植物,这是因为在丘间低地由于水分条件较好,受风沙影响较小,生境相对优越,有利于植物种的定居和生长。从植被生活型来看,不同植被恢复程度下植被的生活型绝大部分为灌木和草本植物,灌木主要是人工栽植的柠条、黑沙蒿和乌柳,草本层则是在人工种植灌木后随环境条件的改变而逐渐生长起来的。经调查发现,该区植物以旱生和中旱生为主,但随着植被恢复时间的增加,中旱生及中生植被逐渐增多,而旱生植物逐渐减少。其原因为随着植被恢复程度的提高,群落的植被及土壤状况均有所改善,地表开始出现生物土壤结皮,减少了土壤水分的流失,从而中生及中旱生植物种逐渐增加。

5.4.2 水分对植被格局的调控

荒漠区植被最显著的特点就是低覆盖度。在干旱区,胡杨(*Populus euphratica*)、柽柳(*Tamarix chinensis*)的空间分部普遍呈紧缩分布现象。当干旱程度有所减缓时,植被在空间上的分布相对较为分散。斑块状植被是干旱、半干旱地区常见的景观类型,其覆盖了该区域总面积的1/3,主要由裸地斑块和植被斑块镶嵌组成,常见的斑块类型包括条状、点状和环状。植被斑块分布的区域均存在一定的微地形,受地表起伏的影响,降雨或融雪后地表径流在单个斑块尺度和坡面尺度发生再分配,从而导致不同区域土壤水分出现空间变异,间接影响植被斑块在流域尺度上的分布格局。对黑河流域戈壁地区泡泡刺的空间分布格局研究表明,其植被斑块的形成主要受降水量及地表径流所控制。地表径流流经的区域土壤水分含量相对较高，且一般位于洼地，有利于幼苗的生长，使得这些区域更加适合植被斑块的定居和扩展。对准噶尔盆地梭梭的空间分布格局研究也发现，其与融雪后的土壤水分分布格局具有高度的一致性。地表径流除了在单个斑块尺度存在再分配外，在多个斑块尺度上也会出现再分配过程，从而对坡面尺度的植被分布格局产生影响。在今后的研究中，应加强对植被类型、格局的生态水文学和生态需水的研究。

干旱区影响植物生长的主要因素是土壤盐分和水分，两者都与地下水位高低有关。当地下水位过高时，溶于地下水中的盐分受蒸发影响就会在土壤表层聚积，导致盐渍化，不利于植物生长；当地下水位过低时，地下水不能通过毛管上升到植物可以吸收利用的程度，导致土壤干化，植被衰退，发生土地荒漠化。因此，把既能减少地下水强烈蒸发返盐，又不造成土壤干旱而影响植物生长的地下水位称为合理地下水位，相关学者从不同角度提出了适宜水位、盐渍临界深度和生态警戒水位等概念。

5.4.3　生态需水

水是干旱区的关键生态因子，生态需水的实质是生态系统结构、功能和水分之间相互关系的问题。只有建立在流域水循环基础上通过生态水文学的指导，生态需水量的确定才会更合理。生态需水是指改善生态环境质量或维护环境质量不至于进一步下降所需的水量。从广义讲，维持全球生物地球化学平衡（如水热平衡、源汇库动态平衡、生物平衡、水沙平衡、水盐平衡）所需要的最低水分消耗都是生态需水。用于河流水质保护和鱼类洄游等所需的最低水量也属生态需水的范畴。但迄今为止，还没有一个明确的生态需水定义，因而使得不同使用者在该概念的外延理解上存在一些差异。对于生态环境脆弱区，生态需水应指维护生态环境不再进一步恶化并逐渐改善所需地表水和地下水资源总量。

对于荒漠绿洲来说，生态需水是指对绿洲景观的稳定发展、绿洲环境质量维持和改变起支撑作用的系统所消耗的水量。植被在维护生态环境的稳定方面具有不可替代的作用，因此植被建设的生态需水量应该首先得到保证。植被建设的生态需水量具有区域性特征，计算时应根据不同区域的典型植被耗水特征，结合降水补给土壤水分的实际可利用量或根据实测植被减少河川径流资料确定生态用水定额，进而根据植被类型的面积计算生态需水量。我国有关研究人员已经开始关注生态需水量的研究，如对新疆的生态需水量的估算。

荒漠植物蒸腾是生态需水的重要考量。荒漠区不同植物表现出不同的蒸腾特征。如垂榆（*Ulmus pumila*）西面叶片出现了午休现象，而其余方位叶片则均未出现。不同方位叶片最大蒸腾速率出现的时间也不相同，垂榆、柠条、沙棘（*Hippophae rhamnoides*）东面叶片均在9：00即达到最大值，而南面叶片则分别于13：00、11：00才出现最高蒸腾速率。由供试树种分析，通常植株东面叶片最早达到峰值，西、北两面叶片时间一致，南面叶片最晚，这与不同时间日照方位、不同方位微环境气温及水分随时间的变化相关。大多数树种南面叶片的日均蒸腾速率最高，其次为西面，东面和北面叶片的日均蒸腾速率则较低，只有沙棘西面叶片的日均蒸腾速率高于南面叶片，不同方位叶片日均蒸腾速率大小变化总体趋势为：南 ＞ 西 ＞ 北 ＞ 东。该差异主要是受日照时间、光强影响，南面叶片全天受光，日照时间长、光照强度大、空气湿度较低，导致其蒸腾强度较大，东面叶片则相反。同时，该差异也与不同方位叶片长期适应其环境而产生的自身生理响应相关。

生态需水的另一个方面是水资源承载能力。以青海共和盆地水资源承载能力计算为例，共和盆地水资源总量 $6.75 \times 10^8 \, m^3$，多年平均河川径流量 $6.09 \times 10^8 \, m^3$，多年平均地下水补给量 $3.46 \times 10^8 \, m^3$，重复计算水量 $2.80 \times 10^8 \, m^3$。人均水资源量 $3\,866 \, m^3$，是青海省人均水资源较少的地区之一，耕地亩[①]均水资源 $823 \, m^3$，为全国平均水平 43%。盆地内流域面积 $17\,900.4 \times 10^4 \, km^2$，黄河流域面积 $9\,608.5 \times 10^4 \, km^2$，占总面积 54%，水资源量 $43\,019.1 \times 10^4 \, m^3$，占全区水资源量的 64%；内陆河流域面积 $8\,291.9 \times 10^4 \, km^2$，占总面积 46%，水资源量 $24\,442.2 \times 10^4 \, m^3$，占全区水资源量的 36%。按照行政区域划分，贵南县流域面积 $6\,074.3 \times 10^4 \, km^2$，占总面积 34%，水资源量 $30\,241.2 \times 10^4 \, m^3$，占全区水资源量的 45%；共和县流域面积 $11\,186.2 \times 10^4 \, km^2$，占总面积 62%，水资源量 $34\,290.1 \times 10^4 \, m^3$，占全区水资源量的 51%；河卡乡流域面积 $639.8 \times 10^4 \, km^2$，占总面积 4%，水资源量 $2\,930 \times 10^4 \, m^3$，占全区水资源量的 4%。盆地西部沙珠玉河下游地区每亩耕地占有水量 $706 \, m^3$，恰卜恰河下游每亩耕地占有水量 $633 \, m^3$，是严重缺水地区。共和盆地土地资源丰富，进一步开发潜力大，但干旱绿洲生态农业的耗水量很大。除黄河及其支流水资源的开发利用程度较低外，其他河流开发利用程度已相当高，并且已引发了下游生态环境问题（如天然绿洲萎缩和终端湖泊消亡）。由于沙漠绿洲需要大量水分维系其脆弱的生态环境，水资源开发利用受到生态环境需水的制约。因此，水土资源的开发要适度。

在干旱地区，生态用水和经济用水的合理分配问题既是一个科学问题也是一个社会问题。生态需水量不仅是干旱区生态系统健康诊断的一个关键性指标，而且也是水资源在生态环境建设和国民经济各行业合理分配的关键依据。近几年生态需水的问题在干旱区研究方面受到广泛关注，目前虽然初步建立了 3 种生态需水量的计算框架，但在实际研究应用中的测试技术、尺度转换等问题仍待改进。

思　考　题

1. 简述荒漠区水资源的主要存在形式及其特点。
2. 荒漠水资源及其转化有哪些特征？
3. 简述荒漠区水循环及其平衡方程。
4. 简述荒漠区不同尺度水分承载力的研究方法。

推荐阅读书目

1. 中国水情. 肖洪浪，龚家栋，卢琦，等. 开明出版社，2000.
2. 生态水文学—陆生环境和水生环境植物与水分关系. 赵文智，王根绪，译. 海洋出

---

① 1 亩 = 1/15 hm²，后文同。

版社，2002.

3. 黑河流域水资源合理开发利用. 高前兆，李福兴. 甘肃科学技术出版社，1991.

参考文献

冯起，高前兆，1995. 半湿润沙地凝结水的初步研究[J]. 干旱区研究，12(3)：72 – 77.

高前兆，史胜生，温培安，等，1992. 中国西北干旱地区的水资源[J]. 中国沙漠，12(4)：1 – 11.

李少华，王学全，包岩峰，等，2016. 不同类型植被对高寒沙区土壤改良效果的差异分析[J]. 土壤通报，47(1)：60 – 64.

李新荣，张志山，黄磊，等，2013. 我国沙区人工植被系统生态——水文过程和互馈机理研究评述[J]. 科学通报，58(5)：397 – 410.

王学全，卢琦，李保国，2005. 应用模糊综合评判方法对青海省水资源承载力评价研究[J]. 中国沙漠，25(6)：944 – 949.

王学全，卢琦，2005. 生态足迹理论在青海省共和县荒漠化自然资本核算中的应用[J]. 林业科学，41(3)：12 – 18.

王学全，2004. 青海共和盆地水资源承载力与可持续发展战略研究[R]. 北京：中国林业科学研究院博士后出站报告.

肖洪浪，程国栋，李新荣，等，2003. 腾格里沙漠东南缘雨养人工生态系统40年生态水文变化机理初研[J]. 中国科学，33(S)：66 – 72.

肖洪浪，龚家栋，卢琦，等，2000. 中国水情[M]. 北京：开明出版社.

Levia D F，Frost E E，2003. A review and evaluation of stemflow literature in the hydrologic and biogeochemical cycles of forested and agricultural ecosystems[J]. Journal of Hydrology，274(1 – 4)：1 – 29.

Wang X Q，Gao Q Z，2002. Sustainable development and management of water resources in the Hei River basin of Northwest China [J]. International Water Resources Development，18(2)：335 – 352.

第5章附属数字资源

第 **6** 章
荒漠生物

[**本章提要**]荒漠生物在长期发展与演化过程中,经自然选择逐渐形成了适应荒漠极端环境的特殊生物学与生态学特征,在严酷的环境中生存和繁衍。本章主要论述了荒漠植物、动物和微生物对生境的适应性特征,荒漠植物、动物和微生物区系组成及其分布特征,并阐述了荒漠地区生物面临的问题及资源合理利用和保护。

6.1 荒漠植物

荒漠植物在其漫长的发展与演化过程中,经自然选择逐渐形成了适应荒漠极端环境的特殊的生物学与生态学特征及特殊的植物区系特征。荒漠地区植物适应的限制因子主要是高温和水土条件,特别是对水因子的适应,形成了世界范围内多样的植被类型和物种。同时,由于水土资源以及地貌类型的多样性而构成的环境异质性作用,形成荒漠地区特有植被分布格局和多样的植被景观。

6.1.1 荒漠植物区系

植物区系是一定地区所有植物种类的总和,是植物界在一定的自然地理条件下,特别是在自然历史条件作用下发展演化的结果。植物区系地理学是研究世界或某一区域所有植物种类的组成、现代和过去的分布以及它们的起源和演化历史的科学,是一门地理学与植物学的交叉学科,其目的是探究植物生命的起源、演化、时空分布规律及与地球历史变迁的关系。分析植物区系的特点,对于认识植被的性质、结构和发展以及其经济价值都是很重要的。植物区系的基本特征一般分为植物地理学特征和植物分类学特征两个方面,前者包括区系成分特有性和区系成分复杂性,后者包括区系系统发育性、区系古老性、区系相似性和区系丰富性。

我国干旱荒漠区涉及新疆、内蒙古、甘肃等 18 个省份,主要包括极端干旱荒漠、干旱荒漠、干旱荒漠草原、半干旱干草原、半湿润森林草原 5 个生态气候亚带,形成一条西起塔里木盆地西端,东至松嫩平原西部,横贯西北、华北和东北地区,东西长达 4 500 km,南北宽约 600 km 的弧形荒漠带。

6.1.1.1　荒漠植物区系的形成

荒漠是一个广泛分布旱生、肉质、喜盐植物，且植物群落稀少的区域。荒漠植物区系非常独特，有的大陆荒漠曾是古物种的中心，例如，第三纪前的特有种区——绵刺(*Potaninia mongolica*)、裸果木(*Gymnocarpos przewalskii*)、白刺(*Nitraria tangutorum*)、量天尺(*Hylocereus undatus*)、仙人掌(*Opuntia stricta*)。各个大陆荒漠的植物，有独特的结构与多样性特征，这是由于植物区系形成的不同历史所致。植物地理学家划分了很多植物区系：亚洲区系、伊朗—图兰平原区系、撒哈拉—信德区系、西撒哈拉区系、南非区系、澳大利亚区系、北美区系、南美区系等。

目前，对于我国荒漠地区植物区系发生与形成问题有很多不同观点。国外一些学者认为，荒漠地区特有种类少，植物区系起源是年轻的；同时，也有根据地质历史研究推断荒漠区植物区系形成是古老的。雍世鹏等(1992)认为我国荒漠戈壁区的植物区系成分主要来源于古地中海旱生植物。有学者依据地史、古气候及孢粉学资料研究认为干旱荒漠区植物区系成分可划分为古地中海系和东亚系。如我国的黑戈壁地区，目前对其与邻近区域的植物属的分布型组成的研究表明，黑戈壁植物区系中地中海区、西亚至中亚及其变型的比例达25.88%，其植物群落组成的建群种和优势种主要有白刺属(*Nitraria* spp.)、红砂属(*Reaumuria* spp.)、骆驼刺属(*Alhagi* spp.)、沙拐枣属(*Calligonum* spp.)、梭梭属(*Haloxylon* spp.)、盐豆木属(*Halimodendron* spp.)、裸果木属(*Gymnocarpos* spp.)、盐生草属(*Halogeton* spp.)等属的植物；而北温带及其变型的比例低于相邻的其他荒漠区域。因此，可以推断黑戈壁地区植被与植物组成的残遗性和古老性，主要来源于古地中海和中亚成分。由于黑戈壁地区气候极端干旱、土壤养分贫乏，而且环境异质性程度低，不利于植物物种的分化，也不利于其他地区植物物种入侵与定居，植物的演化主要是形态结构、生理和行为的适应与特化。

最早开展我国荒漠植物区系形成的研究始于1982年，我国学者在分析我国沙区古地中海植物地理成分与中亚植物区系、蒙古植物区系关系的基础上，提出了沙漠地区植物区系属亚洲中部区系，包括亚洲中部的干旱和半干旱区在内，是古地中海植物区系的一部分或一个亚区，也与中亚有密切关系；我国东部草原沙区为蒙古植物区的一部分；我国沙区植物区系中起主导作用的成分为古地中海、中亚及蒙古植物区系的观点。我国学者还同时认为，新第三纪(新近纪)期间，由于我国内陆群山耸立，距离海洋的远近、海拔高度、古地中海的侵退及冰川消长情况均不一致，因而我国沙区植物的发生途径和形成时期也不一致。刘瑛心(1995)认为我国大部分沙区在老第三纪(古近纪)时，气温较暖、地形平缓，受海洋影响较小，夏季炎热、冬季温和、降水不多、蒸发量大，形成了亚热带旱生植被。在发生重大地史后，由于地域辽阔，各沙区所在位置和地形不同，其形成今日植物区系的时期和途径随多种因素的影响而异。如古地中海的侵退、冰川的消长、造山运动的影响、距离海洋的远近等，故而各沙区的形成，既有古老的，也有年轻的，并不一致。准噶尔盆地植物区系在第四纪形成，中亚成分占主导作用。塔里木盆地植物区系在老第三纪就已发生，第三纪形成，第四纪有新发展。柴达木盆地在第三纪上新世已形成温带荒漠，第四纪有新发展。阿拉善荒漠植物区系在第三纪已形成，第四纪也有新发展。东部草原区沙地植物区系在第四纪几个中心同时发生。

6.1.1.2　荒漠植物区系地理成分

植物群落的部分演替是荒漠的特色，由单优群落到多物种组成的群落。其原因是由于荒漠地表结构复杂性、土体多样性，相应的植物生境水分变化。因此，在不同大陆具有相同生境（特征近似）的植物分布与生态特征，有很多共同特点。荒漠植物的共同特征是顽强的生命力、种类贫乏、建群种非常稳定。同时，每个荒漠建群种都是原始的，多样性表现在荒漠植物的生态面貌与特性。对于温带冬冷型内陆荒漠，植物建群种是硬叶类型，通常为无叶灌木和半灌木，半灌木包括梭梭、沙拐枣（*Calligonum mongolicum*），杆状灌木不常见。

在非洲和澳大利亚的亚热带和热带内陆荒漠，植物以硬叶灌木和多年生草本植物为主，而且有肉质灌木，与温带荒漠比较这里植物更稀疏。在石漠中植被覆盖度大，石漠的水分条件比构造平原好一些。构造平原主要是从石缝中生长的灌木，植物比较稀疏。盐壳分布区无植被。在极端干旱区的流动干沙上，几十公里范围内见不到植物。只有在丘间低地，地下水近地表，能见到稀疏的常绿灌木和多年生草本植物，在绿洲生长棕榈（*Trachycarpus fortunei*）。在干旱年草本一般不发达，但在多雨年生长大量类短命植物与短命植物。类短命植物包括早熟禾（*Poa annua*）、郁金香（*Tulipa gesneriana*）等；短命植物包括雀麦（*Bromus japonicus*）、旱麦草（*Eremopyrum triticeum*）。

在北美洲和澳大利亚的亚热带荒漠，植物比较丰富。植物的丰富程度与中亚荒漠接近。这是由于这些荒漠年降水量为 80~100 mm。在温带、亚热带、热带的盐碱荒漠，有很多植物种类。它们是喜盐的肉质灌木、半灌木以及一年生盐生植物。半灌木包括柽柳、白刺、盐穗木、盐爪爪（*Kalidium foliatum*）、盐节木（*Halocnemum strobilaceum*）等；一年生盐生植物包括猪毛菜、盐角草（*Salicornia europaea*）、碱蓬（*Suaeda glauca*）等。在绿洲、河谷、三角洲植物非常丰富。亚洲与近东荒漠的典型植物是落叶乔木胡杨、沙枣（*Elaeagnus angustifolia*）、白柳（*Salix alba*）、垂柳（*Salix babylonica*）等。有时在热带、亚热带河谷生长常绿植物棕榈、夹竹桃（*Nerium indicum*）。

我国荒漠地区由于地处中亚、西伯利亚、蒙古以及我国西藏和华北的交汇处，地理条件几经变迁，为该区植物区系复杂的地理成分混合和迁移提供了有利的条件。因此地理成分组成复杂、除亚洲中部成分为重要的成分外，还有中亚成分、古地中海成分、北温带成分、温带亚洲成分等。不同的区域，由于气候和水分条件的差异，植物区系的组成特点也存在着较大的差异。如我国荒漠地区的特征科——锁阳科（Cynomori-aceae）、山柑科（Capparaceae）等，主要分布于极端干旱的戈壁地区，而蒺藜科（Zygo-phyllaceae）、列当科（Orobanchaceae）、萝藦科（Asclepiadaceae）、柽柳科（Tamaricace-ae）、藜科（Chenopodiaceae）等科组成数量也占有整个荒漠地区植物物种组成的较大比例。而且，这些植物不仅是戈壁地区重要的物种，也是重要的表征物种。

尽管植物种群差异很大，但是不同大陆荒漠植物生态特征有很多共性。这具体表现在形态、生理特征，与生存环境相适应。世界荒漠植物的共同特征是盐分含量很高，因为它们生长于盐碱土壤。根据 H·N·巴泽列维奇 1967 年的资料，中亚荒漠每年生物量中灰分含量为 6%~8%，而盐生植物的含盐量为 12%，这一数值是全世界是最高的。

(1)科的地理成分分析

我国西北干旱荒漠区分布有种子植物82科484属1 704种，优势现象明显，优势科11个，它们是菊科(Compositae)、豆科(Leguminosae)、禾本科(Gramineae)、藜科、十字花科(Cruciferae)、蓼科(Polygonaceae)、莎草科(Cyperaceae)、毛茛科(Ranunculaceae)、蔷薇科(Rosaceae)、唇形科(Labiatae)和百合科(Liliaceae)；表征科8个，它们是香蒲科(Typhaceae)、麻黄科(Ephedraceae)、柽柳科、蒺藜科、胡颓子科(Elaeagnaceae)、藜科、眼子菜科(Potamogetonaceae)和蓼科(Polygonaceae)。菊科、豆科、禾本科所属的物种最多，均超过150种；含100~150个种的科仅有藜科；含40~100种的科有蓼科、十字花科、毛茛科、莎草科、蔷薇科、唇形科、百合科，共7科；含11~39个种的科有15个；含2~10个种的科有36个；单种科有20个。

在科水平上，西北干旱荒漠区植物区系以世界分布为主的有37科，共1 395种，占总科数的45.12%，包含了西北干旱荒漠区中所有的大科，如菊科、禾本科、莎草科、唇形科、豆科、百合科、十字花科、藜科、毛茛科、蓼科等。其次是温带成分(热带至温带、亚热带至温带、温带、温带至寒带的科)，共31科，占总科数的37.80%；纯粹的热带成分、亚热带成分较少，共14科，占总科数的17.08%。

(2)属的地理成分分析

西北干旱荒漠区分布有种子植物484属，其区系特征为单种属、寡种属多，优势现象明显；植物区系具有强烈的旱生性和古老性；区系地理成分复杂多样，包含14种分布区类型和14种变型，地中海区—西亚—中亚分布、北温带分布、旧世界分布、中亚分布类型占据前四位，分别占总属数的22.33%、17.98%、10.69%、7.36%；特有成分比较低，我国特有成分仅6属，只占总属数的1.57%；植物区系起源古老，而且多为本土发生。

①世界分布：有63属(含443种)，占总属数的13.02%。它们主要属于一些世界广布的大科和一些世界广布的水生植物。如菊科8属，莎草科5属，禾本科5属，藜科4属，唇形科4属，十字花科2属，豆科2属。大多数为寡种属和单种属，如有1~3个种的属有32个，占本类型总属数的50.79%，4~10个种的属有12个，占本类型总属数的19.05%，含10个种以上的属有11个，占本类型总属数的17.46%。

②泛热带分布：有23属，占西北干旱荒漠区非世界属数的4.75%。

③热带亚洲和热带美洲间断分布：仅有1属，占我国同类属数的1.61%，占本区非世界属数的0.24%。

④旧世界热带分布：只有1属，即天门冬属(Asparagus)5种，占我国同类型属数的1.26%，占本区非世界属数的0.24%。

⑤热带亚洲至热带大洋洲分布：此类型和其下的变型在西北干旱荒漠区都缺失。

⑥热带亚洲至热带非洲分布：只有2属，占我国同类型属数的1.34%，占本区非世界属数的0.64%。

⑦热带亚洲(印度—马来西亚)分布：只有4属，占我国同类型属数的0.90%，占本区非世界属数的0.95%。

⑧北温带分布：有 87 属，占我国同类型属数的 40.85%，占本区非世界属数的 17.98%，这一分布区类型是本区除地中海区—西亚—中亚分布区类型外种类较多的类型（第二大类型），在属和种的数量上占有较大的比例，在区系中占有较为重要的作用。

⑨东亚和北美洲间断分布：有 6 属，占我国同类型属数的 4.88%，占本区非世界属的 1.43%。

⑩旧世界温带分布：有 45 属，占我国同类型属数的 39.47%，占本区非世界属数的 10.69%。该类型占西北干旱荒漠区植物区系属总数的 13.63%，包括 15.98% 以上的种。这一类型及变型在西北干旱荒漠区植物区系中占的比例仅次于地中海区—西亚—中亚分布型和北温带分布型（第三大类型）。它们多为中生或旱中生的草本或木本，是组成本区草原、干草原的重要成员。

⑪温带亚洲分布：有 19 属，占我国同类型属数的 34.55%，占本区非世界属数的 4.51%。这一类型多为草本或木本，常见于草原、林下和灌丛，共包含 65 个种。本类型的属和种分别占西北干旱荒漠区总属数和种数的 3.93% 和 3.81%。

⑫地中海区—西亚—中亚分布：有 98 属，占我国同类型属数的 64.47%，在本区植物区系中占有最高的比例，占本区植物区系总属数的 22.33% 和总种数的 14.61%。这一类型多为旱中生、旱生、盐生草本或木本，是西北干旱荒漠区干草原、荒漠草原、荒漠植被以及盐沼、碱地隐域植被的重要组成者，在西北干旱荒漠区植物区系中起着十分重要的作用。

⑬中亚分布：有 31 属，占我国同类型属数的 44.93%，占本区非世界属数的 7.36%。在本区植物区系中占第四位。它们多是旱生或耐旱的草本或木本，多生于山前荒漠、砾石戈壁、盆地沙丘间，与地中海区—西亚—中亚分布类型共同构成西北干旱荒漠区的荒漠植被，许多属成为西北干旱荒漠区植物区系的表征属，并且是荒漠植被的重要组成者。

⑭东亚分布：有 9 属，占我国同类属数的 12.33%，占本区非世界分布属的 2.14%。

⑮我国特有分布：此类型西北干旱荒漠区只有 6 属，占我国同类型属数的 2.33%，占本区非世界属数的 1.43%；也有研究认为我国西北干旱荒漠区比较准确的只有 4 属，占我国同类型属数的 1.55%，占本区非世界属数的 0.95%。这一类型在西北干旱荒漠区植物区系中所占的比例很低。

⑯在我国仅分布于西北干旱荒漠区的属：在我国仅分布于本区的属较多，有 85 属（隶属于 21 科），占西北荒漠植物区系总属数的 17.56%，占我国总属数的 2.73%。这足以说明本区植物区系与我国其他地区植物区系组成的不同及其在我国植物区系中的独特地位。

6.1.1.3　荒漠植物区系的基本特征

荒漠地区在世界范围内分布广，而且在不同大陆由于环境条件、植被形成和演化的历史等差别，植物区系基本特征在存在着共性的同时，也有较大的差异。我国荒漠地区植物区系的基本特征包括以下方面。

(1)植物种类组成贫乏

植物区系表现出强烈的旱生特点。荒漠地区由于受极端干旱、无地表径流，以及高温、严寒及大风等严苛自然条件的影响，植被组成简单，种类相较其他生态系统类型组成贫乏。同时，荒漠地区的环境异质性低，这也在很大程度上限制了植物多样性发育与形成。在植物生活型上，以灌木和多年生草本植物为主。如梭梭属、红砂属、霸王属、猪毛菜属等的很多物种主要分布于黑戈壁地区，形成其特殊植物多样性。

我国西北干旱荒漠区气候干旱、降水稀少，尤其是干旱的气候环境条件制约了植物的生长与分布。已有研究资料表明，导致植物稀少、种类单一，西北干旱荒漠区系共有种子植物 1 704 种，分属 82 科 484 属。其中裸子植物 3 科 4 属 17 种，被子植物 79 科 464 属 1 687 种。分别为全国植物科属种的 24.35% 、7.17% 和 25.11% 。数量上明显低于我国其他各地区。在我国干旱荒漠区系中，菊科的种类最多，有 72 属 273 种。含有 100 种以上的大科仅有 4 科，为菊科、藜科、豆科和禾本科；含有 40 种以上的较大的科也仅有 7 科，为十字花科、蓼科、毛茛科、蔷薇科、唇形科等。这 11 科为西北干旱荒漠区系的优势科，而且均属于世界分布类型，其他各科均含种 40 个以下，单科种有 20 个。在长期的进化过程中，荒漠植物形成了明显的区域特征，区域优势十分明显。

(2)地理成分复杂，植物区系具明显的古老性和旱生性

我国荒漠地区由于地处中亚、西伯利亚、蒙古、西藏和华北的交汇处，植物区系成分混合、广泛的迁移，因此地理成分复杂。同时，我国荒漠地区自白垩纪、最迟至老第三纪已经存在干旱植物区系，因此，区系中保存了很多古地中海或古南大陆的历史成分。如白刺属、四合木属(*Tetraena* spp.)、裸果木属等。

在西北干旱荒漠区植物区系中以各种旱生和超旱生的灌木、小灌木和半木本植物占优势，藜科(尤其是猪毛菜属)、菊科(尤其是蒿属)、柽柳科、蒺藜科、麻黄科和蓼科的沙拐枣属特别发达，多含单种或少种的属，其中很多是古老的或分类上孤立的残遗植物，如沙冬青(*Ammopiptanthus mongolicus*)、绵刺、蒙古扁桃(*Amygdalus mongolica*)、裸果木等，它们又分别为中亚东部地区特产。

(3)植物区系起源古老

西北干旱荒漠地区位于古地中海范围，自石炭纪、二叠纪已经成陆，且从白垩纪尤其是早第三纪起气候趋于干旱，所以这一地区的建群种和优势植物大都属于白垩纪尤其是晚第三纪的孑遗种。除准噶尔区系起源于第四纪外，植物区系较为古老，如霸王、合头草、泡泡刺、四合木、裸果木、沙冬青、膜果麻黄、小沙冬青(*Ammopiptanthus nanus*)等。其植物区系从其发生角度可以归为两大地理成分：古地中海成分和东亚成分。古地中海成分基本上是本地起源的，中生代时古地中海在我国西北部各地陆续退却，许多成分便在转为干旱的古海沿岸或遗迹上发生。因此，西北荒漠植物区系的历史是较为古老的(准噶尔盆地除外)，且均以本土成分占主导地位。

(4)植物区系温带成分占有明显优势，特有成分明显较低

根据植物种类的地理成分可以确定一定区域的区系性质。在西北干旱荒漠区种子植物属的分布型中，温带成分和地中海成分占明显优势，分别占 49.6% 和 37.05% ，为

全国同类型属数的 22.14% 和 54.63%；而热带成分和我国特有成分分别占 1.57% 和 2.33%。从植物种的水平分析，西北干旱荒漠区共有 1 709 种，其中温带成分和地中海成分约 1 039 种，占所有种数的 82.39%（不包括世界分布种），尤其以北温带成分居首，约 430 种，为总种数的 34.1%（不包括世界分布种）；其次是地中海区—西亚—中亚成分有 202 种，占总种数的 16.02%（不包括世界分布种），也主要属于温带成分。

我国种子植物 3 116 属中有 257 属为我国特有，占全国总属数的 8.5%（不包括世界属数），而西北干旱荒漠区具有 6 个特有属，仅为全国特有属数的 2.33% 和西北干旱荒漠区总属数（不包括世界属）的 1.43%，远低于全国特有性水平。从植物种的水平来看，西北干旱荒漠区具有 84 个物有种，为本区总种数的 4.93%。与其他地区比较，种的特有性高于内蒙古（3%），而要低于东北、华北、华中和西南等地区。

（5）植物区系的物种分布不均

受自然气候环境条件的影响，西北干旱荒漠区不同区域形成了不同的植物类型，而且在物种数量上也存在明显的差异。阿拉善高原有种子植物 606 种，河西走廊有种子植物 326 种，柴达木盆地有种子植物 255 种，塔里木盆地有种子植物 165 种。

（6）单种属和寡种属比例大

我国荒漠地区植物单种属和寡种属普遍存在。数据显示，目前我国荒漠地区植物共 816 属 3 913 种。其中单种属和含 2~3 个种的寡种属的比例达 74.51%。如梭梭属 2 种，无叶豆属（*Eremosparton* spp.）1 种，山柑属（*Capparis* spp.）1 种，盐节木属（*Halocnemum* spp.）1 种，铃铛刺属（*Halimodendron* spp.）1 种等。

（7）植物成分与周边地区相互渗透和交叉

我国荒漠地区不仅与周边不同地理区域相联系，而且与不同国家接壤，因此与周边地区相互交叉渗透的现象也很明显。

（8）植物的特有成分缺乏

特有现象在植物区系分析中很重要，可用以辨明植物区系的性质等。但我国荒漠地区的特有成分极为贫乏，如我国东部沙区甚至不存在特有属。

6.1.2 荒漠植物的特征

荒漠地区由于干旱的气候环境，其中一些因子为最低或限制有机界存在与发展强度。其主要的限制因子有：干旱的气候（降水量不大、蒸发强烈）、夏天除近海荒漠外所有荒漠气温高、冬天温带荒漠气温低（低于 0℃）、近地表土层以及地下水深植物根层水分缺乏、土壤表层增温、基质流动和盐渍化等因子等。植物群落内生因素对于外生限制因子有很大的影响。内生因素对于土壤表层水分和盐分动态、微气候、基质流动性等有影响。

研究植物与限制因子的关系，以及植物对荒漠干热气候适应方式，具有重要的科学与实践意义。强烈的太阳辐射，以及由此引起的高温、空气与土壤干燥、水分不足，是决定适应特征的最重要气候因素。在这样环境下，植物应具有热量调节机能，保障它们有比较稳定的体温、机体内有利的水分状况。

在荒漠地区，植物的适应方式是具有调节水分平衡与盐分状况的形态与结构特征

（无叶、小叶、根系发达、表皮防护性能、储水的膜等）。植物的生理适应特征包括：光合作用、呼吸作用、蒸腾作用、细胞质忍受高温特征、细胞液含盐量高、持水性能等。适应性的生物特征表现在植物生长发育的速度与节律性方面，这反映在高温干旱来临前水热最适宜组合期活跃的生命活动。生态适应方式与植物群聚与群落特征生理特征有关。它们也有很多特点，例如，荒漠植物种的贫乏性，单调群丛经常的强烈的相变，在夏季高温期间普遍衰退。荒漠群落结构特点与区域限制因子显著相关。

6.1.2.1 荒漠植物的适应特征

植物在长期适应干旱环境的进化过程中，植物叶片对环境变化最为敏感，根系属于可塑性较强的器官。叶片解剖结构与植物的抗旱性关系最为密切，因此解剖研究最多的是植物叶片。植物形态解剖指标主要包括：角质层厚度、表皮毛孔度、气孔密度、气孔导度与下陷程度、栅栏组织厚度、海绵组织厚度等。早在 1822 年就提出了"旱生植物（xerophyte）"的概念，此后对旱生植物形态结构特征方面开展了一系列研究。通过对有利于旱生植物适应干旱环境的形态特征系统的总结，如植物可以通过减小气孔密度，增加叶片角质层厚度，缩小叶面积，通过叶片的形态减少受光面积，以最大程度减少叶平面接受到的太阳辐射。1961 年，对疏勒河荒漠植物形态解剖学特征及环境关系的研究，开创了我国旱生植物形态解剖学研究之先河，对同株植物不同叶片形态解剖的研究结果表明，随着缺水的急剧加重，植物叶片变化表现为：表皮细胞的体积变小，每单位表面上有较长的导管束并带有极细的互通脉；叶片气孔直径变小；单位面积上的气孔数目增多；栅栏状薄壁组织比较普遍，海绵薄壁组织较不普遍；蜡质层逐渐发达，叶肉细胞体积变小；细胞间的空间系统表现的较弱；机械组织发展的较为强烈。植物叶片对水分、温度、光照等环境因子的变化敏感、可塑性强，随环境变化叶片往往表现出内部解剖结构和叶外部形态的差异。因此，荒漠植物在干旱环境条件下，在外部形态和形态解剖方面形成了独特的适应特征。

荒漠植物为了适应严酷干燥的气候，除了形态特征和解剖结构的适应外，在生理方面也形成了独特的适应方式，生理适应性主要有光合生理适应、水分代谢适应、基础代谢适应、渗透调节适应、激素含量变化适应等多种途径，其中最常见和典型地有 3 种，即光合生理适应、水分生理适应以及渗透调节物质变化的适应。

（1）形态适应性

①叶片：荒漠植物在长期适应干旱气候环境条件下，形成了独特的形态特征，最典型的特征就是有的荒漠植物叶片退化成针刺状或者鳞片状，有的叶量减少，表面具有很厚的皮层细胞，并覆有发达的角质层，有的叶表面密生白绒毛，叶片退化可以减弱叶表面空气流速，使叶子免受阳光直射。荒漠植物如麻黄科、柽柳科、梭梭属、沙拐枣属植物等，叶片均退化成膜质鞘状或者完全退化，光合作用依靠同化枝进行；有的植物如沙木蓼（*Atraphaxis bracteata*）叶片卷曲，以尽可能减小受光面积，降低蒸腾作用；有的植物叶片表面形成了一层蜡质层，以防止水分散失；有的植物叶片发白，以增强对光照的发射作用，减小植物对热量的吸收，降低水分消耗；还有的植物叶片被毛以降低蒸腾作用。禾本科植物叶片在干燥时叶缘向内卷曲或由中脉向下叠合，以减少蒸腾。

②根系：荒漠植物为了适应干旱缺水的环境条件，通过根系具有生长速度快，向广度和深度扩展以尽可能增加对水分的吸收范围来适应干旱的环境条件。梭梭的垂直根系达 5 m，沙拐枣水平根系可以达到 30 m。这些植物靠发达的根系来满足植物对水分的需求。还有生长于石质山坡、砾质戈壁上的荒漠植物，其根系往往不够发达，但是以霸王、珍珠猪毛菜（Salsola passerina）等为代表的肉质荒漠植物有着粗壮的浅根系，在有降水的条件下能够快速吸收少量的水分，在短时间内发育出"雨水根"，当土壤干旱时又很快消失。蒙古韭（Allium mongolicum）是荒漠区常见典型沙生植物，在干旱时期其鳞茎处于休眠状态；当雨季来临，鳞茎能够快速萌发，长出许多新鲜根系以充分吸收土壤水分，为植株提供水分，地上部分迅速生长，在干旱来临之前快速完成生命周期，进入休眠状态，等待下一个雨季的来临。

有的荒漠植物为了防止夏季高温环境下沙面温度过高烫伤根系，形成了独特的形态结构——沙套（sandy sheath），沙套最早是由 G. Volkens 提出的。他在非洲北部干旱的沙漠化地区，发现当地多年生禾本科植物的根部具有由沙粒黏结聚集形成的圆柱套状结构，同时认为该结构有助于提高植物对于土壤水分的吸收并减少干旱沙粒对植物根的损伤。如沙鞭（Psammochloa villosa）、羽毛三芒草（Aristida pennata）禾本科等植物在其根系表面形成了根套。根套可以将沙粒固定在根系表面，提高了植物抗倒伏能力，同时对流沙的固定起到防风固沙的生态作用。沙套为根系与周围环境间形成了一层缓冲屏障，可以保护根系免受流沙机械损伤和耐受地表高温灼伤，是植物对高温、缺水恶劣环境的一种适应结构。沙套所形成的根—土界面，作为一个连续体，扩大了根系与土壤的接触面积，有利于植物对养分和水分的吸收。沙套因其与根系的紧密关系，使得根系分泌物的含量相对较高，提高了其微环境内有机碳的含量，为微生物提供了有利的生存环境，增加了微生物的种类和数量。沙套的保水作用最为显著，具有较好的水分保持能力。

③茎干：荒漠植物为了适应风沙环境，防止风折，茎干大都为圆柱形，圆柱形茎干具有较大的表面积和体积之比，可以减小相同体积下暴露于环境中的表面积，起到降低高温灼伤、蒸腾耗水、风沙危害的作用。也有少量荒漠植物茎干为方形、四棱形等，通常认为茎干的凸起有散热功能，对降低植物茎干温度具有一定的作用。

④根冠比：在水分胁迫条件下，旱生植物在形态方面最明显的表现在根冠比上，植物地下部分尽可能的大，而地上部分尽可能的小，即根冠比较大。植物依靠发达的根系扩大对水分的吸收范围，通过减小地上部分来降低蒸腾作用，将水分损耗降低到最小，因此，荒漠植物根冠比明显大于中生植物。据统计，荒漠植物的根幅比冠幅、根系比株高往往大几倍乃至几十倍。例如，生长在流动沙丘上的二年生沙拐枣，其根深 3.2 m，约为株高的 5 倍，根幅约为冠幅的 7 倍。梭梭一年幼株根深达 2.0 m，而株高仅为 40 cm，根幅不大。细枝岩黄耆（又名花棒，Hedysarum scoparium）主根不明显，属水平根系，而根幅却很大。

（2）组织结构适应性

①角质层和蜡质层：荒漠植物的表皮组织有发达的厚角质层或蜡质层被覆，少浆旱生植物的角质层厚约 3.6~4.8 μm；多浆旱生植物的角质层除白刺外均在 6.0 μm 以上，中生植物角质层厚度只有 2.4~3.6 μm。例如，沙冬青叶片上覆盖着特别厚的角质

层，其厚度可达 15 μm，而同样被有角质层的小叶杨（*Populus sinmonii*）不是旱生植物，角质层就薄得多，仅为 2.4~2.6 μm。由此可见，旱生植物的角质层发育要比中生植物强烈，多浆旱生植物角质层比少浆旱生植物角质层更厚。

旱生植物的角质层和蜡质层很难渗透气体，特别是在干燥的环境条件下，当气孔关闭时，厚的角质层或者蜡质层可使植物损失的水量很快减少到极小值，以便体内保存维持生命必需的最小含水量。叶表面的蜡质层将大量的入射光反射，降低叶面温度，减小了蒸腾。

②气孔：少浆旱生植物具有气孔小而数目多的特征。少浆旱生植物表皮单位面积的气孔数比多浆旱生植物和中生植物的气孔数都多。就单位面积的气孔数而言，少浆旱生植物 > 中生植物 > 多浆旱生植物。但从单位气孔平均面积（长轴 × 短轴）来看，其排列次序依次为：少浆旱生植物 < 多浆旱生植物 < 中生植物。少浆旱生植物的单位气孔平均面积显著小于多浆旱生植物和中生植物。因此，不可以笼统地说旱生植物具有气孔小而数目多的特征，这个特征仅为少浆旱生植物所具有。多浆旱生植物单位面积的气孔数最少，其气孔数大小接近中生植物。

大多数旱生植物表皮气孔凹陷，既能够完成蒸腾作用和光合作用，又减小了水分的丧失，如沙冬青、小叶锦鸡儿（*Caragana microphylla*）、骆驼刺（*Alhagi sparsifolia*）、白刺、细枝岩黄耆、塔洛岩黄耆（*Hedysarum var. laeve*）、沙拐枣、头状沙拐枣（*Calligonum caput-medusae*）、红砂、猫头刺（*Oxytropis aciphylla*）和沙木蓼等，它们的气孔都通过不同程度的下陷抑制叶片水分蒸腾，其中以沙冬青、小叶锦鸡儿和骆驼刺下陷最深，形成气孔窝。

③表皮毛：少浆旱生植物大多数具有稠密的表皮毛，而多浆旱生植物除个别植物外均无表皮毛。表皮毛的形状多种多样，在构造上也有很大的差别。猫头刺的表皮毛鞭形而细长，白刺的表皮毛圆锥状短而粗，柠条锦鸡儿的表皮毛形似长管。表皮毛通常白色，有活的也有死的，死毛内含空气，活毛内含细胞汁。

④栅栏组织：旱生植物普遍具有高度发达的栅栏组织，这是区别于中生植物重要的旱性结构特征。旱生植物的栅栏组织都特别发育，同时海绵组织极度退化，与中生植物形成鲜明的对照。旱生植物的栅栏组织排列紧密，分布于背腹两面，为等面型叶；中生植物的栅栏组织只分布在腹面，背面则分布有海绵组织，为异面型叶。

⑤贮水组织和输导组织：大多数旱生植物的叶片具有稠密的栅状叶脉，从叶横切面上可以看到叶片的主脉，还有为数众多的支脉分布于主脉的两侧。例如，沙拐枣同化枝的解剖构造不同于一般的叶片，它的维管束约有 15 个之多，同心排列并且互相连接成环网。荒漠植物为了适应干旱的环境，在一些植物的茎或同化枝内形成了贮水组织细胞，这些细胞在外界水分条件优越时，可以充分吸收水分并贮存起来，在植物缺水时供周围细胞使用。如盐生草（*Halogeton glomeratus*）、黑沙蒿（*Artemisia ordosica*）、白刺、骆驼蓬（*Peganum harmala*）等都有发达的贮水组织，可占叶片厚度的 70% 左右。多浆旱生植物根、茎、叶的薄壁组织大都变为贮水组织，能在短暂的雨后贮存积累大量的水分，使体内含水量高达 90% 以上。

⑥机械组织：旱生植物的叶或者同化枝，发育着大量的薄壁组织和厚角组织。厚角组织位于维管的一侧或者两侧，木质部和韧皮部的非疏导部分也可能有厚角组织，

厚角组织分布在维管束外围形成维管束帽。此外表皮细胞壁也往往加厚，特别是外壁，细胞壁的主要成分是纤维素，形成细胞框架，用偏光显微镜观察，纤维素显示含结晶物质。

（3）生理适应性

沙漠植物除了借助自身生物学特性和形态上的一些特征在干旱条件下保持植物体内适宜的含水量外，在生理、生化上也具有耐旱或抗旱的机能，通过加强植物吸水能力和保水储水能力以适应干旱，例如，提高细胞液浓度，降低叶细胞水势，提高原生质水合程度等。

①光合生理：光合作用受温度、光照、CO_2 浓度、水分条件等环境因子的影响，其中水分条件是影响植物光合作用最重要的因素。水分胁迫对植物光合作用的影响作用复杂，不仅会使植物光合速率下降，而且还会抑制光合作用光反应中原初光能转换、电子传递、光合磷酸化和光合作用暗反应过程。植物处于水分胁迫时，净光合速率下降，蒸腾速率下降，而水分利用效率趋于升高。影响植物光合作用的因素可以分为气孔因素和非气孔因素，气孔限制是指在水分胁迫条件下导致植物气孔关闭，气孔导度下降；CO_2 供应不足，最终使光合速率下降；非气孔因素指光合器官光合活性下降导致光合速率下降。影响荒漠植物光合作用的因子在一天中因太阳辐射的变化而不断发生变化，因此，荒漠植物的光合速率在一天内也随时间变化而发生规律性的变化。荒漠植物的光合能力在很大程度上取决于植物本身特性，适宜外部环境条件能够促进植物最大光合潜能的发挥。

②水分生理：荒漠植物以不同的旱生结构特征和生存方式来适应干旱少雨的沙漠环境。随着科学技术的发展和研究手段的改进，在研究荒漠植物形态特征及解剖结构的同时，还开展了大量的关于植物抗旱生理生化指标的研究。所涉及的指标包括叶片水势、蒸腾速率、叶片持水力、组织含水率、束缚水含量、自由水含量等水分生理指标。植物叶片水势代表植物水分运动的能量水平，能反映植物在生长季节各种生理活动受环境水分条件的制约程度。植物体内自由水、束缚水含量、水分饱和亏、持水力等水分生理指标也是衡量植物抗旱性的重要指标。土壤水分与植物的水势、自由水含量、蒸腾速率、叶片持水力等与植物抗旱性关系密切，在干旱胁迫下，植物通过降低叶片含水率、减弱蒸腾作用、增加束缚水/自由水比值、降低叶片水势来适应干旱缺水的环境条件。旱生型植物细胞的原生质具有黏滞性高、弹性强、抗脱水能力强、抗热性好、蒸腾强度小、束缚水含量多、束缚水与自由水的比值大等生理特征。

③渗透调节物质：渗透调节是植物适应干旱逆境的重要生理反应，是植物在逆境条件下，通过代谢活动增加细胞内溶质浓度，降低水势，从而保证从水势较低的外界介质中继续吸水保持膨压，维持正常代谢活动的一种生理特征。对于沙漠旱生或盐生植物而言，维持细胞较高的渗透调节物质含量和较强的渗透调节能力，是其耐受干旱高温和风沙活动的主要生理特征。

植物体内的渗透调剂物质主要分为无机离子和有机溶剂两大类，无机离子主要包括 K^+、Na^+ 和 Ca^{2+}，主要用以调节液泡的渗透势，维持膨压等生理过程；有机溶剂以脯氨酸、甜菜碱、可溶性糖等为主，主要用以调节细胞质的渗透势，同时对酶、蛋白质和生物膜起保护作用。其中盐生植物主要以无机离子作为渗透调节剂，旱生植物主要以有机小分子作为渗透调节剂。一般而言，荒漠区大多数植物，包括旱生植物、沙生植物和盐生植物等，细胞内的有机渗透调节物质含量较高，或者在胁迫条件下能够迅速提高有机渗透调节物质含量。沙漠植物细胞含水量低，脯氨酸、甜菜碱、可溶性糖等有机渗透调节物质浓度较高，从而使细胞在低水势下保持较高的吸水能力和持水能力。同时，部分植物叶片含水量高，但是能够在胁迫环境条件下通过迅速积累脯氨酸、可溶性糖等有机物质，通过调节细胞水势，提高吸水能力。旱生型植物具有过氧化氢酶活性强，植物脯氨酸含量高，可溶性糖含量高，叶片稳定碳同位素[13]C 值高等生理特性。

(4) 生态适应性

①沙漠植物个体的大小与构型：真正生长于干旱沙漠中的植物，其个体都较为矮小，这也是干旱沙漠地区很少见到高大植物个体的原因。尤其是在干旱流动沙漠中，雨后短命植物的大量出现，显现出沙漠草本植物矮小纤细的典型特征。但在绿洲沙漠中，由于光照、水分、养分供给充足，金合欢（*Acacia farnesiana*）、胡杨、桉树（*Eucalyptus robusta*）长得较为高大。沙生植物在对干旱、高温、沙埋、沙割等一系列恶劣环境条件的长期适应过程中，形成了独特的结构性特征，根据地上部枝系特征，可以将沙漠植物分为 3 种构型，即直立型、匍匐型和倾斜型。

②植物叶片与根系的生态适应特征：叶片不仅是植物光合作用和蒸腾作用的主要器官，更是植物受到高温、干旱和风沙胁迫的主要场所。为了提高光合效率，减小环境胁迫的危害，沙漠植物叶片在对环境的适应过程中形成了一些特殊的生态适应性特征。一是降低叶片面积，减小蒸腾作用；二是很多沙漠植物如秋季植物落叶一样，在旱季来临前叶片开始脱落，如沙拐枣和霸王等旱生植物均有这样的特性；三是部分旱生禾本科植物叶片内卷，以提高抗旱性；四是一些沙漠植物为了减轻叶片被阳光照射，多采取锐角增长或平行于光线生长，使叶片受光面积降至最低，从而避免叶片升温，降低蒸腾速率。荒漠植物面对严重干旱的环境，被迫进入休眠或假死状态，脱落部分甚至全部叶子或同化枝，但只要根部尚未坏死，等到降水或土壤水分条件好转后，那些休眠或假死的植物就有可能复苏，重新萌生枝叶。

在干旱沙漠地区，植物的水分来源主要途径有 5 种，即夏季短暂降雨、冬季降雪、地下水、地面径流和凝结水。根据水分来源的不同，沙漠植物根系形成了一些特殊的生态适应特征。一是以冬季降雪和夏季短暂降水为主要水源的一年生和一年生短命植物，主根发育不明显，侧根发达，形成非常密集的须根；二是依靠地下水为水源的多年生灌木和乔木，其根系多分布于近地下水的土壤层内；三是以季节性洪水河地面径流灌溉为生的多年生草本，这类植物根系浅，水平根较为发达。其中，多年生草本的根系多分布于 20~40 cm 的土层，少量植物根系可达 60 cm，灌木和乔木的根系多在 100 m 以内。

③短命植物的生态适应性：短命植物又称短营养期植物、短期生植物，是古地中海退却后，第三纪末第四纪初由干热植物区系衍生出来的较为年轻的植物类群。短命植物虽然生活周期较短、植株矮小、结构也较为简单，但其在生态系统中所起的作用却是不容忽视的。短命植物的特殊适应能力，使之成为演替过程中的先锋植物，是某些极端环境的开拓者。在干旱荒漠区，水对植物生长至关重要。短命植物从种子萌发到植株的枯落，直到形成种子库，整个生活过程都表现出对水的高度依赖。在新疆古

尔班通古特沙漠分布有大量短命植物种类，它们依靠冬季降雪在春季适宜温度条件下快速萌发，在夏季干旱来临之前短时间内完成生命周期，种子进入土壤种子库等待时机。因此，短命植物能够在极端干旱的荒漠和沙漠环境中生存下来，更有甚者，其生活史仅仅为 40 多天的时间。

④繁殖适应性特征：荒漠植物为了适应严酷的环境，在繁殖对策上形成了一定的适应机制。首先表现为荒漠植物结实量大，有的荒漠植物在有利的水分条件下能够大量开花结实，将大量种子保存在土壤中等待雨季来临。同时，即使是同一年成熟的种子在适宜的条件下也不会一次全部萌发，而是部分处于休眠状态，以保证连续的土壤种子库种子数量，以防止持续多年的干旱使土壤种子库中的种子消耗殆尽而导致物种灭绝。

荒漠植物繁殖途径多样，包括有性繁殖和无性繁殖，或具根茎相互转化的功能、具有克隆或可平茬复壮的特性。在干旱荒漠区植物常常遭受风蚀和沙埋的威胁，植物为了适应这种环境形成了多种繁殖途径，如白刺不仅能靠种子繁殖，而且其茎干在沙埋条件下能够形成不定根，即茎干根系化；其次有的荒漠植物（如胡杨、沙拐枣等）能够通过根蘖进行繁殖，形成大量根蘖苗；还有的植物（如梭梭）在风蚀条件下，其靠近地面的根系外露，甚至被风吹倒后仍能存活下来，即根系茎干化。以沙竹为代表的荒漠植物能够通过克隆繁殖来扩大种群生长，以克服种子在风蚀沙埋环境下不易存活的缺陷。克隆植物之所以能够适应荒漠中贫瘠的养分环境，其原因主要有两个：首先是克隆植物的克隆形态，即各个克隆分株之间的角度、节间长度等都能够根据养分的供应状况进行调解，以达到适应养分的目的，已有研究证明克隆植物对于土壤养分的这种可塑性。其次是克隆植物的整合作用（clonal integration），即在克隆植物各个克隆分株之间，营养物质通过连接的匍匐茎或根茎能够实现互相转移。这种克隆植物的整合现象，通过分株间的养分传递无形中扩大了植株对资源的占有空间；同时，通过衰老分株向营养分株养分的转移，又能够提高养分的利用效率；并且，克隆分株之间的整合，不仅仅是无机养分的交流，其光合产物也可以相互传递。因此，克隆植物的繁殖对策也是荒漠植物适应干旱环境条件的一种适应方式。

6.1.2.2　荒漠植物的分布特征

荒漠植物的分布特征是由其地形地貌特征、植物区系演化、植物种群扩展以及区域光照、水分和土壤条件等多因素综合作用的结果。如秘鲁和智利植物很贫乏，特别是阿塔卡马荒漠，植物分布在山前低地，与雾的作用密切相关；而在山地由于降水增加，随着高度的升高植物增多。在沿海带、山前低地雾对植物分布也有影响，在秘鲁中部与南部的沿海低洼地带是苔藓植物群落，主要以低等植物——蓝绿藻及地衣［石蕊属（*Cladonia* spp.）］为主。随着雾的增加和表层土中水分的累积，出现很多短命植物，生长少量的多年生灌木、半灌木、多年生草，特别是禾本科［狼尾草（*Pennisetum alopecuroides*）等］。地势稍高的沿海带湿润雾增加，分布着科迪勒拉山坡最干旱的荒漠带。

我国沙漠主要分布在北方地区，自东向西呈弧形带状横跨我国东北西部、华北北部和西北地区。在这广袤区域，受地带性水热条件以及山地地形的影响，沙漠植被也呈现一定的地带性规律。如随热量变化的经度地带性规律、随水分变化的纬度地带性规律、随海拔变化的垂直地带性规律等。

（1）水平地带性分布特征

①经度地带性规律：由于我国荒漠地区深处欧亚大陆腹地，距离海洋很远，湿润的海风很难将水汽带到这里，故从东向西大陆性气候逐渐增强，而植被类型分布也明显呈东北—西南经向地带分异的现象。在东部分布着荒漠草原植被，在西部荒漠区为一个较狭窄的草原化荒漠的过渡区，其西侧则分布着大面积典型的温带荒漠植被，因此，植被的经度地带性特别明显。

②纬度地带性规律：呼伦贝尔沙地和科尔沁沙地虽然处于同一中温带内，但由于纬度不同而在热量上存在一定差异，导致两个沙地的植被有很大差异。两个沙地的东部均为疏林灌丛草原，但建群种和优势种有很大差别。其中，呼伦贝尔沙地疏林灌丛草原的乔木层优势种为樟子松（*Pinus sylvestris* var. *mogolica*）、白桦（*Betula platyphylla*）和榆（*Ulmus pumila*），林下灌木稀疏，草本优势种主要有线叶菊（*Filifolium sibiricum*）、狼针草（*Stipa baicalensis*）、羊草（*Leymus chinensis*）等；科尔沁沙地疏林草原的乔木优势种为榆树和蒙古栎（*Quercus mongolica*），没有樟子松和白桦，灌木层稠密，建群种主要为山杏（*Armeniaca sibirica*）和锦鸡儿（*Caragana sinica*），草本层主要为羊草、糙隐子草（*Cleistogenes squarrosa*）等。相比之下，科尔沁沙地疏林草原的物种组成、物种丰富度和生物量均高于呼伦贝尔沙地，但植物耐寒性或群落中的耐寒植物的比例要低于呼伦贝尔沙地。

（2）荒漠植物的垂直分布特征

我国西北干旱地区的大部分沙漠都处于山间盆地或山前地带，如塔克拉玛干沙漠地处塔里木盆地，南有昆仑山，北有天山；海西沙漠处于青海海西盆地，南有青藏高原，北有祁连山。沙漠中气候干旱，均为旱生荒漠植被，但周围山地受地形雨增加和气温降低的影响，植被通常会随海拔升高发生明显的变化，形成荒漠植被的山地垂直分布带谱。这种植被的垂直带谱，在我国西北荒漠周围山地具有较强的规律性。其中典型的垂直分布带谱有祁连山北坡植被的垂直分布带谱、新疆天山植被垂直分布带谱。

（3）同心圆环带状分布特征

我国许多荒漠地貌的基本特征是高山与巨大内陆盆地相间，从水平面上看呈同心圆环带状分布，即自盆地外围至中心可有规律地划分为几个地貌基质带。故不同的植被类型也呈现规则性的同心圆环带状分布，其类型由外围的山地旱中生、中生的乔灌木植被，残山旱生石生植被或强旱生的灌丛到山前沙砾质戈壁超旱生小灌木、灌木、半灌木，再到山前平原壤质、沙壤质盐化灌木植被，再到沙漠沙生半灌木、灌木植被，最后为湖沼盐池四周的盐生植被依次递现。

6.1.3　荒漠植物资源保护与利用

6.1.3.1　荒漠植物资源概况

西北荒漠区是我国生态环境建设的重要区域，该地区自然环境十分恶劣，干旱少雨、蒸发量大、多风沙、昼夜温差大，在长期的自然选择和进化过程中，形成了许多具有适应机制的特异抗性植物，如超旱生、强旱生、沙旱生、盐生、短命、抗紫外线植物等。这些植物在长期适应环境过程中，外部特征都表现出特异的结构特点，遗传特征上都形成了具有特异抗性的基因。此外，由于环境的特殊性和地域的辽阔，该区植物资源还可用于医药、食品、景观绿化、工业等方面，并且不少种是孑遗植物或特有种，有的已列入我国《国家重点保护植物名录》，这些植物是珍贵的种质资源和基因库(表6-1)。

表6-1　荒漠地区生物资源

资　源	数量(种)	代表性物种或群落
植物物种 (种/亚种)	1 722	白刺、沙拐枣、霸王、五柱红砂(*Reaumuria kaschgarica*)、肉苁蓉(*Cistanche deserticola*)
资源植物 (种)	686	药用植物(126)、食用植物(73)、饲用植物(137)、绿化植物(111)、工艺植物(86)、防风固沙植物(50)、特异抗性基因植物(103)
植被资源	59	梭梭、沙拐枣、红砂、白刺、骆驼刺等
保护植物	41	四合木、沙冬青、盐桦(*Betula halophila*)、裸果木、半日花(*Helianthemum soongaricum*)、绵刺
我国特有植物	109	四合木、百花蒿(*Stilpnolepis centiflora*)、河西菊(*Hexinia polydichotoma*)、连蕊芥(*Synstemon petrovii*)

注：保护植物数据来源于《中国国家重点保护动物名录》(1993)；植物物种数据来源于《沙漠植物志》(刘媖心，1987)、《内蒙古植物志》(马毓泉等，1994)；植被资源数据来源于《西北干旱荒漠区植物区系地理与资源利用》(潘晓玲，2001)、《中国沙漠及其治理》(吴正，2009)。

荒漠地区的植物资源，按照用途大致可分为五大类：药用、食用、绿化美化、工业用和具特异抗性基因的植物种质资源(表6-2)。

表6-2　荒漠地区代表植物资源种

用　途	代表植物名称
药用植物	木贼麻黄(*Ephedra equisetina*)、黑杨(*Populus nigra*)、两栖蓼(*Polygonum amphibium*)、萹蓄(*Polygonum aviculare*)、水蓼(*Polygonum hydropiper*)、春蓼(*Polygonum persicaria*)、水生酸模(*Rumex aquaticus*)、圆锥石头花(*Gypsophila paniculata*)、地肤(*Kochia scoparia*)、枸杞(*Lycium chinense*)、肉苁蓉、列当(*Orobanche coerulescens*)、锁阳(*Cynomorium songaricum*)、蕨麻(*Potentilla anserina*)、蒙古扁桃、骆驼刺(*Alhagi sparsifolia*)、甘草(*Glycyrrhiza uralensis*)、黄耆(*Astragalus* spp.)、镰荚棘豆(*Oxytropis falcata*)、苦马豆(*Sphaerophysa salsula*)、小果白刺(*Nitraria sibirica*)、黄花补血草(*Limonium aureum*)、车前(*Plantago asiatica*)、罗布麻(*Apocynum venetum*)、柽柳等
食用植物	①淀粉植物：马蔺(*Iris lactea*)、沙枣、草木犀(*Melilotus officinalis*)、沙蓬(*Agriophyllum squarrosum*)、骆驼刺； ②蛋白质植物：滨藜(*Atriplex patens*)、猪毛菜、驼绒藜(*Ceratoides latens*)、紫花苜蓿(*Medicago sativa*)、泡泡刺、草木犀、沙生阿魏(*Ferula dubjanskyi*)、球根阿魏(*Schumannia turcomanica*)； ③油脂植物：盐角草、碱蓬、沙蓬、盐节木、地肤、藜(*Chenopodium album*)、沙棘、白刺、沙荠(*Capsella bursa-pastoris*)、独行菜(*Lepidium apetalum*)、茸毛委陵菜(*Potentilla strigosa*)； ④维生素植物：沙棘、沙枣、抱茎独行菜(*Lepidium perfoliatum*)、荠、刺儿菜(*Cirsium setosum*)、碱蓬、藜、枸杞、白刺； ⑤饲用植物：草麻黄、油柴柳(*Salix caspica*)、榆树、刺木蓼(*Atraphaxis spinosa*)、雾冰藜(*Bassia dasyphylla*)、盐生草、梭梭、盐穗木、合头草(*Sympegma regelii*)、委陵菜(*Potentilla chinensis*)、甘草、多枝柽柳、沙蒿(*Artemisia desertorum*)等
绿化美化植物	叉子圆柏(*Sabina vulgaris*)、沙枣、多花柽柳(*Tamarix hohenackeri*)、寸草(*Carex duriuscula*)、罗布麻、美丽风毛菊(*Saussurea pulchra*)

（续）

用　途	代表植物名称
工业用植物	①木材资源植物：胡杨、榆树等； ②纤维植物：罗布麻、芦苇、芨芨草、甘草等； ③油料油脂植物：蒿属、苍耳（*Xanthium sibiricum*）、碱蓬、地肤等； ④淀粉及糖类植物：沙蓬、锁阳、沙枣、沙棘等； ⑤芳香油植物：沙枣、黄花蒿（*Artemisia annua*）、蒙古蒿（*Artemisia mongolica*）等； ⑥树脂和树胶植物：沙枣、沙蒿等； ⑦鞣料植物：酸模叶蓼（*Polygonum lapathifolium*）、蕨麻（*Potentill aanserina*）、二色补血草（*Latouchea fokiensis*）等； ⑧色素植物：甘草、沙棘等
特异抗性基因植物	①防风固沙植物：白梭梭（*Haloxylon persicum*）、梭梭、沙拐枣、细枝岩黄耆、沙蒿、旋覆花（*Inula japonica*）、沙蓬、沙角果藜（*Ceratocarpus arenarius*）、倒披针叶虫实（*Corispermum lehmannianum*）、铃铛刺、沙冬青、驼绒藜、草麻黄、长齿列当（*Orobanche coerulescens*）； ②抗旱植物：四合木、裸果木、半日花、驼绒藜、木本猪毛菜（*Salsola arbuscula*）、蒿叶猪毛菜（*Salsola abrotanoides*）、霸王等； ③抗盐植物：盐生假木贼（*Anabasis salsa*）、碱蓬、盐穗木、盐爪爪、樟味藜（*Camphorosma monspeliaca*）、补血草（*Limonium sinense*）、柽柳、甘草、苦豆子、芨芨草； ④短命植物：抱茎独行菜、涩荠（*Malcolmia africana*）、沙穗（*Eremostachys moluccelloides*）、黄耆、角果毛茛（*Ceratocephalus orthoceras*）； ⑤抗紫外线植物：驼绒藜、银蒿（*Artemisia austriaca*）、昆仑绢蒿（*Seriphidium korovinii*）、紫花针茅（*Stipa purpurea*）等

（1）药用植物资源

荒漠地区作为我国北方少数民族的主要聚居区，是天然的民族医药宝库。传统中药与民族医药的结合，使得该地区的药用植物得到了有效的利用，且部分药物资源生长量大，如甘草（*Glycyrrhiza uralensis*），维吾尔语称为"曲曲不亚"，即"甜根"之意，在全疆68个县市内都有分布，在国家收购甘草的总量中，有60%~70%来自于新疆。甘草除大量供给国内市场外，还远销日本、美国和东南亚各国。荒漠地区还有一些极其珍贵的药用植物种类，如肉苁蓉（*Cleistogenes deserticola* ）、锁阳（*Cynomorium songaricum*）、黑果枸杞（*Lycium ruthenicum*）、黄芩（*Scutellaria baicalensisi*）、柽柳、草麻黄等。荒漠地区的药用植物不但药效独特，而且大多是荒漠植物群落的建群种，是荒漠生态系统的建设者。

荒漠植物资源有着一般植物资源的共性，但由于其生境的特殊性，又有其自身的特点，如再生性、光转换性、多样性、种质性、基因性和地域性。主要代表性植物有奇台沙拐枣（*Calligonum klementzii* ）、哈密黄耆（*Astragalus hamiensis*）、胀果干草（*Glycyrrhiza influta*）、红花岩黄耆（*Hedysarum multijugum*）、白刺、粗茎驼蹄瓣（*Zygophyllum loczyi*）、五柱红砂、肉苁蓉、黄花红砂（*Reaumuria trigyna*）等。

（2）食用植物资源

荒漠地区食用植物资源也非常丰富，许多植物的果实、叶子、种子都富含着丰富的营养成分，能提供淀粉、糖类、蛋白质、油料、维生素和蜜源等植物，可作为食品原料。食果植物有：白刺、沙枣、黑果枸杞等；食种子植物有：胡桃（*Juglans regia*）、油松（*Pinus tabuliformis*）等；食叶植物有：文冠果（*Xanthoceras sorbifolium*）、金露梅（*Potentilla fruticosa）等；可提供维生素的植物有：百里香（Thymus mongolicus）、胡桃等，蜜源植物有：山刺玫（Rosa davurica）、杜梨（Pyrus betulifolia）等；还有一些植物可用于饲料，发展畜牧业。

（3）绿化美化植物资源

荒漠地区土壤基质差，自然降水量小，蒸发量大，外来品种很难在短时间内适应，城市绿化美化难度较大，种植野生观赏植物不仅可以减少许多栽培管理上的麻烦，而且它们在抗旱、抗盐碱、抗病虫害、水土保持、防风固沙等方面均有较大的优势。同时还可以利用野生种抗逆性强的优点进行驯化栽培，或与其栽培近缘种杂交，培育出抗逆性强且具有优良观赏品种的新品种，用于美化绿化环境。主要的园林绿化植物有：大叶蔷薇（Rosa macrophylla）、金露梅、银露梅（Potentilla glabra）、黑果枸杞、叉子圆柏、蒙古扁桃、小叶忍冬（Lonicera microphylla）、旱柳（Salix matsudana）、梭梭、胡杨等。

（4）工业植物资源

荒漠地区，有许多用于木材的植物，如新疆落叶松、胡杨、榆等；制碱植物种类也相当丰富，几乎各处盐碱地上均有，而且数量多，加工方便；芳香植物种类也不少，特别是野艾蒿（Artemisia lavandulaefolia）、百里香等均有较高的价值；纤维植物种虽不多，但数量多，分布范围广，如芦苇、芨芨草等禾本科植物以及一些莎草科植物；鞣料植物如柽柳、沙拐枣、补血草等。

（5）具特异抗性基因的植物种质资源

荒漠地区恶劣的自然环境，使植物在长期的自然选择和进化过程中，外部表现出特异的结构，如具有肉质叶、叶变为刺、多毛、具贮盐组织、排盐腺体等；在遗传特征上也形成了具有特异抗性的基因。这些特有的植物种质资源和基因库，对培育具有特殊抗性且适应干旱荒漠环境的优良品种具有深远的现实意义。

根据植物适应干旱条件程度的差异，分为超旱生、强旱生、旱生和中旱生植物。在这些旱生植物中，有许多种类长期适应风沙、干旱等严酷自然环境，具备防风固沙作用，对改善荒漠区生态环境，维持生态平衡起着重要的作用。还有许多植物具有不同的抗盐、稀释盐、贮盐、泌盐结构以及独特的生理生化过程，适应盐渍化土壤并对其进行改造，为其他类型的植物在这些环境中生长提供了可能。依据其结构和生理特性可将其分为真盐植物，如盐穗木、盐爪爪、盐生假木贼等；泌盐植物，如柽柳、红砂、补血草等；假盐生植物，如甘草、赖草（Leymus secalinus）和芦苇等。短命植物又称短营养期植物，包括一年生短命植物和多年生类短命植物。它们能利用有限的水热条件，迅速完成生活史。这些植物不是真正的旱生植物，而是逃避干旱的中生或中旱生植物，这类植物对土壤的适应幅度较广，在粉沙质黄土、沙土、砾质戈壁、碱土、盐化草甸土上都能生长。在一些高寒荒漠地区，空气稀薄，氧气稀少，太阳辐射和紫外线强烈，温度较低。这样的环境就造就了耐寒、耐旱、耐紫外线的种质资源。

6.1.3.2　荒漠植物资源保护

我国荒漠区的常见植物约 500 种，如果包括山麓、山前平原、盐土区等各种生境上的种类共约 1 800 种。据统计，我国荒漠植物中约 3/4 的属为单型属和寡种属，数十种植物为古热带的残遗种，17 种为国家重点保护植物。干旱和极端干旱的生境强烈地影响着植物种的形成和发展。因此，许多重要的属只有轻微的多型发育。存在的植物种类是大自然为人类植物的财富，大多数具有特殊的旱生、超旱生结构和生态特征，还有许多是亚洲中部地区地方化的产物，具有优良的固沙、抗旱、耐盐碱、抗风蚀沙埋性能，是不可多得的荒漠改造资源。

荒漠植物是在严苛的自然环境中残存和进化的特殊植物类型，是重要的基因资源，在开发利用中应重点考虑基因资源的利用和引种，尽量减少对当地资源的利用。荒漠生态系统是非常脆弱的，一旦破坏，很难恢复。这是由植物特殊的生长与繁殖特性决定的，建群植物种子繁殖非常困难，多采用无性繁殖维持种群。近年来，由于荒漠区蕴藏着丰富的矿产资源，采矿等破坏荒漠环境的问题也十分严重。

荒漠地区植物资源多样性的保护与利用受到学术界的广泛关注，特别是植物特征与环境方面，包括植被、物种多样性分布与环境因子的关系，放牧生产方式转变对植被组成格局与分布的影响及保护措施，气候变化对群落生产力的影响，植被生长与沙尘的发生关系等。这些研究为荒漠地区植物资源的保护利用提供了很好的数据支撑。干旱荒漠生境中，虽然物种稀少，但它们是在极端环境条件下保留下来的珍贵种类，其种质资源价值更高，特别是在生物基因工程和遗传育种方面。应充分保护这些珍稀资源，实现可持续发展。保护荒漠植物资源应采取以下措施：①尽快开展植物种植资源的全面的清查，重点调查不同类型资源的分布和蓄积情况，优质资源的分布等。②积极支持开展荒漠地区植物适应特性与形成机制的理论研究；支持开展基因资源开发研究，加大对荒漠地区科学研究开展的投入。③制定合理的区域经济与生态环境发展规划，控制资源消耗型和破坏环境的资源开发行为，及时清理一些重要保护区域资源非法盗采活动，保护特殊地理区域内的珍贵植物资源。④加强宣传生态知识，特别是加强对当地群众的生态教育，使他们懂得保护荒漠植物资源多样性的价值和意义；对于生境极端严酷和脆弱的地区，应通过生态移民来保护植物资源。⑤加强保护区建设，加大就地植物种保护的力度。对于一些珍稀濒危植物种，一方面进行保护和改善生态条件，促进生长和繁殖；另一方面进行迁地保育，建立珍稀濒危植物园。⑥建立种质资源库，长期保存种子、花粉及各种繁殖体，同时开展繁殖体生理生化特性等研究，建立更加稳固的植物种质资源保护基础；利用先进的科学技术，建立生物基因库，为生物基因保护开辟新的途径。

6.1.3.3　荒漠植物资源利用

荒漠区是我国西部生态环境建设的一个重要区域。该地区气候恶劣，植物种类稀少，生态系统脆弱。该区的植物多样性在极端的自然条件和长期进化过程中，成功地发展了许多适应机制，许多野生植物是防治荒漠化生物措施的重要植物种来源，在生物基因工程和遗传育种方面亦具有特殊意义；同时，荒漠植物中还包含了许多有经济价值的种类。荒漠生态系统在固定流沙、降低风蚀、水土保持、改善环境方面起着不可替代的作用。对于荒漠植物资源的利用，可考虑以下途径。

（1）植物资源清查

通过资源清查掌握资源的种类、分布、生境特点、生长规律、生产利用情况等，建立植物资源开发利用的长远规划与利用准则，充分考虑荒漠地区植物资源在用途上的不同，将开发利用与科学研究相结合，开发高科技和高效益的产品，改变"粗放式"开采方式，节约资源，提高经济效益。

（2）资源利用与系列深加工

依据植物的生长特性和资源特点，分析植物不同器官的化学成分，拓宽植物的利用方向与利用价值，实现植株的整体利用和系列化深加工，充分利用有限的植物资源。

（3）人工引种驯化，建立生产基地

荒漠植物资源受沙漠生态条件的限制，资源蕴藏量较低，自然更新能力较差。针对性地进行人工引种驯化野生植物，增加野生植物的用途，扩大种植面积，建立原料基地，既可以保护野生植物资源因自然或人为活动导致的枯竭或灭亡，又可以满足社会经济发展对资源的需求，实现可持续发展。

6.1.4　荒漠植被类型及分布

6.1.4.1　荒漠植被的类型

1）按照生活型划分

荒漠植被是地球上最强的一类旱生植物群落，它由强旱生的半乔木、半灌木和灌木或者肉质植物占优势的群落组成，分布在极端干燥地区，具有明显的地带性特征。按照生活型可分为肉质植被、乔木植被、灌木植被、多年生草本植被和一年生草本植被。

（1）肉质植被

肉质植被分肉质旱生植被和肉质盐生植被。肉质旱生植被属于地带性植被，肉质旱生植被既有乔木也有灌木，多由仙人掌科、龙舌兰科和大戟科植物组成，主要分布于热带、亚热带荒漠地区。肉质盐生植被主要由肉质盐生植物组成，在各个荒漠地区地下水埋深较浅的盐碱地中都有分布，属于隐域性植被。在我国西北干旱区的各大河流两岸低湿地、绿洲下水区、山前潜水出露区，以及半干旱区各大沙地地下水埋深超过临界水位的低洼盐碱地、黏土甸子地，都有大片盐生植被分布，其中很多植被是以肉质植物为建群种或优势种的植被。肉质盐生植被的特点是植物组成相对简单、植被低矮，但通常覆盖度可达30%~40%，地上生物量较高，年生长量也较高。温带荒漠地区常见肉质盐生植物群主要有盐爪爪群落，以及由藜科—年生肉质草本植物组成的优势群落。

（2）乔木植被

乔木植被多见于热带荒漠和温带荒漠，在高寒或极地荒漠区则很少见。荒漠地区的乔木植被较稀疏，多由旱生或超旱生树种组成，主要分布于干旱沙漠地区。乔木植被耐旱性较强，完全可以依靠天然降水生长，在地下水较浅地区能够生长更好。在地下水埋深较浅的干旱沙漠地区或沙漠绿洲边缘，以及干旱区的沟谷中生长较好。流动、半流动或半固定沙漠中的乔木生长较好，而固定良好的沙漠则长势较差。分布于条件较好生境的乔木常伴生灌木和半灌木，还有大量草本存在。一般而言，分布于沙漠之中的乔木植被，特别是固定、半固定沙漠中的乔木植被，草本较为丰富，而分布于砾石戈壁中的乔木植被，草本层多不明显。

在热带亚热带地区，乔木植被的建群种主要为金合欢属（*Acacia* spp.）、桉属（*Eucalyptus* spp.）、棕榈属（*Trachycarpus* spp.）的一些种。在温带地区，建群种多为松属（*Pinus* spp.）、杨属（*Populus* spp.）、榆属（*Ulmus* spp.）的一些种。在温带半干旱沙漠地区，乔木植被主要分布于河流沿岸以及地下水埋深较浅的地区（如胡杨）。

（3）灌木植被

灌木是对荒漠极端环境适应性最强的一类植物，因而由灌木为建群种或优势种组成的植被—也是世界荒漠地区分布最广、覆盖面积最大的一类植被。灌木植被在热带、温带和寒带地区都有分布。荒漠地区的灌木植被组成简单、生物多样性低、植被稀疏，但灌木植被常成为优势植被。常绿灌木植被在热带各个沙漠中均有分布，但以北美沙漠、南美沙漠、南非沙漠分布最为广泛，在温带沙漠或寒带沙漠极少有常绿灌木植被分布。砾质、沙砾质荒漠常生长半灌木植被，主要有红砂、珍珠猪毛菜、驼绒藜、蒿叶猪毛菜（*Salsola abrotanoides*）、合头草（*Sympegma regelii*）、蒙古短舌菊（*Brachanthemum mongolicum*）、紫苑木（*Asterothamnus alyssoides*）等类型。这些半灌木植被通常较为低矮，其覆盖度随环境不同而有较大差异，在水分条件较好的地区，覆盖度较高。

（4）多年生草本植被

在干旱荒漠地区，由于天然降水不足以维持多年生草本植物的生长需求，多年生草本植物通常只能依靠地下潜水或季节性地表水生存。因此，多年生草本植被多分布于河流沿岸、绿洲边缘或地下潜水出露地带。但由于气候干旱、蒸发强烈，地下水埋深较浅的地区常出现盐渍化，限制了大多数非耐盐草本植物的生存；在无盐碱胁迫的地区，风沙危害较为严重，多为沙生植物。

（5）一年生草本植被

一年生草本植被是以一年生草本植物为主要成分，并以一年生草本植物为优势种的植被类型。一年生草本植被常分布于流沙裸地、撂荒地和退化草地中，稳定性较差，常与降水有密切关系。一年生蓝本植被随季节和年降水不同而表现较大差异，多呈斑块状分布，大面积连片的较少，群落结构简单，有些甚至为单种群群聚，草本层生长较为低矮，生物产量较低。

2）按照气候带划分

依据气候带，荒漠可概括为 3 大类：一是分布在南北纬 15°~35°之间的热带、亚热带荒漠，主要包括北半球的撒哈拉荒漠、阿拉伯荒漠、塔尔荒漠和墨西哥荒漠；南半球的非洲卡拉哈迪—纳米布荒漠、澳大利亚中西部荒漠和南美的阿塔卡马荒漠。它们是在副热带高压下沉气流控制下，因空气极端干燥而形成的荒漠。二是分布在北纬35°~50°之间的暖温带、温带荒漠，主要包括中亚的卡拉库姆荒漠和克孜尔库姆荒漠、蒙古大戈壁、我国西北荒漠和美国西部大荒漠。由于地形闭塞、距海遥远、海洋气流不能深入，最终导致这些地区终年极其干燥而成为荒漠。三是分布在极地和高海拔地区的内陆高原和山地，由于气候寒冷和干旱而引起的极地荒漠和高寒荒漠。

荒漠地区的植被，根据水热条件可主要分为热带荒漠植被、亚热带荒漠、温带荒漠植被、高寒或极地荒漠植被。

(1) 热带荒漠带

本气候带处于副热带高压带和信风带的背风侧，在非洲北部的撒哈拉地区、西南亚的阿拉伯半岛、北美洲的西南部、澳大利亚的中部和西部、南非及南美洲部分地区表现明显。气候属于全年干燥少雨的热带干旱与半干旱类型，植被贫乏，有大片无植被的地区。植物以稀疏的旱生灌木、少数草本植物以及一些雨后生长的短命植物为主，成土过程进行得十分微弱，形成荒漠土。

(2) 亚热带荒漠带

本气候带处于热带荒漠和亚热带森林带(包括亚热带常绿硬叶林带和亚热带常绿阔叶林带)之间，在北半球位于热带荒漠带的北缘；南半球则出现在澳大利亚的南部以及非洲和南美洲南部的部分地区。气候属于亚热带干旱与半干旱类型。随着热带荒漠向纬度较高地区推进，年降水量有所增加，但最大降水量常在低温时期，夏季则高温少雨，使本带干旱缺水。植被类型属于荒漠草原，通常生长有旱生灌木及禾本科植物，在较湿润的季节里有短命植物的生长，土壤属于半荒漠的淡棕色土。

(3) 温带荒漠带

本气候带主要处于亚欧大陆中部和北美洲西部的一些山间高原上，以及南美洲南部的东侧。气候属于温带大陆性干旱类型。这里植被贫乏，只有非常稀疏的草本植物和少数灌木，土壤主要为荒漠土。

(4) 高寒或极地荒漠带

本气候带主要处于南极洲、美国阿拉加斯加、加拿大、丹麦格陵兰岛、冰岛、俄罗斯以及我国的青藏高原、帕米尔高原、昆仑山和阿尔金山等地。植被主要以由适应冰雪严寒生境的地衣、苔藓和极少数耐高寒的植物组成。由于生态条件更加严酷，风蚀强烈，植物生长期极为短暂，植被愈加稀疏，仅在碎石岩屑之间生长个别的植物草丛或垫状丛，低洼地段有比较密集的绿色植物。

6.1.4.2 荒漠植被的典型特征

由于能够适应荒漠地区严酷自然条件的植物种类较少，每种植物的种群数量较低，所以构成的植物群落也较为简单，在群落外貌和结构特征方面与其他生态系统植物群落有着明显的差别。

(1) 物种丰富度特征

荒漠地区植被物种组成数量较少、丰富度较低、物种结构简单。荒漠地区植物种集中于藜科、柽柳科、菊科、蒺藜科、豆科、禾本科等少数植物科。不同地区、类型以及不同植物群落的物种组成差异很大。通常草本植物群落的丰富度显著高于灌木群落和乔木群落。在干旱或极端干旱荒漠区的乔灌群落中，优势种往往就是建群种，草本层在群落中的作用或地位很低。一般短命植物或一年生植物群落的优势种相对较多，也有单优势种群落或者单种群群落。多年生草本植物群落的优势种较少。和其他生态系统相比，荒漠生态系统由于物种的丰富度和均匀度较低，因而物种多样性指数较低。但物种的丰富度、多样性指数和均匀度指数会随着环境的改变而变化。

(2)植物生活型特征

在荒漠地区，随水热条件的不同，植物的生活系谱也有很大的差异。通常随着降水量的减少，高位芽植物的比重增加，其他植物的比重下降；随着温度的而增加，高位芽植物的比重增加，其他植物比重下降。极端干旱区，灌木的比重相对较高，草本植物比重很低，除了一些低湿洼地外，木本植物群落中很少有草本植物存在，特别是多年生草本植物更是少见；干旱区，灌木植物和一年生草本植物(短命植物)比重相对较高，多年生草本植物的比重相对较低，木本植物群落中多年生草本植物数量很少，但短命草本植物大量存在。热带荒漠植物中乔木和灌木的比重要明显高于温带荒漠和极地荒漠，该区草本植物的比重要明显低于温带和极地地区。

(3)空间结构特征

荒漠植被因植物比较稀疏，群落的垂直成层性不明显，层片结构简单，一般可分为生物结皮层、草本层、灌木层和乔木层，但不同的生境层片的组成有显著差异。各层的层数也较少，如草本层最多只有2层，3层的很少见，草本层的高度也较低；灌木层最多分为3层，干旱区的灌木层多为1层或2层组成。灌木层的高度随植物种类的不同而有很大的差异。乔木层多位于群落的最上层。群落水平结构最显著的特点是斑块性和镶嵌性，呈不连续状。一般植被在空间上往往随干旱程度的增加或固定程度增加呈现一定的梯度变化。极端干旱区的植被分布还有几个明显的特点：一是带状分布，即沿着河流两岸、巨大沙龙的垄间低地或潜水带状出露区分布，形成窄而长的带状植被；二是扇形分布，即植被呈扇形分布于山前洪水冲积而成的地貌上，植被自上而下呈现由稀疏到稠密的密度梯度变化；三是圆形斑块状分布，即植被分布于湖泊、泉眼、地下潜水出露点的四周，以出露点为中心呈圆形辐射状分布；四是生长于侵蚀干沟或谷底中，植被呈集中分布。

(4)年、季特征

植物群落结构的年际变化主要受到草本植物，特别是一年生草本植物和短命植物的影响，灌木层或乔木层通常很少存在年际变化的现象。在干旱或者极端干旱区，群落结构的年际变化主要表现在群落层片结构方面。最为明显的年际变化发生在春季融雪之后或雨季暴雨之后，一年生植物和短命植物的大量发展并很快完成生活史，然后迅速消失。而连续多年的干旱或者湿润也会导致群落多年生草本层的消失或出现。

荒漠地区植物群落因其种类组成不同，其季相变化也有很大不同。一般地，随热量的增加，如从温带地区到热带亚热带地区，群落的季相变化趋于减小，乔木和灌木的季相变化趋小，草本植物的季相变化趋大，禾本科植物群落季相变化趋小。春季是一年中植物群落季相最复杂的季节，初春与冬季区别不大，仲春植物吐芽展叶，晚春进入营养生长和生殖生长，以花期为主。夏季群落季相以花、果的变化为主，整个色彩呈现从浓绿到苍绿的缓慢变化过程。秋季群落季相变化最明显，果实成熟和脱落期，植物枯黄期。冬季休眠期，除个别常绿树种外，呈现灰黄色。

（5）数量特征

群落的数量特征包括物种多度、密度、覆盖度、高度、生物量等。在极端干旱荒漠区，大部分地表处于裸露状态，少量植物群落呈带状或斑块状分布，植被覆盖度较低。由于植物群落多由多年生木本植物组成，其植被覆盖度的年际变化和季节变化相对较小。在干旱荒漠地区，特别是沙漠地区，固定、半固定区的植被覆盖度较高，而流动、半流动地带，由于一年生草本植物或短命植物的存在，导致植被覆盖度年际变化较大。植被覆盖度明显受降水和景观类型的影响。一般情况下，不同的区域随着降水量的增加，群落的植被覆盖度增加，随着干旱程度的增加而下降；在同一区域内，植被覆盖度随着沙丘沙地的固定程度增加而增加，随着沙丘流动程度的增加而下降。植被覆盖度还受到植被类型的影响，在同一景观类型中草本植物群落的覆盖度大于灌木，灌木大于乔木。地貌类型也会影响植被覆盖度，如丘间低地的植被覆盖度大于沙丘下部，沙丘下部大于沙丘顶部。

一般情况，环境条件不同，植物密度差异很大，随着干旱程度的增大，密度减小。群落类型不同，密度也会差异很大。大多数植物群落的植物密度因适应对策的差异，呈短命植物＞一年生草本植物＞多年生草本植物＞半灌木＞灌木＞乔木规律。

干旱或极端干旱的荒漠地区，植物群落的现存生物量和生产力很低，但是在水热条件较好的绿洲、沙漠沟谷中，生物量和生产力相对较高。就生物量和生产力而言，木本植物＞草本植物群落。荒漠地区植物的地下生物量明显高于地上生物量。荒漠地区，由于植被稀疏，凋落物产量低，风化速度快，加之风沙活动强烈，地表很少见到凋落物的存在，一般不存在连续的凋落物层。

6.1.4.3 典型荒漠植被

世界各荒漠地区地理位置、气候、土壤条件以及区系成分的差异，使得该区形成多样的植被类型，而且每个洲的荒漠植被都具有一定的特色。因受局部环境迅速变化的影响，各类群落常呈复合体状分布。荒漠植被主要分布在亚热带和温带干旱地区，从非洲北部的大西洋起往东经撒哈拉沙漠，阿拉伯半岛大、小内夫得沙漠，鲁卜哈利沙漠，伊朗的卡维尔沙漠和卢特沙漠，阿富汗的赫尔曼德沙漠，印度和巴基斯坦的塔尔沙漠，哈萨克斯坦的中亚荒漠，蒙古和我国西北的大戈壁形成世界上最为广阔的荒漠地区。此外，还有北美洲西部大沙漠，南美洲西岸的阿塔卡马沙漠，澳大利亚中部沙漠，南非的卡拉哈里沙漠等。荒漠的气候极为干旱，年降水量小于 200 mm，蒸发量是降水量数倍或者数十倍，夏季炎热，昼夜温差大，土壤缺乏有机质，植被稀疏。荒漠中植物以不同生理生态方式适应严酷环境。如有的叶片缩小或退化，有的只有肉质茎叶，有的茎叶被白茸毛，用以贮水防灼；它们大多根系发达，还有一些短命植物和变水植物（如地衣、苔藓等）。盐生植物也是很多荒漠中一个十分重要的类群。

（1）撒哈拉—阿拉伯区热带亚热带荒漠

撒哈拉—阿拉伯区热带亚热带荒漠包括北非撒哈拉、西南亚和印度的西北隅，总面积超过 $1\,000 \times 10^4$ km²，南北明显地分为三大类型。

①北部撒哈拉荒漠：该区为冬雨区，年降水量不到 150 mm，生长有软叶旱生植物百脉枣（*Ziziphus lotus*）、半日花等小灌木、骆驼蓬等，硬叶垫状灌木短生植物较常见。此地植物大都有一定的抗寒能力，种类组成属于全北植物区成分，以藜科、柽柳科、蒺藜科等为主。绿洲中普遍栽培海枣（*Phoenix dactylifera*）。

②撒哈拉和阿拉伯半岛中部：该区为极端干旱区，浩瀚的沙漠和石漠中几乎没有任何植物，个别石漠生有地衣和零星分布的藜科垫状植物。

③撒哈拉南部：该区为夏雨型气候，没有低温出现，植被紧缩在干涸的河床，其他土地裸露。优势种类中可分为强烈蒸腾型：如软叶乔木和大灌木金合欢、含羞草决明（*Cassia mimosoides*）等、弱蒸腾型硬叶常绿乔木等。它们属于古热带植物区成员，其净光合作用比撒哈拉北部植物高 2.5 倍。

（2）亚洲温带荒漠

亚洲温带荒漠地处亚洲内陆，包括中亚荒漠，我国藏北高寒荒漠，新疆、河西走廊和内蒙古西部荒漠，以及蒙古境内荒漠，其中以塔里木盆地为干旱核心。它的东半部属于极端干旱类型，向外降水量逐渐增加最后向草原带过渡。中亚受西来气旋影响，冬春有雨，春季短生植物较多。我国新疆准噶尔盆地也稍具此特点。其他地区冬春干旱，降水集中于夏季，短生植物较少。荒漠植物均属全北区成分，以古地中海成分为主。

（3）南非荒漠

滨海的纳米布荒漠为极端干旱区，虽然每年有 200 个雾日，总降雾量 40~50 mm。在地下水位较高处常生有一种孑遗的裸子植物——百岁兰（*Welwitschia mirabilis*），这种植物的树干非常短矮而粗壮，高很少超过 50 cm，树干上端或多或少成二浅裂，沿裂边各生有一枚巨大的革质叶片，叶片长带状，具多数平行脉，长达 2.0~3.5 m，宽约 60 cm，寿命可达百年以上，故有百岁叶之称。百岁叶的叶片具明显的旱生结构，气孔为复唇形，是沙漠中难能生成的矮壮木本植物。卡鲁荒漠有季节性降水，发育着肉质旱生植物构成的荒漠群落。在石质丘陵上，生长着大量芦荟（*Aloe vera*），高者达 2~3 m。番杏科（Aizoaceae）日中花属（*Mesembryanthemum ssp.*）的植物种类繁多，个体大小差异很大，常呈团状分布，有的犹如石块，花期时色彩纷呈。景天科青锁龙（*Crassula muscosa*）、大戟科大戟（*Euphorbia pekinensis*）也有很多种类。

（4）美洲荒漠

美国西南部的索诺兰（Sonoran）荒漠向南延伸到墨西哥北部，成为以肉质植物为主的荒漠，因由仙人掌科的许多种属组成，又称为仙人掌荒漠（Cactus desert）。仙人掌种类繁多，且具多棱形、球形、垫状形、圆柱形及扁平形等多种形态。在数米高的巨大树状仙人掌之间散生着一些只具绿色同化枝条的灌木。该区南部尚有高大的丝兰（*Yucca smalliana*）和龙舌兰（*Agave americana*）分布。此外，也可见到灌木荒漠、蒿类荒漠和短生植物荒漠。南美洲广泛分布的是沙漠和盐生荒漠。植被中占优势的植被是具旱生结构的多刺灌木，以及发育在盐土上的灌丛和草丛。在阿根廷也有相当面积的荒漠分布，即所谓的巴塔哥尼亚荒漠。

(5)澳大利亚荒漠

澳大利亚荒漠在大陆中央部分占据着很大的面积,从北到南分布着大沙沙漠、吉布森沙漠和维多利亚大沙漠。其中分布最广泛的是盐土荒漠。沙地以禾本科三齿稃草(*Triodia basedowii*)占优势,乔木有木麻黄、桉树等。

6.1.4.4　荒漠植被分布

(1)矮乔木荒漠植被

矮乔木荒漠植被以超旱生矮乔木占优势。矮乔木高3~5 m,有此可低至1 m,均具主干。该型植被主要适应于地中海生物气候类型和盐化红色沙质土壤、卵石土壤、碎石质土壤。它分布于西南亚、撒哈拉南部、北美西南、南美东部、澳大利亚南部和非洲南部卡拉哈里。常绿矮乔木荒漠植被分布广泛,以含羞草科(Mimosaceae)金合欢属和桃金娘科(Myrtaceae)桉属的一些种占优势。肉质矮乔木荒漠植被主要分布在北美洲的索诺拉。肉质矮乔木以多汁液的茎干和叶营光合作用,以仙人掌科(Cactaceae)和石蒜科(Amaryllidaceae)的一些种为主。也有落叶矮乔木荒漠植被,由牧豆树属(*Prosopis* spp.)、肿荚豆属(*Antheroporum* spp.)等一些种组成。矮乔木荒漠植被中总会混生着各种超旱生灌木,而且在雨后经常出现繁茂的短生植物层群(层片)。这类植被生物量高,有可能开发成为生物能源物质。

(2)灌木荒漠植被

灌木荒漠植被以超旱生灌木占优势。这些灌木无主干,从植株茎部起丛生,适应于地中海生物气候型和亚洲中部生物气候型,要求温暖或高温的气候。土壤包括壤质、沙质、砾质、石质,也有沙丘沙。它分布于中亚、西南亚、撒哈拉北部、北美西南、南非中部、澳大利亚中南部、阿根廷巴塔哥尼亚和秘鲁。落叶灌木荒漠分布普遍,主要由红砂属、沙拐枣属、霸王属等的一些种组成。常绿灌木荒漠植被适应于气温高的荒漠气候。主要由多种麻黄以及沙冬青等组成。肉质灌木荒漠比较特别,适应于雾带荒漠生物气候类型。它由百岁兰属、日中花属、大戟属等的一些种所组成。灌木荒漠植被往往是骆驼放牧场和薪炭基地。

(3)矮半乔木荒漠植被

矮半乔木荒漠植被以超旱生矮半乔木占优势。矮半乔木具主干,高2~4 m,可以低到1 m,有落枝特性。主要适应于准噶尔、哈萨克斯坦、地中海生物气候类型。土壤为壤质、沙质、砾质、沙丘沙,多盐化,也有不盐化的。它主要由梭梭、黄耆等属的一些种所组成。在冬季或春季有较繁茂的短生植物层群出现。这类植被生产量较高,鲜重270~3 870 kg/(hm² · a)。矮半乔木荒漠植被可作为放牧场和薪炭基地,但是沙丘植被一旦遭破坏,会引起流沙。

(4)小半灌木荒漠植被

小半灌木荒漠植被以超旱生小半灌木占优势。小半灌木丛生,高10~100 cm,有落枝特性。该型植被适应于地中海及准噶尔、哈萨克斯坦生物气候类型,也见于亚洲中部生物气候类型。土壤为壤质、沙质、砾质或沙丘沙,多盐渍化而含石膏,也有未盐渍化的。该型植被主要由菊科、藜科植物组成。在冬季或春季土壤水分较好的地区会出现较繁茂的短生植物层群。这类植被的生产量鲜重为 300~4 800 kg/(hm² · a)，所以是重要的放牧场。

(5)垫形小半灌木荒漠植被

垫形小半灌木荒漠植被以超旱生耐寒垫形小半灌木占优势。该型植被适应于高寒的亚洲中部生物气候类型，土壤盐渍化，为壤质、沙质、砾质或碎石质。该型植被分布于亚洲中部高山、高原上。它主要由亚菊属、驼绒藜属、棘豆属等的一些种所组成。

6.1.4.5 我国荒漠植被的分布

我国的荒漠大部分属于温带荒漠，位于欧亚荒漠区的东段和北段。我国荒漠植被分布在西北各省（自治区），其中包括准噶尔盆地、塔里木盆地、塔城谷地、伊犁谷地、噶顺戈壁、中戈壁、阿拉善高原、河西走廊、鄂尔多斯高原西部、帕米尔高原和青藏高原阿里地区等。随着由北向南的山脉以及同一山脉由西及东或由东及西，其也有所升高。在阿尔泰山南坡，上限为海拔 500~800 m；在天山北坡上限是 1 100~1 700 m；在天山南坡上限为海拔 2 000~2 400 m；在昆仑山北坡上升到 2 600~3 200 m；在祁连山、阿尔金山北坡自东到西海拔依次为 1 500 m~2 200 m~3 200 m；在西祁连山和阿尔金山的南坡海拔为 3 500 m。此外，高寒荒漠在青藏高原和帕米尔高原均分布在海拔 4 000 m 以上。我国西北荒漠地区生态条件十分严酷：气候极端干旱、年降水量<200 mm、蒸发强烈、土层薄、质地粗、缺乏有机质、富含盐分，尤其是碳酸钙和石膏。在这种严酷的生态条件下，荒漠植被十分稀疏或为不毛的裸地，并且随着荒漠化程度的加强，植被覆盖度降低，裸露的地面增加，也引起植物的形态发生一系列变化，形成多样的生活型。组成荒漠植被的生活型有矮半乔木、灌木、半灌木、矮半灌木、多年生旱生草本植物、一年生短命植物和多年生类短命植物。在我国温带荒漠植被的建群植物中，以强旱生的小半灌木和灌木的种类最为普遍。它们能适应荒漠中的各种严酷条件，形成多种的荒漠植物群落。

我国荒漠包括温带矮半乔木荒漠，温带灌木荒漠，温带草原化灌木荒漠，温带半灌木、矮半灌木荒漠，温带多汁盐生矮半灌木荒漠，温带一年生草本荒漠，高寒垫形矮半灌木荒漠 7 大类。

(1)温带矮半乔木荒漠

温带矮半乔木荒漠是由强旱生的矮半乔木为建群层片组成的荒漠植被类型。在我国广布于准噶尔盆地、塔里木盆地、噶顺戈壁、中戈壁、马鬃山、阿拉善高原、河西走廊和柴达木盆地。矮半乔木荒漠的建群种由藜科梭梭属的梭梭和白梭梭组成，株高 2~4 m，具有每年部分脱落的可进行光合作用功能的绿色枝条，故称为矮半乔木。梭梭荒漠主要分布于新疆准噶尔盆地和塔里木盆地、甘肃西部和内蒙古西部，土壤为原始或石膏性的灰棕漠土和棕色荒漠土；群落覆盖度变幅大，5%~10%；种类组成比较复杂，主要有梭梭沙漠和梭梭砾漠两种类型。白梭梭荒漠类型仅分布于准噶尔盆地的古尔班通古特沙漠和艾比湖东岸的沙丘及沙地之上，是典型的沙生植被类型，多出现于固定、半固定或半流动的沙丘之上；土壤为灰棕漠土型沙土，表面形成 1~3 mm 褐色生物土壤结皮，无盐渍化现象。

(2) 温带灌木荒漠

温带灌木荒漠是强旱生或典型旱生的灌木或小灌木为建群层片形成的荒漠植被。它是我国荒漠区占优势的地带性植被类型。灌木荒漠广布于准噶尔盆地、塔里木盆地、噶顺戈壁、中央戈壁、河西走廊、阿拉善高原和鄂尔多斯高原西部。它的生境严酷，年降水量一般不超过 150 mm，地下水位深度超过 15 m；地貌为山麓洪积扇，山间盆地、谷地、干燥的剥蚀残丘、沙丘地等。所适应的土壤有灰棕荒漠土、棕色荒漠土、荒漠灰钙土、盐土。该区植被的主要类型有膜果麻黄荒漠，帕米尔麻黄荒漠，霸王荒漠，白皮锦鸡儿荒漠，库车锦鸡儿荒漠—沙生针茅荒漠—新疆绢蒿荒漠、淡枝沙拐枣荒漠、塔里木沙拐枣荒漠、红皮沙拐枣荒漠、蒙古沙拐枣荒漠、多枝柽柳荒漠、刚毛柽柳荒漠、泡泡刺荒漠、西伯利亚白刺荒漠、裸果木荒漠和银沙槐荒漠。群落的种类组成贫乏、结构简单，大多为单层结构，少有二层结构，但群落的复合现象却十分普遍。

(3) 温带草原化灌木荒漠

温带草原化灌木荒漠是由荒漠草原带向荒漠带过渡的一种类型，即由强旱生灌木为建群层片，大量出现草原旱生禾草为从属层片的一种荒漠类型，属地带性类型。主要分布在阿拉善东部、鄂尔多斯高原西部和河西走廊东部。该区植被的主要类型有沙冬青荒漠，小沙冬青荒漠，半日花—矮禾草荒漠，刺旋花—矮禾草荒漠，绵刺—矮禾草荒漠，柠条锦鸡儿-蒙古沙拐枣—霸王—矮禾草荒漠，矮锦鸡儿—矮禾草荒漠，毛刺锦鸡儿—矮禾草荒漠，刺叶柄棘豆—矮禾草荒漠，四合木—矮禾草荒漠。群落的种类组成比较丰富，群落通常为二层结构。群落覆盖度通常为 10%~20%，最高可达30%~40%。

(4) 温带半灌木、矮半灌木荒漠

温带半灌木、矮半灌木荒漠是由强旱生半灌木和矮半灌木为建群种形成的植物群落。广泛分布于准噶尔盆地、塔里木盆地、哈密盆地、吐鲁番盆地、噶顺戈壁、马鬃山、中央戈壁、阿拉善高原、河西走廊、天山南坡、阿尔金山北坡和昆仑山北坡。常生于山麓冲积平原、山麓洪积扇、干燥剥蚀低山和沙丘。所适应的土壤为灰棕漠土、棕色荒漠土和淡棕钙土。地表多为壤质、沙质和砾质。该区植被的主要类型有红砂荒漠、五柱红砂荒漠、黄花红砂荒漠、驼绒藜荒漠、松叶猪毛菜荒漠、珍珠猪毛菜荒漠、木本猪毛菜荒漠、天山猪毛菜荒漠、东方猪毛菜荒漠、合头草荒漠、樟味藜—短叶假木贼荒漠、小蓬荒漠、戈壁藜荒漠、淡枝假木贼荒漠、盐生假木贼荒漠、无叶假木贼荒漠、高枝假木贼荒漠、纤细绢蒿荒漠、白茎绢蒿荒漠、伊犁绢蒿荒漠、新疆绢蒿荒漠、博洛塔绢蒿荒漠、沙漠绢蒿荒漠、高山绢蒿荒漠、昆仑蒿荒漠、沙蒿荒漠、籽蒿荒漠、黑沙蒿荒漠、旱蒿荒漠、灌木亚菊荒漠、南山短舌菊荒漠、垫状短舌菊荒漠、紫菀木—灌木亚菊—沙生针茅荒漠、细枝岩黄芪—白沙蒿—沙鞭荒漠、刺山柑荒漠、准噶尔无叶豆荒漠。这类荒漠大部分是单层结构，种饱和度低，覆盖度小，群落低矮。群落分布的镶嵌现象十分普遍。

(5)温带多汁盐生矮半灌木荒漠

温带多汁盐生矮半灌木荒漠是由高度耐盐的多汁盐生矮半灌木为建群层片所组成的类型。它主要分布在荒漠区的滨湖平原、河流两岸、冲积扇缘和低洼地。它适应于地下水位1~4 m，20 cm 以上的表土层为盐土。该区植被的主要类型有圆叶盐爪爪荒漠、里海盐爪爪荒漠、尖叶盐爪爪荒漠、细枝盐爪爪荒漠、盐爪爪荒漠、木碱蓬荒漠、盐节木荒漠、盐穗木荒漠。这类荒漠的种类组成比较贫乏，层片结构多属单一层片。

(6)温带一年生草本荒漠

在我国荒漠地区，由于降水集中在夏季，所以夏秋一年生植物相对发育比较好。它不仅作为荒漠类型中从属层片的成员，而且也常常以单元优势种群落出现，只是分布面积大小不同而已，主要以盐生草荒漠为代表。盐生草是河西走廊以西荒漠植被中常见的植物。在极端严酷的条件下能形成单元优势种群落，主要分布在河西走廊西部山麓洪积平原、塔里木盆地的盐碱滩、河谷低地和盐湖边。土壤为灰棕漠土、棕色荒漠土和盐土。地表为沙砾质、砾质，或具薄的盐结皮。群落覆盖度为5%~15%。

(7)高寒垫形矮半灌木荒漠

高寒垫形矮半灌木荒漠是以耐高寒、干旱的垫形矮半灌木为建群层片的植物群落的总称。它是青藏高原隆升的年轻产物。它既是温带荒漠在高原上的变体，又是高山植被中最干旱的植被类型。它分布在青藏高原阿里地区、帕米尔高原以及昆仑山和阿尔金山等地。主要植被类型有高山绢蒿—高山紫菀高寒荒漠、昆仑蒿高寒荒漠、西藏亚菊高寒荒漠、垫形驼绒藜高寒荒漠、唐古红景天高寒荒漠。群落结构简单，植物种类稀少，群落覆盖度一般为10%左右，高的可达20%~30%。

6.1.5 荒漠植物的多样性

6.1.5.1 荒漠植物的物种多样性特点

(1)物种组成贫乏

与其他陆地生态系统相比，荒漠植被的物种组成贫乏。我国荒漠区的种子植物总数仅600余种。荒漠绿洲中植物组成较为复杂，是荒漠重要的物种库，而典型荒漠中植物群落物种组成则较为简单，一般在3~5种，特别是在一些极端干旱的戈壁区，常形成单优的植物群落，如梭梭群落、红砂群落、戈壁藜群落等。

(2)物种优势现象明显

在荒漠植被的建群种和优势种中，梭梭、红砂、白刺、膜果麻黄等是荒漠植被群落重要的优势种，而一些区域特有种及主要分布种占了很大比重，如珍珠猪毛菜、裸果木、泡泡刺、沙生柽柳(*Tamarix taklamakanensis*)、绵刺等。

(3)具有一些古老物种

尽管荒漠植被物种丰富度不高，但却分布一些古老残遗种类。分布于这里的植物很多是第三纪，甚至是白垩纪的残遗种类，如荒漠绿洲建群种胡杨、沙冬青等。在区系组成中，古地中海成分在组成荒漠群落的植物中占了绝对优势，如白刺属、沙拐枣属植物等。

（4）特有成分相对缺乏，但独特性明显

极端严酷的生态条件决定了荒漠植物的独特性，著名的荒漠植物特有属有四合木属、绵刺属、革苞菊属（*Tugarinovia* spp.）、百花蒿属和连蕊芥属。它们不是单种属就是寡种属。沙冬青属是我国西北荒漠地区仅有的超旱生常绿阔叶灌木，是第三纪古地中海沿岸的植物，是在古地中海退缩、气候旱化过程中幸存的残遗物种，在我国西北地区最为特殊。

6.1.5.2　荒漠植物的物种多样性组成与分布影响因素

荒漠地区地形地貌独特，同时受到海拔和降水等因素的影响，孕育着多种多样的植被类型和植物物种，而且植物群落存在明显的空间分布格局。不同群落类型建群种物种组成不同，物种组成与分布受多种因素的影响差别较大。

植物物种丰富度是表征生物多样性大尺度区域最基本的指标。关于大尺度物种丰富度格局的解释，先后有学者提出了气候、地质历史过程、空间异质性及随机过程等不同观点。尽管物种丰富度格局受到多种环境因子共同制约，但水热等气候因子对物种丰富度格局的影响被认为是最主要的决定因子。水热动态假说能够很好地解释我国戈壁地区的植物丰富度格局，能量与降水共同决定的有效水分才是决定植物多样性格局的主控因子，不同生活型植物对水热因子的响应存在显著差异。如果简单地分析，总的物种丰富度与气候的关系有可能会导致物种自身生态特性、种间相互作用的重要影响被忽略。因此，在深入分析一个地区的植物丰富度空间格局时，应该考虑不同生活型植物间的差异。

而在群落尺度上，水资源的空间异质性及水资源可利用性对维持半干旱区植被格局具有重要的作用。在降水条件不适合植物存在和生长的极端干旱地区，水土资源自组织机制也能确保植被存在和生长。Wesche et al.（2005）通过对戈壁地区植被分布研究提出，水资源的可利用性（water availability）是决定植被存在与分布的最关键因素。如戈壁植被的存在和多样性与环境异质性（如地貌起伏）和水资源可利用性等相关，环境异质性程度越高，植被与植物种类越丰富，稳定性也较高。

6.2　荒漠动物

荒漠动物在长期演化过程中，经自然选择逐渐形成了适应荒漠极端环境的特殊生物学与生态学特征，在严酷的环境中得以生存和繁衍。

6.2.1　动物对荒漠生境的适应

6.2.1.1　动物对荒漠环境温度的适应

（1）身体结构对环境温度的适应

①体毛与羽毛的适应：哺乳动物、鸟类是恒温动物，其躯体核心温度需要保持相对稳定。对于它们来说，哺乳动物体毛的浓密程度、鸟类羽毛的密度及绒羽含量都直

接影响热传导。栖息于荒漠地区的哺乳动物在秋季换毛时长出特别浓密的毛，在浓密的外层毛之下，还长有纤细浓密的绒毛，以减少寒冷环境下的热量散失；而在春季换毛时，新长出的夏毛则比较稀疏，底层绒毛也比较少，这是对沙漠环境夏季高温的适应，以利于身体中多余热量的快速散失。但荒漠地区哺乳动物的春季换毛期一般比较长，可能是对春季较大的昼夜温差的一种适应。鸟类的情况与哺乳动物类似，冬羽较密；羽绒比例较较高，而夏羽则相反。

②动物适应高温的特殊结构：在热带荒漠地区，动物面对的最大挑战是如何高效散热的问题，而保温并不重要。一些动物进化出特别的散热结构，如非洲象(*Loxodonta africana*)、黑斑羚(*Aepyceros melampus*)等，都生有一对非常大的耳朵，其上布满血管，除了司听觉以外，也是个高效的散热器官。洞角类偶蹄动物，有特殊的血管结构，能在高温环境下使脑的温度低于身体的其他部位。供给脑的血液来自颈动脉，洞角类偶蹄动物的颈动脉在脑下的部位分成若干小动脉并由其组成网，称为海绵窦(cavernous sinus)。这些小动脉再联合起来进入脑中。洞角类偶蹄动物的鼻腔黏膜是湿润的，既保持了灵敏的嗅觉，又可作为主要的蒸发冷却表面。绵羊在高温暴露下，其脑部血液温度比离心血液温度低3℃。对羚羊的实验也得到类似的结果。在环境温度大幅度升高时，羚羊等有蹄动物借助海绵窦的作用仍能保证脑部温度的正常，使中枢神经系统保持正常运作。南非地松鼠(*Xerus inauris*)栖息于卡拉哈里沙漠和纳米布沙漠，有条毛茸茸的大尾巴。每天觅食时，它们总是把尾巴高高翘起，背对着太阳。其尾巴阳面和阴面的温差达5.6℃，最大时可达8.3℃。尾巴充当了遮阳伞，降低了其暴露于烈日下的概率，对其生存提供了一定帮助。

(2)对环境温度的适应行为

①寻找遮阴处，躲避曝晒：寻找树木、草丛、巨石、陡坎等自然物体躲避阳光的照射，是荒漠动物躲避夏季中午曝晒，避免体温过高的最常用、最有效方法之一。对于大型动物而言，荒漠中可以遮阴的树木、巨石等并不多，是一类重要的"资源"。而对于小型的动物，如啮齿动物、蜥蜴、昆虫等，可供其躲避阳光直射的地方就非常多，它们可以借此躲避荒漠中午的高温(图6-1，彩图链接见章后二维码)。

图6-1　荒漠中可供动物遮阴的红柳沙包
(马强 摄)

②挖洞或躲入地下：在夏季，沙漠地表加热异常强烈，温度可达50~60℃，甚至更高。但沙土温度的显著波动多发生在15 cm以上的土层中，其下温度变幅显著减小。许多沙漠动物，如犬科(Canidae)动物中的鬣狗(*Hyaenidae* spp.)、狼(*Canis lupus*)、狐狸(*Vulpes* spp.)，啮齿动物中的跳鼠(*Dipodidae*)、沙鼠(*Gerbillinae*)等，爬行动物中沙蜥(*Phrynocephalus*)、漠虎(*Alsophylax*)、沙龟(*Psammobates*)等，都会通过寻找或自己挖掘洞穴躲入地下。洞穴可使荒漠动物在夏季躲避地面的高温，在冬季躲避地表的大风和严寒。沙蜥、角蝰(*Cerastes cornutus*)和一些甲虫甚至可以直接钻入沙土中，躲避太阳的照射。另外，沙蟒甚至进化出在流沙

中自由活动的能力，不但躲过了烈日曝晒，也有效地隐蔽了自己。它们能够感知猎物活动时的震动，确定猎物的位置，在沙土中潜近并捕捉猎物，可谓是对沙漠环境的强烈适应。

③控制与地面接触的面积：沙漠夏季地表温度经常会升得很高。为了减少地表热量向身体的传导，减轻地表高温对脚爪的伤害，很多动物会尽量减少身体与地表的接触面积。昆虫会像踩高跷一样行走，使身体尽量远离炎热的地表；沙蜥会抬起一只或两只脚，借以减少每只脚接触地面的时间，并减少了地表热量向身体的传导（图6-2）；而角蟾则尽量竖起腹部的鳞片以减少腹部与地面的接触，移动时采用横向蜿蜒前进的方式，使得身体与地面的接触面积很小。而当动物需要阳光来温暖身

图 6-2　沙蜥
（马强　摄）

体时（如夏季的清晨或冬季），荒漠动物也会采取相应的行为。蛇类和蜥蜴等会躺在较温暖的沙质地表或岩石上，使身体与其尽量多地接触以获得较多热量。在寒冷的清晨，一些鸟类（如走鹃）会面对太阳展开翅膀，露出胸部暗色的羽毛以获取更多的热量来温暖身体。

④冬眠与夏眠：温带荒漠的冬季是十分寒冷的。寒冷、食物匮乏的冬季对许多荒漠动物来说是非常困难的季节，许多荒漠动物通过冬眠渡过这个艰难的阶段。冬眠是内温动物一种受调节的低体温现象，此时动物体温被调节到很低，接近于环境温度，心率、代谢率和其他生理功能均相应地大大降低。但在冬眠期内的任何时候，动物都可能自发地或通过人工诱导恢复到原来的正常状态。在荒漠动物中，冬眠现象主要出现在小型兽类中。哺乳动物中有 3 个目（啮齿目、食虫目和翼手目）的某些种类存在冬眠的习性。大型哺乳动物，如奇蹄目（Perissodactyla）、偶蹄目（Artiodactyla）、食肉目（Carnivora）动物，很少有冬眠的。而体型太小的动物，由于体内储存的脂肪不足以维持整个冬季的消耗，所以也没有冬眠习性。在冬眠期间，动物的代谢率很低，为正常活动状态几十分之一，甚至接近百分之一。这时，动物体核温度降低到与环境温度相差仅 1~2℃，心率降到 5~6 次/min，呼吸频率可降到 1 次/min，肾脏功能也大为减弱。动物借助这种特别的方式熬过严酷的季节，得以顺利生存和繁衍。在漫长的旱季，荒漠动物遭受到高温及与之相关的严重干旱的双重胁迫，生存面临巨大挑战。一些动物通过休眠来度过这个艰难时期。在荒漠动物中，夏眠的物种不是很多，主要是一些啮齿类，以黄鼠属（Citellus）动物最具代表性。黄鼠属动物的适应性低体温有多种表现，在冬季进行冬眠，在漫长的干旱季节进行夏眠，而在降水仅限于冬春季的地区，夏眠与冬眠连接在一起，界线就划不清了。

6.2.1.2　动物对干旱缺水的适应

(1)动物的水分收入

荒漠动物获取水分的主要途径有3个：直接饮水、通过食物获得水分、通过体内化学反应获得代谢水。

对于大多数哺乳动物(特别是大型哺乳动物)和鸟类，其水分的主要来源是饮水和食物中的水分；在冬季，体内代谢也会产生较多的代谢水。对于主要靠饮水补充水分的荒漠动物，需要定期到水源点饮水(图6-3)。这类动物能够一次饮下大量的水。同时，它们对水质的要求也有所放宽。如双峰驼(*Camelus bactrianus*)(图6-4)可以引用矿化度很高的水，而这样的水对其他动物来说可能达到了致命的程度。

图6-3　双峰驼的水源点
(马强　摄)

图6-4　双峰驼
(马强　摄)

从食物中获取水分是荒漠动物获得水分的更普遍的途径。食草的啮齿动物和昆虫长距离活动能力不强，可以不经常饮水，而是利用食物中的水分。南美洲的沙漠，经常有大量水汽被风从海洋吹来，在灌木及其附生植物上凝结为大量露水，骆马(*Vicugna vicugna*)即在清晨觅食这些灌木和附生植物，在获得食物营养的同时，也得到大量的水分，保证了其正常的生活。荒漠动物中的食肉动物，如狮子(*Panthera* spp.)、鬣狗、猎豹(*Acinonyx jubatus*)等，从其捕获的猎物中获得了很多水分。而食虫动物，如大耳狐(*Otocyon megalotis*)、刺猬(*Erinaceinae* spp.)，可以从蜈蚣(*Scolopendridae* spp.)、蛴螬等猎物中获取水分。

100 g脂肪完全氧化可产生110 g的代谢水，100 g的碳水化合物氧化能产生55 g水。动物在新陈代谢过程中，释放能量维持正常生命活动的同时，也产生水分，而这部分水分对荒漠动物而言更是弥足珍贵，弥补了水分的不足。

(2)荒漠动物的节水策略

①减少排泄失水：荒漠动物可以通过减少排泄控制身体失水，主要包括以下两类策略。首先，加强直肠和排泄管对水分的重新吸收。沙漠昆虫的直肠和排泄管对水分有重新吸收的功能，除马尔比基管能被动地通过渗透作用吸收水分外，后肠还有重新吸收水分的作用。一些吃干食物的种类，在直肠周围生有由直肠膜包围而成的空腔，是特别有效的重新吸收水分的结构，使其排出的粪便非常干燥，大大减少了水分的流失。陆生脊椎动物的肾小球数量较少，但拥有较长的肾小管，这样就增强了重新吸收

水的能力。哺乳动物中则出现了亨利氏袢，在水分重新吸收过程中有重要作用。哺乳动物尿的最大浓度与肾脏髓质部的相对厚度成正比，髓质部的加厚主要与亨利氏袢的加长有关，而这一特征与动物栖息环境的干燥情况有关。荒漠动物的这些特征通常被大大加强。通常用冰点下降度 $\triangle T$ 来表示不同哺乳动物尿的浓度。尿液越浓，其中所含溶质的比例越高，其冰点下降越大。跳鼠、更格卢鼠（Dipodomys spp.）、肥沙鼠（Psammomys spp.）等都属荒漠啮齿类动物，适应了特别干燥的环境，尿液浓度很高。其次，排泄尿酸，减少失水。动物排泄氨类代谢废物主要有 3 种形式：氨（ammonia）、尿素（urea）、尿酸（uric acid）。排泄氨、尿素需要排除较多的尿液，损失较多的水。而排泄尿酸则可节省大量的水。荒漠动物中的鸟类、爬行动物、昆虫都是以尿酸的形式排出体内氨类代谢废物的。

②体表蒸发失水的调控：荒漠动物中的哺乳动物，如双峰驼、羚羊（Gazella subgutturosa）和狼等，体表具毛，皮肤通透性差且缺乏汗腺。它们一般不以出汗的形式为身体降温、因为这样的失水率是荒漠动物无法承受的。与之相适应的是，荒漠哺乳动物对体核温度的恒定性有所放宽。如骆驼在足量饮水时，其体温介于 36～38℃ 之间；而在缺水条件下，其体温在 34～41℃ 之间，体温昼夜波动幅度达 7℃。一头 500 kg 的骆驼体温上升 7℃，就可以在体内贮存超过 12 000 J 的热量；如果它以蒸发汗液的方式排出这些热量，需要消耗 5 L 的水。骆驼通过放宽体核温度阈值，白天吸收的热量到夜晚散失掉，节约了宝贵的水分；而非洲的大羚羊（Oryx Dammah）在炎热缺水时，体温可上升到 45℃，并能坚持 8 h 之久，而不出现热昏迷现象，其适应能力可见一斑。鸟类皮肤干燥，缺乏腺体，也不排汗，但它们依靠自身的飞行能力，选择合适的地点躲避高温。沙蜥等爬行动物皮肤粗糙，体表被覆鳞片，通过皮肤散失的水分很少。沙漠中的昆虫都拥有不透水的几丁质外骨骼，通过气孔呼吸，水分散失也非常少。

③呼吸蒸发失水的调控：呼吸蒸发是水分在动物呼吸时通过口腔散失的一种失水方式。大多数的鸟类和哺乳动物形成了另一种减少水分损失的机制。当干燥的空气被吸入湿润的呼吸道时，蒸发冷却了鼻腔，在肺泡中完成气体交换的同时，空气也达到水分饱和状态；当空气被呼出时通过预冷的鼻腔，温度下降，大部分水汽凝结，一部分在肺部蒸发的水在鼻腔被回收。这种保水机制在鸟类和哺乳动物中普遍存在，对于荒漠物种的生存有着重要意义。

④选择合适的日活动节律：荒漠动物体内水分散失情况与环境温度是密切相关的，环境温度越高，水分散失越快。许多荒漠动物，如大耳狐、沙鼠、跳鼠和众多的沙漠无脊椎动物选择夜晚活动，不但避免了日光的曝晒，也极大地减少了其水分的散失。而白天，它们则躲在地洞等相对凉爽且封闭的栖处，自身水分的散失也得到了良好的抑制。

（3）荒漠动物的耐脱水性

荒漠动物体内含水量多呈脉冲式波动，饮水前后会有很大变化。但长期的自然选择使其能够适应体液渗透压的剧烈变化，且生命活动正常。许多荒漠动物还能忍受一定程度的脱水而不危及生存。

骆驼在夏季的荒漠中可以忍受体重损失 25%～30% 的脱水。对一峰 500 kg 的骆驼而言，意味着 125～150 kg 的水分损失。它的体液将变得十分黏稠，渗透压也变得很高，其程度足以使栖息于湿润地区的动物丧命，但骆驼的身体却不会受损。饮水后，骆驼体液的渗透压又会迅速恢复到原来的状态。

6.2.1.3　动物对风沙的适应

风沙，特别是沙尘暴天气对动物的影响较大。首先，沙埋作用可能导致动物死亡。沙埋作用对昆虫等节肢动物和啮齿动物的影响比较大，沙漠动物对沙埋的适应是避免在流沙区长时间栖息。其次，风沙对荒漠动物的眼睛、耳朵等器官构成一定影响。许多荒漠动物（如骆驼），生有双层的睫毛，对眼睛有非常好的保护作用，在沙尘暴天气也可以看清环境。耳朵内部生有浓密的毛发，可以很好地阻挡沙尘进入耳道内部。

6.2.1.4　动物对松软沙质地表的适应

长期的进化使荒漠动物对沙漠松软易陷入的地表形成了适应。骆驼、羊驼（*Vicugna pacos*）、骆马、跳鼠等都生有非常宽大的蹄或趾，显著地增大了触地面积，减小了对地面的压强，使其不易陷入沙中。对于跳鼠、袋鼠等动物，宽大的后趾可以使其在快速蹬踏沙地表面时，获得更大的反作用力，利于其快速跳跃奔跑。角蝰对沙漠中松软沙地的适应是改变运动方式。蛇类通常的运动方式是左右摆动身体，身体向前运动，但这种方式在松软的沙地上却难以前行。角蝰采用抬起身体横向移动的方式，不但解决了在沙地上顺利行进的问题，其身体与地面的接触面积也更小，减少了热量向身体的传导。沙蟒在运行时对沙地的适应是独树一帜的。它除了可以像一般的蛇类一样蜿蜒前进之外，还能够钻入沙中，巧妙利用沙子的流动性，在其中以"沙泳"的方式潜行，避开了阳光的直射和天敌袭击，并且可以隐蔽接近猎物，提高了捕猎时的成功率。

6.2.1.5　荒漠动物的迁徙

动物的迁徙是指每年的春季和秋季，有规律地、沿着相对固定的路线，长距离地往返于繁殖地和越冬地之间的现象。在荒漠动物中，许多鸟类和大型哺乳动物有迁徙行为。根据 Rundel 和 Gibson 在北美莫哈维沙漠的研究，在其记录到的 53 种鸟类中，仅有 8 种是沙漠中的留鸟；8 种是冬候鸟；有 5 种是夏候鸟（繁殖鸟），其余的 32 种均为短时间过境的旅鸟。荒漠动物的迁徙行为使其避开了严酷的季节，使种群得以生存繁衍。

6.2.2　荒漠动物区系

6.2.2.1　亚洲荒漠区动物区系

（1）亚洲荒漠区的哺乳动物

亚洲的沙漠多分布于温带地区，面积广大。亚洲荒漠区的动物组成相对更为多样。

①偶蹄动物：在亚洲沙漠地区的食草动物中，偶蹄类是个重要类群，其代表物种主要有双峰驼、盘羊（*Ovis ammon*）（图 6-5）、岩羊（*Pseudois nayaur*）（图 6-6）等。

②奇蹄动物：在亚洲荒漠区栖息着两种重要的奇蹄动物，即普氏野马（*Equus caballus*）和亚洲野驴（*E. hemionus*），均为我国Ⅰ级重点保护野生动物。普氏野马属奇蹄目马科马属，体长约 210 cm，肩高约 110 cm，体重可达 350 kg，体型健硕。头部较大而短钝，

脖颈短粗，吻部稍尖，牙齿粗大，耳短而尖，额部无长毛，鬃毛呈暗棕色，短硬直立，不似家马垂于颈部的两侧。体毛为棕黄色，向腹部渐渐变为黄白色，腰背中央有一条黑褐色的脊中线。尾巴自尾基部开始长毛，上半部毛短，下半部毛长。普氏野马的染色体为 33 对，比家马多出一对。普氏野马与现代家马遗传关系较远，对马的品种培育

图 6-5　盘羊
（马强 摄）

图 6-6　岩羊
（马强 摄）

贡献较小，只有北欧的峡湾马与之相似。1878 年，俄国军官普热瓦尔斯基率领探险队先后 3 次进入准噶尔盆地奇台至巴里坤的丘沙河、滴水泉一带采集野马标本，并于 1881 年由俄国学者波利亚科夫正式定名为"普氏野马"。由于普氏野马生活于环境极其严酷的荒漠戈壁，缺乏食物，水源不足，还有低温和暴风雪的侵袭，加上人类的捕杀和对其栖息地的破坏，更加速了它消亡的进程。在近 1 个世纪的时间里，野马的分布区急剧缩小，数量锐减。20 世纪 60 年代，蒙古首先宣布该国境内的野生普氏野马种群灭绝，而我国新疆的野生普氏野马，也于 20 世纪 70 年代消失。普氏野马仅在欧洲的一些地区残存少量圈养个体。1977 年，普氏野马保护基金会在荷兰成立，该基金会有两个主要目标，一是建立系统的普氏野马谱系数据库；二是努力将普氏野马放归大自然。在该基金会和中国、蒙古相关保护机构的努力下，已逐步实现了普氏野马在原产地的种群复壮，并已开始放归自然栖息地。

③食肉动物：亚洲荒漠地区的食肉动物种类不多，主要有狼（图 6-7）、沙狐（*Vulpes corsac*）、荒漠猫（*Felis bieti*）等。

④啮齿动物：亚洲荒漠地区的啮齿动物中，以各种跳鼠和沙鼠最具代表性，是啮齿类中的优势种。跳鼠主要有五趾心颅跳鼠（*Cardiocranius paradoxus*）、三趾心颅跳鼠（*Salpingotus kozlovi*）、小五趾跳鼠（*Allactaga elater*）、羽尾跳鼠（*Stylodipus telum*）等；沙鼠主要有柽柳沙鼠（*Meriones tamariscinus*）、大沙鼠（*Rhombomys opimus*）、短

图 6-7　狼
（马强　摄）

耳沙鼠等（*Desmodillus auricularis*）。另外，还有长尾黄鼠（*Spermophilus undulatus*）、兔尾

鼠(*Lagurus lagurus*)、塔里木兔(*Lepus yarkandensis*)等。这些啮齿动物成为荒漠地区食肉兽类和猛禽的重要食物来源,在生态系统中起着重要作用,但数量激增时对植被构成一定危害。

(2)亚洲荒漠区的鸟类

鸟类拥有快速迁徙的能力。分布于荒漠区的鸟类大多具有显著的游荡性,雨水较好的季节大量聚集,快速完成繁殖过程,环境变得严酷时则迁往其他地区。亚洲荒漠区的代表性鸟类主要有雀形目的角百灵(*Eremophila alpestris*)、凤头百灵(*Galerida cristata*)、沙䳭(*Oenanthe isabellina*)(图6-8)、白尾地鸦(*Podoces biddulphi*)、紫翅椋鸟(*Sturnus vulgaris*)、巨嘴沙雀(*Rhodopechys obsoleta*),鸽形目的原鸽(*Columba livia*),沙鸡目沙鸡科的黑腹沙鸡(*Pterocles orientalis*)以及隼形目的棕尾鵟(*Buteo rufinus*)(图6-9)等。这些鸟类很好地适应了荒漠环境,在生理或行为方面都有了很好的适应性特化。

图6-8 沙䳭
(马强 摄)

图6-9 棕尾鵟
(马强 摄)

(3)亚洲荒漠区的爬行动物

亚洲荒漠区的爬行动物种类相对比较丰富。蛇类主要有沙蟒(*Eryx miliaris*)、花条蛇(*Psammophis lineolatus*)、草原蝰(*Vipera ursini*);蜥蜴类主要有壁虎科的西域沙虎(*Teratoscincus przewalskii*)、伊犁沙虎(*T. scincus*)、隐耳漠虎(*Alsophylax pipiens*)、新疆漠虎(*Alsophylax przewalskii*)、长裸趾虎(*Cyrtopodion elongatus*)等;沙蜥种类丰富,主要有大耳沙蜥(*Phrynocephalus mystaceus*)、白条沙蜥(*P. albolineatus*)、旱地沙蜥(*P. helioscopus*)、南疆沙蜥(*P. forsythi*)等;麻蜥类主要有荒漠麻蜥(*Eremias przewalskii*)、敏麻蜥(*E. arguta*)、快步麻蜥(*E. velox*)、虫纹麻蜥(*E. vermiculata*)等。

(4)亚洲荒漠区的两栖动物

在亚洲荒漠地区,缺乏典型的荒漠两栖动物。仅有的两栖类动物一般分布于沙漠绿洲或河流附近水分条件较好的地区。代表性种类有新疆北鲵(*Ranodon sibiricus*)、绿蟾蜍(*Bufo viridis*)、湖蛙(*Rana ridibunda*)和中国林蛙(*R. chensinensis*)等。

6.2.2.2 非洲荒漠动物区系

(1)非洲荒漠区常见哺乳动物

①大型食草动物:荒漠地区植被稀疏,生产力较低,大型的食草动物种类少。它

们或者数量稀少，或者结群迁徙，以适应荒漠地区的气候变化，满足自身对食物的需求。在非洲荒漠地区，典型的偶蹄类大型食草动物有斑纹角马（*Connochaetes taurinus*）、黑斑羚（*Aepyceros melampus*）、长角羚（*Oryx gazella*）、南非大羚羊（*Damaliscus lunatus*）、托氏羚（*Gazella thomsoni*）、跳羚（*Antidorcas marsupialis*）等，长鼻目的非洲象（*Loxodonta africana*），奇蹄目的普通斑马（*Equus burchelli*）、狭纹斑马（*E. grevyi*）等。

②食肉动物：非洲的荒漠多为热带沙漠或亚热带沙漠，特殊的生境类型决定了食草动物的种群规模受到限制或具明显迁徙习性。栖息于非洲荒漠地区的大型食肉动物有狮（*Panthera lea*）、斑鬣狗（*Crocuta crocuta*）、土狼（*Proteles cristatus*）、大耳狐（*Otocyon megalotis*）等。

③啮齿动物：非洲荒漠区啮齿动物主要以植物为食，少数以昆虫等无脊椎动物为食。栖息于非洲荒漠区的啮齿动物主要有跳兔（*Pedetes capensis*）、非洲跳鼠（*Jaculus jaculus*）、非洲蹄兔（*Procavia capensis*）、非洲大沙鼠（*Tatera afra*）、非洲地松鼠（*Xerus inauris*）、南非地松鼠（*X. princeps*）、南非豪猪（*Hystrix africaeaustralis*）等。

哺乳动物中，熊科、鼹鼠科和鹿科在整个非洲大陆上完全没有分布。

（2）非洲荒漠区的鸟类

非洲有很多特有的鸟类。鸵鸟目和鼠鸟目为本区特有的目，非洲鸵鸟（*Struthio camelus*）栖息于荒漠和荒漠草原地区，而鼠鸟目的1科2属6种均栖息于荒漠绿洲地带。在世界范围内，百灵科鸟类共19属91种，有70种分布于本区，其中55种为本区特有种，常见物种有南非歌百灵（*Mirafra cheniana*）、棕颈歌百灵（*M. africana*）、云雀（*Alauda arvensis*）等。非洲的荒漠区是鸨科鸟类的分布中心，全世界共9属25种，有19种分布于本区，如阿拉伯鸨（*Otis arabs*）、灰颈鸨（*Ardeotis kori*）、黑头鸨（*Neotis ludwigii*）、蓝鸨（*Eupodotis caerulescens*）、鲁氏鸨（*E. rueppellii*）等。猛禽中，隼形目鹰科的短趾雕属主要分布于本区，代表种类如短趾雕（*Circaetus gallicus*）、黑胸短趾雕（*C. pectoralis*）、褐短趾雕（*C. cinereus*）等；歌鹰属的3种猛禽均分布于本区，其中灰歌鹰（*Melierax poliopterus*）、淡色歌鹰（*M. canorus*）为本区特有种。鸮形目的代表种有黄雕鸮（*Bubo lacteus*）、非洲角鸮（*Otus senegalensis*）。

（3）非洲荒漠区的爬行动物

非洲沙漠的爬行动物多样性较低，代表性种类有纳米布蝰（*Bitis peringuei*）、角蝰（*Cerastes cerastes*）、沙蝰（*Echis carinatus*）、非洲蜥（*Chalcides sepoides*）、南非沙蜥（*Meroles suborbitalis*），灰巨蜥（*Varanus griseus*）、豹龟（*Geochelone pardalis*）等。

6.2.2.3 美洲荒漠区动物区系

（1）美洲荒漠区主要哺乳动物

①食草动物：在北美洲荒漠区的食草动物中，最具代表性的是叉角羚（*Antilocapra americana*）。叉角羚不但有极快的奔跑速度，同时拥有很好的耐力，以利于逃避天敌的捕食。在南美洲的荒漠地带，主要代表性食草动物有羊驼属的羊驼（*Lama guanicoe*）、小羊驼（*L. pacos*）和骆马属的骆马。这两个属都属于骆驼科，它们所占据的生态位与骆驼非常相似。

②食肉动物：在美洲荒漠区的代表性食肉动物主要有美洲狮（*Puma concolor*）和狼（*Canis lupus*）等。美洲狮躯体匀称修长，体长 130～200 cm，体重 55～105 kg。头大而圆，吻部较短，视、听、嗅觉均很发达。美洲狮栖息于森林、丘陵、草原、半沙漠和高山等多种生境，可以适应多种气候和自然环境，喜独居，肉食性，常以伏击方式捕杀各种脊椎动物为食，主要猎物包括野兔、羊类、鹿类等。美洲狮是美洲大陆哺乳动物中分布范围最为广泛的一种，北从北美洲的加拿大育空河流域，南至南美洲的阿根廷和智利南部均有分布。

③啮齿动物：在美洲荒漠区的啮齿动物中，代表性类群有更格卢鼠科，其占据的生态位与跳鼠非常相近，共有 2 属二十余种，常见种类有荒漠更格卢鼠（*Dipodomys deserti*）、纳氏更格卢鼠（*D. nelsoni*）、加州更格卢鼠（*D. californicus*）等；囊鼠科也是本区的重要类群，代表种类有荒漠囊鼠（*Orthogeomys arenarius*）、大囊鼠（*O. grandis*）、内华达囊鼠（*O. townsendii*）。其他啮齿类还有荒漠棉尾兔（*Sylvilagus audubonii*）、墨西哥棉尾兔（*S. cunicularius*）等。

（2）美洲荒漠区的鸟类

美洲荒漠地区鸟类种类较为丰富，代表性种类如美洲鸵鸟目的大美洲鸵（*Rhea americana*）、小美洲鸵（*R. pennata*）；走鹃（*Geococcyx californianus*）；栗翅鹰（*Parabuteo unicinctus*）、红尾鹭（*Buteo jamaicensis*）等。

（3）爬行动物

美洲沙漠地区的爬行动物主要是一些蛇类和蜥蜴，也有一些特有沙漠龟类。蜥蜴类代表物种有角蜥（*Phrynosoma coronatum*）、希拉毒蜥（*Heloderma suspectum*）、沙漠鬣蜥（*Dipsosaurus dorsalis*）等；蛇类有角响尾蛇（*Crotalus cerastes*）、西部菱斑响尾蛇（*C. atrox*）等；龟类有沙龟（*Gopherus agassizi*）、地鼠龟（*G. polyphemus*）等。

6.2.2.4 澳大利亚荒漠区的动物区系

（1）澳大利亚荒漠区的哺乳动物

澳大利亚的哺乳动物中，属于真兽亚纲的物种非常少，仅有少数几种蝙蝠和啮齿类动物，而属于后兽亚纲（有袋类）的物种十分丰富。在澳大利亚相对孤立的大陆上，哺乳动物有袋类占据了不同的生存环境并产生了多样的适应性特征，从而使本区成为后兽亚纲的适应辐射中心。分布于荒漠区的代表物种也很多样，如食草的袋鼠中有岩大袋鼠（*Macropus bernardus*）、灰袋鼠（*M. giganteus*）、红大袋鼠（*M. rufus*）等；栖息于荒漠的食肉动物主要是引进后野化的澳洲野犬（*Canis lupus dingo*）。

（2）澳大利亚荒漠区的鸟类

澳大利亚的鸟类中，以鸸鹋（*Dromaius novaehollandiae*）最具代表性，其所占据的生态位与非洲荒漠地区的鸵鸟类似。另外，本区也是鹦鹉（*Neophema* spp.）、凤头鹦鹉（*Calyptorhynchus* spp.）的乐园，拥有很多特有种类。

（3）澳大利亚荒漠区的爬行动物

澳大利亚荒漠动物中爬行动物种类不太丰富，主要的蜥蜴类爬行动物有澳洲巨蜥（*Varanus goanna*）、松果蜥（*Trachydosaurus rugosus*）、棘蜥（*Moloch Thornydevil*）等。其中，棘蜥对澳洲荒漠生境有着极好的适应。棘蜥是蜥蜴亚目（Sauria）飞蜥科（Agamidae）的小型蜥蜴，体橙色或棕色，全身被覆棘状刺，以吻部和两眼上方者最长，分布于澳大利亚的中部和南部的沙漠地区，以蚂蚁为食。作为对环境的适应，棘蜥的皮肤不但可以防止水分散失，还可以汲取地表的水分。当棘蜥卧于潮湿的沙土时，接触到的水分会沿着身体表面的特殊通道流入口部，供其饮用。棘蜥凭此极端的方式从严酷的荒漠环境中获取水分，显示出其对环境极强的适应能力。

澳大利亚荒漠区还分布有一些有特色的蛇类，如拟眼镜蛇属为本区所特有，毒性巨大，代表种有西部拟眼镜蛇（*Pseudonaja nuchalis*）、环纹拟眼镜蛇（*P. modesta*）等。

(4) 澳大利亚荒漠区的两栖动物

通常在荒漠地区两栖动物是难以生存的，但澳大利亚的储水蛙（*Cyclorana platyceph-ala*）可以说是两栖动物适应干旱荒漠环境的典范。储水蛙头部宽而平，身体和蹼较厚。体色通常为暗灰色，深橄榄色，深褐色或绿色，腹部为白色。皮肤上布满了疣。储水蛙在下雨时形成的临时水塘中繁殖。沙漠中的临时水塘存续时间非常短暂，而储水蛙的生活史节律与之适应得非常好，卵的孵化非常快，由蝌蚪变成成蛙的周期也很短，使其能在水塘干涸之前完成繁殖过程，然后钻入沙土中躲避酷热。储水蛙在下雨时会吸收水分，储存在其膀胱内和皮肤袋里，它能够存储相当于自身重量一半的水，其储存的水一般能维持到下一次降水的到来。当地面开始干涸时，储水蛙就会用其后肢掘洞钻入地下，躲避炙热的太阳光。在地下，储水蛙将自己包裹在皮肤表面形成的蜡质防水茧内防止身体失水，通过减少活动来降低新陈代谢速率。在这样的环境中储水蛙甚至可以存活数年之久。

6.2.3　荒漠动物的保护与管理

(1) 荒漠物种的种群数量特征

荒漠地区通常植被稀疏，生态系统的初级生产力低下，环境承载力较低，这就从根本上限制了植食动物的种群规模。而植食性动物有限的数量限制了食肉动物的数量。因此，在荒漠地区，无论是脊椎动物，还是无脊椎动物；不论是大型有蹄类，还是小型啮齿类，甚至是昆虫，其种群数量都远比森林、草原等其他生态系统少。另外，荒漠生境的年际变化大，使得动物种群规模进一步被压缩，尤其是大型哺乳动物。

(2) 小种群问题

对于濒危物种较为理想的保护计划是在保护对象的原生生境中保护尽量多的个体。但在实际保护工作中，所能保护的种群规模往往难以做到很大。Shaffer（1981）将保证一个物种存活所必需的个体数量定义为该物种的最小生存种群（minimum viable population，MVP），即"最小生存种群是任何生境中的任一物种的隔离种群，即使是在可预见的种群数量、环境、遗传变异和自然灾害等因素影响下，都有99%的可能性存活1 000年。"换而言之，最小生存种群是在可预见的将来，具有很高的生存机会的最小种群。

荒漠动物的种群规模一般都较小，越是大型的动物，种群规模就越小。自然灾害等突然事件对其造成的影响也更大，小种群问题更为严重，相对来说也比较容易陷入物种灭绝漩涡。当一个物种陷入灭绝漩涡时，近亲繁殖导致的遗传多样性下降和异常漂变的影响将被放大，并导致动物自身缺陷的增多和对环境适应能力下降，对各种致危因子更加敏感，当栖息环境发生剧烈变化时则很可能迅速走向灭绝。在对濒危荒漠动物实施保护的过程中，需要特别重视。

（3）基因污染的影响

随着分子研究技术的大量应用，在濒危物种保护过程中的基因污染问题越来越受到人们的重视。一些濒危物种可以与某些家畜杂交繁殖，使野生种群中混入家畜的基因，而一旦家畜的基因混入到濒危物种的野生种群中，将其彻底剔除是非常困难的，这给野生物种的保护带来了极大困难。生活在澳大利亚的澳洲野犬是受保护的动物，但澳洲野犬群中时常会出现有杂色皮毛或垂耳的个体，这些都是野犬与家犬杂交产下的后代，如果任由这种趋势发展下去，最终将危及澳洲野犬的生存。目前，如何防止澳洲野犬与家犬的杂交已成为其保护工作面对的一个重大挑战。类似的问题也出现在其他物种的保护工作中，如埃塞俄比亚狼（*Canis simensis*）、野马和野骆驼等。

（4）迁地保护与种群复壮

毫无疑问，在自然栖息地中对濒危野生动物实施有效的就地保护才是长期的最佳策略。但对于许多珍稀物种来说，如果其残余种群已经小到难以维系物种的存续，或是野外种群已经灭绝，为了阻止其灭绝，就只能在人工管理的环境中维持个体的生存，这种策略就是迁地保护。迁地保护工作有很多积极意义。迁地种群在生物学基础研究中，可以作为野生个体的代用材料，对迁地种群的管理可以取得管理野生种群的经验，迁地种群还是野生种群遗传多样性提高的途径之一，迁地保护可为原生境已严重破坏的物种提供最后的避难所。已经有一些动物在野外灭绝，但在人工圈养条件下得以幸存，并通过人工繁殖使种群得以复壮，普氏野马就是个很好的例子。

20世纪60年代，蒙古首先宣布野生野马灭绝；而我国新疆作为普氏野马的故乡，到20世纪70年代，普氏野马也基本消失。仅有为数不多的个体散布于美国、英国、荷兰等国家和地区，而且都是圈养或栏养的。1977年，普氏野马保护基金会成立，将早前的普氏野马血统记录数据进行系统整理，建立起野马血统记录数据库，并提出将普氏野马放归大自然的计划。为了普氏野马的野化放归，在蒙古境内建立了胡斯坦奴鲁草原保护区，该基金会于1992年、1994年、1996年各运回16匹野马进行野外放养，种群复壮放归工作进展顺利。

我国的普氏野马再引入工作开始于20世纪80年代。1986年8月，林业部和新疆维吾尔自治区人民政府组成专门机构，负责"野马还乡"工作，并在准噶尔盆地南缘的新疆吉木萨尔县建成占地9 000亩的全亚洲最大的野马饲养繁殖中心。1985年、1986年和1988年，我国分别从德国和英国引进了普氏野马。繁殖中心的目标是通过繁育增大种群数量，通过野放训练增强普氏野马的野外生存能力，最终使普氏野马回归自然。目前，野化放归工作已经在新疆、甘肃等地顺利展开，并已开始向蒙古提供种源。

6.2.4 荒漠动物的多样性

6.2.4.1 荒漠动物的物种多样性特征

（1）物种组成相对贫乏

在陆地生态系统中，荒漠区动物的物种组成是很贫乏的。据不完全统计，我国荒漠动物中脊椎动物仅有 172 种，其中哺乳动物 45 种，鸟类 109 种，爬行动物 16 种，两栖动物仅 2 种。在荒漠绿洲中，动物多样性相对较高，而在典型荒漠、戈壁中，其群落物种组成更为简单，一般只有数个物种。如我国著名的塔克拉玛干沙漠，该沙漠的动物极为稀少，代表动物有野骆驼、鹅喉羚、狼、沙狐、荒漠猫、塔里木兔等。

（2）物种优势度差异极为显著

荒漠地区降水十分稀少，气温变化极大，日照十分强烈。无论沙漠、沙地，还是戈壁、盐漠和岩石荒漠，自然环境都十分严酷。典型荒漠中植物群落物种组成十分简单，而动物受制于植被状况也相对贫乏且优势现象明显。在塔克拉玛干沙漠和库姆塔格沙漠腹地，野骆驼、岩羊成为最典型的代表动物；而在沙漠边缘，沙鹏、漠鹏（*O. deserti*）、黑尾地鸦（*Podoces hendersoni*）等成为绝对的优势种，其他物种的种群数量则较少。

（3）空间异质性极大

荒漠地区资源和环境的空间差异十分显著，异质性很高，特别是食物和水源在空间分布上差异巨大，这就导致动物的数量及多样性均随之变化，存在极为显著的空间差异。在沙漠绿洲、草质沙地等区域，植被条件较好，食物和水资源较丰富，动物种类丰富，数量也较大。在荒漠区的湖泊中，甚至可以见到反嘴鹬（*Recurvirostra avosetta*）、斑头雁（*Anser indicus*）等水鸟大量栖息。而在沙漠、戈壁深处，水资源极度匮乏，植被极为稀疏，既不能满足动物的食物需求，也不能为其提供安全的栖息场所，野生动物的种类和数量都十分稀少。荒漠地区资源与环境较强的异质性，决定了荒漠动物多样性在空间上存在极大的不平衡性。

（4）荒漠动物的季节与年际变化

荒漠动物的种类和数量是经常变化的，当环境和资源条件出现明显的年际和季节变化时，动物的物种丰富度和种群规模也会有显著的变化。随着季节的交替，荒漠动物的种群数量呈现显著的季节变化。热带荒漠中的昆虫、两栖动物和爬行动物等，在雨季数量明显增加，旱季则大大减少；而温带和寒带荒漠中，春季、夏季，动物较为丰富；冬季，昆虫等无脊椎动物、两栖和爬行动物蛰伏，鸟类大多迁徙离开，动物种类和数量都大大减少。荒漠地区环境条件和有效资源存在年际变化，荒漠动物的种群数量也会随之变化。一般情况下，自然条件较好，有效资源较丰富的年份，动物种群数量会有所增加；反之，自然条件较差，有效资源较匮乏的年份，动物种群数量相应会明显下降。另外，荒漠动物还有一种极端的种群变化情况，即种群的爆发式增长。在某一年份或某个季节的一定时期，由于资源非常丰富或繁殖条件特别适宜，导致一些繁殖率极高的动物（如小型啮齿动物、昆虫等）在短时间内种群数量急剧增长，形成种群的"大爆发"。比较典型的例子是沙漠蝗虫和鼠类，它们种群爆发时，往往形成大范围的灾害，引起资源的过度消耗和生境的破坏，随之而来的往往就是种群的大量外迁或者崩溃。

6.2.4.2 影响荒漠动物多样性的因素

导致荒漠动物种类组成和种群数量产生时空变化的因素很多。首先，气候条件对动物的影响很大。荒漠地区降水变率、极端温度、风沙活动强度等气候因子的空间及年际、季节变化都很大。有的地区气候条件极端严酷，不利于动物的生存繁衍。有些地区在气候适宜的年份有利于动物种群的增长和维持，而灾害性天气出现时动物种群数量则锐减。其次，水分与食物资源的有效性决定了动物的分布及种群变化。在荒漠生境中，水分条件是个重要的限制因子。在水资源较丰富的地区，动物种类丰富；水分条件适宜的年份，动物种群数量增加，反之，动物种类数量则显著减少。第三，荒漠地区地形地貌独特，受到海拔和降水等因素的影响，在不同海拔高度上形成了多种多样的植被类型。而植物群落的空间格局直接决定了动物群落的物种组成和种群动态，荒漠地区的动物甚至进化出季节性的垂直迁徙行为来适应环境的季节变化。

6.3 荒漠微生物

荒漠生态系统是干旱区和半干旱区的典型生态系统，其蒸发量大于降水量，严酷的自然条件限制了生物的生存，群落结构简单，极易受到外界环境的干扰，是地球上最脆弱的生态系统之一。然而，荒漠仍为微生物的生长提供了各种微环境，为生命的延续提供了可依存的庇护所。作为荒漠生态环境系统中的重要成员，荒漠土壤中的微生物参与调节多种生态过程，对维持荒漠生态系统的稳定性有重要的生态学意义。荒漠生态系统的研究最早可追溯到20世纪40年代，伴随着时代的进步和高新技术的发展，其研究区域已经覆盖到主要的荒漠分布区域。

6.3.1 荒漠微生物种类

根据生存的微环境，荒漠微生物大致可分为荒漠结皮微生物、荒漠土壤微生物、荒漠植物根际微生物等。

（1）荒漠结皮微生物

生物土壤结皮是荒漠生态系统的重要组成部分，是由藻类、地衣、苔藓、真菌及异养细菌等生物组分胶结土壤颗粒，在地表形成的一层易剥离的复合生物土壤层，在一些荒漠地区其覆盖度可达到80%左右。微生物是其主要组分，在生物土壤结皮的形成过程中扮演着重要角色，其自身一直处在不断地发育演替过程当中。它的发生和发育基本遵循从简单到复杂、从低等到高等的自然规律，无论是在维持结皮结构的胶结方式方面，还是在组成不同类型结皮的优势种变化方面，都有一个循序渐进的演化过程。在这个过程中，一般根据优势种类的不同，由初级到高级将结皮划分为物理结皮、藻结皮、地衣结皮和苔藓结皮4种主要的发育类型。在水分条件良好、植被覆盖率高、基质稳定等特定条件下，这种阶段性变化也会出现超越某个中间阶段直接发展到更高级阶段的现象。蓝藻细菌和藻类是土壤生物结皮的重要组成部分，它们能够通过光合作用固定空气中的 CO_2，也是荒漠土壤表层固碳的主要贡献者，能够改善土壤的物理性质，起到保护土壤的作用。在非洲南部纳米布沙漠，生物结皮的碳固定效率约为 $16\ g/(m^2 \cdot a)$。被固定的大部分碳被生物结皮在几分钟至几天的时间内释放到土壤下层中，供应其他生物种群。据估计，一个地区由于有生物土壤结皮的存在，可使土壤中碳的总量增加300%，但是生物土壤结皮的固碳量因生物土壤结皮类型不同，例如，发育良好的苔藓结皮比未发育的蓝藻结皮具有更高的碳固定效率。另外，在寡营养的荒漠环境中,氮是最重要的限制性营养素,生物土壤结皮中存在藻类等微生物还可以进行固氮作用,将空气中的氮固定到土壤中。在北美沙漠中,生物土壤结皮的固氮效率高达 $9\ kg/(hm^2 \cdot a)$,其中约70%的氮由生物土壤结皮转移到土壤下层,被其他生物种群利用。据估计,生物土壤结皮下面的土壤含氮量比未发育生物土壤结皮的土壤可多出200%。

(2)荒漠土壤微生物

荒漠土壤微生物的活性主要依赖于土壤温度、水分和养分。由于荒漠生态系统主要限制因素是水分,土壤中可利用水分的含量是影响微生物群落结构的更为重要的因子。在荒漠土壤中,放线菌(Actinobacteria)是主要的优势菌,其比例可达50%以上,但门内各个种群的变化随不同沙漠区域变化较大,其分布规律和分布及在荒漠生态系统中的功能有待进一步确认。酸杆菌门(Acidobacteria)、拟杆菌门(Bacteroidetes)及厚壁菌门(Firmicutes)也是荒漠生态系统中常见的细菌种类。在真菌中,荒漠中优势属为曲霉菌属(*Aspergillus*)、弯孢属(*Curvularia*)、镰孢菌属(*Fusarium*)、毛霉菌属(*Mucor*)、拟青霉属(*Paecilomyces*)、青霉属(*Penicillium*)等。古菌在荒漠土壤中亦有所分布,通过定量PCR分析,所占比例较少,其主要优势菌群为奇古菌门(Thaumarchaeota)和广古菌门(Euryarchaeota)。

(3)荒漠植物根际微生物

荒漠生态系统中,植物根际为微生物提供了一个养分充足的生存环境。和其他土壤类型相比较,根际效应在荒漠生态系统中更为显著。某些种类的植物根系及其分泌的黏液与土壤结合可以形成圆柱套装结构,又称沙套或沙鞘。一方面,沙套可与固氮菌结合,从而增加土壤的保水性及促进养分吸收;另一方面,由于其与根系紧密的关系,形成一个根系分泌物含量较高的微环境,为微生物的生存提供了有利的环境。沙套形成也是植物适应干旱环境的主要生理机制,该种机制常见于禾本科植物,同时在部分非禾本科沙生单子叶植物的根系,以及一些豆科植物的侧根和小部分双子叶植物中的根系中也有所发现。研究发现,多黏芽孢杆菌(*Bacillus polymyxa*)和油壶菌属(*Olpidium*)真菌与沙鞘有密切关系。此外,沙鞘中还含有臂微菌属(*Ancalomicrobium*)及类似生丝微菌属(*Hyphomicrobium*)细菌。

沙漠深根植物与丛枝菌根真菌共生也是沙漠植物的重要生存机制之一,可使其在与浅根植物及快生长植物竞争中取得优势。菌根真菌通过侵染植物根部形成的菌根共生体有助于植物对水分和影响的吸收。此外,菌根通过在根部产生球囊霉素来黏合土壤团聚体,改善并增加土壤有机碳来恢复荒漠土壤生产力。荒漠中丛植菌根真菌主要归属于球囊霉菌属(*Caledonium*)和巨孢囊酶菌属(*Megalospora*),其中沙漠球囊霉菌(*Desert coccosis*)广泛分布于多数荒漠土壤中。

6.3.2 荒漠微生物的生态适应机制

荒漠环境条件恶劣,微生物在该系统内生存经常面临多重胁迫,包括干旱、高盐、高碱、高温、低温、UV辐射等。

(1)荒漠微生物的耐干旱机制

荒漠生态系统是水分限制性生态系统,长时期的干旱往往会造成生物体细胞内的水分流失，改变细胞内的正常渗透压，产生活性氧物质如超氧阴离子、羟基自由基等，进而对细胞产生损伤，最终导致死亡。因而，对干旱胁迫耐受是荒漠微生物首要具备的生存能力。

低湿度休眠（anhydrobiosis）是荒漠微生物应对临时或长期干旱条件的一个主要策略。该策略是指当细胞中水分完全或几乎完全失去时，依然能以极低的新陈代谢长期生存。若重新给予水分，又能恢复生命活动的现象。例如，在荒漠中出现几分钟的湿润条件，蓝藻就可以短时间在表层呈线性生长，荒漠表层呈现绿色；但当水分缺失后，绿色褪去，蓝藻躲避到土壤表层下。这类微生物在干燥脱水时，组织中海藻糖含量明显增高，海藻糖含量的增高与微生物在极度干燥环境下的休眠密切相关。

当面对干旱导致的高细胞外渗透压时，一些嗜盐细菌可以吸收大量无机离子，利用高盐浓度累积应对外界高盐浓度。而一些原核生物会在体内积累一些相容性溶质，如 K^+、谷氨酸、谷氨酰胺、脯氨酸、海藻糖、甘氨酸甜菜碱和葡萄糖基甘油等，以利于维持细胞内蛋白质的天然状态应对外界高渗透压。

当水分威胁使得微生物细胞内的正常渗透压改变时，细胞产生的活性氧物质如超氧阴离子、羟基自由基等，会对细胞产生损伤，而细胞内的活性氧清除系统可以抵抗这些损伤。活性氧清除系统包括抗氧化酶类（超氧化物歧化酶、过氧化物酶、过氧化氢酶等）和非酶类的小分子物质如多酚、谷胱甘肽等。地衣是广泛分布在荒漠生态系统的一种菌藻共生生物体，具有极强的耐旱性，可在干旱的环境中存活几个月甚至长达几年的时间。地衣共生菌一方面可积累可溶性糖增大细胞的渗透压，以维持其正常生命活动；另一方面在细胞内会合成并累积抗氧化小分子物质，如多酚、还原型谷胱甘肽等，以清除活性氧，保护细胞。

（2）荒漠微生物耐盐耐碱机制

在干旱、半干旱地区，降水量小，蒸发量大，使得溶解在水中的盐分容易在荒漠土壤表层积聚，形成盐碱性土壤。此外，岩盐（NaCl）和石膏（$CaSO_4 \cdot 2H_2O$）也是荒漠中常见的表层沉积物。因此，荒漠土壤微生物在应对盐胁迫的同时，还需要应对碱性的生长环境。

微生物为了能在高盐环境中生存，各种耐盐菌具有不同的适应环境机制，可以概括为吸盐、积累渗透调节物质、P-ATP 酶活性增强和排 Na^+ 及 K^+、改变细胞质膜成分等应对策略。通过以上调节过程可以有效地减少盐离子的积累，减轻盐离子对细胞的毒害，利于提高微生物的耐盐性。

耐碱微生物生活于碱性环境中，但其胞内 pH 值维持弱碱性，其耐碱机制概括为：利用细胞壁，如含有一些酸性多聚体物质：半乳糖醛糖、葡萄糖、天冬氨酸、谷氨酸等成分，使细胞表面带负电荷，吸收 Na^+ 和质子，抵抗 OH^-，以平衡细胞内外的酸碱度；利用 Na^+/H^+ 逆向转运蛋白维持了细胞内外 pH 值平衡。另外，荒漠微生物［如栗褐芽孢杆菌（*Bacillus badius*）］也可以通过产生耐热的碱性蛋白来提高对碱的耐受性。

（3）荒漠微生物耐辐射机制

太阳紫外（UV）辐射是指波长在太阳辐射紫外波段到 X 射线波段之间的电磁辐射，其波长范围为 10~400 nm，其中只有波长大于 100 nm 的紫外辐射，才能在空气中传播。在该波长范围内不同波长的紫外辐射对生物有不同的效应，可将紫外辐射划分 3

个区段：UV-A(315～400 nm)，UV-B(280～315 nm)和 UV-C(100～280 nm)。UVA 主要与敏化分子有关，敏化分子在吸收紫外辐射时可与氧气相互作用以产生活性氧(ROS)，以氧化一系列细胞靶标。UV-B 对细胞造成的损伤是靶分子(主要是 DNA 和蛋白质)对紫外辐射的直接吸收引起的，与氧的存在无关。由于臭氧的吸收和大气散射造成的损失，高能 UV-C 辐射未能到达地球表面。虽然紫外辐射在太阳总辐射中尽管所占能量比例少，但由于其光量子能量较高，具有一定的穿透力，所产生的生物学效应十分显著，对微生物的组成和生理代谢活动产生明显的影响。在荒漠生态系统中，由于植被稀少，紫外辐射对微生物的影响也显得更为直接和强烈。作为荒漠生态系统的初级生产者的光合微生物(如蓝藻细菌)对 UV 辐射极为敏感。紫外辐射会对蓝藻细菌的细胞形态、分化、定向、生长、活动性、色素沉着、氮代谢，以及 DNA、RNA 和蛋白质产生负面影响。

　　荒漠表层微生物通常能产生色素，吸收有害的紫外线辐射并充当防晒化合物，是荒漠微生物抵抗 UV 辐射的重要机制。微生物可产生包括 α-胡萝卜素、β-胡萝卜素，rhodoxanthene 类色素等。以类胡萝卜素为例，类胡萝卜素是一类亲脂性四萜类化合物。该色素被认为通过抑制三重态光敏剂及活性氧来保护细菌免受阳光辐射带来的损害。蓝藻产生的伪枝藻素(scytonemin)是一种对称的吲哚生物碱。伪枝藻素对氧化还原敏感，可以在绿褐色氧化形式和红色还原形式之间变化，尽管生理上相关的形式处于氧化状态，但具有共轭双键分布的复杂环结构可对 UVA 范围内紫外辐射进行强吸收，减少高达约 90% 的 UV-A 辐射照射到细胞上，以保护细胞，且伪枝藻素还可以吸收一定强度的 UV-B。

(4)荒漠微生物耐高低温机理

　　荒漠地区由于云量少、日照强，且又缺乏植被覆盖，造成昼夜温差极大。以我国塔克拉玛干沙漠为例，酷暑最高温度达 67.2℃，昼夜温差达 40℃以上。由于温度在短时间内的大幅变化，荒漠微生物需要拥有特殊的生理机制以适应荒漠较大的温差。

　　耐热机制可以主要概括为以下几个方面：①绝大多数革兰氏阳性高温菌的细胞壁是有 G-M 及短肽构成的三维网络结构，增加了细菌的耐热性；②细胞膜中含高比例的长链饱和脂肪酸和具有分支链的脂肪酸；③呼吸链蛋白质的热稳定性较高；④由于 tRNA 的 G、C 碱基含量高，提供了较多的氢键，故其热稳定性高；⑤细胞内含大量的多聚胺；⑥热休克蛋白的超量蛋白表达，这类结构上非常保守的特殊蛋白质的过量表达，使生物体能快速，短暂条件应激过程中细胞的存活机制，促进细胞抗损失，助于细胞恢复正常的结构和机能。

　　耐冷机制可以主要概括为以下几个方面：①调节细胞膜中脂类组成以调节膜的流动性和相结构，以适应低温环境维持细胞膜正常的生理功能；②低温条件下，较强的蛋白质合成能力；③低温酶的存在是微生物在低温条件下有效地发挥作用，以补偿低温对细胞造成的负面影响；④在环境温度急剧下降时，细胞诱导合成大量冷休克蛋白，以稳定 mRNA、促进翻译，从而保护微生物。

　　由于荒漠环境中的温差较大，荒漠微生物需同时具备相应的耐热、耐冷机制。在一项对分离自巴丹吉林沙漠的一株链霉菌进行全基因组测序的研究中发现，该菌株具有冷激、热激相关基因的多重拷贝，以此来应对荒漠冷热交替的温度胁迫。该菌株包

含的分子伴侣 *groEL* 和 *groES* 的旁系同源基因，使其可以应对高温胁迫。同时，菌株具有 9 个冷激结构与蛋白基因来应对低温胁迫。

思 考 题

1. 荒漠植被的类型有哪些？主要的影响因子是什么？
2. 简述荒漠植被物种组成特点。
3. 试述我国荒漠植被的分布特点。
4. 荒漠植物区系特征有哪些？
5. 以我国荒漠植物区系为例，简述其主要地理成分。
6. 名词解释：短命植物、沙套、植被同心环带状分布。
7. 荒漠植物与植被分布的限制因子有哪些？
8. 简述荒漠植物形态解剖特征对于干旱适应方式。
9. 荒漠植物资源保护与利用遵循的原则是什么？
10. 在极端的环境温度条件下，荒漠动物进化出了哪些适应结构？
11. 荒漠动物对极端的环境温度有哪些适应行为？
12. 世界各主要荒漠区的代表性动物有哪些？
13. 荒漠动物面临的主要威胁有哪些？如何加强保护管理？
14. 为什么微生物能抵抗荒漠生态中恶劣的环境？
15. 微生物耐干旱的机制是什么？
16. 如何应用微生物改善荒漠生态系统恶劣生态环境？

推荐阅读书目

1. 动物生态学原理. 孙儒泳. 3 版. 北京师范大学出版社，2001.
2. 景观生态学原理及应用. 傅伯杰，陈利顶，马克明，等. 2 版. 科学出版社，2011.
3. 生态系统生态学. 约恩森(丹). 科学出版社，2011.
4. 中国动物地理. 张荣祖. 科学出版社，2015.
5. 极端环境微生物学. 刘光琇. 科学出版社，2017.
6. 土壤生物学前沿. 贺纪正. 科学出版社，2018.
7. Behavioural adaptations of desert animals. Costa G. Springer, 1995.

参考文献

曹叔楠，魏江春，2009. 荒漠地衣糙聚盘衣共生菌耐旱生物学研究及液体优化培养[J]. 菌物学报，28(6)：790 - 796.

陈昌笃，张立运，1987. 中国的极旱沙漠[J]. 干旱区资源与环境，1(3 - 4)：1 - 12.

陈鹏，1981. 动物地理学[M]. 长春：东北师范大学.

陈曦，高前兆，胡汝骥，等，2010. 中国干旱区自然地理[M]. 北京：科学出版社.

董锡文，薛春梅，吴玉德，2005. 极端微生物及其适应机理的研究进展[J]. 微生物学杂志，25(1)：74 - 77.

李新荣，谭会娟，何明珠，等，2009. 阿拉善高原灌木种的丰富度和多度格局对环境因子变化的响应:极端干旱戈壁地区灌木多样性保育的前提[J]. 中国科学(地球科学),39(4):504-515.

李毅,屈建军,董治宝,等,2008. 中国荒漠区的生物多样性[J]. 水土保持研究,15(4):79-81.

刘光琇,2017. 极端环境微生物学[M]. 北京:科学出版社.

刘媖心,1995. 试论我国荒漠地区植物区系的发生与形成[J]. 植物分类学报,33(2):131-143.

卢琦,杨有林,王森,等,2004. 中国治沙启示录[M]. 北京:科学出版社.

潘晓玲,党荣理,伍光和,2001. 西北干旱荒漠区植物区系地理与资源利用[M]. 北京:科学出版社.

苏瑜,王为东,2017. 我国北方四类土壤中氨氧化古菌和氨氧化细菌的活性及对氨氧化的贡献[J]. 环境科学学报(9):3519-3527.

孙儒泳,李博,诸葛阳,等,1993. 普通生态学[M]. 北京:高等教育出版社.

孙儒泳,2001. 动物生态学原理[M]. 3版. 北京:北京师范大学出版社.

王健铭,董芳宇,巴海·那斯拉,等,2016. 中国黑戈壁植物多样性分布格局及其影响因素[J]. 生态学报,36(12):3488-3498.

王健铭,钟悦鸣,张天汉,等,2016. 中国黑戈壁地区植物物种丰富度格局的水热解释[J]. 植物科学学报,34(4):530-538.

吴征镒,1980. 中国植被[M]. 北京:科学出版社.

吴正,2009,中国沙漠及其治理[M]. 北京:科学出版社.

夏延国,宁宇,李景文,等,2013. 中国黑戈壁地区植物区系及其物种多样性研究[J]. 西北植物学报,33(9):1906-1915.

杨文斌,马玉明,王林和,等,2006. 沙漠资源学[M]. 呼和浩特:内蒙古人民出版社.

雍世鹏,朱宗元,1992. 论戈壁荒漠生态区植被的若干基本特征[J]. 内蒙古大学学报(自然科学版),23(2):235-244.

张锦春,王继和,廖空太,等,2008. 库姆塔格沙漠植被特征分析[J]. 西北植物学报,28(11):2332-2338.

张荣祖,2015. 中国动物地理[M]. 北京:科学出版社.

张抒杨,胡征,陶冶,等,2017. 耐冷细菌适应低温机制研究进展及应用[J]. 山东化工,46(17):73-75,79.

张新时,孙世洲,雍世鹏,等,2007. 中国植被及其地理格局[M]. 北京:地质出版社.

赵振东,1987. 新疆甘草资源的保护和发展[J]. 干旱区研究(4):24-27.

中国黑戈壁地区生态本底科学考察队,2014. 中国黑戈壁研究[M]. 北京:科学出版社.

Bell C W, Tissue D T, Loik M E, et al., 2013. Soil microbial and nutrient responses to 7 years of seasonally altered precipitation in a Chihuahuan Desert grassland[J]. Global Change Biology, 20(5):1657-1673.

Cary S C, Mcdonald I R, Barrett J E, et al., 2010. On the rocks: The microbiology of Antarctic Dry Valley soils[J]. Nature Reviews Microbiology(8):129.

Chen X, Zhang B, Wei Z, et al., 2013. Genome sequence of streptomyces violaceusniger strain SPC6, A halotolerant streptomycete that exhibits rapid growth and development[J]. Genome Announcements, 1(4):13-26.

Fletcher J E, Martin W P, 2013. Some effects of algae and molds in the rain-crust of desert soils[J]. Ecology, 29(1):95-100.

Gao Q, Garcia-Pichel F, 2011. Microbial ultraviolet sunscreens[J]. Nature Reviews Microbiology(9):791.

García A H, 2011. Anhydrobiosis in bacteria: From physiology to applications[J]. Journal of Biosciences, 36(5): 939 – 950.

Harper K T, Belnap J, 2001. The influence of biological soil crusts on mineral uptake by associated vascular plants[J]. Journal of Arid Environments, 47(3): 347 – 357.

Huang M, Chai L, Jiang D, et al., 2019. Increasing aridity affects soil archaeal communities by mediating soil niches in semi-arid regions[J]. Science of the Total Environment (647): 699 – 707.

Johnson S L, Susanne N, Ferran G P, 2010. Export of nitrogenous compounds due to incomplete cycling within biological soil crusts of arid lands[J]. Environmental Microbiology, 9(3): 680 – 689.

Karnieli A, Kokaly R F, West N E, et al., 2010. Biological soil crusts: Structure, function, and management[M]. Berlin Heidelberg: Springer.

Lan S, Wu L, Zhang D, et al., 2013. Assessing level of development and successional stages in biological soil crusts with biological indicators[J]. Microbial Ecology, 66(2): 394 – 403.

Martin P, Losol C, Kaman U, 2003. Community organization and species richness of ants in Mongolia along an ecological gradient from steppe to Gobi Desert [J]. Journal of Biogeography(30): 1921 – 1935.

Rietkerk M, Ouedraogo T, Kumar L, 2002. Fine-scale spatial distribution of plants and resources on a sandy soil in the Sahe[J]. Plant & Soil(239): 69 – 77.

Rao D L N, Burns R G, 1990. Use of blue-green algae and bryophyte biomass as a source of nitrogen for oil-seed rape[J]. Biology and Fertility of Soils, 10(1): 61 – 64.

Renier H L, Max R, Frank V D, et al., 2001. Vegetation pattern formation in semi-arid grazing systems[J]. Ecology, 82(1): 50 – 61.

Singh S P, Häder D-P, Sinha R P, 2010. Cyanobacteria and ultraviolet radiation(UVR) stress: Mitigation strategies[J]. Ageing Research Reviews, 9(2): 79 – 90.

Su Y G, Li X R, Zheng J G, et al., 2009. The effect of biological soil crusts of different successional stages and conditions on the germination of seeds of three desert plants[J]. Journal of Arid Environments, 73(10): 931 – 936.

Okayasu T, Muto M, Jamsran U, et al., 2007. Spatially heterogeneous impacts on rangeland after social system change in Mongolia[J]. Land Degradation & Development, 18: 555 – 566.

Wesche K, Miehe S, Miehe G, 2005. Plant communities of the Gobi Gurvan Sayhan National Park (South Gobi Aymak, Mongolia)[J]. Candollea, 60(1): 149 – 205.

Whitton B, 2001. Biological soil crust: Structure, function, and management[J]. Biological Conservation, 108(1): 129 – 130.

Wu L, Lan S, Zhang D, et al., 2011. Small-scale vertical distribution of algae and structure of lichen soil crusts[J]. Microbial Ecology, 62(3): 715 – 724.

第6章附属数字资源

第 7 章

荒漠生态系统格局

[**本章提要**]本章阐述了格局、荒漠生态系统格局的概念、荒漠生态系统格局的主要研究内容，从景观生态理论和土地利用土地覆被变化视角介绍了荒漠生态系统格局的分析方法。从空间统计学、景观指数、荒漠生态系统分类体系、生态系统类型面积与比例和生态系统类型变化方向等方面介绍了荒漠生态系统格局的分析评价方法，并对荒漠生态系统格局研究中经常面对的空间尺度推绎方法进行了阐述。

7.1 荒漠生态系统格局概述

7.1.1 格局的定义

与生态学研究一致，生态系统的复杂性和多尺度整合理论也是荒漠生态学研究的前沿。荒漠生态学研究荒漠生态系统中的生物（包括人类）与环境之间的相互作用，其研究层次涉及个体、种群、群落、生态系统、景观、区域乃至全球生物圈。荒漠生态过程的研究包括物理、化学等过程，涉及水分、气象、地理和人文过程，由于研究对象以及荒漠环境空间分布的差异，荒漠生态系统研究必然涉及格局问题。

格局是指地理和生态要素的结构和格式，由于人类对地理和生态要素研究侧重的差异，格局在内容上又可分为时间格局和空间格局。在生态学研究中，时间格局（temporal pattern）又称为活动性格局（activity pattern），即群落的周期性现象，如种群或者生物个体在年（或季节、日）内活动规律等；空间格局（spatial pattern）是指环境、资源以及生态系统的结构在空间上有规律的分布。环境、资源等空间异质的、不均一的分布是空间格局产生的主要原因；反之，空间格局是空间异质性的一种具体表现形式。荒漠绿洲、流动沙丘等的空间分布等均是空间格局的表现形式之一。在实际应用研究中，由于一定时段内地理和生态要素在时间和空间上均显示出明显变化，人们更关注的是地理和生态要素的时空格局动态。

7.1.2 荒漠生态系统格局

生态系统的格局研究包括生物格局、环境格局、景观格局。生态系统格局反映了各类生态系统自身的空间分布规律和各类生态系统之间的空间结构关系，是决定生态系统服务功能整体状况及其空间差异的重要因素，也是人类针对不同区域特征实施生态系统服务功能保护和利用的重要依据。荒漠生态系统格局是研究荒漠生态系统中地理和生态要素的结构和格式。由于地理位置、大气环流、地貌特征和人类活动等因素的空间差异性，荒漠生态系统在空间分布上也表现出一定的地带性和非地带性空间分布格局。大尺度的地域分异规律表现为纬度地带性、经度地带性和垂直地带性；中小尺度的地域分异表现为地方性分异、隐域性分异和微域性分异等方面。世界上干旱区和半干旱区的分布，一是在南北纬 15°~35°之间，由大片副热带高压导致的干旱荒漠；二是在北纬 35°~50°之间的温带、暖温带大陆内部的干旱区荒漠。

副热带高压带的干旱荒漠区由于气流下沉，空气绝热增温，相对湿度减小，空气非常干燥。同时，气流下沉抑制了对流作用，降水也很少。副热带高压带的气候特点是干旱少雨，年降水量在 250 mm 以下，而且雨量集中，有时一年中只下一两次雨，蒸发量超出降水量几十倍乃至上百倍，空气相对湿度和绝对湿度都很低，日温差大。世界上许多著名的大沙漠都分布在副热带高压带，如非洲北部的撒哈拉大沙漠和西南部的纳米布沙漠，大洋洲的澳大利亚沙漠等。

温带、暖温带干旱区荒漠分布在中亚、蒙古和中国西北地区。这里地处亚欧大陆内部，夏季风盛行，但从我国南海和孟加拉湾带来的潮湿气流受到青藏高原的阻挡而难以到达上述广大地区，因而由南而北或由东南向西北降水量越来越小。冬季亚欧大陆在强大的冷高压控制下，气候寒冷干燥。中国西北和中亚广大地区终年处于干旱状态，形成典型的大陆性温带和暖温带荒漠。

荒漠生态系统格局除了在全球、国家等大尺度水平上的分布格局特征外，在区域和局地尺度上，在自然和人类活动共同作用下也表现出一定的时空差异。我国土地荒漠化在时间分布方面，自古至今主要表现为以下几个明显特征：①公元 10 世纪以前，特别是汉唐时代的荒漠化土地主要都集中在干旱地区的沙质荒漠的一些内陆河流的下游或扇缘，主要是由水资源利用造成的。②公元 11 世纪至 19 世纪时期所发展的荒漠化土地主要以半干旱草原地带为主，主要是由于大规模农垦形成片状分布，但由于各个时代的政策不同，土地利用（农业或牧业）也有差异，使荒漠化土地时而扩大，时而缩小。③ 20 世纪以来至我国改革开放初期，随着人口的压力增大，人为活动的频繁，各个地带的荒漠化土地面积在原有的基础上都进一步的扩大，尤以半干旱地带的农牧交错地区及旱农地区的荒漠化蔓延更为显著。④改革开放以来，随着我国经济的发展和国民环境保护意识的提高，尤其是随着"家庭联产承包责任制"等制度实施、"三北"防护林工程、"退耕还林"等一系列工程措施的实施，我国的荒漠化治理成就斐然，全国的土地沙化和荒漠化的面积总体上呈现不断减少的趋势。

7.2 荒漠生态系统格局的研究内容

荒漠生态系统格局的研究内容包括时间和空间两方面。空间格局研究是荒漠生态系统格局的重要研究内容，时间格局则经常体现在空间格局的时间变化过程研究之中。荒漠生态系统空间分布格局研究主要针对水平方向（如荒漠景观水平差异等）和垂直方向(如荒漠植物根系垂直分布等)分别展开。在荒漠生态系统格局研究中，基于生态景观、土地利用类型和资源异质性研究应用广泛。

7.2.1 荒漠景观格局研究

在荒漠景观格局研究方面，研究内容主要体现在景观结构、景观功能和景观动态3个方面：

(1)荒漠生态系统的景观结构

荒漠生态系统景观结构包括了荒漠景观组成单元的类型、多样性及其空间关系。从生态系统角度出发，荒漠景观中不同生态系统(或者土地利用类型)的面积、形状和丰富度，它们的空间格局、能量、物质和生物体的空间分布等。

(2)荒漠生态系统的景观功能

荒漠生态系统景观功能是指荒漠生态系统景观结构与生态学过程的相互作用，或景观结构单元之间的相互作用。主要体现在能量、物质和生物有机体在景观镶嵌体中的运动过程。

(3)荒漠生态系统的景观动态

荒漠生态系统景观动态是指荒漠景观在结构和功能方面随时间的变化而发生的改变，包括了景观结构单元的组成成分、多样性、形状和空间格局的变化，以及由此导致的能量、物质和生物在分布与运动方面的差异。

7.2.2 土地利用类型研究

土地利用和土地覆被变化(Land Use and Land Cover Change，LUCC)是1993年国际地圈与生物圈计划(The International Geosphere-Biosphere Programme，IGBP)和全球变化人类影响计划(The International Human Dimensions Programme on Global Environment Change，IHDP)两大国际组织共同制定的，并将其作为全球变化研究的核心项目。荒漠生态系统作为全球重要的生态系统之一，其空间格局的研究是全球土地覆被变化机制、土地利用变化机制以及区域和全球模型等研究的基础，与荒漠生态系统景观结构处于相似的水平。借助于不同时间的土地利用覆被变化的空间转移矩阵等空间分析方法，可以清楚了解荒漠生态系统的格局动态过程，例如，干旱区出现的草地(或荒漠草地)向耕地转化、耕地退化成荒漠化土地、草地转换为城镇建设用地等转换过程。

7.2.3 荒漠资源异质性研究

资源异质性是荒漠生态系统的重要特征。这里的"资源"主要是指生态系统中的水土及植物资源。受水分等诸多条件的限制，荒漠生态系统的资源在时空分布上存在异质性，这种异质性的存在及其动态变化与该区土地退化及其恢复有着十分密切的关系。

(1)荒漠生态系统植被异质性

有关荒漠区植被异质性的研究始于20世纪50年代末至60年代初，以Worral为代表的科学家对非洲植物种群进行了系统的研究。荒漠区生态系统通常是由两相结构组成，即高覆盖度的植被斑块和低覆盖度的土壤基质或裸地，其中高覆盖度的植被斑块通常在空间上呈带状或点状分布，这两种分布被形象地描述为"虎皮状"植被（tiger vegetation）和"豹皮状"植被（leopard vegetation）。带状植被通常分布在坡面上并沿等高线分布，植被带长度为20~400 m，宽度为5~50 m，由带间区、上坡带区、主带区和下坡带区四部分组成，面积约占总面积的20%。其中带间区主要由裸地组成，一些植物散生其间；上坡带区植被覆盖度通常很高，主要为丛生的草本植物；主带区主要由覆盖度很高的木本植物组成；下坡带区覆盖度较低且有一些残存的树木。大多数情况下，不同的地形和土壤带状植被组成不同，例如，在澳大利亚东部带间区的坡度较上坡带区和主带区要陡，而较下坡带区为缓。点状植被通常为规则或不规则的圆形，直径范围1~100 m，例如，在阿根廷的巴塔哥尼亚荒漠草场，点状植被斑块由单株灌木及其周围紧密包围的丛生草本组成，斑块直径约为1 m，其面积仅占群落总面积的18%；而在智利的常绿灌丛中，植被主要由灌木丛组成，很少发现单株的灌木，其中阴坡上的灌木丛的直径达65 m，而谷底和阳坡上的直径则分别为19 m和7 m。

一般说来，带状和点状植被形成和发育的驱动因子不同。水是带状植被形成和发展的主要驱动因子。在带状生态系统中，带间区是水分源区，而植被带则是水分汇区。由于带间区的缓坡和低的入渗率从而产生径流，带中的植被则降低径流速度提高了入渗率，植被带内的水量可达平均降水的150%~250%。风和动物是点状植被形成和发展的主要驱动因子。植被斑块的形成和发育通常由增强过程（building phase）和衰退过程（degenerative phase）两种过程构成。增强过程开始于某一位置上木本植被的定植，随着木本植物的生长，其周围的微环境开始发生变化（如入渗率的提高，种子、土壤黏粒、枯落物等的聚集）均有利于斑块中植被的建立，从而促进了斑块的形成；衰退过程则始于优势个体的死亡，植物覆盖率下降反过来导致随植物斑块形成的肥力岛衰退，进而使得微环境不再适宜幼苗的生存（图7-1）。从景观的角度看，两种植被格局的动态存在着差异。在带状植被格局内，水是次生种子扩散的主要驱动力，水流通常沿一个方向运动，因此种子主要聚集在植被带的坡上区，新的植被在坡上区建立，而老的植被在坡下区死亡，因此带状植被沿坡面向上运动；而在点状植被中，动物的活动通常是不定向的，风虽然在通常情况下有一个主风方向，但与径流沿坡运动相比仍然是多变的，因此通常不会将物质和种子聚集在某一个方向上，每一个斑块都有独特的动态变化。

荒漠生态系统中的两相镶嵌体影响几个生态系统的过程，从水分动态和养分循环到生物的相互作用。两相中的水分动态是不同的，在带状生态系统中，带间区是水分

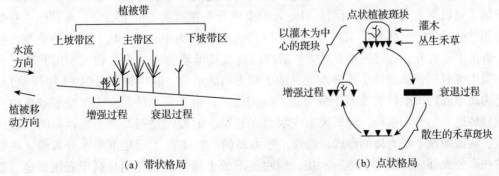

图7-1 荒漠植被资源异质性

（Aguiar 和 Sala，1999）

源区而植被带则是水分汇区，由于带间区的缓坡和低的入渗率从而产生径流，带中的植被则降低径流速度提高了入渗率，在点状植被格局中，土壤入渗较高而土壤蒸发较低。近年来，对两相镶嵌体中新个体定居的研究表明，在带状和点状群落中生态相互作用的强度（如竞争、利他、种子和种苗的采食）或过程的速率（如初级和次生扩散）间存在着不同，种子趋向于积累在植被斑块的附近，而在裸露地区则比较少，尽管在一些情况下种子在某一单元中是均匀的，但非生物过程的重新分布和不同的捕食过程通常会导致种子在植被斑块附近聚集。在带状植被中，水分是种子扩散的主要驱动力；而在点状植被中，风力和动物的活动是主要的扩散驱动力。栖息在树上或灌木上的鸟类也提高了种子在植被斑块内的聚集，而植被斑块内的成年植物通过改善微环境或阻碍食草动物的啃食提高了幼苗的存活率。在其他发育阶段，成年植物则通过降低光和水的可获取性降低了幼苗的存活率。研究表明，带状和点状植被斑块的形成和维持是幼苗和成年植物间竞争和利他微平衡的结果。例如，在阿根廷巴塔哥尼亚荒漠草场上，当灌木周围的草本植物环尚未完全形成时，其环境最适宜幼苗的生长，相似植物定居在带状植被的坡上区最为适宜。

（2）荒漠生态系统的土壤异质性

在荒漠生态系统植被异质性形成和发展的同时，基于植被斑块的土壤空间异质性也相应地形成并发育，Garcia-Moya 和 McKell 首次用"肥力岛"这一术语来描述上述现象。此后，许多科学家对这一现象进行了不同角度的研究并用不同的术语加以描述，如 fertile islands，islands of fertility，isles of fertility，ecotessara 和 resource islands 等。"肥力岛"现象在乔木林地、沙漠灌木、丛生禾草及草本豆类等许多植物群落中均可发现，其中以沙漠灌木群落的研究为最多。受气候、地形及其他因子的影响，干旱、半干旱区的天然植被群落多以灌木半灌木群落为主，有时也被称为"灌木岛"。

肥力岛的形成机制包括生物过程和非生物过程两大方面。生物过程是指植物吸收土壤中的氮（土壤深层的氮、灌间微生物土壤结皮固定的氮以及一些沙漠豆科灌木根瘤菌所固定的氮）和其他养分，然后通过枯落物的分解过程积累在冠层下的土壤中；一些含营养元素的水分通过干流进入冠层下的土壤中，而冠层下土壤微生物数量的增加及土壤微气候环境的改善，使得土壤中的养分循环（如矿化过程和反硝化过程）速度大大增加，虽然这些微生物活动产生的副产品（如 NH_3、NO、N_2O 和 N_2）以气体的形式散失到大气中，但从总体上看在许多情况下植物可以通过枯落物分解和土壤中微生物活动增加了冠层下土壤中的氮。同样，P、K 也集中分布在冠层下的土壤中，而其他一些非限制性的微量元素如 Ca、Mg、S、Na、Cl 等元素则或集中在裸土区，或平均分布在整个群落中。此外，一些昆虫、鸟类、啮齿动物或其他动物在采食植物或利用其所形成的微生境时所带来的物质流输入也有助于肥力岛的形成。非生物过程（如土壤侵蚀）对肥力岛形成的贡献目前尚不十分清楚。研究表明，由于灌木的存在，改变了景观内土壤侵蚀过程的分布格局，降低风力或水力在冠层下的侵蚀过程增加土壤颗粒的沉积过程，从而加速了肥力岛的形成。此外，肥力岛的出现提高了冠层下的水分入渗，尽管这些水分大部分为灌木个体所利用，但冠层下的土壤含水量仍明显高于周围裸地。总体说来，肥力岛的形成过程就是在冠层下植物个体"自我施肥"的一个正向反馈过程。

如果一些外来干扰（诸如火烧、樵采和使用除草剂等）造成灌木的死亡或消失，那么肥力岛也会发生不同程度上的退化。随着灌木的死亡或消失，原来累积在灌木周围的土壤养分在外营力的作用下逐渐分散到整个景观中，约十几年后，肥力岛上的养分含量已与原来灌间裸地基本相似。在灌木死亡或消失但肥力岛尚未完全消失时，如果没有任何外来干扰，植被的自然恢复速率仍然较快。

进入 20 世纪 90 年代以来，国外有关荒漠区群落中资源异质性的研究主要集中在对肥力岛的发生发展的过程及其与群落植被演替间关系的研究上。一方面研究单个肥力岛的大小、形状和形成机制；另一方面对群落中肥力岛的数量、空间分布、相互作用以及与植被空间分布间的关系进行研究。尽管肥力岛的概念非常简单，但对其大小、形状、走向、数量、空间分布及与植被覆盖间的相互关系进行研究仍有一定的难度。通常采用的研究方法为对照法，取样方法则为传统的方法，即在灌木冠层下和灌木间裸地上分别采集一定量的土壤样品进行分析，然后对分析结果进行对照研究；有时则采用沿植物到裸地的样线（带）进行采样。这种取样方法无法对资源异质性进行空间分析；同时，从不同样点或不同土壤深度采集的土样一般采用常规的统计分析方法，如 ANOVA 或 t 检验，这些方法通常假设样品具有空间独立性且服从正态分布，然而生态学现象通常具有时间和空间上的相关性，且其分布概率通常是非正态的。因此，近年来，生态学家将应用统计学中的一个分支——地统计学应用到生态学研究中来。由于这一方法可以明确反映生态数据的空间相关关系，并且可以对未采样点的数值进行插值估计，已逐渐为生态学家所采用。近年来，地统计学已开始被用来分析干旱、半干旱区的"肥力岛"现象并据此来分析荒漠化发生发展的过程，这些研究将有助于了解植物个体和群落尺度上的能流、物流和养分循环过程，进而掌握生态系统的结构功能及其稳定性。目前随着研究的进一步深入和拓展，一些学者已开始将土地荒漠化过程与干旱、半干旱区的肥力岛现象的发生发展与密切联系起来，力求通过小尺度资源异质性的研究揭示土地荒漠化的发生机制。

在干旱生态系统中，降水是植物生长和生物量的决定性因子。研究结果表明，年降水量（250～1 300 mm）与生产力间呈直线关系，其斜率小于 1 且截距为负值，即直线与降水的交点大于零，这意味着存在降水阈值，低于此值生产力为零，被称为无效降水点或零产量点。在同质生态系统中，如果降水低于该值则生产力为零；而在异质生态系统中，源/汇区资源的重新分配导致生产力的提高，汇区从源区获得资源输入而大于干旱区的资源阈值，因此生产力大于零，源区斑块虽然损失了资源，但其生产力仍为零，因此在以降水为主要限制因子的干旱区异质生态系统的生产力要高于同质生态系统，而异质生态系统生产力间的差异很大程度上取决于源区和汇区的面积比及源区的径流效率。一些模型模拟研究结果进一步证实了这一现象的存在。植被的空间异质性可以提高 α 和 β 多样性，植被斑块及其中优势的木本植物可以保护优先植物种免受放牧破坏及小动物免受捕食。

Aguiar 和 Sala（1999）在综合大量研究文献的基础上，提出了在资源异质性过程中生物和非生物过程的变化规律（表 7-1）。目前，在一些退化旱地的恢复的研究中，已经对干旱生态系统中的两相结构的功能加以考虑。通过在退化区采取一些非生物措施来恢复这种两相结构。例如，澳大利亚在坡面上等高铺设木本枝条，3 a 后的观测结果表明，土壤特征和植被覆盖均有明显的恢复。

表 7-1　干旱生态系统资源异质性过程中生物和非生物过程的变化

过　程		高覆盖斑块	低覆盖基质
非生物过程 abiotic processes	入渗 infiltration	高	低
	径流 runoff	低	高
	裸地蒸发 bare soil evaporation	低	高
	风蚀和水蚀 wind and water erosion	低	高
	细小颗粒沉积 deposition of fine material	高	低
生物过程 biotic processes	竞争 competition	高	低
	利他 facilitation	高	低
	食草动物 herbivory	高	低
	次生种子扩散 secondary seed dispersal	短	长
	蒸腾 transpiration	高	低
	氮矿化 nitrogen mineralization	高	低

7.3　荒漠生态系统格局评价

在荒漠生态系统格局的分析与评价过程中，由于研究者侧重于景观格局和土地覆被土地变化等因素的差异，也相应地形成了不同的分析评价方法。

7.3.1　基于景观生态理论的荒漠生态系统格局评价

景观生态学研究最突出的特点是强调空间异质性、生态学过程和尺度的关系。对于荒漠生态系统而言，由于降水相对较少、气温日较差大、土壤贫瘠和地表植被稀疏等特点，其空间异质性十分明显。空间格局、异质性和斑块性是相互联系，但又略有区别的一组概念，它们的共同点就是强调景观特征在空间上的非均匀性及其对尺度的依赖性。

7.3.1.1　空间异质性

生态系统的空间异质性（spatial heterogeneity）是指某种生态学变量在空间分布上的不均匀性及复杂程度，是荒漠生态系统中最普遍的特征之一。空间异质性不是一个单一的、简单的生态系统属性，而是包含一系列生态系统特征的复杂概念，并且空间异质性具有聚集性（aggregation）、可预测性（predictability）、多样性（variety）、对比度（contrast）和复杂性（complexity）等多种表现形式（图 7-2）。

空间异质性研究中的斑块（patch）是景观格局的基本组成单位，被定义为：在某一环境中，依赖于尺度的某一变量（生物体或资源等）明显不同于周围背景、相对均质的非线性区域。在半干旱的草地生态系统中，斑块化（patchiness）可以集中限制性资源，对于维持生态系统生产力起到关键的作用。此外，如果某些聚集化的格局在空间上是重复性分布的，并且这些分布特征是可预测的，而另外一些聚集分布的格局是不可预测的，那么就认为不可预测格局的异质性比可预测的格局的异质性高。空间异质性是生态过程（ecological process）和格局在空间或时间分布上的不均匀性及其复杂性，是空间斑块性（patchiness）和空间梯度（gradient）的综合反映，空间异质性就是系统特征在时

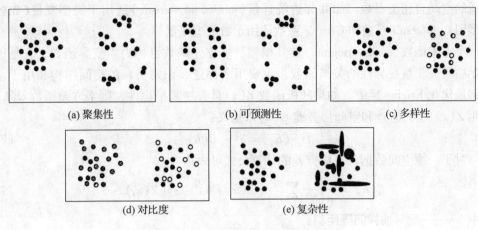

(a) 聚集性　　　　　(b) 可预测性　　　　　(c) 多样性

(d) 对比度　　　　　(e) 复杂性

图 7-2　空间异质性的主要表现形式

(Hobbs，1999)

间和空间上的复杂性(complexity)和变异性(variability)。复杂性通常是指对某一生态系统变量(如植被类型、种群密度、植物生物量、土壤营养含量、降水量等)进行定性的或分类的描述。复杂性主要包括斑块类型、斑块尺寸等方面的变异性，组成的斑块种类越多则空间异质性越大。变异性是指对某一生态系统变量进行定量的描述，组成某一景观的斑块多样化越高，则空间异质性越大。例如，荒漠生态系统中某一景观是由草地、河流、固定沙地、半固定沙地、流动沙地和耕地等不同系统组成，则该景观的异质性要高于某一仅由半固定沙地和流动沙地组成的沙地系统的空间异质性。

7.3.1.2　生态系统格局评价

与景观生态学的研究一致，荒漠生态系统景观的结构研究是研究景观功能和景观动态的基础。荒漠生态系统空间格局分析与评价主要针对景观结构组成特征和空间配置关系展开。在研究方法上既包括传统的空间统计学方法，也包括格局指数分析等方法。

(1)空间统计学方法

空间自相关性(spatial autocorrelation)是指在空间上越靠近的事物或者现象就越相似，空间自相关性是景观格局的最大特征之一。在荒漠生态系统空间格局研究中，空间统计学的目的是描述事物在空间上的分布特征，以及确定空间自相关关系是否对这些格局有重要影响。常用的空间统计学的方法主要有：空间自相关分析(spatial autocorrelation analysis)、趋势面分析(trend surface analysis)、谱分析(spectral analysis)、半方差分析(semi-variance analysis)以及克里金(Kriging)空间插值法等。

空间自相关系可以通过空间自相关系数表达。空间自相关系数用以表示物理或生态学变量在空间上的分布特征及其对其邻域的影响程度。一般情况下，若某一变量的值随测定距离的缩小而变得相似，则这一变量呈空间正相关；反之则为空间负相关。若所测值不表现出任何空间依赖关系，则这一变量表现出的是空间不相关性或空间随机性。空间自相关分析一般需要经过取样、计算空间自相关系数或建立自相关函数和自相关显著性检验等步骤进行。在实际研究操作中，需要根据不同的数据类型，选用合适的空间自相关系数。如共邻边统计量（join-count statistic）适用于类型变量（如各种类型图），Moran'*I* 系数和 Geary'*c* 系数适用于数值型变量等。

半方差函数（semi-variogram）及其模型，半方差函数也称为半变异函数，它是地统计学中研究土壤变异性的关键函数，主要用来描述和识别格局的空间结构和用于空间局部最优化 Kriging 插值。如果随机函数 $Z(x)$ 具有二阶平稳性，则半方差函数 $C(h)$ 可以用 $Z(x)$ 的方差 S^2 和空间协方差 $C(h)$ 来定义：

$$(h) = S^2 - C(h) \tag{7-1}$$

对于一维空间数据，自协方差的计算公式可表达为：

$$C(h) = \frac{1}{n(h)} \sum_{i=1}^{n(h)} [Z(x_i + h) - \bar{z}][Z(x_i) - \bar{z}] \tag{7-2}$$

式中　*h*——配对抽样间隔距离；

　　　$n(h)$——抽样距离为 h 时的样点对的总数；

　　　$Z(x_i)$ 和 $Z(x_i + h)$——分别是变量 x_i 和 $x_i + h$ 点的取值。

某个特定方向半方差函数图通常是由（h）对 h 作图而得。通常半方差函数值都随着样点间距的增加而增大，并在一定的间距（称为变程，range）增至一个基本稳定的常数（称为基台，sill）。半方差作为描述和估测空间数据的自相关关系的重要方法，半方差与分维的关系可以表示为：

$$D = \frac{4 - m}{2} \tag{7-3}$$

式中　*D*——分维数；

　　　m——半方差与抽样间距双对数线性回归的斜率。

半方差图可用来确定景观中变量空间空间相关的尺度范围，而分维数可用来比较不同变量间空间依赖性程度。空间插值法中常用的 Kriging 插值法就是根据半方差分析所提供的空间自相关程度信息进行插值，可以对未测点给出最优无偏估计，并提供估计值的误差和精确度。

（2）景观指数法

景观指数是指能够高度浓缩景观格局信息，反映其结构组成和空间配置某些方面特征的简单定量指标，可以用来定量地描述和监测景观结构特征随时间的变化。根据景观格局特征层次，景观格局格局指数可以相应地分为斑块水平指数（patch-level index）、斑块类型水平（class-level index）和景观水平指数（landscape-level index）。常用的景观指数有数十种，在常用的景观格局分析软件 FRAGSTATS 中可以根据研究需要较为容易调用和计算。常用的景观指数主要有斑块数（patch number，*NP*）、斑块密度（patch density，*PD*）、斑块形状指数（patch shape index）、景观丰富度指数（landscape richness index）、景观多样性指数（landscape diversity index，*LSI*）、景观优势度指数（landscape evenness index）、景观聚集度指数（contagion index）等。

①斑块数：它用以反映景观空间结构的复杂性，它取决于土地利用方式的多样性和规模，表示为：

$$NP = \sum_{i=1}^{m} N_i \tag{7-4}$$

式中　NP——景观中斑块的总数，取值范围为 $NP \geqslant P$，无上限；

　　　i——第 i 类景观类型板块数；

　　　N_i——第 i 类斑块的数目。

②斑块密度：指景观中单位面积上的斑块数，揭示了景观被边界的分割程度，是景观破碎化程度的直接反映，边界密度的大小直接影响边缘效应及物种组成，其取值范围 $PD > 0$。斑块密度越大，破碎化程度越大，空间异质性程度也越大，计算公式表示为：

$$PD = \frac{N}{A} \tag{7-5}$$

式中　PD——斑块密度，个/km^2；

　　　N——斑块数目，个；

　　　A——景观面积，km^2。

③斑块形状指数：是通过计算某一斑块形状与相同面积的圆或正方形之间的偏离程度来测量其形状复杂程度，根据以圆形和正方形为参照几何形状的差异，常见的斑块形状指数 S 也有两种表达形式。

圆形参照：

$$S = \frac{P}{2\sqrt{\pi A}} \tag{7-6}$$

正方形参照：

$$S = \frac{0.25P}{\sqrt{A}} \tag{7-7}$$

式中　P——斑块周长，m，

　　　A——斑块面积，m^2。

斑块的形状越复杂或者越扁长，S 数值就越大。

④景观多样性指数：是用来度量系统结构组成复杂程度的一些指数，常用的包括 Shannon-Weaver 多样性指数和 Simpson 多样性指数。Shannon 多样性指数可以表示为：

$$H = -\sum_{k=1}^{n} P_k \ln P_k \tag{7-8}$$

式中　P_k——斑块类型 k 在景观中出现的概率；

　　　n——景观中斑块类型的总数，个。

Simpson 多样性指数定义为：

$$H' = 1 - \sum_{k=1}^{n} P_k^2 \tag{7-9}$$

景观多样性指数的大小取决于两个方面的信息：一是斑块类型的多少（丰富度），而是各斑块类型在面积上的分布均匀程度。通常随着 H 的增加，景观结构组成的复杂性也相应增加。

⑤景观形状指数：与斑块形状指数相似，将计算尺度从单个斑块上升到整个景观，表示为：

$$LSI = \frac{0.25E}{\sqrt{A}} \tag{7-10}$$

随着景观生态学理论和方法的快速发展，荒漠生态系统中描述荒漠景观格局信息的景观指数有数十种之多，但是在选择景观格局指数的时候，需要注意有些景观格局指数之间存在较高的相关性，它们在评价景观格局特征中大致表示了相近或者相似的含义，存在信息重复的现象。这就需要在基于景观生态理论的荒漠生态系统空间格局研究中，事先深入了解各个景观指标之间的相关性，科学合理地选择适合的景观指数。

7.3.2　基于 LUCC 理论的荒漠生态系统格局评价

在基于土地覆被变化 LUCC 研究的荒漠生态系统格局研究中，荒漠生态系统格局的评价必须构建或者选择荒漠生态系统分类体系，明确特定时间荒漠生态系统的空间格局，分析不同时间荒漠生态系统类型的相互转换关系，明确荒漠生态系统变化的主要类型和区域。

7.3.2.1　荒漠生态系统分类体系

遥感技术与遥感数据在荒漠生态系统评价中得到越来越广泛的应用，已成为荒漠生态系统评价不可缺少的技术手段和数据来源。但如何应用遥感数据进行荒漠生态系统分类一直是区域生态系统监测与生态评价的基础问题。不同的研究目的、研究区域与研究对象，通常建立不同的分类体系。这些各具特色的分类体系虽然有利于特定的研究目的，但制约了分类数据的共享与区域生态评价结果的可比性。以遥感数据为基础建立的土地分类系统最早于 1976 年由美国地质调查局（USGS）建立，该系统以美国资源卫星 Landsat 1 所获取的遥感数据为基础，将地物划分为 9 个 Ⅰ 级类、37 个 Ⅱ 级类以及可根据数据精度和研究目标灵活扩展的 Ⅲ 级、Ⅳ 级类。但实际上能够被当时遥感卫星数据直接解译的仅为 Ⅰ 级类。随着遥感数据分辨率的提高，不同的国家和机构提出了以不同遥感数据为基础的土地分类系统，如美国国家土地覆被数据（NLCD）以 Landsat 5 遥感数据为基础的分类系统，欧洲环境信息协作计划（CORINE）以 SPOT 遥感数据为基础的分类系统，国际地圈—生物圈计划（IGBP）AVHRR 遥感数据及其附属产品的分类系统等。为了推动遥感分类数据的共享，1988 年，联合国粮食及农业组织（FAO）提出了一套基于二叉树分类规则的分类系统，该系统灵活性强，能够适应不同区域和不同尺度的需要，也对此后分类系统的建立产生了深远影响。为使用我国土地覆盖类型特征，多个机构也提出了我国的分类系统，但侧重点多在于土地覆盖类型与土地利用方式的划分。土地覆盖所表达的信息是地表物质组成的综合体，包括覆盖物的物质组成、结构、排列等，这些特征因物质的存在而存在。土地覆盖是阶段性自然环境影响与人类活动共同作用产生的结果。自然环境属性包括地形（高程、坡度、坡向等）、地貌、气候等，塔式土地覆盖的背景，但对土地覆盖变化和演变产生影响。而适用于荒漠生态系统评估的分类体系需要充分考虑自然环境参量的差异，这些参量不仅反映土地覆盖现状，而且对生态系统的碳、氮等物质循环的机制、变化速度、潜力产生重要影响。从内部与外部不同侧面表达的土地覆盖的构成和生态特征，有利于充分利用下垫面信息，并作为输入参数开展进一步的荒漠生态系统评估研究。但生态参量的获得通常以长期生态监测数据为基础，这就造成了当前的土地覆盖分类体系对荒漠生态系统参数反应的不足，难以直接用于大区域乃至全国、全球的荒漠生态系统调查与评价。

荒漠生态系统空间格局监测中，其指标体系的设置除了需要考虑生态系统分类体系的普遍性外，还需考虑荒漠生态系统监测的特殊性。以《中国荒漠化和沙化状况公报》为例，在荒漠化和沙化分类体系中，荒漠化类型中设置了风蚀荒漠化、水蚀荒漠化、盐渍化和冻融荒漠化；荒漠化程度中又划分为轻度荒漠化、中度荒漠化、重度荒漠化和极重度荒漠化。在沙化监测中，把沙化土地类型分为土地流动沙地（丘）、半固定沙地（丘）、固定沙地（丘）、露沙地、沙化耕地、风蚀劣地（残丘）、戈壁、非生物治沙工程地；根据沙化土地植被覆盖状况把沙化土地划分为植被覆盖为草本型的沙化土地、植被覆盖为灌木型的沙化土地、植被覆盖为乔灌草型的沙化土地、植被覆盖为纯乔木型的沙化土地和无植被覆盖型（指植被覆盖度小于5%和沙化耕地）的沙化土地。以近40 a毛乌素沙地荒漠化过程遥感监测为例（图7-3），就是基于LUCC方法，把毛乌素沙地地表覆被类型分为水体、耕地、城镇、固定沙地、半固定沙地和流动沙地等地物类型，按照20世纪70年代末、80年代末、90年代末和2010年4个时期不同地表覆被类型空间分布及其变化进行了分析研究。

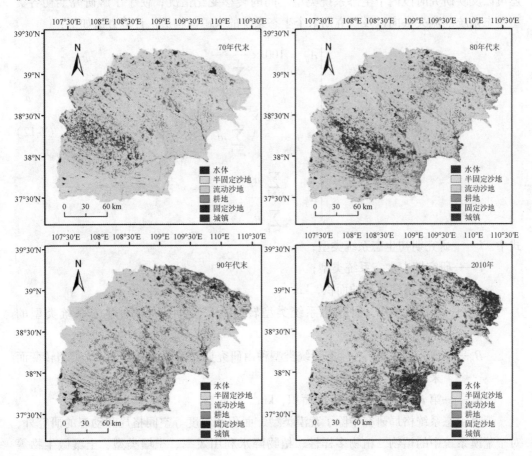

图7-3　近40年毛乌素沙地地表覆被分布

（闫峰等，2013）

7.3.2.2　生态系统类型面积与比例

荒漠生态系统类型面积是指荒漠生态系统分类中各子系统的面积(A_{ij})，计算方法如下：

$$P_{ij} = \frac{A_{ij}}{TA} \tag{7-11}$$

式中　P_{ij}——土地覆被分类系统中第 i 类生态子系统在第 j 年的面积比例，%；

　　　A_{ij}——土覆被分类中第 i 类生态子系统在第 j 年的面积，km^2；

　　　TA——评价区域总面积，km^2。

7.3.2.3　生态系统类型变化方向

借助生态系统类型转移矩阵，分析区域生态系统变化的构成与各类型变化的方向。转移矩阵的意义在于它不但可以反映研究初期、研究期末的生态系统类型构成，而且还可以反映研究时段内个生态系统类型之间的转移变化情况，便于了解研究期初各类型生态系统的流失去向以及研究期末个生态系统的来源与构成。计算方法如下：

$$\begin{cases} A_{ij} = 100 \times \dfrac{a_{ij}}{\sum\limits_{j=1}^{n} a_{ij}} \\[3ex] B_{ij} = 100 \times \dfrac{a_{ij}}{\sum\limits_{i=1}^{n} a_{ij}} \\[3ex] R_{ij} = \dfrac{\sum\limits_{i=1}^{n} a_{ij}}{\sum\limits_{j=1}^{n} a_{ij}} \end{cases} \tag{7-12}$$

式中　i——研究期初生态系统类型；

　　　j——研究期末生态系统类型；

　　　a_{ij}——生态系统类型的面积，km；

　　　A_{ij}——研究期初第 i 种生态系统类型转变为研究期末第 j 种生态系统类型的比例，%；

　　　B_{ij}——研究期末第 j 种生态系统类型种由研究期初的第 i 种生态系统类型转变而来的比例，%；

　　　R_{ij}——第 i 类到第 j 类转变的面积，km^2。

荒漠生态系统格局研究中除了荒漠类型、面积和程度等空间格局和动态的研究外，对于荒漠系统中的植物、植物多样性、植物降水利用效率、土壤类型、土壤微生物等时间和空间格局研究也是荒漠生态系统格局研究的重要内容。随着遥感和 GIS 技术的发展，在荒漠生态系统格局研究中除了可以利用遥感图像解译或反演陆表信息外，集合时间序列的遥感影像还可以直接进行荒漠生态系统格局的时空特征分析。例如，结合 2000—2012 年遥感反演的地上生物量，研究分析 2000—2012 年毛乌素沙地地上生物量的时空格局(图7-4)。

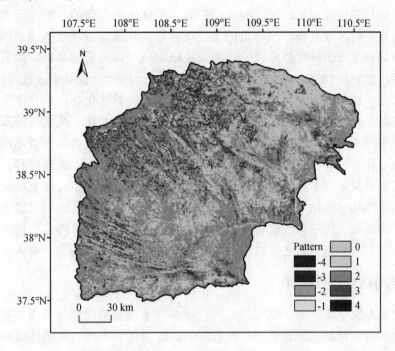

-4 极重度波动退化区；-3 重度波动退化区；-2 中度波动退化区；-1 轻度波动退化区；0 无变化区；1 轻度波动改善区；2 中度波动改善区；3 重度波动改善区；4 极重度波动改善区。

图7-4 毛乌素沙地地上生物量空间格局
(Yan et al.，2015)

7.4 空间格局的尺度

7.4.1 尺度的定义

尺度(scale)是指在研究某一物体或现象时所采用的空间或时间单位，又可指某一现象或过程在空间和时间上所涉及的范围和发生的频率。尺度包括空间尺度和时间尺度两个方面，同时尺度往往以粒度(grain)和幅度(extent)来表达。空间粒度指最小可辨识单元所代表的特征长度、面积或体积；时间粒度指某一现象或事件发生的(或取样的)频率和时间间隔。幅度是指研究对象在空间或时间上的持续范围或长度。具体地说，所研究对象的范围决定该研究的空间幅度，而研究项目持续多久则确定时间幅度。尺度是一个使用非常广泛的术语，不同学科领域中对尺度有不同的表述。在生态学领域中，尺度是一个与格局、过程密切相关的重要生态学范式，是格局与过程相互联系、相互作用时所具体占用的时空单位或生态学功能单位。尺度具有两个方面的含义：其一，尺度是人们进行生态学研究时人为划定的时空范围，是研究分析的一个测度工具；其二，尺度是某种生态学格局或过程中各生态因子相互作用、相互影响所占用的一个特定的时空场，是客观存在的具体的限定某一生态格局、过程的时空域。对于同一生态学现象，由于采用的研究尺度大小不一而所得的结论往往差别很大。大尺度上的生态效应是各小尺度上的生态格局和过程之间相互作用和相互整合的结果，同样，大尺度上的生态格局和过程也反过来影响或调控着小尺度上所表现的各种生态效应，这种格局和过程在不同尺度上表现出一定的差异或联系的现象正是尺度效应。因此，荒漠生态学的格局和过程的研究都要以一定的尺度限定或尺度分析为基础。如何采用合适的尺度以及尺度转换（扩展和缩小）来较为客观地分析和拟合生态格局或过程。

产生尺度问题的原因主要荒漠生态系统的复杂性，具体包括以下几个方面：一是当尺度上升时，系统之间相互作用的数量和类型可能发生变化，从而出现新的生态工程；二是在不同的时间和空间尺度上，一些过程的发生速率或者频率会不同，考虑的生物、物理、化学过程也有差异，如荒漠生态系统的碳循环和水循环过程，在一些尺度上主要考虑的是生理生态过程，其过程的速率较高，二者区域尺度上或全球尺度上主要考虑的是生物地球化学循环过程，其过程速率较低；三是在不同尺度上控制格局或过程的约束条件、边界条件或者驱动因子也会随之发生变化；四是当尺度发生变化时，格局或过程与相同因素之间的相互关系可能发生相反的变化。

7.4.2 空间格局尺度推绎

荒漠生态系统空间格局研究如果观测尺度在一个斑块的尺度范围内，变量呈现出空间均质性的分布特征。随着观测尺度范围的逐渐增加，不同的均质性斑块会被包括在研究的范围内，从而使变量呈现出空间异质性的分布特征。随着空间尺度的继续增加，空间异质性的强度也会逐渐发生变化。在某一特定的空间尺度内产生的空间异质性，只能用来解释这一特定尺度上的生态过程和格局以及产生这种格局的机制，并不能用来推测其他尺度上所产生的生态过程和格局。因此，研究中所选择的空间尺度不同，空间异质性的结果截然不同，荒漠生态系统格局的研究必须在合适的时空尺度上，开发合适的模型把荒漠生态系统中的多尺度现象联系起来。

荒漠生态学研究中有的调查和实验往往在很小的时空尺度上开展，然而很多生态和环境问题是大尺度的，解决这些问题需要把小尺度上获得的信息推绎到大尺度上；其次，为了理解荒漠生态系统的实际情况，必须考虑大尺度上的格局和过程，并把它们与人们较熟悉的小尺度上的格局和过程联系起来，这就需要进行尺度推绎（scaling）。尺度推绎是指在不同时空尺度或者不同组织水平上的信息转绎，按推绎尺度的变化可以分为尺度上推（scaling up）和尺度下推（scaling down），前者是指将小尺度的信息推绎到大尺度上的过程，是一种信息的聚合（aggregation），后者则是将大尺度上的信息推绎到小尺度上的过程，是一种信息的分解（disaggregation）。

荒漠生态系统中空间格局的跨尺度信息转换可通过简单的数学或统计学关系来实现，但复杂的尺度推绎则往往需要采用模型模拟，在尺度推绎方法方面可以归纳为两大类：基于相似性原理的推绎方法和基于动态模型的推绎方法。基于相似性原理的推绎方法主要包括量纲分析和相似性分析，传统的异速生长学一级空间异速上涨学方法。动态模型尺度的推绎主要包括简单聚合法、直接外推法、期望值外推法、显式积分法和云梯尺度推绎法、有效参数外推法、空间相互作用模型法等。

在空间格局和空间异质性的尺度推绎定量研究具体应用方面方面，点格局分析、地统计学变异函数分析和小波分析方法作为在非线性、多尺度框架内进行格局和异质性分析的工具，克服了传统方法只能分析单一尺度空间分布格局的缺点，在植物种群多尺度空间分布格局和两个物种之间多尺度空间关联的研究广为应用。点格局分析以种群空间分布的坐标点图为基础，考虑种群中每个个体与其他个体间的距离，主要侧重研究种内或种间的聚集性或多尺度相关性，小波分析需要大尺度大样本数据，侧重于各尺度数据的挖掘以及边缘检测，注重每一尺度每一空间位点的格局细节。此外，点格局分析和地统计学变异函数分析涉及对空间变量的取样分析，但是没有考虑各尺度之间格局与异质性的推绎以及这种推绎过程的可视化且对分析过程中是否损失位置信息没有进行检验。小波分析则是一种新的与生态学研究相关的方法，具有可调节的时频分辨能力，能分辨出信号中不同地方存在的形状不同、延续范围不同的突变分量、暂态分量或非稳定分量，即信号在不同位置处的不同特点的局部行为，可以在多尺度下通过小波系数的波动图像直观显示格局与异质性的变化，利用位置方差检验异质性时，结合了多尺度与小波方差来进行观察，已被较好地用于探究多尺度和沿样带微环境的景观结构、土壤异质性、林下冠层植物的多样性、植物生产力、景观格局特征尺度等方面，具有较大的应用潜力和空间。

在荒漠生态系统空间格局研究方面，种群、群落多样性、干扰作用格局等均表现出随着空间尺度的变化的特点。荒漠生态系统中种群格局是指在一个特定的时间里，占据一定空间的同一个物种的有机体的集合。不同生物类群的分布格局，如乔木、灌木及草本植物等的分布，都会影响到系统的生物及非生物过程，种群分布格局是系统水平格局研究的经典内容，但是单个种的格局可能由多空间和当前尺度下与环境中其他种的相互作用决定的，植物种群空间格局对尺度具有较强的依赖性，在某尺度上可能是集群分布，而在其他尺度却可能是均匀分布或随机分布。荒漠生态系统通常具有稀疏植被覆盖度，并且以特有的灌木和草本缀块相间分布为特征，尤其是一年生草本植物主要生长在土堆斑块上。当前因人类活动加剧而使很多生态系统面临着生物多样性的丧失，研究表明荒漠生态系统中植物群落的多样性与空间尺度之间也存在着明显的关系，但不同群落物种多样性与空间尺度的关系不同，一般而言草地群落在任何尺度上都比森林群落物种丰富，森林群落的物种多样性对空间尺度依赖性更强。对于荒漠生态系统，荒漠植被物种多样性对尺度的依赖在小尺度（100 m^2）以下是由植物间的生态关系决定的，在中尺度则是由地貌、地形和水文过程决定的，而在大尺度上是由气候因素控制。此外，干扰是一个偶然发生的不可预知的事件，是在不同空间和时间尺度上发生的自然现象，是景观异质性的主要来源之一，不同尺度、性质和来源的干扰是景观结构和功能变化的根据。在景观尺度上，干扰往往是指能对景观格局产生影响的突发事件，而在生态系统尺度上，对种群或群落产生影响的突发事件就可以看作干扰，而从物种的角度，能引起物种变异和灭绝的事件就可以认为是较大的干扰行为。干扰出现在从个体到景观的所有层次上也具有一定的尺度效应，以不同的研究尺度考察某一特定尺度下的干扰，所表现的干扰性质、特征及效应也就不同。例如，内蒙古阿拉善荒漠禁牧、轮牧、过牧和开垦 4 种不同干扰生境中，选择了 1.25 hm^2、2.5 hm^2、5 hm^2 和 10 hm^2 等空间尺度下荒漠啮齿动物群落多样性的多尺度分析表明：不同尺度下荒漠啮齿动物群落多样性波动幅度不同，群落多样性波动幅度对空间尺度具有一定依赖性。荒漠区 4 种干扰类型中随着空间尺度的增加啮齿动物群落多样性变动幅度减小，抗干扰能力表现出逐渐增强的特征。

20世纪90年代以来，荒漠生态学作为生态学的重要重要学科分支之一，学科建设得到了快速发展，其研究技术和手段发生了巨大变化。在荒漠生态系统的空间格局研究方面，越来越多的荒漠生态学家意识到采用多尺度观测、多方法印证、多过程融合、跨尺度模拟的技术途径对荒漠生态系统开展整合性的集成研究是未来荒漠生态学研究的重要内容之一。随着计算机、遥感和GIS技术的不断发展和完善，未来荒漠生态系统的格局研究将呈现出以下特征：一是大数据时代的到来，计算机的计算能力每年都在翻新，对荒漠生态学空间格局的变化模拟技术不断提高；二是环境遥感监测系统的发展，不同空间分辨率、时间分辨率和光谱分辨率的卫星传感器不断发射升空，天基、空基和地基遥感观测平台相协调补充，为荒漠生态系统空间格局和过程研究提供了便利。

思 考 题

1. 格局的基本概念是什么？如何理解荒漠生态系统的格局？

2. 荒漠生态系统格局的主要研究内容是什么？

3. 什么是荒漠荒漠生态系统空间格局研究中的异质性？如何在景观生态理论和LUCC理论基础上开展荒漠生态系统空间格局评价？

4. 什么是荒漠生态系统格局的尺度？如何理解荒漠生态系统格局的推绎？

推荐阅读书目

1. 景观生态学——格局、过程、尺度与等级. 邬建国. 高等教育出版社，2007.

2. Pattern of land degradation in dryland：Understanding self-organised ecogeomorphic systems. Mueller E N, Wainwright J, Parsons A J, et al. Springer Science，2016.

3. Banded vegetation patterning in arid and semiarid environments：Ecological processed and consequences for management. Tongway D J，Valentin C，Seghieri J. Springer，2001.

4. Ecology of desert system. Whitford W G. Academic Press，2002.

5. Patterns in the balance of nature. William C B. Academic Press，1964.

参考文献

陈玉福，董鸣，2003. 生态学系统的空间异质性[J]. 生态学报，23(2)：128 – 134.

何志斌，赵文智，常学向，等，2004. 荒漠植被植物种多样性对空间尺度的依赖[J]. 生态学报，24(6)：56 – 59.

胡广录，赵文智，王岗，2011. 干旱荒漠区斑块状植被空间格局及其防沙效应研究进展[J]. 生态学报，31(24)：7609 – 7616.

黄秉维，郑度，赵明茶，等，1999. 现代自然地理[M]. 北京：科学出版社.

卢琦，2000. 中国沙情[M]. 北京：开明出版社.

吕一河，傅伯杰，2001. 生态学中的尺度及尺度转换方法[J]. 生态学报，21(12)：2096 – 2105.

欧阳志云，徐卫华，肖燚，等，2017. 中国生态系统格局、质量、服务与演变[M]. 北京：科学出版社.

邬建国，2007. 景观生态学——格局、过程、尺度与等级[M]. 北京：高等教育出版社.

邬建国，2004. 景观生态学中的十大研究论题[J]. 生态学报，24(9)：2074 - 2076.

闫峰，吴波，2013. 近40a毛乌素沙地荒漠化过程研究[J]. 干旱区地理，36(6)：987 - 996.

于振良，2016. 生态学的现状与发展趋势[M]. 北京：高等教育出版社.

袁帅，武晓东，付和平，等，2011. 不同干扰下荒漠啮齿动物群落多样性的多尺度分析[J]. 生态学报，31(7)：1982 - 1992.

约恩森，2017. 生态系统生态学[M]. 北京：科学出版社.

张金屯，1998. 植物种群空间分布的点格局分析[J]. 植物生态学报，22(4)：344 - 349.

赵哈林，2012. 沙漠生态学[M]. 北京：科学出版社.

朱震达，1999. 中国沙漠沙漠化荒漠化及其治理的对策[M]. 北京：中国环境科学出版社.

Aguiar M R, Sala O E, 1999. Patch structure, dynamics and implications for the functioning of arid ecosystems[J], Trends in Ecology & Evolution(14)：273 - 277.

Crawley M J, Harral J E, 2001. Scale dependence in plant biodiversity[J]. Science, 291(5505)：864 - 868.

Greig S P, 1964. Quantitative plant ecology[J]. Quarterly Review of Biology, 51(1)：606 - 607.

Hobbs N, 1999. Responses of large herbivores to spatial heterogeneity in ecosystems[C]. Nutritional ecology of herbivores: Proceedings of the Ⅴth International Symposium on the Nutrition of Herbivores. American Society of Animal Science：97 - 129.

Pickett S T A, White P S, 1985. Ecological disequilibria[J]. Science, 434 - 435.

Turner M G, 1990. Spatial and temporal analysis of landscape patterns[J]. Landscape Ecology, 4(1)：21 - 30.

Yan F, Wu B, Wang Y, 2015. Estimating spatiotemporal patterns of aboveground biomass using Landsat TM and MODIS images in the Mu Us Sandy Land, China[J]. Agricultural & Forest Meteorology, 200(15)：119 - 128.

第 7 章附属数字资源

第**8**章

荒漠生态系统过程

[**本章提要**]生态系统动态及其能量流动和物质循环影响着生态系统的功能，本章阐述了群落演替、生态系统能量流动和物质循环的过程与特征，并结合荒漠生态系统的特点，分析介绍了荒漠系统的能量流动和水、碳、氮以及沙尘的生物地球化学循环特征。

8.1 荒漠群落的演替与驱动因素

8.1.1 荒漠群落演替的概念与类型

在生物群落发展变化的过程中，一个优势群落代替另一个优势群落的演变现象称为群落演替。而在荒漠群落中，这种演替过程就被称为荒漠群落演替。根据荒漠群落演替的起始条件，即裸地的类型，可将荒漠群落演替分为原生演替(primary succession)与次生演替(secondary succession)。

荒漠群落的原生演替指在一个没有植物覆盖的地面上，或原来存在植被但后来被彻底消灭了的地方发生的演替，如流动沙丘上发生的演替。而次生演替是指原来的荒漠植物群落由于火灾、病虫害、沙尘暴、极端干旱、过度放牧以及其他人类活动等干扰导致现有群落大部分消失后所发生的群落演替过程。次生演替是荒漠植被演替中最主要的一种类型，也是荒漠植被演替中最为常见的一种演替类型。目前，大部分的荒漠退化植被恢复过程都属于荒漠群落的次生演替。

8.1.2 荒漠演替过程

(1)原生演替

荒漠原生演替大体可分为6个阶段，每个阶段的地表和植被特征有较明显的差异。

①藻类侵入阶段：此阶段一般发生在荒漠裸地，少数耐旱耐高温的藻类侵入，如具鞘微鞘藻(*Microcolus vaginatus*)等蓝藻。它们侵入荒漠裸地后，通过光合作用积累有机物，在荒漠地表积累有机质。同时，它们还利用菌丝体和分泌胞外多糖，使地表的沙或土粒部分固结在一起，并通过加强成土作用，使地表中的黏粉粒含量增加，为其

他植物的侵入提供环境条件。

②一年生草本植物阶段：此阶段地表依然为裸露沙地，风沙活动仍然强烈，少数耐风沙的一年生草本植物侵入，开始数量并不多，形成简单的植物群落。在个别沙生植物种侵入后，随着地表风沙活动受到限制，植物的阻沙、阻尘和成土作用使地表黏粉粒和有机质含量继续增加，促进更多一年生草本植物侵入。

③沙生草本—灌木阶段：此阶段中，草本植物数量不断增加，沙地逐步由流动转向半流动状态。在此阶段的前期，以多年生草本植物侵入为主，形成以草本植物为优势种的群落，而后期逐渐演变为以沙生灌木或小灌木侵入为主，形成半灌木或小灌木与草本植物共同构成的群落。随灌草的增加，土壤环境继续改善。

④旱生半灌木阶段：此阶段，旱生灌木数量不断增加，沙地由半流动向半固定状态转变。在此阶段前期，旱生多年生草本植物开始侵入，后期旱生灌木开始侵入，逐渐形成沙生灌木和旱生灌木共存的半灌木群落。在此阶段中，群落中的物种丰富度、覆盖度、生物量等均较半流动沙地群落阶段明显增加。

⑤旱生灌木阶段：此阶段，地表基本为生物结皮覆盖，结皮的厚度进一步增加、硬度进一步加大，结皮下成土过程加快，基本转变为固定沙地。小灌木和半灌木陆续衰退，旱生灌木和旱生多年生草本植物大量侵入，逐渐形成了以旱生灌木为主要建群种或优势种的群落，群落结构和生物多样性大幅增加，群落覆盖度和生产力也大幅增加。

⑥疏林草原阶段或多年生草本植物阶段：此阶段，随着群落覆盖度、密度和冠层高度增加，植被的生产、改善小气候、防风固沙等功能进一步增强，根据所在地区的气候与水文环境，群落可能会发育成为疏林草原或多年生草本植物群落。如果气候或水文条件有利于旱生乔木或小乔木生存时，群落则可能向疏林草原方向发展；如果气候或水文条件有利于多年生草本植物的生存和繁衍，群落可能会向草本植物群落方向发展。但无论其如何发展，土壤逐渐由风沙土向地带性土壤转变，植被也最终向地带性顶极群落发育。

需要注意的是，荒漠植被的原生演替受环境条件的限制，特别是受降水和水文的影响。如在极端干旱的荒漠地区，其演替可能不会发生或仅停留在某个初级阶段，而在降水较多的半干旱区或干旱区水文条件较好的河岸，荒漠植被演替会发展非常快速，可能能够完成整个演替过程。

（2）次生演替

荒漠植被的次生演替基本是在原生演替序列上进行，在所处环境以及人类活动干扰的影响下，次生演替呈现以下特点。

①次生演替的起点取决于干扰消除时植被的退化程度，可以发生于植被退化的任何阶段。次生演替的起点越低，其演替序列所经历的阶段也就越多，所需时间也就越长。

②当干扰因素完全消除时，其演替方向和终点通常与原生演替一致，其演替的顶极群落理论应该是相同的；但若干扰因素仅部分性地消除，次生演替的方向可能会改变不，顶极群落可能会不同。

③次生演替的过程和阶段通过与原生演替基本对应，但演替的各阶段所经历的时

间和过程，与原生演替可能不同。次生演替的速率通常快于植被的原生演替，且自然环境越好的群落，其次生演替的速率也会越快。

④原生演替的植被多处于某一阶段或顶极群落状态，植被通常较为稳定或发展较为缓慢，而次生演替多处于某一阶段中的一个瞬时状态，通过很不稳定，变化较快。

（3）荒漠顶极群落

荒漠顶极群落是指在一定的气候、土壤和水文条件下，荒漠植被演替达到终点时所形成的最稳定的群落。此时群落内的生物种类不再增加，结构与功能趋于稳定，物质消耗与积累量基本相当。在荒漠地区，通过自然演替而未受人为干扰的群落，基本上均为顶极群落。

在一定的区域内，受气候、土壤与水文等的综合作用，荒漠植被演替的终点可能会有较大的差异性，从而可能形成不同的顶极群落类型，根据其影响因素的差异，基本可以分为以下 3 种类型：

①气候顶极群落：气候顶极群落是指与区域气候相协调和地带性土壤发育相一致的顶极群落类型。它是对所在地区的气候最适宜的稳定群落类型，其所属的各物种都能最好地适应所在地区的气候条件，而很少受地形、土壤、水文和生物等其他因素的影响。在荒漠中，原生地带性植被的植物群落多属于气候顶极群落。

②土壤顶极群落：土壤顶极群落是指最能反映土壤因子的顶极群落。即由于区域土壤因素的原因，没有产生以气候主导的顶极群落类型，而使演替终点与该地区土壤相适应的植物群落，并长期稳定存在的群落。如果土壤条件发生改变，群落还有可能会向气候顶极群落演替。荒漠地区的草甸、沼泽、盐碱地中的原生植物群落大多属于土壤顶极群落。

③水文顶极群落：在荒漠地区，水是决定群落演替方向和速率的最主要因素。在荒漠环境中，无论气候环境与土壤条件怎么样，只要有水就可形成一种植物生长良好且稳定的植物群落，这种由水环境决定而形成的稳定的顶极群落被称为水文顶极群落。荒漠中的水生植物群落就是一种水文顶极群落。它们多生长于荒漠中湖泊、河流或水库附件，群落主要受水文特征的影响，而受气候和土壤的影响较小。

8.1.3　荒漠植被群落演替的主要驱动因素

在荒漠中驱动植物群落演替的主要因素包括以下方面。

（1）自然因素

自然因素是指能够促进植物群落演替的自然驱动因子主要包括：增加的降水量、减小的风速、升高的地下水、降低的自然灾害频率等。例如，在我国内蒙古的半干旱沙漠地区，生长季降水量的增加可以促进植被演替的速率，连续多年的降水量增加可使植被快速恢复。而在极端干旱的我国西部的沙漠地区，绿洲是人类非常重要的生态之地，其降水稀少，植物的生长主要依靠地下水或地表径流，地下水位的抬升或季节性洪水发生频率的增加，均有利于促进荒漠植被的演替和恢复。

（2）人为因素

人为因素主要包括人类对自然生态系统采取的一些保护性措施，如荒漠地区的灌溉、农业生产、对草原的保护措施等。引洪灌溉是荒漠地区植被恢复性演替的常用方法，它可促进荒漠植物群落生产能力的增加，促进植被的自然更新与演替。

（3）植被本身的因素

植被本身所处的状态也会影响群落演替的进程和速率。例如，如果群落演替起点时的土壤种子库物种非常丰富，种子密度越大，对于植被演替起始阶段就越有利。群落中的草本植物种类越多，群落恢复性演替就会越好越快。

8.2 荒漠生态系统的能量流动

荒漠生态系统的能量流动是指在荒漠生态环境中的能量通过初级生产过程而进入食物链和食物网，并在生态系统内的传递与耗散的过程。

8.2.1 能量流动的基本模式

在生态系统中，绿色植物等生产者通过光合作用以化学能(即有机物质)形式固定的太阳能是进入到生态系统中可利用的基本能源。流入生态系统的总能量主要是生产者所固定的太阳能(初级生产)的总量。初级生产者作为消费者和分解者的食物被利用，从而推动生态系统的运转。生态系统的净初级生产主要有 3 个去向：第一部分为各类食草动物所采食；第二部分作为凋落物而暂时存储于枯枝落叶层中，成为穴居动物、土壤动物和分解者的食物源；第三部分以生活物质的形式储存于生物体内。在自然情况下，第三部分最终经过一系列的物理、化学与生物过程而逐渐被分解者所分解。

生态系统能量主要通过食物链和食物网作为渠道进行流动，其流动是单向的。流入一个营养级的能量是指被这个营养级的生物所同化的能量。一个营养级的生物所同化的能量一般有 4 个去向：第一部分通过呼吸作用耗散能量，即生长、发育和繁殖的能量消耗；第二部分被下一营养级同化；第三部分为死亡的遗体、残落物、排泄物等被分解者分解；第四部分为未被利用的部分。其主要过程如图 8-1 所示。

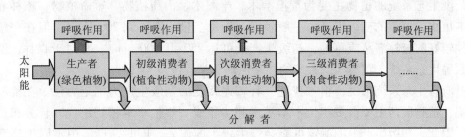

图 8-1 生态系统能量流动的基本模式
(骆世明，2011)

8.2.2 能量流动的基本规律和特征

能量是生态系统的动力，是一切生命活动的基础。一切生命活动都伴随着能量的变化，没有能量的转化，也就没有生命和生态系统。能量在生态系统内的传递和转化服从热力学定律。首先，荒漠生态系统的能量流动符合热力学的两个基本定律。热力学第一定律认为在自然界发生的所有现象中，能量既不能消灭也不能凭空产生，它只能以严格的当量比例由一种形式转变为另一种形式，即能量守恒定律。热力学第二定律指出了能量转化的方向和转化效率，能量总是沿着从高温至低温、从自由能高到自由能低、从熵值低(即有序性高)向熵值高(即有序性低)的方向传递，并且在能量转化过程中效率总是小于 100%，总会有一部分的能量在传递过程中成为无效的能量而散失。生态系统是一个开放系统，它们不断地与周围的环境进行着各种形式能量的交换，通过光合同化，引入负熵；通过呼吸，把正熵值转出环境。其次，受热力学第二定律的限制，生态系统食物网不同营养级之间的能量关系呈金字塔规律。在一个生态系统中，当能量以食物的形式在食物链或食物网中传递时，食物中大部分能量通过降解为热量的形式而耗散掉，仅把小部分的能量转化为新的潜能。即能量在食物网沿着营养级传递过程中，每传递一次，一大部分的能量就被降解为热而损失掉，这就是出现能量金字塔的热力学原因。美国生态学家 R. L. Linderman 于 1942 年根据其在湖泊研究的结果得出了著名的"十分之一定律"：从下一个营养级向上一个营养级的能量转化效率约为 10%，也就是说能量流动过程中约 90%的能量被散失掉了。

8.2.3 荒漠生态系统的生产过程

8.2.3.1 初级生产

荒漠生态系统的初级生产是指绿色植物等生产者把太阳能转化为化学能的过程，是生态系统中的第一次能量固定，亦称植被性生产或第一性生产。

初级生产力是指植物通过光合作用将太阳能转化为生物质(以化学能的形式储存起来)的量。而净初级生产力则是指该数量减去呼吸量和食草动物的采食量，通常通过生长季末地上生物量(干重)来测定。不同生态系统的初级生产量差异很大，通常受光照、温度、水分和养分等生态因素和生态系统利用这些因子的能力制约，特别是受水分(降水及其时空分布)的限制。在荒漠生态系统中，其初级生产主要受水分的控制。

荒漠生态系统的植物主要为荒漠灌木、半灌木、肉质植物、短命植物、疏林灌丛或草本植物，植被的初级生产力一般较低，年生产量一般不到 200 g/m^2，但在一些降水条件较好的疏林灌丛或草地，初级生产量可达 250~1 000 g/m^2，相对于森林、湿地与草原等生态系统，荒漠生态系统的能量流动非常缓慢。

对所有生态系统来说，很难找到一种普遍接受的初级生产力测定方法。在荒漠生态系统，植物群落主要由多年生木本灌木和多年或一年生草本植物组成，且分布比较稀疏，因此，初级生产力的测定可能会产生较大的误差。同时，群落中不同生活型植物组成的变化也会影响生产力的季节格局，荒漠景观上资源分布的时空变异也会影响生产力的格局，而这些时空上的变异将表面上简单的问题变成了一个十分复杂的问题。目前常用的主要测定方法包括以下 3 种。

(1)现地收获法

在 20 世纪 80 年代，Ludwig(1986)对荒漠区初级生产力精确测定中使用的诸多方法进行了综合分析，认为最为精确的测定方法是现地收获法，即在群落生长量高峰期对一系列样方中的植物进行收获，以获取其生物量。对不同生活型组成的多物种植物群落而言，各物种的生长速率和成熟期的差异可能会造成初级生产力的严重低估。但对多年生草本进行收获时，必须区分哪些生产力是前一(几)年的，哪些生产力是当年的。对多年生灌木或乔木而言，可能会有不尽相同的叶片衰老和新叶萌发的季节性格局，这些都是在设计收获的方法估计荒漠生态系统净初级生产力时必须考虑的重要变量。

(2)新梢生长量估算法

多年生双子叶植物的生物量通常采用新梢生长量来进行估计。然而，收集新梢并不能准确反映树干的径向生长。叶片生产力的保守估计方法是在树木或灌木的冠层下放置枯落物收集箱(筐)来收集每月的枯落物数量，但这种方法并不能对树干的生物量进行估计。

(3)非破坏性方法

许多在干旱区从事研究工作的生态学家采用非破坏性的方法来估计初级生产力。这些方法的优点是可以对同一样方中的同一株多年生植物进行多次重复取样，这在采用较小样方研究诸如降水和养分的长期影响时非常重要。对维度分析而言，在对某种植物个体的冠幅和高度测定的基础上，对不同大小的植物进行收获，然后采用回归统计方法来建立这些变量与干物质间的回归方程，然后用回归方程来估计更多维度上植物的生物量。

8.2.3.2 次级生产

荒漠生态系统的次级生产是指动物等消费者和分解者利用初级生产物质进行同化作用，而转化为动物能的过程，表现为动物和微生物的生长、繁殖和营养物质的存储等其他生命活动的过程。由于该过程是能量转化的第二步，因此亦称次级生产、动物性生产或第二性生产。次级生产只利用了初级生产能量中的一小部分，对于大部分陆地生态系统，一般只有约10%的净初级生产量被消费者转化为次级生产量，其余90%被分解者分解。次级生产所形成消费者体重增长和后代繁衍的量称为次级生产力。

荒漠生态系统的次级生产者类型相对较少，包括脊椎动物和非脊椎动物两大类群。根据荒漠生态系统中脊椎动物有机体水平的共有属性，可以将其简单地划分为4种功能生态群：两栖动物、爬行动物、鸟类和哺乳动物。每一种功能生态群具有不同的形态、生理和行为属性，并产生重要的生态结果。

(1)两栖动物

荒漠生态系统中代表性的两栖动物是无尾类目北美锄足蟾属(*Scaphiopus*)和蟾蜍属(*Bufo*)。临时性水体分布是荒漠生态系统的共有特征，这些临时性水体在荒漠里存留的时间或长或短，荒漠中两栖动物必须在较短的时间内完成其繁殖和幼体发育，其成年的大部分时间是生活在干旱生境中，尽管两栖动物的数量和种类比较多，但由于其受时间较短且相对不确定的湿润期影响较大，因此相关的研究并不多见。

(2)爬行动物

在荒漠生态系统中，以蜥蜴和蛇为代表的爬行动物种类繁多且数量巨大。与恒温动物不同，爬行动物是变温动物，其体温随着周围环境温度的变化而变化。大多数荒漠爬行动物通常需要在体温高于 30℃ 时才能正常活动，因此，这些动物通常要采取一些方法（如晒太阳等）来达到正常活动所需的体温，这意味着在一年内只有当环境温度能满足它们的体温要求的有限时间内它们才能活动。爬行动物活动所消耗的能量要远远低于其他动物，即便是在体温相同、大小相同的情况下，爬行动物活动所需的能量也仅为恒温脊椎动物的 10%~20%。因为爬行动物在年内的大多数时间保持不动且体温相对较低，其长期的能量摄入量非常低，仅为相同大小鸟类和哺乳动物的 1%~5%。爬行动物的这些生理和行为特征具有非常深远的生态意义。一种仅能维持少量鸟类和哺乳动物的生境或食物资源却可以维持较大数量蜥蜴、蛇或乌龟的生存。因此，爬行动物比恒温动物从生态学角度更具效率，其所消耗食物的更大比例被转化为生物量，并为食物链中更高层次的捕食者所利用。此外，爬行动物可以在不吃任何食物的情况下休眠数月，只有在食物资源和活动所需温度均适宜时，这些动物才能重新活动。其多样性和丰富度在很大程度上可归因于其低的食物需求以及较低的活动频率。上述属性是所有爬行动物都具有的，根据另外一些特性可将其分为 3 个功能生态群。

①小的食虫动物：荒漠爬行动物中大部分为以无脊椎动物为食的较小的蜥蜴和蛇，这一群包括最小的荒漠脊椎动物，大部分成年动物体重为 1~50 g，其中最为丰富和明显的是日间活动的鬣鳞蜥属和臼齿蜥属，前者大部分是间歇性活动、坐等埋伏的狩猎者，而后者则多是连续活动的搜寻狩猎者。此外，小的食虫动物还包括一些较小的夜间活动的蜥蜴和蛇。

②较大的食肉动物：这个功能生态群包括较大的蛇和几种较大的蜥蜴，其体重大多为 50~2 000 g，一些蛇和较大的蜥蜴是日间活动的，以其他脊椎动物为食（如较小的蜥蜴）；而另外一些蛇则是夜间活动的，并以小的哺乳动物为食。

③较大的食叶动物：该功能生态群包括几种较大的蜥蜴和荒漠龟，体重多为 50~2 000 g，均在日间活动，其主要以植物叶片为食，但有时也以花和果为食。

（3）鸟类

相对较少的鸟类并不像其他荒漠脊椎动物类群被限制在荒漠生境中。许多鸟类种是荒漠的永久居民或移民。作为一个类群，荒漠鸟类具有一些共同的属性，这些属性对其生态角色具有重要的影响。首先，所有的鸟类都是恒温动物，它们维持着相对恒定的较高体温。这与较高的新陈代谢率有关，同时也与较高的觅食活动有关。很少的几种荒漠鸟类（如蜂鸟和雨燕）在食物供应较少的时期在夜间不动时体温会降至接近周围环境的温度以降低能量的消耗。另外一些鸟类（如弱夜鹰）在冬天可以较低的体温冬眠几个月，但大部分荒漠鸟类在全年内必须有相对高的食物摄入量，其次是鸟类的飞行能力。飞行使得鸟类可以离开食物资源较少的区域。不同鸟类的时空移动尺度是不同的，但几乎所有的荒漠鸟类都利用其飞行能力进行觅食。许多荒漠鸟类是迁徙性的，并非荒漠的永久居民，它们仅在荒漠具有足够的食物的季节来到这里。同时鸟类也可在荒漠中长距离地移动来寻找充足的食物。甚至在一天内许多鸟类会往来于荒漠与相邻的农业、河岸或其他类型的景观间以满足其食物需求，同时也满足其对水源、生育及栖息场所的需求。第三是荒漠鸟类在饮食和觅食行为上的多变性和灵活性。例如，许多鸟类通常被看作食虫动物，但在冬天无脊椎动物停止活动时，它们也会采食种子；而食谷类的和食果的鸟类在温暖的季节内也会以昆虫为食。尽管如此，仍可以根据鸟类的采食特点将其分为 3 个功能生态群。

①小型食虫动物：这一功能生态群的体重为 4~80 g，包括日间活动的啄木鸟、霸鹟、鹟鹟、黑丝鹟、黄头小山雀和伯劳鸟，黄昏活动的夜鹰以及夜间活动的小猫头鹰。虽然这些鸟类主要以昆虫为食，但几种以花蜜为食的蜂鸟也被包括在这一群中，因为它们在很大程度也以昆虫为食。

②小型食谷类动物：该功能生态主要包括以种子为食的鸟类，是日间活动的，体重为 10~200 g，主要包括 3 类，即雀类、鸽子和鹌鹑。

③较大的食肉动物：这一类群主要包括夜间行动的大猫头鹰和日间活动的鹰、乌鸦和走鹃，体重为 100~5 000 g，其捕食的动物包括蜥蜴、蛇，以及其他鸟类和小的哺乳动物。

(4) 哺乳动物

哺乳动物没有爬行动物通过变温节省能量的能力，也没有鸟类飞行移动的能力，但许多仍然生存在荒漠生境里。所有的哺乳动物基本上都是恒温的，且绝大部分物种要求持续的高水平的能量摄入以保持较高的新陈代谢水平，但也有一些重要的例外。一些啮齿类动物或蝙蝠进行冬眠或夏眠，即在食物缺少的季节保持不动，其体温降至环境温度附近从而降低了能量需求。

能够确保哺乳动物在荒漠生境中生存的最为重要的特性是其觅食行为令人吃惊的复杂性。这包括几种形式：小的杂食类动物和大的肉食动物表现出较高的、灵活的饮食和相应的觅食行为，像许多鸟类一样，它们很容易在多种可获取的食物类型间转换；其他物种，如小的食谷类啮齿动物和较大的食叶类啮齿动物和兔类，具有较高的饮食限制和特定的觅食行为。虽然这些特定饮食种群会随着食物供应的变化而变化，但个体却能在极为恶劣的情况下发现足够的食物。一些物种特别是食谷类动物将会在食物供应较为充分的季节储存大量的食物。

在许多与生态学相关的特性中，如身体大小、饮食以及移动模式，哺乳动物远比其他类别的脊椎动物要更为多样，可以将其划分为 6 个生态功能群。

①小型食谷类动物：这一群数量最多，但特征大多相同，仅包括体重较小(7~120g)日间活动的异鼠科(Heteromyidae)和仓鼠科(Cricetidae)的啮齿动物。这些啮齿动物多以荒漠植物的种子为食。

②中小型的食叶类动物：这一群包括几种啮齿动物，如掘地小栗鼠属(*Spermophilus*)、林鼠属(*Neotoma*)和堆土鼠属(*Thomomys*)，兔类包括棉尾兔属(*Sylvilagus*)和野兔属(*Lepus*)，其体重从 100g 到 1kg，在日间和夜间均会活动。

③中小型杂食类动物：这一群的代表性动物是鹿鼠属(*Peromyscus*)、食蝗鼠属(*Onychomys*)和羚松鼠属(*Ammospermophilus*)的较小的啮齿动物(15~100 g)，大部分是食虫类，但在寒冷季节非脊椎动物不活动时也大量采食种子和果实。几种更为大的动物(如食虫类的臭鼬，200~5 000 g)和较小的动物(如食虫类的荒漠鼩鼱，3.5 g)也可包括在这一群中。

④较大的食肉类动物：除了臭鼬，这一食肉类动物主要捕食小的哺乳动物，它们主要在夜间活动，体重为 1~50 kg。其中有一部分动物特别是狐狸和草原狼在食物缺乏时也会大量采食果实和无脊椎动物。

　　⑤较大的食叶类动物：这一类中主要由荒漠中的偶蹄类动物组成，如野猪、骡鹿、大角羊和长角羚羊，这些动物体重为 10~100 kg，在白天和夜间均可活动，在季节内可以迁徙很远的距离。这一类中还包括人类驯养的羊、牛和马等牲畜。

　　⑥蝙蝠：荒漠蝙蝠体重较小(3~20 g)，主要在夜间活动且移动性较大。大多数蝙蝠是食虫类的，虽然在某些生境中也会采食花蜜和花粉。像鸟类一样，它们仅在昆虫和花大量出现的季节才出现在荒漠生境中。

　　即便一种生态系统中所有的脊椎动物被考虑，它们对有机个体的数量、生物量、能流以及物质传递的贡献都是很小的，通常仅为生态系统总量的 1% 左右。然而，不同种类的脊椎动物对荒漠生态系统的结构和功能具有重要影响，因为它们对系统的关键组分具有高度集中的选择性影响。这些影响可以分为 3 类，即消费、生产和机械性处理。脊椎动物作为消费者扮演了十分重要的角色，因为不同的功能群组对各被捕食的物种而言都是高选择性的捕食者。

　　脊椎动物消费者具有两个方面的影响。一方面，通过对某些被捕食物种的选择性采食，捕食者改变了生产者的丰富度、分布和物种组成。选择性捕食者对生态系统内部组织的影响会是显著的，特别是如果受到影响的被捕食者反过来与系统中其他物种存在着重要的相互作用。另一方面，由于大部分脊椎动物消费者具有高度灵活的饮食组成和觅食行为，它们在食物资源获取过程中可以弥补自然扰动，并维持生态系统相对稳定的物质和能量流动。

　　一般来说，恒温的鸟类和哺乳动物必须全年觅食以满足其对高能量的需求，因此其对荒漠生态系统的影响要远大于变温的、季节性活动的爬行动物。高移动的鸟类、蝙蝠和大的哺乳动物从大尺度上将会降低被捕食者分布的空间变异。而相对静止的小哺乳动物和爬行动物对其所生存的局部生境也会产生相似的影响。所有的脊椎动物在竞争可获取的食物资源的过程中，都会对由降水的不规则分布所引起的生产力、生物量和种群密度等剧烈的、不可预测的时间上的波动产生一定的影响。

　　有关脊椎动物所扮演角色的预测可以通过野外控制试验得以很好地完成，方法是将选定的物种移出荒漠生态系统。例如，当我们移出以种子为食的啮齿动物时，剩下的食谷类动物及它们采食的植物的绝对和相对丰度都会发生显著的变化，但许多响应是弥补性的，以至于这些响应可以保持整个生态系统结构和功能的自我平衡。

　　无脊椎动物在荒漠地区形成了其独特的地下食物链，从而影响着荒漠生态系统的物质循环和能量流动。在大多数荒漠区，大型土壤动物是白蚁，其中非洲和澳洲的白蚁种类最为繁多，虽然北美荒漠中的白蚁种类较少，但优势种通常都以枯死的植物材料和动物的粪便为食。

　　荒漠土壤中的中型植物主要是螨类，许多土壤螨类在北美荒漠、澳洲荒漠、南美荒漠和非洲南部荒漠中广泛分布，这些小型节肢动物的多样性和数量受荒漠区土壤和植被的空间异质性的影响。例如，在荒漠灌木的冠层下，因枯落物的积累和较为适宜的土壤环境使得节肢动物的密度和多样性都很高。

　　荒漠土壤中也分布有大量的多样性的小型动物，即线虫和原生动物。荒漠线虫主要由食菌类线虫组成，线虫的数量和多样性与灌木冠层下枯落物的数量、质量以及土壤中细根的数量呈正相关。在荒漠土壤中，当土壤比较干燥时，线虫会处于一种惰性的脱水状态，只有当土壤颗粒表面形成水膜时才开始活动。原生动物是荒漠土壤中另一种小型动物，包括变形虫、纤毛虫和鞭毛虫等，与线虫相似，在土壤干燥时保持不动，在颗粒表面形成水膜时开始活动。

8.2.4　荒漠生态系统的能量流动

理论上讲，在陆地生物群落中，当能量耗散到不足以支撑另一个捕食者以前，能量通常只能经过3~4个链节，之后不会留下很多的能量。对于荒漠生态系统来说，这方面的研究很少。据对荒漠和半荒漠及其他生态系统的植物和动物产量的估计，荒漠的净初级生产力平均为90 g/(m²·a)，荒漠动物的生产力平均仅为0.39 g/(m²·a)，是净初级生产力的0.4%，远低于其他生态系统。

在荒漠生物群落中，食物网的复杂性决定了能量流动的多向性和多路径特征。在荒漠生态系统中，由于其初级生产力带来的能量比其他陆地生态系统要低得多，通过3~4个链节而进入顶端的能量会更少，这对顶端的捕食者是非常不利的。因此，顶端捕食者直接从底层或通过短食物链而直接从更低营养级获取能量，对于顶端捕食者的能量维持是具有重要的意义的。但对于大多数的小型动物的食物网来说，能量可能会穿越多个食物链节，养活大量的小型节肢动物。例如，当一只走鹃吃掉一个仙人掌果实时，能量只穿过了一个营养链节，当同一只走鹃吃掉了一只鞭尾蜥蜴时，其能量可能已经通过了10个或更多的营养链节。这种小型动物的多级营养和能量传递过程造就了沙漠生态系统节肢动物的多样性，对于维持沙漠生态系统的食物网也是极为重要的。

在荒漠食物网中，捕食者和被捕食者之间的复杂关系，导致了食物网的复杂性，也使系统中能量流动不完全是单向的，而可能存在多处循环，即能量在向上流动过程中，可能又会返回到以前已经经过的一个种类。例如，一个红尾座鹰吃掉了穴蛇，然后又被金雕吃掉，金雕的卵又被蛇吃掉，最后能量又返回到原来的物种。

8.3　荒漠生态系统的物质循环

8.3.1　生态系统中的物质元素

生命的维持不仅需要能量供应，还必须各种物质元素参与运转。在自然界100多种化学元素中，目前已查明的生物维持正常生命活动所必需的化学元素仅30~40种。根据生命所需元素量的大小，可以将元素分为大量元素和微量元素。大量元素包括生物体内含量超过其干重1%以上的碳、氢、氧、氮和磷等，也包括含量占生物体干重0.2%~1%的硫、氯、钙、镁、铁和铜等元素。微量元素在生物体内的含量一般不超过体重的0.2%，而且并不存在于所有的生物体内，包括锌、锰、铝、碘、硒、硼、硅、钴等是生物正常生长发育不可或缺的元素。生物体最终是由以上这些元素构成的，并且在生物与环境的不同组分之间进行流动与循环。

8.3.2　生态系统物质循环的特征与类型

8.3.2.1　物质循环与能量流动的关系

生态系统的物质循环又称为生物地球化学循环(简称生物地化循环)。流量流动和物质循环是生态系统的两个基本过程，它们在生态系统不同营养级和不同组分之间有序组织成为一个完整的功能单位。二者之间既有联系又有不同。能量经生态系统最终以热的形式耗散，能量流动是单向的，生态系统要维持运行必须不间断地从外界获取能量。但物质的流动是循环式的，各种物质都能以可被植物利用的形式返回到环境（图 8-2）。能量流动和物质循环都是通过食物链或食物网进行的，但这两个过程是密切相关而又不可分割的。能量储存于生命体内的有机化合物中，当能量通过呼吸过程被耗散用以做功的时候，生物体的有机化合物就被分解者分解，并以较简单的物质形式重新返回到环境。

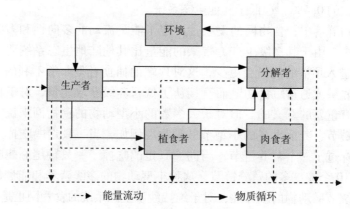

图 8-2 能量流动与物质循环特征的比较

（尚玉昌，2010）

8.3.2.2 库与周转

生态系统的物质总量遵守质量守恒定律，即生态系统中的物质在输入、输出和存储量之间总是保持着数量的平衡。物质循环可以用"库"和"流通率"两个概念加以概括。

库是指某一物质在生物或非生物环境中被固定或储存的数量。根据库的大小与活跃程度常将其分为储存库和活动库。储存库容积通常较大，但活动缓慢，一般为非生物组分，如岩石或沉积物，储存库中的物质从形式和空间上通常较难进入生命系统。活动库又称为交换库或循环库，是营养物质在生物与其环境之间进行迅速交换的较小但却非常活跃的部分，如植物库、动物库、土壤库、大气库等。

流通率是指物质在生态系统单位时间、单位面积或体积的移动量。为便于测量和使其模式化，流通量通常用单位时间、单位面积或体积内通过的营养物质的绝对值来表达。为表达一个特定的流通过程对有关各库的相对重要性，用周转率和周转时间来表示更为方便。

周转率是指单位时间内流动的物质量占该物质库存的比例，即

$$周转率 = \frac{流通率}{库中营养物质总量} \tag{8-1}$$

周转时间是指库内的所有物质完成一次流通所需要的时间，它是周转率的倒数。

$$周转时间 = \frac{库中营养物质总量}{流通率} = \frac{1}{周转率} \tag{8-2}$$

在图 8-3 中，最大的周转率发生在从水体库到生产者库的流通中（0.20）和从生产者到沉积层库的流通中（0.16）。从周转时间来看，此池塘生态系统中，最短的周转时间是水体库和生产者库的输入（5 d）和生产者到沉积库的输出（6.25 d）。周转率越大，库的周转时间就越短。

对于一个生态系统来说，物质循环一般处于稳定的平衡状态，即对主要库的物质输入与输出是必须达到平衡的。但这种平衡不能期望在短期内达到，也不能期望在一个有限的小系统内实现。对于一个生态系统、地理区域或生物

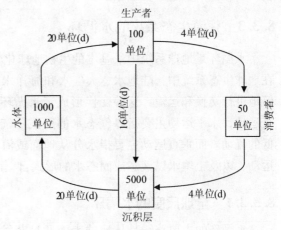

图 8-3　一个面积为 1.62 hm² 的池塘生态系统的库与流通率的模式概念图

（尚玉昌，2010）

圈，各库的输入与输出之间必须是平衡的。如大气中的氮、氧、二氧化碳等主要气体的输入与输出是处于平衡状态的。当然，当人类活动或干扰发生时，生态系统的物质循环平衡可能会被暂时打破。

8.3.2.3　物质循环类型

生态尺度与物质循环有较密切的联系，一般元素的循环可以在 3 个水平上进行。

①个体水平上的物质循环：即生物个体通过新陈代谢，与其周围环境不断进行物质交换。

②生态系统水平上的物质循环：即在生产者、消费者、分解者和环境之间进行物质交换，这种物质循环也被称为营养循环或生物循环。

③生物圈水平上的物质循环：即在地球生物圈的各个圈层中进行的物质大循环，这种循环被称为生物地球化学循环。

生物循环是在一个具体的范围内进行的，其特点是物质流速快、周转时间短；而生物地球化学循环的范围涉及整个生物圈，并具有范围大、周期长、影响广等特点。两种循环既相互联系，又有所差异。生物循环侧重于研究生态系统中营养物质的输入输出及其在营养级之间的交换过程，生物地球化学循环则主要研究与人类生存密切相关的各种元素的全球性循环。两种循环的联系主要表现为，生物地球化学循环实际上是由若干个单独的生物循环通过各种联系连接组成的大循环，因此，生物循环不是封闭的，它受生物地球化学循环的制约，是在生物地球化学循环的基础上进行的。

根据生物地球化学循环中物质参与循环时的形式，可分为 3 种类型：气体型循环、水循环和沉积型循环。气体型循环的主要储存库是大气，循环中的物质常以气态形式出现，典型的循环有碳循环和氮循环。沉积型循环主要储存库是土壤、岩石和地壳，元素常以固态形式出现，如磷和硫等的循环。气体型和沉积型循环都需要能量流动的驱动，并均依赖于水循环。

8.3.3 荒漠生态系统的水循环

水循环是地球系统中最基本的生物地球化学循环，强烈地影响着其他物质的循环。在地球生态系统中，陆地水、大气水和海洋水通过固体、液体和气体的三相变化，不停地进行交换和运输，这种变换形成了水循环的独特性。水的运动包括水平运动和垂直运动，水平运动主要指以气态水的形式随气流的移动，以及以液态水的形式自高而低的流动。而垂直运动主要指水分从地面或海洋通过蒸发以气态水的形式自下而上的运动，以及土壤水以液态或固态水的形式自上而下的运动。

8.3.3.1 全球尺度的水循环

水循环的主要路线是从地球表面通过蒸发进入大气圈，同时又不断地从大气圈通过降水回到地球表面(图8-4)。蒸发和降水是水循环的两种主要形式，而蒸发的能量来源于太阳，太阳能是全球水循环的主要驱动力，而降水主要受地球引力的驱动。

地球表面的蒸发量与降水量总体上是相等的，即通过降水和蒸发使地球上的水分达到一种平衡状态，但在不同表面或不同地区的降水量与蒸发量是不平衡的。地球表面是由陆地和海洋组成的，陆地的降水量高于蒸发量，海洋的蒸发量高于降水量，陆地上每年通过江河的径流源源不断地输送到海洋中，以弥补海洋每年蒸发量大于降水量的亏损。每年降落到陆地上的降水(包括雨、雪等)大约有35%以地表径流的形式流入海洋。

生物圈的水分仅占全球水循环的很小部分，因此，生物在全球水循环过程中的作用很小，虽然植物通过光合作用要吸收大量的水分，但这些水分被植被通过呼吸与蒸腾作用又送回到了大气圈中。

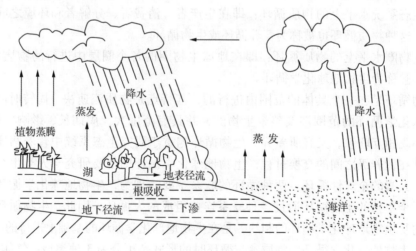

图8-4 全球水循环示意图

8.3.3.2 干旱荒漠区流域尺度水循环

流域由分水线所包围的河流集水区，是区域水循环的重要地理单元。在干旱荒漠地区，特别是亚洲内陆荒漠区、山地与盆地组合的流域是干旱荒漠区水循环的重要地理单元。例如，我国西部的黑河、塔里木河、石羊河、疏勒河、伊犁河流域，中亚的锡尔河和阿姆河等流域均是比较典型的山地—盆地组合型流域。

在内陆河流域上游地区，降水以雨、雪等形式降落到地表，在雪线以上区域形成冰川或积雪，雪线以下的山地区域，植被主要以草甸、灌木和森林为主；而在流域的中下游地区主要以荒漠植被为主。在整个流域尺度上，上游山区的降水以雨、雪等形式降落到地表，部分降水被植被截留后蒸发散失，当温度升高后冰雪融化，水分渗入到土壤中，通过地表径流和地下径流在重力的作用下向流域下游传输，最终汇集于尾闾湖中。在水分传输过程中，通过水面蒸发（湖泊、河流、水库等水面）、土壤蒸发、植物蒸腾等进入到大气中，部分水汽在高空凝结再次形成降水，还有部分水汽在高空气流的作用下运动到山地区域而降落到地表（图8-5）。在干旱内陆河中下游地区，一般存在着较大面积的天然绿洲或人工绿洲，绿洲的蒸散发是流域水循环中最主要的组分。

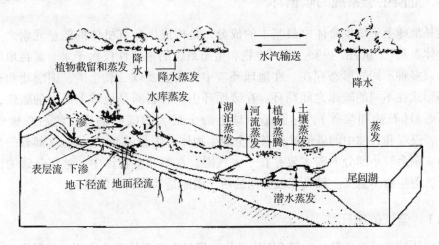

图8-5　干旱内陆河流域水循环示意图

8.3.3.3　荒漠生态系统尺度的水循环

荒漠生态系统中水的运转过程极为重要，直接决定着物质和能量的积累、转化过程。荒漠生态系统中的水循环主要包括植被冠层截留、土壤渗透、土壤蒸发、植物蒸腾、地表和地下径流等过程。

荒漠生态系统中水的来源主要为大气降水或冰川融水。大气降水以雨、雪或雾凝结成水的形式直接落在地面，渗入土壤。当土壤为壤土或黏土时，可能会有明显的地面径流，水会流向低地或附近的河、湖内。而在沙土、砂、砾质土壤上几乎无地表径流。部分动物可以从自由水面吸取水分，再通过排泄物将水分带入荒漠土壤中，但是其量甚微。在降水过程中，荒漠植被通过其叶和茎干等地上部分可以截留部分降水，这部分降水最终又以蒸发的形式散失于大气中。

水分在荒漠土壤中一般分为上下两层。表层土壤（约20 cm）水分大部分经土面蒸发而散失于大气中，特别在高温季节最为明显。这层水分在冬季、春季和秋季有一部分供植物浅层根系利用。由于荒漠土壤质地粗糙，所以土壤下层水借毛细管作用上升散失的水量不大，可供植物的深层根系利用。荒漠植物的根系发达，可以从很大体积的土体中吸取水分。植物根系吸收的水分部分用来形成有机质，大部分用于蒸腾作用。这样，土壤中的水分经土面蒸发和植物蒸腾作用，大部分又回到大气中。植物的枯枝落叶和死体中的水分大部分也通过蒸发作用散失在大气，只有很少部分入渗到土壤。

动物的活动和生长发育需要水分。许多植食动物、肉食动物归根到底要从植物取得水分，其中部分水分融入动物有机物中，部分水分随动物排泄物排出。动物排泄物中水分含量很少，大部分蒸发到空气中，小部分入渗到土壤中。而动物残体、排泄物和植物残体被微生物分解时会释放出一些水分。这些水分部分供微生物使用，部分仍然蒸发到空气中和入渗到土壤中。微生物本身所含水分不多，它们在活动中也将部分水分散失在空气和土壤中。它们死亡后也会被分解而释放出水分，同样散失在空气中和入渗土壤。

8.3.4　荒漠生态系统的碳循环

碳是地球上一切生命体中最基本的成分，是构成生命有机体的能量元素之一，约占生物体重量(干重)的49%，其对生物和生态系统的重要性仅次于水。碳在地球生态系统中以多种不同的形态存在。在地球环境中，碳主要以二氧化碳、碳酸盐和有机化合物等形式在不同的碳库之间循环。在碳循环中，岩石圈是地球上最大的碳库，其次是化石燃料(石油和煤等)，它们是地球上两个最大的碳存储库，约占总碳储量的99.9%，仅煤和石油中的碳量就相当于全球生物体含碳量的50倍，但这部分碳活动非常缓慢。剩余较小部分的碳主要存在于大气圈、水圈和生物库中，这部分碳的活动非常迅速，但生物学意义上最具积极作用的两个碳库是水圈和大气圈。

8.3.4.1　全球碳循环

碳循环的主要形式是从大气 CO_2 库开始，经过生产者的光合作用，将碳固定，生成碳水化合物(主要是糖类)，这构成了全球的基础生产。通过食物链和食物网，碳水化合物转化为动物体，一部分通过呼吸作用回到大气库中，另一些排泄物和动植物遗体中的碳通过细菌、放线菌等的分解作用被返回到大气库中，可被植物再利用。在此过程中，植物通过光合作用从大气中提取碳的速率和通过呼吸与分解作用而将碳释放到大气库中的速率大体相等。另外一个循环形式是一部分生物残体在地层中形成碳酸盐，沉积于海底，形成新的岩石，使这部分碳较长时间存储于地层中，暂时退出碳循环，在环境条件发生变化时，地层中的部分碳又重新返回到大气层中，再次参加生态系统的物质循环。此外，海洋也是碳的储存库，能够调节大气库中的含碳量。在水体中，水生植物通过光合作用将 CO_2 转化为糖类，然后通过食物链经消化合成、再消化与再合成，各种水生动植物呼吸作用又释放到大气中。动植物残体埋入水底的碳经过地质年代，又以石灰岩或珊瑚礁的形式再暴露于地表；岩石圈中的碳也可借助风化、溶解、火山爆发等形式重返到大气库中。还有部分会转化为化石燃料，人类在开采它们之后，通过燃烧过程再次返回到大气库中(图8-6)。

碳在生态系统中的含量过高或过低都能通过碳循环的自我调节机制而得到调整，并恢复到原有的水平。大气中每年约有 100 Gt 的 CO_2 进入水体，同时水中每年也有相同数量的 CO_2 进入大气中。在陆地与大气之间，碳的交换也是平衡的，陆地光合作用每

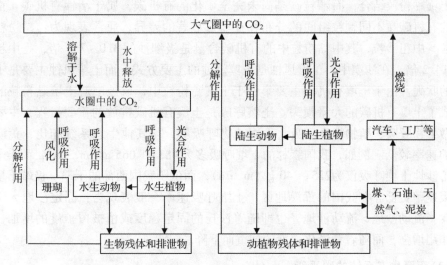

图 8-6 全球碳循环的主要路径

(尚玉昌，2010)

年约从大气中吸收 15 Gt C，植物死后被分解约释放 17 Gt C。森林是碳的主要吸收者，每年约吸收 3.6 Gt C，因此，森林也是生物碳的主要存储库，约存储 482 Gt C，相当于目前地球大气中碳量的 2/3。

8.3.4.2 荒漠生态系统碳循环

荒漠作为地球上最为贫瘠的生态系统，其在全球碳循环中也发挥着重要的作用，由于其气候的极端性，随着人们对全球变化问题的关注，荒漠生态系统碳循环也受到了较大的关注。

(1) 荒漠生态系统的碳源与碳汇

与其他生态系统一样，荒漠生态系统的碳汇功能要较森林、湿地、草地等低得多。其植被的碳汇功能较弱，这主要是与其植物的初级生产力较低有关。荒漠的净初级生产力仅为 0~250 g/(m^2·a)，远低于草原的 250~1 500 g/(m^2·a)和森林的 600~2 500 g/(m^2·a)。荒漠地区的碳输入量在地区与年度间差异很大，总体分布规律是，在同一温度带内随着降水量的增加而增加，在同一降水带内随着温度的增加而下降；在同一降水和温度区域内，植物输入的碳量随着沙地固定程度的增加而增加，随着荒漠化程度的增加而下降；降水多的年份，植物固定的碳量较多，干旱年份则较少。荒漠地区的风沙活动强烈，沙尘天气频繁，每年均会有大量的粉尘降落到地面，大气降尘中以富含有机碳的土壤细颗粒为主，并含有大量的动植物碎屑。大气降尘是荒漠地区有机碳的重要输入途径。例如，腾格里沙漠南缘沙坡头地区每年的降尘量可达 2 199.6 g/m^2，相当于每年有机碳输入 40.9 g/m^2。另外，荒漠植物对外来凋落物的拦截也是生态系统碳输入的重要途径。

荒漠生态系统中的碳排放主要有 4 种路径：植物呼吸、土壤呼吸、土壤有机碳吹蚀以及凋落物分解。其中以土壤有机碳吹蚀碳排放量最大，其次是土壤呼吸。土壤有机碳主要有两种存在形式：即腐殖质碳和颗粒碳。其中，腐殖质碳属于稳定性碳，主要与土壤黏粉粒结合，而颗粒碳是尚未完全矿化的有机碳，属于活性有机碳。荒漠土壤中的有机碳在不同颗粒组间的分布存在非常显著的差异，通常表现为：黏粉粒 > 极细沙粒 > 中粗沙粒，其中黏粉粒中的有机碳含量是极细沙的 $3.0 \sim 7.8$ 倍，是中粗砂的 $5.2 \sim 14.2$ 倍。在沙漠中，土壤风蚀是土壤侵蚀的主要方式，而土壤风蚀主要是土壤黏粉粒的吹失。由于土壤有机碳主要集中于土壤黏粉粒中，风蚀中对土壤黏粉粒的吹失就造成了土壤有机碳的大量损失。土壤呼吸是土壤有机碳排放的重要过程，主要包括土壤微生物呼吸、植物根系呼吸、土壤动物呼吸等，与其他生态系统相比，荒漠土壤呼吸的速率较低。例如，我国森林的土壤呼吸多为 $483 \sim 1\,065\ g/(m^2 \cdot a)$，而半干旱的科尔沁沙地土壤呼吸仅为 $225 \sim 340\ g/(m^2 \cdot a)$，而位于我国西部的干旱、极端干旱沙漠的呼吸速率更低。在我国的荒漠地区，土壤呼吸速率一般表现为：固定沙地 > 半固定沙地 > 半流动沙地 > 流动沙地，也即随着沙丘的固定程度或植被覆盖度的增加，土壤呼吸作用增强，而随着荒漠化程度的加重而下降。

（2）荒漠生态系统的碳平衡

荒漠生态系统的碳平衡是其有机碳输入与输出的关系，主要关注生态系统的碳储量是增加、减少或维持稳定平衡。若碳储量维持不变或趋于增加，则说明碳的输入量等于或大于输出量，生态系统的碳汇与碳源之间处于平衡状态。若碳储量趋于下降，则说明荒漠生态系统的碳输出量大于输入量，碳收支处于不平衡状态。碳收支平衡可以说明生态系统所处的状态，如果碳输入大于碳支出，则说明生态系统处于发育过程或恢复状态；反之则说明生态系统处于退化状态。

一般来说，在大多数自然生态系统中，如果没有受到人类活动的强烈干扰，无论其碳固定能力高低，生态系统都处于碳的动态平衡状态。如果生态系统受到人为强烈的干扰而处于退化过程，碳的收支平衡就会被打破，导致碳支出大于输入，此时生态系统就会成为碳源，生态系统的碳储量也会下降；如果生态系统处于发育或恢复状态，植物的固碳能力增强，碳输入大于支出，碳储量会增加。

8.3.4.3　荒漠生态系统碳收支对全球变化的响应与适应

《联合国气候变化框架公约》指出，气候变化是指除了自然变化外，由人类直接或间接作用于气候系统而导致的气候变化的异常现象。自工业革命以来，大气中温室气体（CO_2、CH_4、N_2O）浓度升高导致的全球气候变暖已经成为一个不争的事实。全球气候变暖是当今世界各国政府、公众和科技界共同关注的重大问题，如何应对全球气候变化、减缓碳排放是各国政府和科学家面临的共同挑战。植物光合作用和土壤呼吸作用作为全球碳循环最关键的两大环节，对温度、水分变化极其敏感，即使发生微小变化也会对全球碳平衡产生重大影响。因此，弄清全球气候变化对植物光合作用和土壤呼吸作用的影响规律，对准确评估陆地生态系统碳收支具有重要科学意义。

荒漠生态系统是陆地生态系统的重要组成部分，被长期认为在全球碳循环中扮演碳中性或碳源的角色。但近年来，有研究指出荒漠生态系统可能是一直未明的大气 CO_2 的"失踪汇"所在。荒漠生态系统究竟是碳源还是碳汇，依然是学术界争论的焦点。全球变化背景下降水的不确定性将增加，干旱区极端降水事件发生频率和降水量均有可能增加。水分是干旱区荒漠生态系统生物化学过程发生的主要限制因子。降水变化必然会对荒漠生态系统碳收支产生重大影响。因此，本节主要关注未来全球变化（降水增加）条件下，荒漠生态系统碳循环关键过程——植物光合作用和土壤呼吸作用的变化规律。

（1）降水增加对荒漠植物光合作用的影响

干旱区降水增加会显著影响荒漠生态系统的碳循环过程。以典型荒漠植物白刺为例，分别设立于内蒙古乌兰布和沙漠、巴丹吉林沙漠的两个荒漠生态系统定位观测站多年的人工模拟增水实验研究结果表明：白刺叶片气孔导度，瞬时净光合速率、最大净光合速率、CO_2饱和点、原初光化学量子效率、电子传递速率、光化学淬灭系数等光合生理参数在降水增加处理之后增加，并且增加幅度均随水量的增加而增大，尤其是当增水量达到当地多年平均降水量的75%和100%后，增水处理样地的白刺叶片各种光合参数与对照样地相比差异显著。增水处理后，白刺植物叶片水分条件改善，叶周气温升高，扩展了白刺光合作用对环境温度的适应范围（鲍芳等，2017）。如与对照相比，在降水增加了当地多年降水量的75%和100%之后，白刺光合作用对环境温度的适应幅度分别提高了2.26℃和6.02℃。

（2）降水增加对荒漠生态系统土壤呼吸作用的影响

土壤呼吸是陆地生态系统碳循环最重要过程之一，对全球变化特别是气候变暖和降雨格局变化极为敏感，其速率细微的变化都会对全球碳收支产生重大影响，进而反馈于气候变化。降水可使荒漠生态系统土壤呼吸作用（植物自养呼吸和土壤微生物呼吸）显著提高。降水量和降水时间不同，对土壤呼吸作用的影响也不同。乌兰布和沙漠典型荒漠植物白刺生长季年固碳量估算值为 2 895.6 kg·C/（hm² · a），其中的35.59%用于地上部分的生长发育，16.67%分配至根系，31.92%被呼吸消耗，15.82%存留在土壤碳库中。总体来看，模拟增水条件下，荒漠生态系统通过荒漠植物固定的碳量和通过土壤呼吸作用释放的碳量均在增加，但植物通过光合作用固定碳的量高于土壤呼吸排放的碳量，未来降水增加条件下，荒漠生态系统碳库趋势明显。

8.3.5　荒漠生态系统的氮循环

8.3.5.1　全球氮循环

氮是构成氨基酸、蛋白质和核酸的主要元素，是一切生命结构的基本原料，在生物学上具有非常重要的意义。氮的生物地球化学循环过程非常复杂，循环机能极为完善。虽然大气圈中的氮气含量非常高（79%），但是氮的气体形式只能被极少数的生物所利用。几乎所有的生物都要以代谢物的形式排出氮，但几乎没有以氮气的形式排放含氮废物。在各种营养物质的循环中，氮的循环实际上是牵连生物最多和最复杂的，这不仅是因为含氮的化合物很多，而且因为氮循环的很多环节上都有特定的微生物参加。

自然界中的氮处于不断的循环过程中。氮循环是氮在自然界中的循环转化过程，是生物圈基本的物质循环之一。首先，进入生态系统的氮以氨或氨盐的形式被固定，经过硝化作用形成亚硝酸盐或硝酸盐，被绿色植物吸收并转化成为氨基酸，合成蛋白质；然后，食草动物利用植物蛋白质合成动物蛋白质；动物的排泄物和动植物残体经细菌的分解作用形成氨、CO_2和水，排放到土壤中的氨又经细菌的硝化作用形成硝酸盐，被植物再次吸收、利用合成蛋白质，这是氮在生物群落和土壤之间的循环。由硝化作用形成的硝酸盐还可以被反硝化细菌还原，经反硝化作用生成游离的氮，直接返回到大气中，这是氮在生物群落和大气之间的循环。此外，硝酸盐还可能从土壤腐殖质中被淋溶，经过河流、湖泊，进入海洋生态系统。水体中的蓝绿藻也能将氮转化成氨基酸，参与氮的循环，并为水域生态系统所利用。至于火山岩的风化和火山活动等过程产生的氨同样进入氮循环，只是其数量较小(图 8-7)。

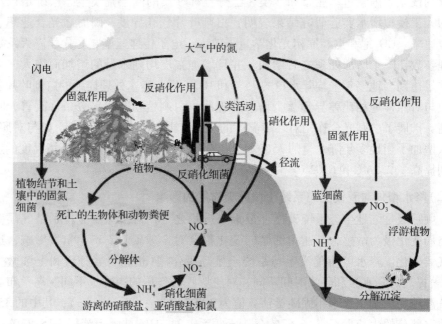

图 8-7　全球氮循环示意图

(资料来源：Adapted from Michigan Water Research Center)

　　一般生物不直接利用大气中的氮，大气中的氮必须通过固氮作用，将氮和氧结合成为硝态氮和亚硝态氮，或者与氢结合形成铵态氮后才能够被植物所利用。氮循环的主要环节包括：固氮作用、氨化作用、硝化作用和反硝化作用。

　　固氮作用是分子态氮被还原成氨和其他含氮化合物的过程。自然界中的氮固定有以下两种方式。

　　①非生物固氮：即通过闪电、宇宙射线、陨石、火山爆发、高温放电等自然界中的高能过程固氮，形成氨或硝酸盐，随降水到达地球表面。

　　②生物固氮：即分子态氮在生物体内还原为氨的过程，它是最重要的途径，固氮量为 $100\sim200$ kg/$(hm^2\cdot a)$，约占地球固氮量的 90% 以上。能够固氮的生物主要是固氮微生物，典型的如豆科植物利用根瘤菌固定大气中的氮，某些特殊的细菌和藻类也有固氮能力。

　　③工业固氮：即人类通过工业生产而固定的氮，人工固氮的能力正越来越大。

　　含氮有机物的转化与分解过程主要通过氨化作用、硝化作用和反硝化作用来完成。植物吸收土壤中的铵盐和硝酸盐，进而将无机氮同化成植物体内的蛋白质等有机氮，动物直接或间接以植物为食物，将植物体内的有机氮同化成动物体内的有机氮，这一过程为生物体内有机氮的合成。动植物的残体、排泄物或凋落物中的有机氮化合物被微生物分解后形成氨，这一过程是氨化作用。在有氧的条件下，土壤中的氨或铵盐在硝化细菌的作用下最终氧化成硝酸盐，这一过程称作硝化作用。氨化作用和硝化作用产生的无机氮，都能被植物吸收利用。在氧气不足的条件下，土壤中的硝酸盐被反硝化细菌等多种微生物还原成亚硝酸盐，并且进一步还原成分子态氮，分子态氮则返回到大气中，这一过程被称作反硝化作用。

在人类工业固氮之前，自然界中的硝化作用和反硝化作用大体处于平衡状态，随着工业固氮量的增加，这种平衡状态已被改变。据估计，为了满足迅速增长的人口对粮食的需求，2000 年时的全球工业固氮量将可能超过 1×10^8 t，这对全球氮循环产生怎样的影响是值得研究的重要科学问题。目前，我国已经出现了大量氮过程积累导致的水体污染、大气污染和土壤污染等情况，导致水质变差、海洋赤潮等环境污染事件，对生态系统和工农业生产带来较大损失。

8.3.5.2 荒漠生态系统氮循环

虽然荒漠生态系统中氮的固定与草地、森林和湿地生态系统相比，氮固定能力较弱，但荒漠生态系统却存在着大量的固氮生物，这些生物通过生物固氮作用为荒漠生态系统提供大量的氮源。与固氮微生物形成共生体的植物，统称为固氮类植物，包括豆科植物、非豆科植物、藻类、地衣、苔藓和蕨类植物等。固氮微生物有自生固氮菌和共生固氮菌两类。前者中与植物存在共生关系的种类不多，只有固氮蓝藻与地衣、蕨类等植物形成共生体；后者中有根瘤菌、放线菌，则与大量的豆科植物和非豆科植物形成根瘤共生体，进行共生固氮。固氮类植物在生态系统中具有重要的生态功能。

(1)豆科固氮植物

豆科固氮植物在乔木、灌木和藤蔓植物生活型上都有典型代表，是植物界最大、最主要的固氮类群，发现时间最早，分布面积最广，物种最多，固氮效率较高，是陆地生态系统最主要的氮源。在全球每年约有 80% 的生物固氮为豆科植物所固定。荒漠豆科固氮植物种类较多，主要属于锦鸡儿属植物，在荒漠中比较常见的固氮植物如沙冬青、斜茎黄耆(*Astragalus adsurgens*)、刺叶锦鸡儿(*Caragana acanthophylla*)、小叶锦鸡儿(*C. microphylla*)、苜蓿(*Medicago sativa*)、甘草、胡枝子(*Lespedeza bicolor*)等。

(2)非豆科固氮植物

有些非豆科植物能与土壤中放线菌属的 Frankia 细菌结瘤固氮称为放线菌根植物。主要生活型为多年生木本、灌木和乔木，分布在温带和北方森林，是干旱区、森林和湿地的主要氮源。有些放线菌根植物固氮效率很高，氮输入贡献可与某些豆科植物相近。例如，放线菌根植物桤木属植物的固氮速率为 $12 \sim 200$ kg/(hm^2 · a) N，而豆科固氮植物沙棘属的固氮速率是 $27 \sim 179$ kg/(hm^2 · a) N。

(3)隐花固氮植物

隐花植物包括藻类、地衣、苔藓和蕨类，可以和蓝藻形成生物结皮从而固氮。在干旱、半干旱荒漠和草地等极端环境中，其固氮作用非常突出，是这些地区氮素的重要来源，对土壤的物理和生态过程有重要影响。生物结皮的生长及其固氮功能已经引起人们的广泛关注。

荒漠生态系统的氮固定与转化量在不同温度与水分条件下差异很大。氮素的转化是由微生物驱动的，氨化细菌、硝化细菌、反硝化细菌和固氮细菌分别影响氮循环过程中氨化作用、硝化作用、反硝化作用和固氮作用。大体上来说，在同一温度条件下，降水的增加有助于氮的固定；而在同一水分条件下，氮的固定又随温度的增加而先增加后降低。在荒漠化条件下，随着荒漠化程度的加重，荒漠土壤中的微生物（包括细菌、放线菌、硝化细菌等）数量呈下降趋势。而在荒漠草原中，放牧强度对土壤氮循环有重要的影响。随着利用强度的增加，轻度放牧有利于土壤中的氮循环功能性微生物（氨化细菌、硝化细菌、反硝化细菌和固氮细菌）数量增加，也使土壤中的氨化作用、硝化作用和固氮作用强度增加，促进整个土壤中氮素循环的进程；而过度放牧则会导致土壤中氮素转化微生物数量减少，且使得草地土壤的氨化作用、固氮作用强度显著降低，会抑制土壤氮素循环的进程。

8.3.6 荒漠沙尘的生物地球化学循环

沙尘暴是指强风将地面大量沙尘卷入空中，使空气特别浑浊、水平能见度低于1 km的天气现象，是干旱、半干旱荒漠地区冬春季经常发生的天气事件。沙尘是各种元素化合物组成的混合物，富含硅、铝、钙、铁等元素以及钾、硫和磷等元素。与水、碳、氮等的生物地球化学循环不同，沙尘的生物地球化学循环属于沉积型循环，但沙尘中的部分元素又通过生物作用进入生态系统，参与生物圈的循环。因此，本质上来说，沙尘的生物地球化学循环是各种元素循环过程的集合体或重要环节，并与水、碳等循环发生相互影响或关联。

8.3.6.1 沙尘的全球循环

沙尘的主要循环路线是从干旱、半干旱地区的荒漠，随大风或强风进入大气圈。同时，在重力的作用下，不同大小的沙尘颗粒通过干湿沉降过程又重新回到地球表面。沉降的沙尘在漫长的地质历史变化过程中，在海陆变迁、荒漠化以及气候变化等的作用下又回归到沙尘源。在传输过程中，随着传输距离的增加，粒径较大的沙尘首先沉降，这些沙尘中的矿质元素会释放出各类离子，如铁、磷被植物吸收，参与到其生物循环过程中；还有部分沙尘可能会随径流带入海洋，随着沙尘在河口的累积而形成河流三角洲；另外，高空中较细的沙尘颗粒在长距离传输过程中，逐渐沉降到海洋中，这些沙尘在大气中被磨蚀，增加了其在海洋中的溶解性，沙尘中的铁、磷等元素又会参与到海洋生物化学循环中，未被利用的沙尘沉积于海底；还有部分较细颗粒的沙尘会沉降到陆地，进一步参与到各类元素的生物化学循环中（图8-8）。

气溶胶是沙尘在大气圈中的主要传输形式，而大风或强风是沙尘循环的起始动力条件，不稳定的热力条件也是沙尘由地表向地球高空传输的重要条件，地球高空的气流是沙尘远距离传输的重要动力。沙尘的全球生物地球化学循环在短时间尺度上的循环不是闭合的，但在地质历史时间尺度上，全球的沙尘生物地球化学循环是闭合的。

8.3.6.2 沙尘气溶胶源区与沉降区

（1）沙尘源区

干旱、半干旱区的中亚、北美、北非和西亚、澳大利亚是地球上四大沙尘暴多发

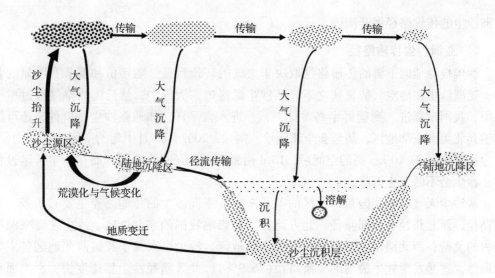

图8-8 荒漠沙尘生物地球化学循环示意图

区，它们大部分分布在赤道两侧(25°S~25°N)低纬度副热带地区，即哈得莱环流中下沉气流所控制的干旱、半干旱气候区，是世界沙尘气溶胶的最主要起源地。从沙尘释放量来看，北非是全球最大的沙尘源区，其沙尘释放量约占全球沙尘释放量的近58%~65%；虽然来自东亚的沙尘仅约占10%，但却存在非常大的不确定性。

亚洲沙尘是影响我国及北太平洋地区的重要沙尘来源。亚洲沙尘有10余个沙尘暴源区，其中蒙古南部荒漠戈壁、我国塔克拉玛干沙漠和巴丹吉林沙漠是亚洲沙尘的3个最主要源区，约贡献了亚洲沙尘释放总量的70%。我国西北地区是世界上沙尘暴发生频率较高的中纬度(35°N~45°N)沙尘源区，主要包括内蒙古戈壁、塔克拉玛干沙漠、柴达木盆地荒漠、巴丹吉林沙漠、腾格里沙漠和毛乌素沙地等。

(2)沙尘沉降区

全球沙尘的沉降区主要集中于沙尘源区及其紧临的下风地区，主要包括0°N~60°N之间的北非、欧亚大陆、西太平洋、北印度洋、北美和大西洋的带状分布区域。作为世界最大的沙尘源区，北非沙尘的主要沉降区在大西洋中部、中美洲和南美洲热带雨林地区。据研究，离开北非沙尘源区的沙尘量达到182 Tg/a，而沙尘传输到15°W和35°W的量分别为132 Tg/a和43 Tg/a，其余的沙尘在传输过程中沉降到了大西洋和南美洲陆地。亚洲沙尘在强大的亚洲冬季风(即西北风)和西风带的输送下，沙尘主要沉降于我国的黄土高原和东部平原、朝鲜半岛、日本和北太平洋地区，甚至被西风带到北美、格陵兰岛和极地地区。亚洲沙尘中，约有51%沙尘在源区沉降，其余部分则被气旋冷锋等天气系统扬升至自由大气(3~10 km)并主要沿40°N附近的带状区域向下游输送，其中21%的沙尘在亚洲内陆沉降，9%的在太平洋沿岸沉降，约16%在北太平洋沉降，另约3%跨越太平洋到达北美大陆沉降。

8.3.6.3 沙尘传输路径

长距离输送是沙尘的重要特性之一，在不同的沙尘源区，由于其所处地理环境的差异，沙尘的传输路径也各不相同。为此，本节主要针对研究较为透彻的亚洲沙尘和非洲沙尘的传输路径展开阐述。

（1）亚洲沙尘传输路径

沙尘自源地向下游的传输路径取决于大气的环流特征，随年份和季节有明显的差异。亚洲沙尘在冷空气的裹挟之下，从沙尘源区进入大气中，然后随冷空气经过黄土高原、我国东部进入到朝鲜半岛、日本，并进入太平洋，如遇强沙尘暴事件，还可能传输到北美洲东部地区，甚至会全球传输。例如，2007 年 5 月中旬的一场特大沙尘暴，沙尘被裹挟到 8~10 km 高的空间后，13 d 沿地球运动了近 1.5 圈，而在沙尘传输过程中，沙尘会不断发生沉降。

从沙尘天气影响我国东部地区的差异来看，亚洲沙尘的传输路径主要有 3 条：北方路径、西北路径和西部路径。北方路径主要影响我国的东北地区，沙尘主要来源于蒙古的戈壁；西北路径主要影响我国的华北地区，沙尘可来源于我国西北地区各主要沙源地，这是发生频率最高的一条路径（76.9%），此条路径沙尘移速度快、影响面积广，且造成的灾害严重；西部路径主要影响我国的华中和华东地区，沙尘来源于塔克拉玛干沙漠和内蒙古中西部的沙漠戈壁，这些沙尘路径在大陆上的沉降区集中于我国黄土高原、东部地区、朝鲜半岛和日本等地，而在海洋沉降区主要集中于北太平洋。

在沙尘天气里，500 hPa 高空，由于存在很强的水平气流，特别是高空强西北气流，当沙尘粒子进入高层气层后，可快速输送到下游地区，高空西风是亚洲粉尘输向太平洋等区域的主要营力。沙尘粒子的传输距离和影响范围主要取决于粒径的大小，粒径越小的微粒在空中传播的距离越远。有研究表明，粒径大于 150 μm 的沙尘不能漂浮到上空；而粒径小于 40 μm 可上升到 4 000 m 高空，而且在离源地数百千米的地区沉降；粒径 20 μm 可输送至 3 000 km 外；7 μm 可到达 10 000 km 的下风地区。春季我国向西北太平洋输送沙尘的主要路径位于 40°N 左右，在传输路径上有较大的沉降通量，形成黄土堆积或到达海上成为深海沉积的一部分。

沙尘的传输路径和通道有垂直双层结构。在接近亚洲沙尘源区，沙尘浓度峰值在 1 km 以下，在我国内陆包括黄土高原区域，大部分的沙尘输送都发生在对流层底部 1~3 km 沙尘能够长距离输送的主要路径从 3 月的约 38°N 移到 4 月的约 42°N，再到 5 月的约 47°N，有着不断"北跳"的现象。这种大量沙尘向北跳移的现象与北半球 3~5 月期间西风急流的向北移动有关。在沙尘输送到东亚（如日本和韩国等地）时，沙尘的主体高度在 2~4 km，到达东北太平洋 40°N~45°N，最大浓度层高度约为 4~5 km，到达北美时高度约为 5~7 km。

（2）非洲沙尘

撒哈拉沙漠是世界上最大的沙漠，同时也是世界上最大的沙尘源区。据美国国家航空航天局（NASA）估计，风和风暴每年从撒哈拉沙漠中带起大约 1.8×10^8 t 的沙尘。北非沙尘在强风的作用下主要向大西洋、欧洲、中东地区甚至漂洋过海向美洲传输。例如，2018 年 6 月 18 日，卫星探测到了肆虐北非的浓厚撒哈拉沙尘，在接下来的 10 d 中，撒哈拉沙尘暴冲向大西洋，西非和整个热带大西洋上空都覆盖着一层黄色。这些沙尘被抬升到 1 500~6 000 m 的高空。当大西洋上的风力特别强劲时，沙尘随风运输数千千米，达到亚马孙雨林、加勒比海、美国佛罗里达和墨西哥湾沿岸。通过模拟发现，在6月中旬，伊拉克和沙特阿拉伯的尘土飞扬吹入北非，但吹入大西洋且漂洋过海的沙尘却主要来自乍得东北部干涸的湖泊盆地（图8-9）。类似沙尘暴事件每年都会重复发生。

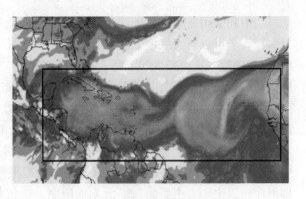

图8-9　北非沙尘的典型传输过程
（资料来源：NASA 卫星影像）

8.3.6.4　沙尘传输的环境效应

沙尘生物地球化学循环作为荒漠与荒漠化地区非常重要的一种重要物质循环或传输过程，对全球生态系统来说，既有正面效应，也有很多不利的影响。

（1）环境负效应

当沙尘或沙尘暴发生时，对于人类或人类社会来说，会产生较大的环境危害，影响人类的健康与社会的正常运行。主要危害包括以下方面。

①导致大气等生态环境恶化：出现沙尘暴天气时狂风裹的沙石、浮尘到处弥漫，所经地区空气浑浊、呛鼻迷眼，呼吸道等疾病人数增加。

②影响生产生活：沙尘或沙尘暴天气携带的大量沙尘蔽日遮光，造成到达地面的太阳辐射减少，几小时到十几个小时较低的能见度容易使人心情沉闷、工作学习效率降低。轻者可使大量牲畜患呼吸道及肠胃疾病，严重时将导致大量"春乏"牲畜死亡，刮走农田沃土、种子和幼苗。沙尘暴还会使地表层土壤风蚀、沙漠化加剧，覆盖在植物叶面上厚厚的沙尘，影响正常的光合作用，造成作物减产。沙尘暴还可使气温急剧下降，天空如同撑起了一把遮阳伞，地面处于阴影之下变得昏暗、阴冷。

③影响交通安全：沙尘或沙尘暴天气经常影响交通安全，造成飞机不能正常起飞或降落，使汽车、火车车厢玻璃破损、停运或脱轨等。

④危害人体健康：当人暴露于沙尘天气中时，含有各种有毒化学物质、病菌等的尘土可透过层层防护进入到口、鼻、眼、耳中。这些含有大量有害物质的尘土若得不到及时清理将对这些器官造成损害或病菌以这些器官为侵入点，引发各种疾病。

（2）环境正效应

虽然沙尘存在各种负面环境影响，但从全球生物地球化学循环角度看，它具有很大的环境正效应。其包括以下几个方面。

①阳伞效应：即沙尘通过对太阳短波的散射和吸收以及对地面长波的吸收和辐射（即直接辐射效应），改变了大气层顶和地表的辐射通量值，引起能量收支平衡变化，从而影响气候。

②冰核效应：即沙尘气溶胶可以作为云的凝结核或冰核，通过与云的相互作用，改变云滴大小、数量、浓度、粒子分布等物理、光学特性，同时也能改变云的生命周期和云量，即间接效应，从而使云对辐射的影响产生了变化，造成了辐射平衡变化，进而影响云的形成、辐射特性和降水，产生间接的气候效应。

③中和酸雨效应：由于沙尘所携带的碳酸盐和可溶盐是碱性物质的重要来源，其氢氧根离子可以与大气中工业排放的大量酸性离子发生中和，吸收硫酸/硝酸，形成硫酸盐/硝酸盐，从而减少酸沉降。我国南北方的工业酸性污染物排放程度大致相当，但酸雨却主要出现于长江以南，北方只有零星分布，这主要是因为北方常有沙尘天气，来自沙漠的沙尘和当地土壤都偏碱性，其中的硅酸盐和碳酸盐富含钙等碱性阳离子，能够中和大气中的绝大部分酸性污染物，避免酸雨形成。

④"铁肥效应"：地球上超过一半的光合作用是由海洋浮游生物进行的，然而海洋中进行光合作用所需要的重要元素铁的含量却很低，从而导致海洋净初级生产力较低。即海洋初级生产力主要受"铁"元素的限制，也就是所谓的"铁限制假说"，在海洋中增加铁可使浮游生物增加，并消耗大量的二氧化碳，使大气中的二氧化碳浓度降低，进而降低全球的温度，而有些部分海洋中的铁元素则主要来源于大陆的沙尘。亚洲沙尘在远距离传输过程中，大量的沙尘在北太平洋、我国近海等海洋区域沉降，为海洋提供了大量的铁元素以供海洋浮游生物利用。有研究认为，亚洲沙尘为北太平洋地区提供了95%的铁元素参加地球海洋化学循环。沙尘通过全球生物地球化学循环，从陆地传输到海洋，从而提升了海洋初级生产力，这就是所谓的"铁肥效应"。亚洲沙尘可以影响到赤道太平洋和亚极地太平洋的高营养低叶绿素海区，而作为南半球沙尘的主要源区，澳大利亚沙尘是南大洋海区铁供应的重要来源，而作为世界上最大的沙尘源区，北非的沙尘是热带大西洋海区铁的重要来源，而西亚阿拉伯半岛的沙尘却是北印度洋海区铁供应的重要源区。

虽然科学家发现了沙尘与海洋生态系统变化及生物生产力之间的相关性，并认为沙尘对近海和大洋营养盐的贡献（如铁、氮、磷等）是沙尘影响海洋生态系统的主要方面，但至今对其作用机制还缺乏深入的认识，特别是对不同营养物质之间的联合作用机制及其他效应的理解还停留在概念或实验室研究阶段，因此，未来还需要加强对沙尘与其他物质循环之间的关系研究，全面认识沙尘生物地球化学循环的意义。

思 考 题

1. 荒漠群落演替的基本概念是什么？包括什么样的类型？受哪些因素驱动？

2. 原生演替和次生演替主要包括什么阶段？它们有什么不同？

3. 荒漠顶极群落包括哪些类型？

4. 生态系统能量流动的基本模式是什么？有何特征？结合荒漠系统特征，举例分析荒漠生态系统和能量流动过程和特征。

5. 论述生态系统物质循环的主要特征和类型，生态系统物质循环与能量流动之间有何关系？

6. 简述生态系统水、碳和氮的生物地球化学循环的主要过程。

7. 简述荒漠沙尘生物地球化学循环的主要过程以及源与汇的特征。

推荐阅读书目

1. 沙漠生态学. 赵哈林. 科学出版社, 2012.

2. 普通生态学. 骆世明. 2 版. 中国农业出版社，2011.

3. 普通生态学. 尚玉昌. 3 版. 北京大学出版社，2010.

参考文献

高雪峰，韩国栋，2011. 利用强度对草原土壤酶活性和养分影响的动态研究[J]. 干旱区资源与环境，25(4)：166 – 170.

骆世明，2011. 普通生态学[M]. 2 版. 北京：中国农业出版社.

尚玉昌，2010. 普通生态学[M]. 3 版. 北京：北京大学出版社.

张小曳，2007. 有关中国黄土高原黄土物质的源区及其输送方式的再评述[J]. 第四纪研究，27(2)：181 – 186.

赵哈林，2012. 沙漠生态学[M]. 北京：科学出版社.

Uno I，Eguchi K，Yumimoto K，et al.，2009. Asian dust transported one full circuit around the globe[J]. Nature Geoscience(2)：557 – 560.

Yu H，Chin M，Bian H，et al.，2015. Quantification of trans-Atlantic dust transport from seven-year (2007—2013) record of CALIPSO lidar measurements[J]. Remote Sensing of Environment(159)：232 – 249.

Zhang X Y，Gong S L，Zhao T L，et al.，2003. Sources of Asian dust and role of climate change versus desertification in Asian dust emission[J]. Geophysical Research Letter，31(24)：2272.

第 8 章附属数字资源

第**9**章

荒漠生态系统调查与监测

[**本章提要**]本章主要介绍了荒漠生态系统中个体、种群和群落尺度上生物(植物、动物和微生物)及土壤的调查方法，并对景观尺度上的观测方法和生态系统中各监测要素长期定位观测进行了详细阐述。

9.1 荒漠生物调查

9.1.1 植物调查

荒漠植被极度稀疏，有的地段大面积裸露。荒漠植物群落是指在特定的荒漠生境中，分布在一起的以超旱生、旱生小乔木、灌木、半灌木和草本植物为主体的各种植物种群的集合体，种类组成相对单一，优势种相对明显，层片结构相对简单，群落覆盖度小，初级生产力相对低下。

9.1.1.1 样地描述

样地描述是数据处理、论文和工作报告撰写必不可少的基础资料。因此，在野外进行植物群落学调查时，首先要对所选样地基本信息进行描述和记录(表 9-1)。

表 9-1 植物群落样地描述调查表

样方号：	样方面积：	m²
调查者：	地理位置：	省
图号：		县
日期：		区
纬度：		乡
经度：		村
海拔：	m	

9.1.1.2 种类组成和生活型谱调查

植物群落内植物种类的多少和组成种群的植物生活型差异会影响植物群落的结构、功能和外貌。植物生活型是植物的形态、外貌对环境，特别是气候条件综合适应的表现，能反映当地的自然环境条件，也是划分地带性植被的指标之一。在野外进行植物种类组成和生活型调查时，必须要准确鉴定并详细记录样地内的所有植物种及所属的生活型。植物种鉴定常用的工具书有《中国植物志》《中国高等植物图鉴》及各级地方植物志等。必要时需挖取地下部分进行判断，为确定某植物是一年生的还是多年生的，还应做定株观测，对于不能当场鉴定的一定要采集标本。

9.1.1.3　群落结构调查

(1)层片结构

层片是植物群落结构单元,是在群落产生和发展过程中逐步形成的。它的特点是具有一定的种类组成,所含的种具有一定的生态学、生物学一致性,并且具有一定的小环境,这种小环境是构成植物群落环境的一部分。层片可划分为建群层片和从属层片两类。建群层片基本决定和创造了植物群落的植物环境,通常包括了由建群种组成的大部分植物体;而从属层片则是在群落生境中只占据某一个生态小生境。在一个植物群落中建群层片只有一个,而从属层片可能是多个。在植物群落调查时,应根据组成种群的生活型及其相对地位判别并记录群落的所有层片及其地位。

(2)垂直结构

群落的垂直结构指群落在垂直方向的配置状态,其最显著的特征是成层现象,即在垂直方向分出许多层次的现象。层的划分主要取决于植物的生活型,生活型不同,植物在空间中占据的高度不同,这样就出现了群落中植物按高度配置的成层现象。成层现象在森林群落表现最为明显,一般按生长型把森林群落从顶部到底部划分为乔木层、灌木层、草本层和地被层(苔藓地衣)4个基本层次,在各层中又按植株的高度划分亚层。例如,热带雨林的乔木层通常分为3个亚层。有些附生和藤本植物不属于任一层而称为"层间植物"。荒漠植物群落通常可划分为灌木层、草本层和地被层,也有些仅可划分为草本层和地被层。在植物群落调查时,要当场划分群落的层,并绘制群落垂直结构图,记录各层的高度和主要的种类及其生活型。

(3)水平结构与镶嵌群落

群落的水平结构指群落的水平配置状况或水平格局,其主要表现特征是镶嵌性。镶嵌性即植物群落在水平方向上不均匀配置,使群落在外貌上表现为斑块相间的现象。这种现象的形成原因或是种群分布格局的差异,或是小地形和土壤的微小差异,或是动物的活动等因素。具有这种特征的群落称作镶嵌群落。在镶嵌群落中,每一个斑块就是一个小群落,小群落具有一定的种类成分和生活型组成,是整个群落的一小部分。调查群落的镶嵌结构,通常要绘制适当比例尺的镶嵌结构图,将群落中不同植物种个体出现的位置及覆盖度反映在图上。

9.1.1.4　物种多样性评价

样方调查是植物群落多样性研究的基本方法。不同研究对象、不同研究内容、不同研究地域的样方取样方法不同。研究群落物种多样性的组成和结构多采用临时样地中的典型取样法,研究群落的功能和动态多样性则采用永久样地法,研究物种多样性的梯度变化特征采用样带法或样线法。取样面积的大小也会影响群落物种多样性的测度。群落的最小面积应能使该群落的种类成分得以充分表现。不同植物群落由于群落结构不同,其群落最小面积存在一定差异。一般认为,样方面积扩大 1/10,种类增加不超过 5%,应为群落最小面积。灌木层样方大小一般为 10 m×10 m 或 5 m×5 m,草本层为 1 m×1 m。各群落类型的临时样地至少设置 3 个以上重复。调查每个物种的高度、覆盖度、多度(以单位面积株数表示)和乔木的胸径。有条件时,可以分种测定生物量,在此基础上计算物种多样性指数,常用的物种多样性指数有物种丰富度指数、Simpson 指数、Shannon-Wiener 指数等。

9.1.1.5 群落组分种群重要性评价

重要值是评价植物种群在群落中作用的一项综合性数量指标,它是植物种的相对覆盖度、相对频度和相对密度(或相对高度)的总和。重要值(IV)的计算公式如下:

$$IV = RHI + RCO + RFE$$

式中 IV——重要值;

RHI——相对高度,m;

RCO——相对覆盖度,%;

RFE——相对频度。

总和优势度也是评价植物种群在群落中相对作用大小的一种综合性数量指标,是通过各种数量测度的比值计算而得的。利用多项测度值统计出来的植物种的总和优势度,能较客观而真实地反映它们在群落中的地位和作用。

9.1.1.6 群落组分种群特征观测

植物群落组分种群是生长在一定群落中的某种植物所有个体的总和。一个植物群落常常由多个种群组成,每个种群在群落中的数量、体积、所占空间、生物量积累等方面都不同,在群落中具有不同的地位或作用。

(1)种群空间分布格局

种群在空间上的分布格局可分为随机型、均匀型和群集型 3 类(图 9-1)。通常根据方差 S^2 与均值 m 的比率(S^2/m)来确定。方差的计算见下式:

$$S^2 = \frac{\sum (x_i - m)^2}{n - 1} \tag{9-1}$$

式中 n——取样数,个;

x_i——各样地中实际的个体数,株;

m——所有取样中个体的平均数,株。

如果(S^2/m) = 1,则为随机型;如果(S^2/m) < 1,则为均匀型;如果(S^2/m) > 1,则为集群型。S^2 与 m 的关系的显著性可用 t 检验来判定。

①均匀型:对均匀分布的种群取样时,空白的和密度大的样方都极少,接近平均株数的样方最多,也就是说,每个样方中的个体数相近,S^2 显著小于样方内个体的平均数。自然群落中均匀型分布极为少见,人工群落大多为均匀型。

②随机型:由生境条件或植物种生物学特性等因素所决定,种群呈随机分布。随机分布时,S^2 与样方内个体的平均数无显著差异。

③群集型:种群个体常成群、成簇、成斑块状密集分布,各群的大小,群内个体的数量都不相同,但各群之间都呈随机分布。S^2 显著大于样方内个体的平均数 m 时,种群呈群集分布。

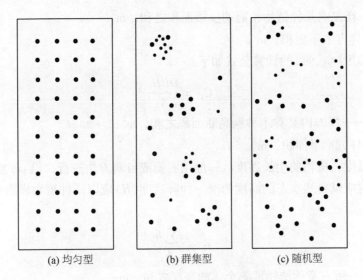

(a) 均匀型 (b) 群集型 (c) 随机型

图 9-1   种群个体可能出现的空间分布类型

(2) 种群数量特征

①种群密度：密度是单位面积上某植物种的个体数目，通常用计数方法测定。种群密度通常用株(丛)/m² 表示，密度 D 的计算公式如下：

$$D = \frac{I}{A} \tag{9-2}$$

式中 I——样方内的个体数，株；

A——样方面积，m²。

②种群多度：多度是群落样方内每种植物个体数量多少的一种目测估计的相对意义定量指标，与密度有所不同。通常用 Drude 划分的多度级来表示。多度在某种程度上是结合了植物个体数量和个体大小的一种综合概念。

③种群频度：频度是指某种植物在全部调查样方中出现的百分率，是表示某植物种在群落中分布是否均匀一致的测度，是种群结构分析特征之一。它不仅与密度、分布格局和个体大小有关，还受样方大小的影响。使用大小不同的样方所取得的数值不能进行比较，因此，频度值的测定要注明样方的大小。种群频度(F,%)计算公式如下：

$$F = \frac{Q_i}{\sum Q_i} \times 100 \tag{9-3}$$

式中 Q_i——某种植物出现的(小)样方数，个；

$\sum Q_i$——调查的全部(小)样方数目，个。

④种群盖度：是指群落中某种植物遮盖地面的百分率。一般有两种：投影盖度和基面积盖度。投影盖度是指某种植物植冠在一定地面所形成的覆盖面积占地面的比例；基面积盖度一般对乔木种群而言，以胸高断面积的比表示，又称种群显著度。

投影盖度(C_e,%)的计算公式如下：

$$C_e = \frac{C_i}{A} \times 100 \tag{9-4}$$

式中　C_i——样方内某种植物植冠的投影面积之和，m^2；

　　　A——样方水平面积，m^2。

基面积盖度（C_b,%）的计算公式如下：

$$C_b = \frac{DBH_i}{A}$$ (9-5)

式中　DBH_i——样方内某乔木种胸高断面积之和，m^2；

　　　A——样方水平面积，m^2。

⑤种群高度：植物的生长高度，一般用实测或目测方法进行，以 cm 或 m 表示。测量植株高度时应以自然状态的高度为准。种群高度（H）应以该种植物成熟个体的平均高度表示：

$$H = \frac{\sum h_i}{N_i}$$ (9-6)

式中　$\sum h_i$——所有某种植物成熟个体的高度之和，m；

　　　N_i——该种植物成熟个体数，株。

(3)土壤种子库

在群落地表和土壤中的某植物种的种子构成了种子库。以单位面（容）积中的种子量来度量。土壤种子库调查方法如下：在样地中随机设置 20 cm × 20 cm 小样方若干（依群落类型而定），在土壤中每 4 cm 为一层，分 5 层取样。

9.1.1.7　群落季相和植物物候的观测

(1)群落季相观测

群落外貌往往随着时间的推移而发生周期性变化。植物种自早春到秋末，随着季节的变动都在改变着自己的物候相，进而产生群落外貌的季节更替现象。群落的季相取决于本身的种类组成和层片结构的季节发育状况。利用不同季节中某些种群的开花期和结果期以及花色与果色作为标志是常用的方法。

(2)植物物候观测

①物候期划分：物候观测是研究植物生长发育节律规律的基本方法。荒漠植物群落通常由多年生草本、一年生草本以及少量的灌木和半灌木组成，一般可划分为 7 个物候期。

a. 营养期：一年生植物的籽苗出现、莲座叶的形成、茎的形成以及叶的完全长成。多年生草本植物芽的开放；双子叶植物莲座叶的形成、茎的生长至完全出叶；禾本科植物的分蘖和拔节期；半灌木和灌木的芽的开放、枝条的伸展和完全出叶。

b. 花蕾期：双子叶植物的花芽膨胀、花蕾形成和花蕾完全长成；禾本科植物的抽穗（由顶叶的叶鞘中出现了全穗的 1/2 或是圆锥花序上部的 3/4）。

c. 开花期：杂类草（亦即与禾草、薹草等抽穗的草本植物相对应的一大类草本植物的统称）的花蕾开放、第一朵花出现、完全开花及花谢；禾本科植物的穗的中部或圆锥花序的上部，个别的小穗露出雄蕊。

d. 结实期：双子叶植物的花被脱落、果实形成、有成熟的果实、散播种子；禾本科植物在穗的中部或是圆锥花序的上部，颖果达到乳熟、黄熟或腊熟期以致完全成熟，种子散落。

e. 果后营养期：有些植物在结实以致种子散落之后，营养体并不枯黄，还能维持相当一段时间；有的还会萌发新的营养枝叶，如草原上的冰草（*Agropyron cristatum*）和华北岩黄芪（*Hedysarum gmelinii*）等。

f. 营养结束期：地上部分逐渐枯萎的阶段，叶色由绿逐渐变黄的过程。

g. 死亡期（相对休眠期）：同化作用停止，叶和茎全部枯死。有些植物在结实后期，马上进入该阶段等。

②观测方法：分别统计样方中的所有植物种，记录各个种群的成层性、覆盖度和高度，记录固定样方中各植物种群的物候状况。某植物种群的物候期采用处在该物候期的个体的百分比表示。例如，该种的全部个体数以100%计，如果该种的所有个体均处在营养期，则记录营养期100%；如果60%的个体处于营养期，而小部分的个体是在花蕾期，则记录营养期为60%，花蕾期为40%。计量单位为10%，不足10%者按10%计。将种群中每种植物的物候资料按时间顺序绘制，即构成该种群的物候图。将植物群落中各个种群的物候图谱按花期早晚顺序排列，即构成该植物群落的物候谱，可以观察群落的季相更替状况。

③注意事项：

a. 物候观测的样地应设置在永久样地内，以备多年连续地观测。

b. 为观测植物群落和种群的物候状况，应采用样方法来进行。样方的大小，应以该植物群落的最小面积为准。在 1 hm² 样地上所布置的观测样方应不少于 10 个，较小面积的样地上的观测样方不能少于 5 个。

c. 对特殊的、有意义的植物种的个体进行物候观测时，应选择健壮成熟的植株，单独进行观测。在同一地点上，每种植物应不少于 10 株。

d. 在多年观测的固定样方上应钉上标记，并标上样方的号码；单株观测的植物也应标有专门的标记

e. 根据植物生长发育的特点，最好在营养期的观测次数比较少些，而开花期和结实期观测次数多一些。在营养期应 3~5 d 进行一次，而开花和结实期应每 1~2 d 观测一次。

f. 为了比较不同生境下，同一种植物的生长发育节律而进行物候观测时，各个观测点应当规定统一的观测时间和日期。

g. 同一种植物组成的种群，由于其年龄不同，可能会同时出现几个物候期，这是正常现象，都应记录在表格中。

h. 植物物候和群落季相需连年观测。

9.1.1.8 群落生物量调查

生物量是指在荒漠单位面积上长期积累的全部活有机体的总量。灌木群落和草本群落是荒漠生态系统的重要类型，其群落的生物量是群落调查的重要指标。荒漠灌木的特点是种类少、植丛高度低、密度小。测定时，先统计一定面积上每种灌木的丛数，然后分组取样，测定标准丛的单丛生物量，经统计便可算出单位面积上的灌木生物量

和净生产力。荒漠灌木群落中还有草本层的存在，因此，其生物量应为灌木和草本生物量的总和。

（1）灌木、半灌木生物量测定

选定要测定的灌木群落的代表性样地，布置多个 10 m×10 m 的样方。统计样方中灌木植物的种类，对每种灌木依其丛幅和高度相对地划分为大、中、小 3 个等级组。按不同等级组，分别统计各种灌木丛的数量。在每一等级组内，选取 10 丛（或 5 丛）标准丛，齐地面收割，并挖出地下部分，称重。将地上部分的绿色部分（即当年生枝叶）和木质部分分开，分别称其鲜重和干重，得到不同等级组灌木的平均绿色部分重量、木质部分重量和地下部分的重量。最后，根据样地面积大小计算灌木、半灌木绿色部分的生物量、灌木木质部分的生物量、灌木地下部分的生物量和群落总生物量 g/m²，最后应换算成 kg/hm²。计算结果要计算出平均值、标准差和样本数。

若要测定荒漠灌木的生产力动态，则需建立样方，统计每种灌木每个等级组的数量，并根据一年当中的测定次数，标出大、中、小若干，每隔一定时间，随机选取每种灌木各个等级组中的标准丛 3~5 个，测定其绿色部分的生物量。由于不同时期的单丛绿色部分生物量不同，亦即各种群的生产力不同，每期所有灌木种群的生产力与草本层生产力之和，按时间顺序排列起来，即构成灌木群落生产力动态。如果灌丛内不同的丛是由不同的单种组成的，可以逐种进行上述测定，获得每种灌木植物的生物量。所有灌木生物量之和即为该群落灌木之生物量；否则，可以不分种，进行一次测定即可。灌木群落中草本生物量的测定方法同草本群落生物量测定。

（2）草本群落生物量的测定

草本群落的生物量由地上生物量（绿色量、立枯量、凋落物量）和地下生物量构成。

①绿色量与立枯量的测定：荒漠草本群落物候期一般由每年 5 月初开始至 10 月底结束。草本群落绿色量与立枯量的第一次测定一般在大部分植物萌发后 10~15 d 开始进行，此后每隔一个月测定一次，每年测定 6 次左右。在植物萌发之前的 4 月和植物全部枯死后的 11 月，需要各测定一次立枯量，以了解冬季枯草的损失量。测定样方的大小，应以群落最小面积为准，一般以 1 m² 为宜，3 个以上重复。在进行生物量测定之前，首先要记录样方内各植物种的株数、密度等信息，分种测定不同植物种的鲜重和干重。野外操作时，应注意将收获的植物样品妥善保存，防止失水或霉烂。

②凋落物的收集与测定：凋落物现存量是指单位面积的样地上所积累的凋落物的干重，它是一个动态值，受制于气候、地形、土壤和群落特征、生物群系和人类活动等影响。凋落物收集可在地上生物量收获完成后进行。收集到的凋落物，需带回实验室清除黏附的细土粒和污物。

③地下生物量测定：地下生物量是指单位面积土体内根系的重量。地下生物量的测定时间与地上生物量同时进行。草本植物群落地下生物量测定的样方以 50 cm×50 cm 为宜，重复 3~5 次，取样深度以根系分布的深度为准，一般按 0~10 cm，10~20 cm，20~30 cm 等层次依次取样。根据研究需要，有时需要区分死根和活根。

9.1.2 动物调查

9.1.2.1 观测样地设置

(1)样地调查方法

动物的分布区通常很大,很难对所有分布区全部进行调查。因此,动物调查一般采用抽样调查法。常用的抽样调查法主要有两种:单纯随机抽样法和分层按比例抽样法。

①单纯随机抽样法:单纯随机抽样法是完全凭着偶然的机会从总体中抽取部分个体加以调查的,适合调查总体中个体分布较均匀的资料。抽样时,首先将调查区域分割成多个小区,然后采用单纯随机方法挑选样地。根据统计学原理,所需样本数 n 主要取决于动物数量的均值 m、标准差 S 和允许的相对抽样误差 S'_d 或抽样误差范围 S_d。

$$S'_d = t_\alpha \cdot \frac{S}{n^{\frac{1}{2}}} \tag{9-7}$$

$$S_d = S'_d \cdot m \tag{9-8}$$

式中　t_α——α 置信度水平时的 t 值;

　　　n——样本数,个;

　　　m——均值。

所需样本数 n 的计算公式如下:

$$n = \frac{t_\alpha^2 \cdot S^2}{S_d^2} \tag{9-9}$$

或

$$n = \frac{t_\alpha^2 \cdot S^2}{S_d'^2 \cdot m^2} \tag{9-10}$$

在确定合适的样地数量时,先随机挑选 n 块(一般为 20~30 块)样地,求得动物数量的均值 m 和标准差 S,便可根据要求的置信度 α 和精度 S_d 或 S'_d,计算所需样本数 n。

对一个事件的估计不可能是完全准确,相对估计偏差即相对抽样误差一般小于 0.2 或 0.1,在进行动物数量调查时也可以考虑这个法则,即 $S'_d = 0.2$ 或 0.1,α 取 0.05。最小样地数主要取决于变异系数 $CV = S/m$,n 的估计公式可以写成:

$$n = 105 \cdot CV^2 \tag{9-11}$$

或

$$n = 418 \cdot CV^2 \tag{9-12}$$

这样根据研究区域动物数量的变异系数 CV,可以大致确定最小样地数量(表 9-2)。随着变异系数 CV 的增大,所需样本数增加很快,单纯随机抽样法不适合变异程度较大的生态系统中样地的选择,但可用于分层按比例抽样中组内样地数的确定。

表 9-2　动物数量调查最少样地数($\alpha = 0.05$)

V	$S'_d = 0.2$	$S'_d = 0.1$
0.2	4	17
0.4	17	67
0.8	67	268
1.0	105	418

②分层按比例抽样法：分层抽样是先将总体中个体属性相近的分成若干组（统计上称为层），然后在各层中进行单纯随机抽样。通常有两种方法来确定各层（组）的样本数。一是分层适宜抽样，即根据各层（组）的变异程度，变异大的的组多抽一些；二是按比例分层抽样，抽样时不考虑各组个体间的变异程度，只按照统一规定的比例关系来确定各组应抽的个体数。在分层抽样时，层内的个体差异越小越好，层间差异越大越好。

分层抽样的样本数 n 的计算公式如下：

$$n = \frac{\sum t_a^2 \cdot S_i^2 \cdot P_i}{S_d^2} \tag{9-13}$$

$$n = \frac{\sum t_a^2 \cdot S_i^2 \cdot P_i}{S_d^2 \cdot m^2}$$

式中　S_i——第 i 组组内标准差；

　　　P_i——第 i 组个体数占总体的比例；

　　　其他变量含义同式（9-8）。

如果分组合理，一般组内 S_i 很小，所需样本数并不多。动物生境往往受植被类型、海拔、地质、地貌、土壤、水分、光照及人类活动等因素的影响，空间异质性很强，分层抽样法适合大多数情况下动物数量的调查。

（2）取样要求及数据网标化

动物调查方式通常应根据动物的习性及环境因素来确定，主要有样方法和路线法两种。样方法是指调查一定面积内动物的种类和数量，适合开阔、平坦的生态环境，如农田、草原、荒漠等。路线法是对某一生境沿一条路线调查，记录所遇见的动物数量，适合各类复杂的生态环境。种群数量可以通过取样调查进行估计，常用方法有标记重捕法、去除取样法、固定样地与长期监测等。

①标记重捕法：是指在被调查种群的生存环境中，捕获一部分个体，将这些个体进行标志后再放回原来的环境，经过一段时间后进行重捕，根据重捕中标志个体占总捕获数的比例来估计该种群的数量。该法适用于活动能力强、活动范围较大的动物种群，可采用剪趾法和耳标法等。

②去除取样法：在一个封闭的种群中，随着连续捕捉，种群数量逐渐减少，通过减少种群的数量来估计种群的大小。该法假定种群的数量稳定，每一动物的受捕率不变，对动物进行随机取样捕获并去除，连续捕获若干次，种群因捕获而减少，则逐日捕获的个体数与捕获积累数呈线性关系，回归线与 x 轴的交点即为种群大小。

③固定样地与长期监测：固定样地主要用于定点、定期的长期观测，取样时间和方法严格统一。固定样地的选择要具有很好的代表性，取样时应尽量保护原有生态环境。

9.1.2.2　环境要素调查

（1）研究地区环境要素调查

研究地区环境要素的调查主要是描述研究地区的自然地理、水文、气象、地质、地貌、植被、土壤等信息。

(2)样地环境要素调查

样地环境要素的调查主要描述样地所在经纬度、海拔、地貌、植被类型等信息。

9.1.2.3 重要动物类群数量调查

(1)鸟类数量调查

①样方统计法：样方统计法常用采用的样方大小有 100 m×100 m 和 50 m×50 m，统计鸟类数量时要对样方内的鸟或鸟巢全部计数。绘制样方内植被、道路、河流、鸟巢位置简图。此法较适于鸟类成对生活的繁殖季节，用鸟巢统计法求得鸟类的数量。

②路线统计法：路线统计法是指调查者按一定的速度不间断行进，一般为 1～3 km/h，统计路线两侧一定宽度(如 25 m)的鸟，求出单位面积上遇到的鸟类数量。

③样点统计法：样点统计法是在调查区内，依生境的配置选定若干统计点，于鸟的活动高峰时，在同一时间逐点对鸟予以统计，也可以以点为中心划出一定大小的样方(如 200 m×250 m)，进行相同时间的统计。样点可以随机选择，样点的距离必须大于鸟鸣的传播距离。简化的样点统计法为"线—点"统计法，一般先选定一统计路线，隔一定距离标出一统计样点，在鸟类活动高峰期逐点停留，记录鸟的种类和数量，但在行进路线上不做统计。

④鸟类的频率指数估计法：用各种鸟类遇见的百分率 R 与每天遇见数 B 的乘积为指数，进行鸟类等级的划分。

$$R = \frac{d}{D} \cdot 100 \tag{9-14}$$

$$B = \frac{S}{D} \tag{9-15}$$

式中　d——遇见鸟类的天数，d；

　　　D——工作的总天数，d；

　　　S——遇见的鸟类种数，种。

(2)大型兽类数量调查

①路线统计法：选择若干条 5 000 m 左右的样线，统计沿途遇见或听见的动物个体、尸体残骸、足迹、粪便、洞巢等信息。所选样线的分布要均匀，尽量避开公路、村庄。

②样地哄赶法：选择面积约 50 hm² 样方，调查人员分别从样地的四个角在预定时间按顺时针方向行走，将样地包围起来，调查人员间距约 100 m，逐步缩小包围圈，记录所遇见动物种类、数量及逃逸方向和数量。

③利用毛皮等收购资料估计数量：某些兽类的皮毛及其他部位(如鹿茸、熊胆等)具有经济价值，各地收购部门有详细的收购资料。这些资料对于了解动物资源现状和历年动态有重要参考价值。

④航空调查法：借助摄影、录像等手段，利用飞机从空中调查地面动物的数量。该方法尤其适合调查开阔地带(如草原、荒漠)的大型动物数量，获得的数据比较准确可靠。

（3）小型兽类数量调查

①夹日法：根据生境类型选择样地、样线，放置捕获器，根据每日捕获的动物种类数量以及丢失的捕捉器来统计动物数量。捕获率估计公式如下：

$$D = \frac{\sum_{i=1}^{m} M_i}{\sum_{i=1}^{m}(150 - d_i)} \times 100 \tag{9-16}$$

式中　D——捕获率，%；

　　　M_i——第 i 块样地捕获动物总数，只；

　　　d_i——第 i 块样地丢失夹子数，个；

　　　m——总样地数，个。

②去除法（IBP 标准最小值法）：根据生境类型选取样方，据每日捕获数与捕获累积数之间的关系，估算种群数量。选取合适木板夹或其他捕捉工具以及诱饵，在 16 m×16 m 的网格点 E 放置夹子，每点相距各 15 m，每点放置 2 个夹子，共放置 512 个夹子。正式调查前诱捕 3 d，然后正式捕捉 5 d，逐日检查，记录捕捉种类与坐标。以每日捕获数为纵坐标，捕获累积数为横坐标，绘制曲线，用线性回归法估计动物数量。

③标记重捕法：选择样地，将捕获的动物标记后原地释放，再重捕。根据捕捉的标记动物数和取样数量估计动物数量。

（4）蛇类数量调查

①样方调查法：根据蛇类生境类型选择一定面积的样方，采用捕尽法调查，陈旧蛇蜕不计，遇到有新鲜蛇蜕的蛇洞，进行挖洞调查，因地形等原因无法挖洞的，视以下 3 种情况进行统计处理：

a. 所捕捉到的蛇中无该蛇蜕种类，仍作有效蛇蜕；

b. 已捕捉到的蛇中，有该蛇蜕种类的蛇，且与蛇蜕大小差不多，不作为有效蛇蜕；

c. 蛇蜕种类无法鉴定，但其大小与捕到的蛇差异显著，作为有效蛇蜕，否则舍去。

蛇蜕换算式如下：

$$N = C \cdot Y \tag{9-17}$$

式中　N——实际蛇条数，条；

　　　Y——有效蛇蜕数，条；

　　　C——换算系数。

将所有捕捉到的蛇条数与有效蛇蜕数之和除以样方面积，得到样方内的蛇密度，将所有样方的蛇密度加权平均，得到调查区的蛇密度。

②样带调查法：根据蛇类生境类型与分布特征选择若干条样带。每条样带长度一般大于 5 000 m，调查宽度为 10~30 m。记录遇到的蛇和蛇蜕，判断有效蛇蜕数。用样带内遇见的蛇类实体数与有效蛇蜕数之和除以样带面积（长×宽）得到样带内蛇的密度。

（5）两栖类数量调查

①路线统计法：在非繁殖期，根据生境类型选择若干调查线路。记录样线两侧的

两栖类，以调查数量除以总线路长可求得相对数量。

②捕尽法：根据生境类型选择若干样方，捕尽样方内所有两栖类。用调查的数量除以样方面积，可得绝对数量。

③固定水域配对统计法：在调查区选择若干水域进行抽样调查。记录各水域内两栖类的种数和数量。计算公式如下：

$$D = \frac{N \cdot S_o}{n \cdot S \cdot A} \tag{9-18}$$

式中　D——两栖动物数量，只；

　　　N——调查总数量，只；

　　　S——调查水域面积，m^2；

　　　n——重复调查次数，次；

　　　S_o——水域总面积，m^2；

　　　A——研究区域的总面积，m^2。

(6) 昆虫群落调查

①直接法：全数调查用直接观察法，计数一定面积内生存的个体数。

a. 样方法：在地上设置一定大小的无底样框，调查其中昆虫的个体数。该方法更适合迁移性小的动物，能得到准确的密度数值。

b. 夜捕法：该方法是一种较好的蝗虫取样方法。

c. 快捕法：该方法利用快捕器进行捕获，适合多种昆虫和小型节肢动物。

d. 圆筒法：该方法是将草本植物围在有盖的圆筒之内，或将圆筒与吸附采集器结合，捕获圆筒内的昆虫。

e. 线形或带形样条调查法：对富于变化的栖境进行调查时，选择一定数量的直线，调查样线范围内的昆虫个体。线的一边或两边作一定幅度的调查。

f. 目测法：在一定的长度或面积范围内，统计目视范围内的昆虫。如使用某种惊扰方法统计受到惊扰跳跃和起飞的昆虫数量，或按带状把金龟幼虫掘出来进行计数。

②间接法：此法是指采样单位往往不是实际的面积或体积，也称相对方法。

a. 扫网法：扫网法是在昆虫生态学野外研究中最普遍使用的方法。该方法操作简单、迅速，设备造价低廉，是采集植物上昆虫时最广泛使用的方法。该方法能捕获在植物顶部停留、当采集者接近时不坠落或不飞离的个体，且对飞翔或跳跃的昆虫也有使用方便的优点。该方法缺点是在茎叶间隙和接近地表的昆虫不易被捉到，因天气不同捕获率有变化，个人误差较大。扫网使用的捕虫网，必须规定其口径、网深、柄长等。

b. 振落法：此法与扫网法类似，用宽的白布和翻转的伞放在枝叶下，采取用木棒或竹竿振打枝叶或树干的方法使昆虫掉落。此方法对于象甲、叶甲等鞘翅目昆虫的调查更为适用。

c. 蛹盘法：此法是根据一些昆虫幼虫具有落地化蛹的习性而设计的。落在地面上的蛹量与幼虫和成虫的密度密切联系，可以通过收集到的蛹量来估计昆虫的种群数量。

d. 诱捕法：与上面介绍的方法相比，诱捕法是通过动物本身起作用而不是观察者起作用，从而计算昆虫的数量。如飞翔的鞘翅目昆虫和飞翔时碰到障碍物坠落的其他昆虫可以用窗式诱捕器来抽样。陷阱诱捕器是埋进土壤中的一个玻璃罐、塑料罐或金属罐，罐口与土表面平齐，很多昆虫落进诱捕器后就难以逃脱。陷阱诱捕器已广泛用于调查和研究土表居住的昆虫和小型节肢动物。引诱型诱捕器是利用某些昆虫种类对色彩、光线或性外激素具有强烈的趋性而设计的。如黏着板诱捕器就是利用有色板与胶合剂，使一些飞翔的小型昆虫停留或接触有黏性的表面时被黏着。许多蚜虫、粉虱和潜蝇特别受黄色所吸引，黑色对蠓、白色对生活在花丛中的蓟马、蓝色对麦秆蝇、红色对小蠹虫都有吸引力。光诱捕器可能是使用最广泛的捕虫器，而捕捉的效果随不同昆虫，不同夜晚和不同位置而产生的差异比其他任何一种诱捕器都大。

③生活反应物的利用法。

a. 蜕：具有水生幼虫阶段的昆虫常常在一些引人注意的水体边缘附近的地方蜕下幼虫壳或蛹壳，在那里可以收集这些壳用来测定羽化率和新羽化成虫的绝对种群。这种方法最易用于较大型昆虫，如蜻蜓等。某些地下昆虫的老熟幼虫期的蜕，也常作为调查的对象。

b. 粪便：利用幼虫排落的粪便估算个体数。

c. 巢：通过计算昆虫幼虫的巢数来估算个体数。这种方法能在大面积土地上估测种群水平，大规模工作是这一方法的最大优点，但这种方法对前几龄幼虫的估计不够准确。

d. 个体效应：这种效应能直接转换成种群的绝对估计。当每个昆虫在其生活史的一定阶段具有某些独特的效应时（如潜叶的开始），在所有的动物均经历该阶段之后，计算这些效应就可得到一个经过该阶段的正确总数（如当取食植物的昆虫侵入植物体内时，可以测定其绝对种群数）。

e. 种群指数：害虫对植物的危害往往具有一定的规律，特别是某些害虫对植物某些特定部分或器官的危害常与其种群密度或植物的受害率呈一定关系。通过回归分析的方法，即可通过对某一部分昆虫数量的调查，估计出昆虫种群的数量或植株受害比例。例如，潜叶蝇是番茄上的重要害虫，植株第七个叶片的末端三个小叶上的幼虫数量与植物的受害率之间存在着如下相关关系：

$$y = 1 - e^{-C \cdot X} \tag{9-19}$$

式中　y——植物的受害比例，%；

X——末端 3 个小叶上幼虫的数量，个；

C——常数，可用最小二乘法求得。

④注意事项：在昆虫生态学研究中，昆虫种群和群落的数据资料是为各种目的而搜集的。取样是群落生态学研究中最重要的工作之一，在取样过程中必须注意以下几个方面：

a. 根据不同的研究目的和研究对象确定合适的取样方法和取样数量。同时，取样时一定要考虑昆虫的分布型。

b. 取样时一定要尽可能地减少人为造成的误差。

c. 在有限重复取样时要考虑到多次取样对昆虫群体的影响，在做统计分析时应加以校正。

d. 昆虫群落的调查，必须根据时空变异和植被背景确定相应的取样数量，以保证取样的准确性。

e. 根据取样的方法，选择与之对应的统计分析方法来分析和整理数据。

9.1.2.4 动物生物量的测定

动物的生物量是某一特定观察时刻和某一空间范围内现有的动物有机体的重量，是一种现存量。动物生物量主要通过种群绝对数量的调查和种群平均体重测定。

9.1.3 微生物调查

微生物是生态系统中极其重要和最为活跃的部分，多个微生物种群组成生态系统中土壤微生物群落，其群落结构和多样性可以敏感地反映荒漠的生态系统功能和环境变化。可以说，微生物在荒漠生态系统的养分循环、维持系统稳定性及荒漠固定化中都起到了非常重要的作用。微生物调查和监测主要包括：土壤微生物计数、微生物种类鉴定、微生物多样性等方面。

9.1.3.1 野外取样

由于土壤微生物大部分无法用肉眼直接鉴别，因此，大部分工作需要野外取样后带回到室内进行。采集土壤微生物样品时，一般要选择未经人为扰动，或者选择人为扰动少的自然土壤，且要避开特殊的地段进行采样。由于微生物的数量随季节变化很大，因而应注意取样季节。一般选择秋季采样，避免在雨季采样。

由于微生物在土壤中分布不均，采样时注意从整个地段内随机多点取样。一般按蛇形取样法或对角线法设 5～15 个采样点，采样点的间距应大体一致，取样的深度要尽量与其他监测项目保持一致。按《陆地生态系统观测规范》的要求，荒漠的采样深度为从地表起 0～20 cm 间采集一个样品，20 cm 以下每 20 cm 采集一个样品，需采到 60 cm 左右为止。采样时，首先要清除地表的枯枝落叶层，表层样用小土铲斜向插入土体，切取适量的土块，深层土壤直接用土钻采集。将所有采集的土样混匀后用四分法取一定数量土壤放入样品袋。袋的内、外附上标签，每一个样重量应在 100～150 g。

野外采回的土样，挑出石砾、植物残体、根系、土壤动物后充分混匀迅速过 2 mm 筛，装入密封袋，立即置于冰盒中运回实验。装入无菌密封袋于 2 h 内放入 4℃的低温冰箱中保存，以便做微生物分离鉴定纯培养试验等，其余放入 -80℃低温冰箱中保存，等待提取样品基因组总 DNA，进行分子生物学方面的分析。过筛后的土壤样品应尽快进行测定。

9.1.3.2 微生物的分离与培养

有一种以上的微生物培养物称为混合培养物（mixed culture）。如果在一个菌落中所有细胞均来自于一个亲代细胞，那么这个菌落称为纯培养（pure culture），在进行菌种鉴定时，所用的微生物一般均要求为纯的培养物，需要从混杂存在的微生物中进一步分离、纯化和鉴定。获得纯培养的过程称为分离纯化，常用方法有以下几种。

（1）倾注平板法
首先把微生物悬液用无菌水作一系列稀释（如 1:10、1:100、1:1 000、1:10 000…），取一定量的稀释液与融化好的保持在 40～50℃左右的琼脂培养基充分混合，而后倾入无菌的培养皿中,待琼脂凝固之后,倒置在恒温箱中培养。如稀释得当,在平板表面就可出现分散的单个菌落,取单个菌落制成悬液,或重复以上操作数次,便可得到纯培养物。倾注平板法需要将含菌稀释液或材料加入温度较高的培养基中,容易造成某些热敏感菌的死亡,且某些严格好氧菌因被固定在琼脂中间缺乏氧气而影响生长。

(2) 涂布平板法

涂布平板法是更为常用的微生物纯种分离法。该方法把微生物悬液通过适当的稀释,取一定量的稀释液放在无菌的已经凝固的营养琼脂平板上,然后用无菌玻璃涂棒将稀释液均匀分散至整个平板表面,经培养后便可挑取单个菌落。

(3) 平板划线法

平板划线法是最简单的分离微生物的方法。用接种环以无菌操作取培养物少许在平板上进行划线。划线的方法很多,常见的比较容易出现单个菌落的划线方法有斜线法、曲线法、方格法、放射法、四格法等。微生物细胞数量将随着划线次数的增加而逐渐稀释,并逐步分散开来,最后在所划的线上分散着单个细胞,经培养后可在平板表面得到单个菌落。

(4) 富集培养法

富集培养法是根据微生物的特点,创造一些只让所需的微生物生长的条件,如最适的碳源、能源、温度、光照、pH 值、渗透压和氢受体等。在该条件下,所需要的微生物能有效地与其他微生物进行竞争,在生长能力方面远远超过其他微生物。该方法能够从自然界混杂的微生物群体中把这种微生物选择培养出来。在相同的培养条件下,经过多次重复移种,最后富集的菌株很容易在固体培养基上长出单个菌落。

(5) 厌氧法

在分离某些厌氧菌时,可利用装有原培养基的试管作为培养容器,把这支试管放在 100℃ 水浴中加热数分钟,以便逐出培养基中的溶解氧。然后快速冷却,并进行接种。接种后,加入无菌的石蜡于培养基表面,使培养基与空气隔绝。另一种方法是,在接种后,利用 N_2 或 CO_2 取代培养基中的气体,然后把试管口密封。

9.1.3.3　微生物数量的测定

(1) 细菌数量的测定

①牛肉膏蛋白胨培养基的配制:在感量为 0.001 g 的天平上用灭菌纸或表面皿称取牛肉膏 3 g、蛋白胨 5 g、琼脂 15 g。将牛肉膏和蛋白胨放入盛有 1 000 mL 自来水的铝锅或烧杯中,待加热至水微沸时放入琼脂,待琼脂全部融化后,调节其 pH 值至 7.0~7.2。将配置好的培养基分别装入 500 mL 的三角瓶,每瓶不得超过 350 mL,塞好棉塞,然后放入高压蒸汽灭菌锅内加热至水蒸气喷出,再关上排气阀,在 103 kPa 压力下灭菌20 min。

②稀释用水和灭菌纸、器皿的准备:分别将 100 mL 自来水装入 500 mL 三角瓶中,将 9 mL 自来水装入试管中(体积不得超过试管的 1/3),将 45 mL 自来水装入 100 mL 三角瓶中,三角瓶和试管都分别塞好棉塞。将玻璃纸或称量纸裁成 10 cm×10 cm 大小,

用纸包装好。将上述用品放入高压蒸汽锅中灭菌。另外，将培养皿、吸管和刮刀等试验用品进行消毒。

③分离：将灭菌后的培养皿、灭菌水、吸管、刮刀放置在清洁的工作台上，将灭菌培养基融化后移至分离室备用。用感量为 0.01 g 的天平秤取 10 g 土样，加到盛有 100 mL 灭菌水的 500 mL 三角瓶中。将上述盛有 10 g 土样的三角瓶放在振荡机上振荡 10 min，待土样均匀地分散在灭菌水中成土壤悬液后，吸取 5 mL 土壤悬液加到 45 mL 的灭菌稀释水中，依次按 10 倍法稀释，通常稀释到 10^{-6}。根据各类微生物在土壤中数量的多少，选择适当的稀释悬液进行接种，一般对稀释度的要求是真菌为 $10^{-1}\sim10^{-3}$，放线菌为 $10^{-3}\sim10^{-5}$，细菌为 $10^{-4}\sim10^{-6}$，每个稀释度均做 4 个重复。同时称取供测定土壤水分的待测土样 10 g，在 105℃ 烘箱中烘干 12 h，计算土壤含水量。

④土壤悬液的接种：接种方法有吸管法（又称混菌法）和刮刀法两种。吸管法是吸取 1 mL 土壤悬液于灭菌的培养皿中，加入已融化并冷却至 45℃ 的培养基约 12~15 mL，用手轻微摇晃使悬液与培养基混匀，待凝固后倒置放入恒温室培养 48 h。刮刀法是在培养基融化并冷却至 45℃ 左右时将其倒入培养皿，待其凝固后将其倒置，放入 60~70℃ 烘箱中 15~20 min，在琼脂表面的冷凝水烘干后，将培养皿移至试验台上，用 1 mL 的灭菌吸管加入 0.1 mL 土壤悬液，再用玻璃刮刀将悬液均匀地抹于琼脂表面，然后倒置培养皿，在 28~30℃ 下置于恒温箱培养 48 h。

结果计算吸管法的计算式为：

$$N_u = \frac{\omega \cdot t_d}{m \cdot k} \tag{9-20}$$

式中 N_u——每克干土的菌数，个/g；

ω——菌落平均数，个；

t_d——稀释倍数，倍；

m——土壤样品质量，g；

k——水分系数。

(2)真菌数量的测定

①马丁氏培养基的配制：用感量为 0.01 g 的天平称量 KH_2PO_4 1.0 g、$MgSO_4 \cdot 7H_2O$ 0.5 g、葡萄糖 10.0 g、琼脂 15.0 g、蛋白胨 5.0 g，加水 1 000 mL。将这些试剂溶解于 1 000 mL 水中，加入 1% 孟加拉红水溶液（称取 1 g 孟加拉红溶于 100 mL 水）3.3 mL，不调 pH 值，选用 500 mL 的三角瓶，每瓶加入配好的溶液 300 mL，塞好棉塞，放入高压蒸汽灭菌锅在 68.9 kPa 的压力下灭菌 20 min。

②稀释用水和灭菌纸、器皿的准备：分别将 100 mL 自来水装入 500 mL 三角瓶中，将 9 mL 自来水装入试管中（体积不得超过试管的 1/3），将 45 mL 自来水装入 100 mL 三角瓶中，三角瓶和试管都分别塞好棉塞。将玻璃纸或称量纸裁成 10 cm × 10 cm 大小，用纸包装好。将上述用品放入高压蒸汽锅中灭菌。另外，将培养皿、吸管和刮刀等试验用品进行消毒。

③分离：操作步骤与上述细菌的分离操作相同，但在培养基融化后，每 100 mL 需加入 1% 链霉素液 0.3 mL。

④菌落计数方法：菌落计数、计算方法与上述细菌数量测定技术方法相同，但培

养期为 3 d。

(3) 放线菌数量的测定

①改良高氏 1 号培养基的配制：用感量为 0.01 g 的天平称量 KNO_3 1.0 g、$FeSO_4$·$7H_2O$ 0.01 g、K_2HPO_4 0.5 g、$MgSO_4$·$7H_2O$ 0.5 g、NaCl 0.5 g、琼脂 15.0 g、淀粉 20.0 g，量筒量取水 1 000 mL。淀粉称好后先加少许水调成糊状，待琼脂融化后倒入培养基中搅匀。此培养基正常情况下一般为中性偏碱，可以不再调整，但每次使用前均应进行测试。培养基配好后按 300 mL 一份的量分别倒入 500 mL 三角瓶中，塞好棉塞，置于高压蒸汽灭菌锅中在 103 kPa 压力下灭菌 20 min。

②稀释用水和灭菌纸、器皿的准备且方法与真菌的稀释用水和灭菌纸、器皿的准备相同。

③分离：与真菌的分离操作步骤相同。在将培养基倒入培养皿之前，需向已融化的高氏 1 号培养基中加入重铬酸钾溶液，以抑制细菌和真菌的生长。

④菌落计数方法：菌落计数、计算方法与上述细菌数量测定技术方法相同，但培养期为 7d。

9.1.3.4 微生物的生物量测定

土壤微生物的生物量(microbial biomass，*MB*)是土壤中除动物以外的具有生命活动的有机物的量，能够代表参与调控土壤中能量和养分循环以及有机质转化所对应的微生物数量。虽然微生物生物量只约占土壤中有机物质总量的2%，但却是土壤有机质中最活跃和最易变化的部分，其大小和活性对土壤养分的矿化和固定有重要影响。现有的土壤微生物量的测定方法主要有：直接镜检法、底物诱导呼吸法、精氨酸氨化分析法、成分分析法、熏蒸培养法、熏蒸提取法，其中最常用的经典方法是氯仿熏蒸法。该方法是通过提取微生物的特定成分(如碳、氮等)来推算土壤微生物量。与其他方法相比，该方法不仅能得出微生物量，还可以提供微生物群落结构和代谢活性信息。土壤微生物量碳和氮转化迅速，能在检测到土壤总碳和总氮变化之前表现出较大的差异，是比较敏感的生态学指标。

(1) 微生物量碳的测定

①基本原理：鲜土经氯仿熏蒸 24 h 后，土壤微生物死亡细胞发生裂解，释放出微生物量碳，一定比例的微生物量碳可以被 0.5 mol/L K_2SO_4 溶液提取并被定量测定。根据熏蒸土壤与未熏蒸土壤测定有机碳差值及转换系数(*KEC*)计算土壤微生物量碳。

②具体步骤：称取相当于 10.0 g 烘干土的鲜土样品 3 份，分别放入 25 mL 小烧杯并置于真空干燥器中。同时，分别放置两只装有无乙醇氯仿(约 2/3)的 15 mL 烧杯(烧杯内放入少量防暴沸玻璃珠)及一只装有 NaOH 溶液的小烧杯，以吸收熏蒸过程中释放出来的 CO_2，干燥器底部加入少量水以保持容器湿度。盖上真空干燥器盖子，用真空泵抽真空，使氯仿沸腾 5 min。关闭真空干燥器阀门，于 25℃黑暗条件下培养 24 h。熏蒸结束后，打开真空干燥器阀门，取出装有氯仿和稀 NaOH 溶液的小烧杯，清洁干燥器，反复抽真空 5~6 次，每次 3 min，直到土壤无氯仿味道为止。同时，另称等量 3 份土样，置于另一干燥器中为不熏蒸对照处理。从干燥器中取出熏蒸和未熏蒸土样，完全

转移至80 mL 离心管中，加40 mL 0.5mol/L K_2SO_4 溶液，300 rpm 振荡30 min，使用0.22 μm 过滤器过滤。同时设置3个无土壤基质空白。土壤提取液应立即分析或 -20℃冷冻保存。分析时，吸取上述土壤提取液10 μL 注入自动总有机碳(TOC)分析仪，测定提取液有机碳含量。结果计算公式如下。

$$SMBC = \frac{(EC_{CHCl_3} - EC_{CK}) \cdot TOC \text{仪器的稀释倍数} \cdot \text{原来的水土比}}{0.45} \tag{9-21}$$

(2)微生物量氮的测定

干燥器中取出熏蒸和未熏蒸土样，将土样完全转移到80 mL 聚乙烯离心管中，加入40 mL 0.5 mol/L 硫酸钾溶液，300 rpm 振荡30 min，中速定量滤纸过滤。同时设置3个无土壤基质空白。土壤提取液应立即分析或 -20℃冷冻保存。分析时，吸取10 mL滤液放入消煮管中，加入 K_2SO_4—$CuSO_4$—Se 混合催化剂1.08 g，加入4 mL 浓硫酸；同时设置2~3空白；34℃消煮3 h 至澄清后放置2~3 h。然后用全自动凯氏定氮仪测定浸提液中的全氮含量。

结果计算：

$$EN = \frac{(V_S - V_0) \cdot C_{H_2SO_4} \cdot 14 \cdot 1\,000 \cdot \left(\frac{16}{10}\right)}{WS} \tag{9-22}$$

式中　EN——全氮；

　　V_0——滴定空白对照所消耗的标准硫酸溶液的体积，mL；

　　V_S——滴定土样所消耗的标准硫酸溶液的体积，mL；

　　$C_{H_2SO_4}$——硫酸浓度,%；

　　14——氮的摩尔质量，g/mol；

　　1 000——千克转化为克；

　　16/10——16 mL 的提取液中吸取10 mL；

　　WS——干土重，g。

土壤微生物生物量氮：

$$B_N = \frac{EN_{CHCl_3} - EN_{CK}}{0.54} \tag{9-23}$$

9.1.3.5　土壤微生物多样性调查

土壤中混杂着各种微生物，由于微生物体积十分微小，肉眼难以看到，因此通常首先利用分离技术从混杂的天然微生物群中分离出特定的微生物，再通过培养基培养纯化、鉴定菌落的方法来认识土壤微生物。然而，土壤中可培养的微生物只占全部微生物1%~10%，用常规分离培养的调查方法只能反映少数微生物的信息，难以得到大多数种类的信息。随着近年来科学技术的发展，分子生物学及其他新方法逐渐应用在土壤微生物多样性的研究上，使得多样性的研究得到了突破性的进展。目前，对国内外常用的微生物多样性研究方法如下。

(1)Biolog 微平板法

Biolog 系统的原理是微生物在利用碳源过程中产生的自由电子，与四唑盐染料发生还原显色反应。由于微生物利用单一碳源底物的能力有差异，氧化反应指示剂四唑紫呈现不同程度的紫色，其颜色深浅可反映微生物对碳源的利用程度。由于微生物对不同碳源的利用能力很大程度上取决于微生物种类的固有性质，因此，在一块微平板上可以同时测定微生物对不同单一碳源的利用能力(sole carbon source utilization，SCSU)，就可以鉴定纯种微生物或比较分析不同的微生物群落。该种方法在测定环境微生物时具有以下两个优点：①无需分离培养纯种微生物，最大限度地保留微生物群落原有的代谢特征；②测定简便，数据的测定和纪录可以由计算机辅助完成。Biolog 微平板法也存以下缺点：①数据库中菌种资料不完善，有些只能得到相似的类群，测定存在一定的误差；②虽然不同微生物对单一碳源的利用能力有差异，但微生物对不同单一碳源的代谢指纹差异不能简单地归纳为微生物群落数量和结构的差异，环境条件的改变也可能引起微生物对碳源利用的变化；③Biolog 微平板法只能反映土壤中快速生长型或富营养微生物类群的活性，而不能反映土壤中生长缓慢的微生物信息，因而大大低估了土壤中微生物的实际情况。

(2)PLFA 图谱分析方法

磷脂脂肪酸(phospholipid fatty acid，PLFA)是脂肪酸与磷酸根结合的产物，是微生物细胞膜的重要组成部分。磷脂中的脂肪酸有多种类型，包括直链脂肪酸、饱和脂肪酸、不饱和脂肪酸等。不同种类的微生物细胞所含脂肪酸的碳原子数量、结构等都存在较大差异。因此，通过测定土壤磷脂中磷含量和脂肪酸的组成，可以估算土壤微生物生物量及群落结构与多样性情况。

土壤磷脂分析的基本原理是利用有机溶剂浸提土壤微生物中的磷脂脂肪酸，然后再进行萃取和色谱柱分离出磷脂，磷脂中的磷含量可指示微生物量。磷脂与甲醇进行酯化反应，形成脂肪酸甲酯，最后通过气相色谱(GC)等仪器分析方法，得到土壤微生物磷脂脂肪酸组成图谱，进而得到不同脂肪酸的含量和种类，利用相关分析软件和相关数据库可得到土壤微生物的群落结构组成多样性、比例以及微生物量等方面的信息。

利用 PLFA 图谱法可以直接提取原位土壤微生物，进行微生物群落的脂肪酸分析而不用进行分离培养。但其分析结果的准确性与微生物体内的磷脂脂肪酸是否提取完全以及实验过程是否有污染等因素有很大关系。此外，虽然利用该方法可以较为准确鉴别细菌和真菌，但不同属或不同科的微生物因为脂肪酸组成相似，容易出现条带重叠，结果判断容易出现误差，且该方法只能鉴定到微生物的属，不能鉴定到种。另外，该方法实验条件要求高、时间长、成本高，因而在实际研究工作中常受到一定的限制。

(3)分子生物学方法

近二三十年间，以核酸分析技术为主的分子生物学技术，如变形梯度凝胶电泳(denaturing gradient gel electrophoresis，DGGE)、末端限制性片段长度多态性分析(terminal restriction fragment length polymorphism，T-RFLP)、随机扩增 DNA 多态性分析(random amplified polymorphim DNA，RAPD)等技术，在一定程度上为微生物的研究提供了更加灵敏和精确的检测。特别是近年来，高通量测序技术广泛应用，为从分子水平揭示生物多样性提供了新的方法。该方法克服了自然界微生物纯培养的局限，大大扩展了在整体上对自然环境微生物的认知范围；而第二代高通量测序技术的成熟和普及，能够对环境微生物进行深度测序，灵敏地探测出环境微生物群落结构随外界环境的改变而发生的极其微弱的变化，对于研究微生物与环境的关系和环境治理等方面有着意义。此外，利用分子生物学手段测得的结果可以与宏观生态的思想和方法相结合，极大地提高了对微生物多样性的认知水平。

高通量测序是宏基因组学技术中的一种，以 Illumina 公司的 HiSeq2000、ABI 公司的 SOLID 和 Roche 公司的 454 技术为代表。高通量测序技术可以直接对环境中所有的微生物进行研究，全面地对所有微生物进行分析。其中 Illumina 公司的 Hiseq 技术具有高通量、高准确率、测序长度长特点，是应用最为广泛的高通量测序系统。

利用高通量测序技术对土壤微生物进行分析的第一步是要得到高质量的 DNA，既应尽力完全提取环境样品中的总 DNA，并且要尽力保存较大的片段以获取完整的目的基因或基因簇。因此，DNA 提取时应尽量在最大提取量和最小剪切力间保持平衡。目前已有许多商品化的宏基因组 DNA 提取试剂盒可用，也有手提的方法如裂解法和液氮研磨法可被选择。

根据研究手段和对象的不同，利用高通量测序技术对宏基因组研究可大致可以分为 3 个方向：核糖体 RNA 研究（以 16S rRNA 为主要研究对象）、宏基因组测序研究（以环境中所有遗传物质为研究对象）、宏转录组研究（以环境中所有 RNA 为主要研究对象）。高通量测序具有过程简单、易操作、准确性高、通量大、产出数据多、从碱基保守水平测定真实反映物种情况等多种优点，越来越多地应用在微生物研究当中。

①核糖体 RNA 研究：16S rRNA 为核糖体的 RNA 的一个亚基，16S rDNA 就是编码该亚基的基因。16S rRNA 基因存在于所有细菌染色体基因中，16S rDNA 大小适中（约 1.5 Kb），在结构与功能上具有高度的保守性。16S rDNA 具有 10 个保守区和 9 个高变区（V1 - V9），其中高变区具有高度的特异性，因此通过对 16S rRNA 基因测序，其结果不仅能体现不同菌属之间的差异，而且能对细菌菌落结构的多样性进行分析。16S rRNA 的数据库资源较为丰富，如 RDP、Greengene、SILVA 等都是一些比较成熟、不断完善并被广泛使用的数据库，并有一些自带的分类工具（如 RDP 等）便于分析使用。研究者通常选择环境微生物群落的一个或几个 16S rRNA 高变区域（V1 - V9）通过 PCR 进行扩增和测序，并将测得的序列比对到已有的 16S rRNA 数据库中 16S rRNA 的分类位置进行标定，从而得到微生物群落的物种构成、物种的丰度等信息。如果两条 16S rRNA 基因的比对差异小于 3%，则可以认为是同一个物种（species）；差异小于 5%，则可认为是同一个属（genus）；差异小于 10%，则可认为是同一个科（family）。此外，还可以将 16S rRNA 序列聚类操作分类单元（operational taxonomicunit，OTU），利用 OTU 的数目以及各个 OTU 的序列数来分析估计物种多样性和丰度。除了针对 16S rRNA 为主要研究对象的核糖体 RNA 研究，还可针对真核生物的 18S rDNA 测序、针对真菌生物的 ITS 测序以及针对某一个功能基因的功能基因测序。

a. 18S rDNA 测序：18S rDNA 为编码真核生物核糖体小亚基 rRNA 的 DNA 序列。在结构上分为保守区和高变区，保守区反映生物物种间的亲缘关系，高变区反映物种间的差异，18S rDNA 在进化速率上相对于 ITS 更加保守，一般在用于种以上的物种分类。

b. ITS 测序：在真核生物中，18S rDNA 和 28S rDNA 转录间隔序列称为 ITS 区。ITS 分为 ITS1 和 ITS2 两个区域，ITS1 位于 18S 和 5.8S 之间，ITS2 位于 5.8S 和 28S 之间。

ITS 由于是非转录区，承受的选择压力较小，变异强，目前已广泛用于种及种以下真菌的鉴定。

　　c. 功能基因测序：硝化细菌、反硝化菌、氨氧化细菌、硫酸盐还原菌、固氮菌、固氮菌等功能微生物，在自然界中提供如固氮、硝化和反硝化等重要功能。虽然每种功能微生物在分类学上存在差异，但却具有相类似的基因使其能够发挥同样的功能，因此，使功能细菌发挥特定功能的基因就称为功能基因，如 nirS、nirK、amoA、nifH。功能基因测序就是针对这些功能基因设计 PCR 通用引物，进行建库的高通量测序，对微生物功能基因进行分析。

　　②宏基因组测序：宏基因组测序是指对微生物群体进行高通量测序，因此，宏基因组测序的结果包含着环境微生物的全部遗传信息。相比于 16S rRNA 来说，宏基因组除了能够鉴别群落中各种微生物的分类信息以外，也包含了所有微生物的基因信息。很多研究者会将测序得到的所有序列信息与已知的微生物核苷酸数据库中的序列信息进行比对，如 NCBI 的 NT 数据库（利用 Blastp 等工具），得到环境微生物物种及功能基因方面的信息，并且进而结合一些功能基因、代谢通路、信号通路等数据库，研究相关问题。目前，在肠道微生物等领域开展了一些工作，但由于数据量较为庞大，需要高通量测序技术和高效率的数据处理技术作为支持，因此宏基因组测序距离成熟应用还有一段的路要走。

　　③宏转录组研究：宏转录组测序是以样品中微生物群落的全部 RNA 为研究对象，从转录水平上分析微生物群落中活跃菌种的组成以及活性基因的表达情况。与宏基因组中研究相比，由于是以 RNA 为研究对象，因此可以反映微生物实时、实地的基因表达情况。但是由于原核生物的 mRNA 较易分解、rRNA 含量极高，高质量的样本制备很困难，因此现在的研究仍属于起步阶段。

9.1.3.6　微生物多样性指数计算

　　微生物多样性测度主要为 α 多样性和 β 多样性。α 多样性主要关注局域均匀生境下的物种数目，因此也被称为生境内的多样性（within-habitat persity）。通常用 Shannon-Weiner 指数（H），Simpson 指数（D），Pielou 指数（均匀度指数，E）进行表征。β 多样性指沿环境梯度不同生境群落之间物种组成的相异性或物种沿环境梯度的更替速率也被称为生境间的多样性（between-habitat persity）。通常通过 Jaccard 指数（C_j）进行表征，以反映群落或样方间物种的相似性。各多样性指数和均匀度指数计算如下。

　　(1) α 多样性

　　①Shannon-Weiner 指数（H）：

$$H = -\sum_{i=1}^{s} P_i \log_2 P_i \tag{9-24}$$

　　②Simpson 指数（优势度指数，D）：

$$D = 1 - \sum_{i=1}^{s} \left(\frac{N_i}{N}\right)^2 \tag{9-25}$$

　　③Pielou 指数（均匀度指数，E）：

$$E = \frac{H}{\log_2 S} \tag{9-26}$$

式中　N_i——种 i 的个体数，只；

　　　N——群落中全部物种的个体数，只；

　　　S——物种数目，种；

　　　P_i——属于种 i 的个体在全部个体中的比例，%。

多样性指数越高，表明微生物群落的多样性越高；均匀度指数在 0~1 之间，越接近 1 表示群落内物种分布越均匀。Shannon-Weiner 指数对物种丰富度更为敏感，而 Simpson 指数对物种的均匀度更为敏感，因此两个指数要配合使用。

(2)β 多样性

Jaccard 指数(C_j)：

$$C_j = \frac{c}{a + b - c} \tag{9-27}$$

式中　a，b——两群落的物种数，种；

　　　c——两群落共有的物种数，种。

Jaccard 指数越高，表明两个群落或样方之间物种越相似。

9.2　荒漠土壤调查

在荒漠土壤调查的准备阶段，调查者必须在分析研究调查区地形、地貌的基础上，根据大致确定的土壤剖面或样品的数量，在野外工作底图上进行主要剖面和检查剖面点的布置。土壤剖面点的布置主要有常规布点法和统计抽样法两种。常规布点法需从土壤调查要求出发，全面考虑剖面点的代表性和均匀性。对于调查区地面变化小、景观单一的地区，数理统计法则更具优势。

在荒漠土壤调查中通常采取挖剖面分层取样，一般剖面宽 1 m，长 2 m，深度应为 1.2~2.0 m。若母质层出现在离土表 1.2 m 深以内，则应挖至母质层；若石质接触面或准石质接触面出现在离地表 1.2 m 深以内，则挖至石质接触面或准石质接触面。对于侧向均一的单个土体，每层采集样品的宽度应为 30~50 cm，每个样品能够代表每个土层的全部横断面的土壤；若某单个土体发生土层沿侧面方向呈不连续，或其厚度和某些形态特征表现程度有显著变化，则应从该单个土体的不同部分分别采样，从土坑底部开始向上逐层采样以减少污染。对于有 >20 mm 岩屑存在的土壤，则需按照下列 2 种方法的任意一种进行估测采样。

(1)体积估测

目测估计 >250 mm、75~250 mm 以及 20~75 mm 的岩屑各占土壤总体积的比例，并及载入单个土体描述中，然后取 <20 mm 的部分样品装入密封袋中，以便测定土壤水分，计算各级粗碎块的体积含量。

(2)质量估测

目测估计 >75 mm 部分占土壤总体积的比例，分取部分样品并称重过筛(75 mm 和

20 mm)，称重 20~75 mm 部分和 <20 mm 部分，再从 <20 mm 部分中采取样品装入密封袋，用于测定土壤水分计算各级粗碎块的体积含量。

9.2.1　土壤物理性质

土壤的物理性质是土壤的固有性质，荒漠土壤调查中常测定的土壤物理性质主要包括土壤的颗粒组成、含水量、容重、凋萎含水量、饱和含水量等。

(1) 颗粒组成

由于各种颗粒分级标准不同，因此相对应的土壤质地分类也不同，质地名称也有差异；即使质地名称相同，它的各级粒径及其含量也不一致。在 1949 年前，我国大都采用国际制或者美国制的土壤颗粒分级和质地分类标准；1949 年以后，普遍采用苏联 H·A·卡钦斯基分类系统；1958—1959 年全国土壤普查工作时，虽然制定了一套我国自己的土壤颗粒分级及质地分类标准但至今未推广；近年来，随着国际间相互交往增多，美国农业部制粒径分级标准的使用日益普遍。

土壤颗粒测定主要采用的方法有滴管法和激光粒度仪法等。其中土壤颗粒组成测定中采用的吸管法，一般对 >0.1 mm 的粗粒部分采用筛分法，而对 <0.1 mm 的颗粒部分，以斯托克斯定律为基础，利用土粒在净水中沉降规律，其沉降速度与球体半径的平方呈正比，而与介质的黏滞系数呈反比。将不同直径的土壤颗粒按粒级分开，加以收集、烘干、称重，并计算各粒级颗粒含量(g/kg)。滴管法允许平行绝对误差一般为：黏粒级 <10 g/kg，粉沙粒级 <20 g/kg。

激光粒度仪测量土壤颗粒组成的原理是基于光与颗粒之间的作用。激光通过颗粒时发生衍射，其衍射光的角度与颗粒的粒径相关，颗粒越大衍射光的角度越小。在仪器测量颗粒时，单色激光光束穿过悬浮的颗粒流，颗粒产生的衍射光通过凸透镜被聚于探测器上，在探测器上记录下不同衍射角的散射光强度。在实际测量中，使用的主要仪器有激光粒度仪、计算机及相应的软件、天平、超声波清洗器、小烧杯、离心机、电热板等。激光粒度仪法允许平行绝对误差一般为：黏粒级 <1%，粉沙粒级 <2%。

(2) 含水量

土壤含水量是指土壤在 105℃ 烘干至恒重时失去的水量。土壤含水量的测定主要有烘干法、中子仪法、TDR 法等。烘干法是用土钻进行土壤取样，将土样装入铝盒内称湿重，经烘干后再称干重，然后计算土壤含水量的方法。该方法较为准确但费时费力、效率低下。中子仪法是通过在监测区布设中子水分管，利用中子仪进行定期测定，该方法具有操作简单的优点，但长期使用应注意辐射源的危害。TDR 法是利用 TDR 土壤水分仪测定土壤水分，具有携带测定方便的优点，但对于土壤深部的水分测定存在一定的不足。

烘干法主要采用的仪器有铝盒、天平(感量为 0.01 g)、电热恒温鼓风干燥箱、干燥器等。对于新鲜土壤水分的测定，将盛有新鲜土样的铝盒(在装土样前空铝盒已经称重)在天平上称重。将盒盖倾斜放在铝盒上，置于已预热至 105℃ ±2℃ 的恒温干燥箱烘 6~8 h，去除盖子后放入干燥器中平衡 30 min，立即称重并称至恒重。对于风干土样水分的测定是称取通过 2 mm 筛孔的风干土样 5~10 g，放入已知质量的铝盒内，盖好称重，将盒盖倾斜放在铝盒上，置于已预热至 105℃ ±2℃ 的恒温干燥箱烘 6~8 h，去除盖子后放入干燥器中平衡 30 min，立即称重并称至恒重。把称重结果代入公式计算土壤水分含量。

$$水分（分析基）= \frac{m_1 - m_2}{m_1 - m_0} \cdot 100\% \tag{9-28}$$

$$水分（烘干基）= \frac{m_1 - m_2}{m_2 - m_0} \cdot 100\% \tag{9-29}$$

式中　m_0——烘干空铝盒质量，g；

　　　　m_1——烘干前铝盒及土样质量，g；

　　　　m_2——烘干后铝盒及土样质量，g。

（3）容重

土壤容重是指土壤在自然状态下单位体积内（包括粒间空隙）的干土重。因此测定土壤容重要用未破坏土壤自然结构的原装土块，用一定的方法测定此土块的体积，烘干后称其质量，或测其含水量换算成干土重，即可计算出土壤容重。土壤容重的测定主要有环刀法和挖坑法等。

环刀法是土壤容重测定最常用的方法，一般可应用于可切削的土壤，即利用一定容积的钢制环刀，切割自然状态的土样，计算其单位容积烘干土（或湿润土）质量。环刀法主要采用的仪器设备有环刀、环刀托、锤子、小刀、天平、烘箱等。取样时将环刀托放到在已知重量的环刀上，环刀内壁稍涂凡士林，将环刀刀口向下垂直压入土中，直至环刀筒中充满样品为止。用修土刀切开环刀周围的土样，取出已装满土的环刀，削去环刀两端多余的土并擦净外面的土，把装有样品的环刀两端加盖以免水分蒸发，带回实验室后立刻称重处理并计算容重。

挖坑法是测定森林中根系较多或石砾含量较高，难以使用环刀取土时最为适用的方法。一般从森林土壤的腐殖质层或矿质土层挖坑取出土样，烘干称重，并测量土坑容积，计算单位容积的烘干土质量，即为土壤容重。挖坑法主要采用的仪器设备有土壤剖面刀、钢尺、塑料袋、量筒、天平、烘箱等。采样过程根据所测土壤性质不同而有所不同。有机土取样时，用土壤剖面刀或其他辅助工具垂直向下至矿质土层切一四面体状的小土坑，将切除的土样置于备好的塑料袋中，然后用钢尺测定土坑的长、宽、高，计算容积，塑料袋中的样品带回实验室中后立即称重处理并计算容重。矿质土采样时，用土壤剖面刀或其他辅助工具垂直向下挖出一小坑，取一薄塑料袋置于小土坑内，尽量贴紧坑壁，灌水入塑料袋中，直到与地面相平为止，然后用量筒测定塑料袋中水的体积。

9.2.2　土壤化学性质

在野外土壤剖面描述中，有些重要的土壤化学性质往往成为土壤发生分类和生产性评价的重要依据，而这些土壤化学性状可以简易测定。因此，应结合土壤剖面观察进行分层测定，其中包括土壤酸碱度、石灰性反应、氧化还原电位、电导率和亚铁反应等。

(1) 土壤 pH 值

反映土壤酸碱度的 pH 值是土壤分类的重要指标，也是影响土壤肥力的重要环境条件。pH 值测定方法采用混合指示剂比色法，又可分为瓷盘比色法和薄膜比色法 2 种。混合指示剂瓷盘比色法是在 6 孔或 12 孔白色瓷盘上，先滴混合指示剂 1~2 滴，观察指示剂是否保持 pH = 7.0 中性色值。若指示剂偏离中性而变色，说明瓷盘不清洁，应用蒸馏水重新清洗，直至指示剂保持 pH = 7.0 不变色为止。然后，从某一土层取直径 2~3 mm 的土粒放入混合指示剂液滴中，用玻璃棒搅拌，静置片刻后以溶液部分的颜色与比色卡进行比色定级。混合指示剂薄膜比色法则选用白色透明的塑料薄膜(裁成 5 cm × 5 cm)代替瓷盘，滴 1~2 滴混合指示剂，加入小土粒后，用手隔着薄膜将土和指示剂揉捏，然后进行比色。此外，土壤 pH 值也可用土壤原位 pH 计进行测定。

土壤的 pH 值分级如下：极酸性(pH < 4.5)、中性(pH 6.6~7.3)、较强酸性(pH 4.5~5.0)、弱碱性(pH 7.4~7.8)、强酸性(pH 5.1~5.5)、中碱性(pH 7.9~8.4)、中酸性(pH 5.6~6.0)、弱碱性(pH 8.5~9.0)、弱酸性(pH 6.1~6.5)和极强碱性(pH > 9.0)。

(2) 土壤石灰性反应

石灰性反应可以指示土壤中碳酸盐的大体含量。反应强度与样本表面积、干湿程度等有关。在野外测定时，应将新鲜土样在手指间压碎，用少量水浸润后，再滴加 10%(约 1 mol/L)的盐酸，观察气泡产生情况。其分级如下。

①无碳酸盐：无泡沫反应，标记为" − "；

②轻度碳酸盐：很微弱的气泡，一般很难看出，但近耳时可以听到声音，记为" + "；

③中度碳酸盐：能看出泡沫反应，记为" + + "；

④强度碳酸盐：较强的泡沫反应，记为" + + + "；

⑤极强碳酸盐：明显的碳酸盐积累，泡沫反应强烈，而且往往在起泡时伴随有雾化现象。

(3) 土壤氧化还原电位

氧化还原电位(E_h)是土壤氧化还原状况的综合指标，是某些土壤(如潜育性土壤)的分类指标之一，具有重要的发生学和生产意义。在野外可以用铂电极直接测定法进行测试，从而获得土壤现势性的氧化还原电位，分析土壤通气性状况。

野外测量时选用 pHs-29A 型酸度计，将铂电极的甘汞电极直接插入待测土层中，平衡 2min 后读数，取得相对的结果。为了测得较为精确的 E_h 值，除对铂电极进行表面处理外，常延长平衡时间直至读数稳定为止。根据土层厚度来确定重复次数，一般测 1~10 次取平均值。在重复测定前，先将铂电极用水洗净，再用滤纸吸干，然后插入另一处进行测定。土壤氧化还原状况分级为氧化状况(> 400 mV)、中度还原状况(0~200 mV)和强还原状况(< 0 mV)。

(4) 土壤电导率测定

电导率是盐土分类中的重要指标，在荒漠土壤的电导率测定时一般将土样取回实验室内成批进行，主要包括以下步骤。

①土壤溶液制备：取风干土 10 g 放入 100~150 mL 广口瓶中，加蒸馏水 50 mL 制成 5:1 水土比的土壤溶液，振荡 3 min，静置 2 h 至澄清后，吸取上层清液即为待测液。

②电导度测定：适用 DDS-11 型电导仪和铂电极，按要求接线，打开电源开关，将电极插入待测液中，按仪器操作法读取电导度，同时测量待测液温度。测第 2 个样品时必须将取出的电极用蒸馏水洗净，用滤纸吸干后再测。

(5)土壤亚铁反应

土壤亚铁反应是间接反映土壤氧化还原状况的指标，大量亚铁离子的存在会影响植物根系的正常生长。土壤亚铁反应的测试方法主要有"赤血盐显色法"和"邻菲罗啉显色法"。

①赤血盐显色法：取一待测土块，在新土块新鲜面上滴加 10% 盐酸 2 滴，使之酸化。然后加 1.5% 赤血盐溶液 2 滴，观察土壤显蓝程度定级：A 无(无色)、B 轻度(浅蓝)、C 中度(蓝色)和 D 强度(深蓝)。

②邻菲罗啉显色法：取少量(3~4 倍米粒大小)待测土块放入白瓷板空穴中，滴入 0.1% 邻菲罗啉显色剂 5 滴搅匀，待溶液澄清后观察其上清液的显红色程度定级：A 无(无色)、B 轻度(微红)、C 中度(红色)和 D 强度(深红)。

9.2.3　土壤动物

土壤动物的调查是通过在调查区提取土壤样品，在室内选用不同方法进行土壤动物的获取和统计，分析土壤动物的变化。对土壤及覆盖物变化不大而面积较大的地区，样地选择宜采用十字交叉法，即每隔 150 m、300 m 或 500 m 设一样点。对面积不太大而栖息地(土壤)单一的地区，用随机取样法较好。对干湿不同的环境要分别取样。取样时，先在地面设置 50 cm×50 cm 样方，然后用小铁锹将框内的落叶与土壤分层挖出，装进袋内，同一样地至少设置 2~3 个重复。挖掘深度应根据土壤自身自然发生层次分别取样，草地和农田取样深度多为 0~30 cm，灌木和乔木地取样深度可增加至 30~100 cm。也可以用直径 28.5 cm、高 8 cm，下边为波纹形的不锈钢圆框取样。常用的土壤动物调查方法主要有手检法、漏斗法、室内培养法等。

(1)手检法

手检法主要适用于肉眼可见的大型土壤动物调查，如蜓蚓、蜈蚣、马陆、鼠妇、昆虫幼虫、蜘蛛等。对于原尾虫、弹尾虫、螨虫、线蚓等小型土壤动物也可借助于双筒解剖镜采用手检法。该种方法是将采集到的土壤携至样点附近明亮无杂草的平坦地方，分批量筛到搪瓷盘上，用镊子或吸虫管检取其中肉眼可见的动物，除蚯蚓外其余均放入 75% 酒精瓶中。然后，倒掉盘中土，将筛剩下的粗土粒及落叶放在盘上继续检取动物，将动物放进酒精瓶中，然后用铅笔写明标签。在解剖镜下，手检法是采用解剖针拨开土壤，检取动物装进酒精瓶，并贴好标签。

(2)漏斗法

漏斗法可分为干漏斗法和湿漏斗法。干漏斗法适于以土壤微小节肢动物为主的大部分中型土壤动物，如蜱螨、跳虫、原尾虫、蚂蚁、拟蝎类、双尾类、小型蜘蛛、甲虫等。湿漏斗法适于中型土壤水生动物或土壤湿生动物，如线虫、姬丝蚓、涡虫、桡足类、熊虫等。

干漏斗法是利用绝大多数土壤动物具有一遇到干旱必然朝下方潮湿地方移动的习性，设置外加热源使土壤水分逐渐蒸发的干燥装置，使动物逐渐朝下方移动，最后经过筛网落入漏斗和标本瓶而被捕获，该装置也称自动分类器。除固定于漏斗的支撑架外，其他主要构件有比较光滑的玻璃(铁皮)漏斗、放在漏斗之上的孔径为 2 mm 的金属筛、盛土样的容器、设于装置顶端的电灯和放在漏斗下面接受土壤动物的容器。采用该方法时，将土壤表面朝下放于筛网上，将土壤轻巧摊开，然后打开电灯电源，促使土壤动物向下迁移落入标本瓶，所需时间大约 24~48 h。

湿漏斗法的装置与干漏斗法装置大体相同，主要区别是玻璃漏斗直径 6~8 cm，漏斗下端装有一个 12~13 cm 长的橡胶管，其上有 2 个止水夹。该方法的基本操作步骤是先用边长 12~13 cm 的方纱布或旧尼龙布将土样(约 2.5 cm×2.5 cm×4 cm)包好，放进漏斗，或将土样直接放在筛网上。接好橡胶管上端的止水夹，然后注满干净的自来水。接通灯泡电源，一般用一只 40 W 的灯泡照射大约 48 h。结束时，首先装好下端的止水夹，然后打开上端的夹子，待动物沉淀下来，再夹好，最后打开下端止水夹子，浓集的动物就会落入接收器皿中。

9.2.4 土壤微生物

土壤微生物是使土壤具有生命力的主要成分，与土壤肥力和土壤健康有着密切联系，在土壤的形成与发育、物质转化与能量传递等过程中发挥着重要作用。调查和监测土壤微生物的种类、数量、分布和活性，是研究土壤微生物生态学的基础，也是生态恢复监测的重要内容。在荒漠生态监测中，土壤微生物监测主要包括野外调查、取样、室内培养和测定几个步骤，具体方法见 9.1.3。

9.3 荒漠生态系统遥感监测

荒漠生态系统作为一种特殊的陆地生态系统，具有气候干旱、土壤贫瘠、风沙活动强烈、植被稀疏、净初级生产力低下等特点。荒漠生态系统具有高度的空间异质性，该异质性不仅体现在空间不同景观单元的镶嵌分布上，也体现在不同时间尺度景观单元的剧烈变化。在大尺度荒漠生态系统监测调查中，由于荒漠生态环境相对恶劣，传统的地面调查实施起来需耗费大量人力和物力，地面调查工作的开展异常困难且工作量庞大。20 世纪 60 年代发展起来的遥感技术可以为大尺度荒漠生态系统监测调查提供较佳的信息获取方式。其大面积的同步观测、较佳的时效性、数据的综合性和可比性，以及经济型特点使遥感技术在荒漠生态系统监测中得到了越来越广泛的应用。

荒漠生态系统和其他生态系统一样也是由生物与非生物环境组成。其中，生物组分包括植物、动物和微生物，分别是生态系统的生产者、消费者和分解者；非生物环境组分可分为气候、土壤、水文等。荒漠环境监测包括 3 方面的内容：一是对地表温度、土壤水分等环境因子的监测；二是对荒漠植被的监测；三是对荒漠环境中的土地利用与土地覆被状况变化以及荒漠化动态变化的监测。

9.3.1 荒漠环境监测

9.3.1.1 地表温度

地表温度是荒漠生态系统的重要生态参数，准确地获取地表温度对于研究地球能量平衡以及荒漠生态系统具有重要意义。地面所有的物质只要其温度超过绝对零度便会不断发射红外辐射，这是地表温度遥感反演的物理基础。常温的地表物体发射的红外辐射主要在大于 3 μm 的中远红外区，又称热辐射。在大气传输过程中，热辐射能通过 3~5 μm 和 8~14 μm 两个大气窗口。地表温度遥感反演正是利用星载或机载传感器收集、记录地物的热红外信息，实现地表温度的遥感反演。

在地表温度的遥感反演中，早期的卫星遥感数据只有一个热红外波段（如 TM、MSS）且缺乏可靠的定标，因此多数应用都是简单地基于辐射亮温来实现的，反演也只能采用简单的回归方法。NOAA-AVHRR 系列传感器的辐射精度和热红外通道数量上有了很大提高，为分裂窗算法的产生和应用提供了数据基础，也是目前地温遥感反演中应用较为广泛的算法之一。NASA 地球观测计划提出陆面温度反演精度优于 1 K，海面温度反演精度优于 0.3 K 的目标，认为这个精度能够对遥感应用产生实质性的推动作用。在当前，根据反演算法的差异，地温遥感反演主要可以划分为单通道法、多通道法、多时相法和一体化反演法等。

（1）单通道法

单通道算法是在对遥感图像进行辐亮度和亮度温度计算的基础上，通过地表发射率和大气透过率的计算最终实现地表温度的遥感反演。单通道地表温度遥感反演应用较多的统计方法是，从短期辐射传输方程出发，考虑大气含水量和传感器视角天顶角的影响，建立遥感亮度温度与地表温度的经验公式，通过同步实测资料回归经验系数，进而实现地温的遥感反演。在应用 TM 影像进行地表温度遥感反演过程中，广大学者针对 TM 仅有一个热红外波段提出了较有代表性的单窗算法或者单通道算法，其中 Qin 等（2001）和 Sobriono 等（2003）提出的单通道法在当前国际上应用较为广泛。

（2）多通道法

最典型的多通道法遥感反演算法为分裂窗算法。多数分裂窗算法的核心就是基于陆面温度与两个热红外通道的亮度温度是线性相关的假设。但也有一部分算法使用一种简单的非线性形式，假设这两个通道的地表发射率已知，依靠用于估算陆面温度的两个波段的吸收率差异，分裂窗算法可以有效地去除大气影响。其原理是大气在相邻的热红外通道的波谱窗口具有不同的吸收特征，通过这两个通道辐射亮温的某种组合来消除大气影响。自从 NOAA-AVHRR 传感器应用以来，多通道遥感反演技术迅速发展，分裂窗算法的改进算法是当前地表温度反演中应用最为广泛的方法。早期的针对海温的分裂窗算法主要基于以下几个假设：海水近似为黑体，比辐射率为 1；大气窗口的水汽吸收很弱，大气的水汽吸收系数可以看作常数；大气温度和海面温度相差不大，普朗克公式可以采用线性近似。在此条件下，海面温度可以表示为

$$T_s = A_0 + A_1 T_4 + A_2 T_5 \tag{9-30}$$

式中　T_4，T_5——AVHRR 第 4 通道和第 5 通道的辐射亮温；

　　　T_s——海面的实际温度，℃；

　　　A_0、A_1 和 A_2——常数。

对于陆地上的地表温度遥感反演，由于陆地表面不能看似为黑体，其地表发射率随着空间和季节变化存在较大的不确定性，分裂窗算法公式中的系数应随地表发射率的不同而变化。后来不断发展的陆表温度遥感反演分裂窗算法虽然公式形式各有差异，但其实质仍然是通过两个通道亮度温度的线性组合，而系数是两通道发射率的函数，两通道的发射率可以是根据地表分类给定的，或者是通过与归一化植被指数 NDVI 建立经验关系确定。

9.3.1.2　土壤水分

土壤水分是气候、水文、生态、农业等领域重要参数，荒漠生态系统土壤水分在地表与大气界面的水分和能量交换中起着重要作用。土壤水分的获取可分为 3 类：田间实测法、土壤水分模型法和遥感法。相对于传统的田间实测法和土壤水分模型法，遥感估算方法具有宏观性、经济性等优势，作为传统土壤水分监测方法的重要补充得到了广泛的应用。20 世纪 60 年代，国外学者进行了土壤水分与光谱反射率的关系以及微波土壤水分反演方法的研究。70 年代以后，随着土壤水分遥感监测技术的迅速发展，出现了地面、航空、航天等多平台以及可见光、近、中、远红外，热红外和微波等多波段相结合的局面。热惯量、地表温度、植被指数、后向散射系数、亮度温度等被用来作为指示因子建立了众多的土壤水分遥感反演模型，土壤水分遥感反演理论和技术不断得到加强，其中以热惯量、温度植被干旱指数、植被状态指数等遥感模型应用较为广泛。

(1)热惯量

热惯量是热力学中的一个不变的物理量，作为地物的固有性质是阻止自身温度变化幅度的一种特征，表示为：

$$P = (\lambda \cdot \rho \cdot c)^{1/2} \tag{9-31}$$

式中　P——热惯量，$J/(m^2 \cdot K \cdot S^{1/2})$；

　　　λ——导热率，$J/(m \cdot S \cdot K)$；

　　　ρ——土壤密度，kg/m^3；

　　　c——比热，$J/(kg \cdot K)$。

土壤热惯量作为土壤固有性质与水分含量之间有很好的相关性，这是采用热惯量法进行土壤水分遥感监测的理论基础。热惯量模型可以较好地应用于地表植被稀疏或裸露区的土壤水分遥感估算。在根据一维热传导微分方程展开求解热惯量过程中，由于傅里叶级数求解法最符合温度周日变化的地学模型且具有物理过程清楚、参数少、数学方法简便等优点而被较多应用。Price 通过对一维热传导模型的傅里叶级数法进行了研究，指出太阳高度角余弦的傅里叶展开式各简谐分量振幅 A_n 的第一项 A_1 在求取温差 ΔT 中起着决定性的作用，则地表最大温差 ΔT 用傅里叶级数展开的第一项 A_1 表示为：

$$\frac{1 - \alpha}{\Delta T} = \frac{\sqrt{B^2 + \omega \cdot P^2 + \sqrt{2\omega} \cdot B \cdot P}}{2S_0 \cdot C_\tau \cdot A_1} \tag{9-32}$$

式中　ΔT——昼夜温差，℃；

　　　α——地表反照率，%；

　　　ω——地球自转角速度，km；

　　　S_0，C_τ，A_1，B——可测量的常数；

　　　P——热惯量。

上式左项为表观热惯量（apparent thermal inertia，ATI）。通过对上式进行化简和求解，即可得到真实热惯性量 P 与 ATI 之间的函数关系：

$$P = \frac{\sqrt{2\alpha^2 - B^2} - B}{\sqrt{2\omega}} \tag{9-33}$$

式中　$\alpha = 2S_0 C_\tau A_1 \times ATI$；

　　　S_0，C_τ，A_1，B——可测量的常数（地形平坦、气象条件变化不大的地区）。

因此，ATI 随着 P 的增减而单调变化，二者呈线性关系。在实际应用中可以采用 ATI 反映地物真实热惯量 P 的相对大小。

（2）温度植被干旱指数

植物供水正常时，生长期内作物的归一化植被指数（normalized difference vegetation index，$NDVI$）和地表温度 Ts 将稳定在一定的范围；干旱状态下作物根部缺水使蒸腾作用受到抑制，叶面气孔关闭使作物的冠层温度升高，同时作物的生长将受到影响而使植被指数降低。因此，Ts 和 $NDVI$ 的结合能够提供地表植被和水分条件信息。当研究区的植被覆盖度和土壤湿度范围较大时，从遥感资料得到的地表温度 Ts 和植被指数 $NDVI$ 构成的二维空间散点图往往呈现一定的规则形状，这就是遥感领域常被提及的 $Ts/NDVI$ 特征空间。与梯形空间比较，三角形空间所需参数较少且运算简单而被广泛应用于农业旱情监测（图9-2）。Sandholt 等（2002）根据大量的遥感观测资料和先验知识，加上地表的水热特征模拟，提出了温度植被干旱指数 $TVDI$ 的概念

$$TVDI = \frac{Ts - Ts_{\min}}{a + bNDVI - Ts_{\max}} \tag{9-34}$$

式中　$Ts_{\min}$——三角形中的最低地表温度，对应的是湿边，℃；

　　　Ts——给定像元对应的地表温度，℃；

　　　$NDVI$——归一化植被指数；

　　　a，b——干旱的模型拟合参数（$Ts_{\max} = a + bNDVI$）；

　　　$Ts_{\max}$——给定 $NDVI$ 对应的最高地表温度，℃。

除了采用普通的光学遥感技术监测土壤水分外，微波遥感具有全天时、全天候、较强穿透力、高分辨率等优点，土壤水分微波遥感方法分为被动微波和主动微波，被动微波通过测量土壤亮温来估测土壤水分，土壤亮温由土壤介电常数和土壤温度决定，而土壤介电常数和土壤温度与土壤含水量有关，可以通过土壤亮温反演土壤含水量。主动微波则是通过测量雷达的后向散射系数来反演土壤含水量，土壤后向散射系数主要由土壤介电常数和土壤粗糙度决定，而介电常数由土壤含水量决定。

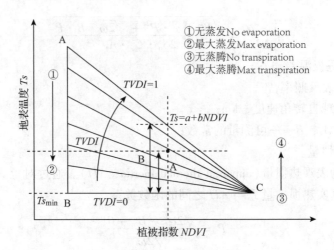

A 代表干燥裸露的土壤，低 $NDVI$，高 Ts，蒸散量最小；B 代表湿润裸露的土壤，低 $NDVI$，低 Ts，实际蒸散等于潜在蒸发；C 代表湿润密闭植被冠层，高 $NDVI$，低 Ts，土壤水分供应充足，蒸散量最大，植被蒸腾作用强。

图 9-2　$Ts/NDVI$ 三角形特征空间

（Sandholt et al.，2002）

9.3.2　荒漠生态系统动态监测

9.3.2.1　土地利用与土地覆被动态监测

土地利用与覆被变化直接改变地表的覆被状况，造成地表物质、能量以及信息系统的改变。土地利用与覆被变化引起地表景观格局的变化，能直接影响流域水平衡、水循环和干旱过程，进而造成局部气候过程变化，影响地表水分、盐分在土壤中的迁移转化过程。荒漠区土地利用与土地覆盖动态监测中最重要的操作步骤是要实现荒漠区地物的遥感分类工作。荒漠地区覆被类型的遥感分类也就是遥感图像的分类过程，根据分类方法的差异，主要可分为监督分类、非监督分类、决策树分类以及目视解译等方法。

(1) 监督分类

监督分类包括利用训练区样本建立判别函数的"学习"过程和把待分像元带入判别函数进行判别的过程。荒漠地区训练区的选取需考虑以下要求：①训练区所包含的样本(如水体、流动沙漠、半固定沙漠和固定沙漠等)在种类上要与待分区域的类别一致；②训练样本应在各类目标地物面积较大的中心选取，以较好地突出样本的代表性；③训练样本的数目应能够提供各类足够的信息和克服各种偶然因素的影响；④训练样本至少要满足能够建立分类用判别函数的要求，所需个数与所采用的分类方法、特征空间的维数、各类的大小与分布有关，如最大似然法的训练样本个数至少要 $n+1$ 个(n 为特征空间的维数)，这样才能保证协方差矩阵的非奇异性。监督分类中常用的具体分类方法主要包括最小距离分类法、多级切割分类法、特征曲线窗口法和最大似然比分类法等。

(2) 非监督分类

非监督分类法的假设前提是遥感影像上同类物体在同样条件下具有相同的光谱信

息特征。非监督分类法不必对影像地物获取先验知识，仅依靠影像上不同类地物光谱信息（或纹理信息）进行特征提取，通过把一组像素按照相似性归成若干类别，使同一类别的像素之间的距离尽可能小，而不同类别上的像素间的距离尽可能大。非监督分类的结果只是对不同类别实现了区分，但并不能确定类别的属性，也就是说非监督分类只能把样本区分为若干类别，而不能给出样本的描述；其类别的属性是通过分类结束后目视判读或实地调查确定的。非监督分类的聚类分析方法主要有分级集群法和动态聚类法等。

（3）决策树分类

决策树分类是以各像元特征值设定的基准位分层逐次比较的分类方法，具有结构清晰、易于理解和解译、无黑箱结构、交互性强等优点，在实际应用中具有十分明显的技术优势。决策树分类法模拟人工分类过程，依据分类规则对数据从根节点往下逐级分类。决策树由一个根结点、一系列内部分枝及终级叶结点组成，每一结点只有一个父结点，但可以有两个或多个子结点，从而建立起一种树状结构的框架。

（4）目视解释

目视解译是根据样本的影像特征（形状、大小、纹理等）和空间特征（图形、位置和布局等），通过与多种非遥感信息资料相结合，运用生物地学等相关规律，采用对照分析的方法，进行由此及彼、由表及里、去伪存真的综合分析和逻辑推理过程。目视解译方法通过卫星影像特征等直接要素和相关地物分布、地理分布等要素，结合参考有关非遥感信息判断分析，按照技术标准区别勾绘出不同类型的图斑。人工目视解译可充分利用判读人员的知识，灵活性好，利于提取空间相关信息，至今仍是荒漠生态系统地物遥感解译的常用方法之一，但其也存在解译耗时长、解译结果因人而异等问题。在研究荒漠生态系统地物遥感解译时，可根据实际需要采取一种或者多种分类方法相结合的方式，以提高遥感解译的精度与效率。

9.3.2.2 荒漠植被动态监测

植被是荒漠生态系统的重要组分。荒漠植被的动态监测除了可以根据适当空间分辨率的遥感图像反映出不同时间尺度范围内荒漠生态系统内植被的类型和分布面积变化，并在此基础上开展某植物群落空间分布格局研究外，还可以根据不同年份之间植被指数的变化关系，分析研究区荒漠植被生长状况的差异。在具体应用上，既可根据植被指数的空间变化，分析荒漠植被的空间变化特征，也可根据植被的时间序列图像研究荒漠植被的生长状况，同时还可以根据植被指数和植被地上生物量之间的关系模型估算荒漠地区植被地上生物量等信息。值得注意的是，由于荒漠地区植被相对稀疏，植被信息较易受到背景土壤（沙漠）信息的干扰，选择适当的植被指数对于切实提高荒漠地区植被信息的定量反演精度具有十分重要的意义。

受荒漠地区自然条件的限制，荒漠中的植被种类和物种的多样性远不如森林、草地、湿地丰富，但对维持荒漠地区生态系统的稳定和保持生态系统内物质和能量的良性循环具有十分重要的作用。区别于荒漠环境中的其他地区，植被具有规律性较强而独特的反射波谱曲线，主要分 3 段：可见光波段（0.4~0.76 μm）有一个小的反射峰，位置在 0.55 μm(绿)处，两侧 0.45 μm(蓝)和 0.67 μm(红)则有两个吸收带。这一特征是由叶绿素对蓝光和红光吸收作用强，而对绿光反射作用强产生的。在近红外波段(0.7~0.8 μm)有一反射的"陡坡"，至 1.1 μm 附近有一峰值，形成植被的独有特征。这是由于受植被叶细胞结构的影响，除了吸收和投射的部分，形成的高反射率。在中红外波段(1.3~2.5 μm)受到绿色植物含水量的影响，吸收率大增，反射率大大下降，特别以 1.45 μm、1.95 μm 和 2.7 μm 为中心是水的吸收带，形成低谷。根据植被的光谱曲线特征，研究发现利用植被的近红外和红光的反射率为参数构建线性或非线性的植被指数模型，能较好地反映植被类型、生长状况和生物量等信息，是快速准确地实现荒漠化植被定量遥感监测的一个重要工具。

为了定量评估植被生长和覆盖度等特征，遥感界已定义了数十种植被指数，其中应用较为广泛的主要有归一化植被指数($NDVI$)、比值植被指数(ratio vegetation index, RVI)、差值植被指数(difference vegetation index, DVI)、土壤校正植被指数(soil adjusted vegetation index, $SAVI$)、改进的土壤校正植被指数(modified soil adjusted vegetation index, $MSAVI$)以及增强型植被指数(enhanced vegetation index, EVI)等。

$$NDVI = \frac{(NIR - RED)}{(NIR + RED)} \tag{9-35}$$

$$RVI = \frac{NIR}{RED} \tag{9-36}$$

$$DVI = NIR - RED \tag{9-37}$$

$$SAVI = (1 + L)\frac{NIR - RED}{NIR + RED + L} \tag{9-38}$$

$$MSAVI = \frac{2NIR + 1 - \sqrt{(2NIR + 1)^2 - 8(NIR - RED)}}{2} \tag{9-39}$$

$$EVI = G \cdot \frac{NIR - RED}{NIR + C_1 \cdot RED - C_2 \cdot BLUE + L} \tag{9-40}$$

式中　NIR，RED，$BLUE$——近红外波段、红光波段和蓝光波段的光谱反射率，%；

　　　L——背景调整项；

　　　C_1，C_2——拟合系数；

　　　G——增益因子。

计算 $MODIS - EVI$ 时，$L = 1$，$C_1 = 6$，$C_2 = 7.5$，$G = 2.5$。根据研究区范围和地面植被季相特征，利用植被指数可以定量地反映地面植被的变化特征。

9.3.2.3　荒漠化动态监测

荒漠生态系统监测的目的除了获取研究区荒漠类型的位置和面积外，同一个地区在不同时期的陆表信息的动态变化对于政府管理部门和生产部门全面了解荒漠化发展动态和开展荒漠化防治具有重要意义。

对于遥感图像而言，由于受到遥感平台位置和运动状态变化、地形起伏、地球表面曲率、大气折射、地球自转等因素的综合影响，获取的原始遥感影像往往存在较大的几何畸变，进行遥感分析尤其是动态变化监测研究前必须进行精确的几何校正处理。几何校正主要包括 2 种校正方式，即图像与控制点(地形图或 GPS 数据)的校正以及图像与图像的配准。一般来说，配准用控制点应选取图像上易分辨且较精细的特征点，如道路交叉点、河流弯曲或分叉处、湖泊边缘、城郭边缘等。控制点尽可能满幅图像均匀选取，特征变化大的地区应多选些。控制点误差尽量控制在 0.5 个像元内，根据需要采用最近邻法、双向线性内插法或三次卷积内插法等几何校正模型对遥感图像进行校正，把不同历史时期的空间数据统一到同一投影类型下。在实现荒漠生态系统的地物分类或陆表参数的遥感反演的基础上，根据遥感或 GIS 软件的空间分析模块即可实现生态系统的动态监测。

(1)状态转移矩阵

状态转移矩阵又称马尔科夫模型，对于分析不同土地荒漠化程度之间的流向具有重要作用。通过转移矩阵，不仅可以定量说明不同荒漠化程度之间的相互转化状况，而且可以揭示不同荒漠化程度之间的转移速率，从而可以更好地了解土地荒漠化的时空演变过程。马尔科夫模型是一种特殊的随机运动过程，是指在一系列特定的时间间隔内，一个亚稳态系统由时刻状态向 $T+1$ 时刻状态转化的一系列过程，这种转化要求 $T+1$ 时刻状态只与 T 时刻状态有关。在荒漠生态系统土地利用和土地变化研究中，将任意两个年份的土地利用土地变化覆被图进行叠加可以得到不同时期土地利用变化图，统计叠加得到的土地利用变化图各土地类型的变化面积，可以得到两个年份之间的土地利用土地变化覆被变化动态转移矩阵，它可以显示从某一年到另一年某种土地利用类型的动态变化，即有多少该种土地利用类型转化到其他类型，有多少面积仍然保持为该类没变，又有多少其他土地利用类型转化为该土地类型。

(2)土地利用变化强度指数

土地利用变化强度指数是指某一区域 i 内单位面积上土地利用类型 j 从 a 时期到 b 时期发生的改变。土地利用变化强度指数的计算公式如下：

$$LTI_i = \frac{K_{j,b} - K_{j,a}}{LA_i} \cdot \frac{1}{T} \cdot 100\% \tag{9-41}$$

式中　LTI_i——土地利用类型 j 在某一空间单元 i 内的土地利用变化强度指数；

　　　$K_{j,b}$，$K_{j,a}$——研究初期 a 及研究末期 b 土地利用类型 j 在空间单元 i 内的面积，km^2；

　　　LA_i——空间单元 i 的土地面积，km^2；

　　　T——研究末期和初期相间隔的时间，a。

(3)土地利用变化的空间趋向性

土地利用类型变化的多度为某种土地利用变化类型在区域内的斑块数，能定量地表示出土地利用变化类型在区域内的分布状况。

$$D = \frac{N_i}{N} \cdot 100\% \tag{9-42}$$

式中　D——某种土地利用变化类型的多度；

　　　N_i——该种土地利用类型变化的斑块数，个；

　　　N——该区全部土地利用类型的斑块数，个。

重要度可定量地表示土地利用变化类型对区域的重要程度，是确定土地利用变化方向的重要依据。

$$IV = D + B \tag{9-43}$$

式中　IV——某种土地变化类型的重要度；

　　　D——该种土地利用变化类型的多度；

　　　B——该种土地利用类型变化的面积占所有图斑总面积的百分比，%。

（4）土地利用变化的速度

单一土地利用动态度可定量描述区域一定时间范围内某种土地利用类型变化的速度，对比较土地利用变化的区域差异和预测未来土地利用变化趋势都具有积极的作用。利用土地利用动态度模型分析土地利用类型的动态变化，可以真实反映区域土地利用/覆盖中土地利用类型的变化剧烈程度。

$$R = \frac{U_b - U_a}{U_a} \cdot \frac{1}{T} \cdot 100\% \tag{9-44}$$

式中　U_a，U_b——研究初期及研究末期某一种土地利用类型的数量，个；

　　　T——研究期时段长，d；

　　　R——T 时段对应的研究区单一土地利用变化速率，%。

（5）土地变化的区域差异

土地利用变化的区域差异可用相对土地利用变化率表示，即以一定时间内某一区域的土地利用动态度与整个区域土地利用动态度相比来表示区域土地利用变化的差异。

$$LUR = \frac{R_p}{R_t} = \frac{|U_b - U_a| \cdot C_a}{U_a \cdot |C_b - C_a|} \tag{9-45}$$

式中　LUR——相对土地利用变化率，%；

　　　R_p，R_t——某一地区和整体某种土地利用动态度；

　　　U_a，U_b——研究初期及研究末期局部某一种土地利用类型的面积，km^2；

　　　C_a，C_b——监测初期和监测末期整个研究区域某种土地利用类型的面积，km^2。

若 $LUR > 1$，表示该局部土地利用变化幅度大于整体的变化幅度；若 $LUR < 1$，则小于整体土地利用变化的幅度。

9.4　荒漠生态系统长期定位观测

荒漠生态系统长期定位观测是研究揭示荒漠生态系统结构与功能变化规律而采用的最基本的手段。荒漠生态系统长期定位观测不仅是荒漠科学研究的一项基础性工作，也是荒漠化防治的关键环节，已经成为及时、全面和准确掌握荒漠生态系统现状和动态变化的主要信息来源，由此获取的数据信息和研究成果也为制定政策和规划提供了重要的决策依据。

9.4.1　荒漠生态系统长期定位观测的概念及其科学意义

（1）荒漠生态系统长期定位观测的概念

荒漠生态系统长期定位观测通过在典型的荒漠生态系统地段布局观测站点，采用科学的方法与手段对荒漠生态系统的一系列指标进行长期的定位观测，揭示系统的组成、结构、能量流动和物质循环在自然和人类活动的影响下的现状和动态变化过程，阐明荒漠生态系统发生、发展和演化规律的动力机制。通过野外长期定位观测，可以从水分循环和生物地球化学循环入手，系统分析荒漠生态系统对生态和环境影响的物理、化学与生物学过程；从格局—过程—尺度有机结合的角度，研究水、土、气、生界面的物质转换和能量流动规律，定量分析不同时空尺度上生态过程演变、转换与耦合机制。

(2) 荒漠生态系统长期定位观测的科学意义

荒漠生态系统长期定位观测是生态系统野外监测的重要组成部分，也是专为生态系统的研究和管理服务的。通过对典型荒漠生态系统的长期规范化观测，揭示不同时期荒漠生态系统的组成、结构、能量流动和物质循环的自然状态，及其在外界干扰下的反应和动态变化过程，并建立荒漠化动态监测、评价和预警体系，为地区、国家、区域和全球等不同层次的风沙灾害研究、荒漠化防治、沙尘暴监测和区域经济可持续发展提供基准数据和科学依据。

首先，通过野外长期定位观测数据的积累，可为荒漠生态系统的研究和管理提供一个可信的、完整的数据库。从荒漠生态系统的研究来看，从自然界获取第一手试验和调查资料是研究工作的基础。研究者通过对水、土、气、生等生态要素的大量野外观测数据汇总和整理，才能分析生态系统的结构和功能动态变化规律并做出预测。从荒漠生态系统的管理角度来说，长期定位观测是获取荒漠生态系统信息的唯一渠道，也是为应对荒漠生态系统变化做出科学预测和决策的重要依据。因此，在各典型荒漠地区开展长期观测工作，建立一个可信、完整的荒漠生态系统数据库，以加强荒漠生态系统的研究和管理，是荒漠生态系统长期定位观测的一个重要目的。

其次，荒漠生态系统长期定位观测是为了更好地跟踪生态系统结构和功能出现的变化，特别是荒漠化的演变过程。荒漠生态系统是陆地生态系统中最为脆弱的一个子系统，其结构和功能也表现出相对简单的特点。和其他生态系统相同，正常的荒漠生态系统也是处于一种动态平衡中，生物群落与自然环境在其平衡点做一定范围的波动。但是，在气候变化和人类活动的干预下，荒漠生态系统结构和功能最容易远离平衡，系统固有的结构遭到破坏，功能丧失，稳定性和生产力降低，抗干扰能力和平衡能力减弱，导致荒漠生态系统更加退化。长期定位观测就是要通过对荒漠生态系统水、土、气、生等指标建立长期的观测，获取荒漠生态系统各要素实时、动态的信息，达到对荒漠生态系统结构和功能变化及时掌握和预测，提高防治荒漠化的预警能力，减少自然灾害的影响。

再次，荒漠生态系统长期定位观测要关注全球变化背景下荒漠生态系统的响应，提供气候变化后荒漠化的发生、发展动态信息，并预测生态系统的变化和产生的后果。全球变化的研究，既是当今生态学领域中最为人们关注的问题，也是当代国际最大的生态学研究计划。荒漠化是全球变化的研究对象之一，加强荒漠生态系统在全球变化中的作用及全球变化对荒漠生态系统影响的研究就显得非常重要。只有通过加强荒漠及其荒漠化地区的长期观测，才能从观测数据资料中提取全球变化的信息，并据此做出科学的判断。

最后，长期定位观测可以实现对荒漠生态系统最为脆弱和敏感地区的重点监测。生态脆弱带和敏感区是自然灾害的多发区和发源地。对这些地区进行重点监测，及时获取生态系统各指标的动态信息，分析生态系统有可能出现的变化趋势，减少不应有的人类干预，可以有效地防范自然灾害的发生。同时，对生态敏感区域的动态监测，可以获取荒漠生态系统对全球变化及其人类的经济活动响应的信号，有助于了解环境演变的动力机制。

9.4.2 荒漠生态系统长期定位观测的研究现状与进展

(1) 国外的研究现状与进展

全球范围荒漠生态系统的长期定位观测可以追溯到20世纪初。早在20世纪20年代，苏联就在卡拉库姆沙漠建立了捷别列克生态定位研究站；50年代，又在俄罗斯大草原建立了生态研究站；60年代，土库曼斯坦针对中亚半干旱草原区因滥垦草原造成大面积土地退化开展了生态环境治理的研究；与此同时，苏联还与蒙古联合组建了俄罗斯—蒙古生态学综合考察队，对蒙古的各类生态系统进行了长期的考察以及定位、半定位研究，并于1991年完成了《蒙古生态系统环境图》。

20世纪30年代，美国针对其中西部半干旱区因大面积滥垦草原造成的土壤严重侵蚀和沙尘暴频繁发生等现象开展了比较系统的研究；从60年代开始，又对北美的高草原、杂草草原和低草原进行系统的生态定位研究，已经从植物个体发展到群落和生态系统水平，通过对生态系统中碳、氮等物质在植物和土壤中的迁移转化、土壤的空间异质性的变化、水分的入渗和植物对水分的吸收与蒸腾、植物种的丰富度和植物密度的变化、植物冠层对土壤异质性的影响等方面的分析，研究半干荒漠区草地退化过程、机制和成因，并将荒漠化与全球气候变化联系起来，探求荒漠化对全球变化的响应机制和贡献。

20世纪90年代，围绕着荒漠生态系统研究与荒漠化防治而进行的长期观测在世界主要荒漠化地区获得了空前的发展，并且成为生态环境监测的重点项目。非洲萨赫勒(Sahel)地区是国际上开展荒漠生态系统野外监测与观测比较成熟的地区，由撒哈拉和萨赫勒观测台(Sahara and Sahel Observatory, OSS)组织提出的长期生态观测台站计划(ROSELT Programme)是为促进和支持干旱区土地退化的环境观测而采取的一个重要步骤。美国、以色列和澳大利亚等国家，也从防治土地退化的需要出发，利用地球资源卫星及"3S"技术对荒漠生态系统的发展进行了大尺度监测评价，利用先进的同位素示踪技术进行各种环境下土壤风蚀速率的定量评价、土壤养分、水分及有机质动态监测等方面做了大量工作。中亚的土库曼斯坦、哈萨克斯坦等国在荒漠化评价方面进行过一些研究。此外，葡萄牙、西班牙、法国、意大利和希腊5国也于1995年开始联合对南部欧洲地中海沿岸的沙化土地现状、动态及其逆转情况开展定位观测和监测，并制定了统一的取样方法和监测指标，利用遥感和GIS技术，监测土地利用、植被生产力和土地退化状况。

进入21世纪，在美国国家生态观测网络(NEON)大陆战略带领下，全球陆地生态系统(包括荒漠生态系统)野外长期定位观测，已经发展成为观测方法众多，手段齐全和理论完善的一门学科，并向着实时、高效和网络化的方向发展，大大带动了荒漠生态系统研究和区域社会经济的可持续发展。

(2)我国的研究现状与进展

作为基础性工作,我国荒漠生态系统长期定位观测开始于 20 世纪下半叶,可以分为以下 3 个阶段。

① 建国初期:1956 年,中国科学院在宁夏中卫筹建沙坡头治沙试验站;1957 年,中国科学院组建了黄河中上游综合考察队固沙分队,在内蒙古、陕西、宁夏等地进行沙漠考察。1959 年,一支由 800 多人组成的中国科学院治沙队正式成立,开始对我国沙漠进行了长达 3 a 时间的大规模系统考察,对我国北方地区进行了大面积的普查,并对某些重点地区进行了深入调查,初步摸清了我国沙漠的分布、面积、类型、成因、资源以及自然条件和社会经济条件;在北方 6 省(自治区)建立了 6 个治沙综合试验站,即:甘肃民勤、青海沙珠玉、内蒙古磴口、陕西榆林、宁夏灵武、新疆托克逊治沙综合试验站,这 6 个治沙综合试验站同时承担了我国干旱、半干旱区生态系统野外长期定位观测与研究的任务。

② 20 世纪 70 年代末到 90 年代初:面对日益严峻的荒漠化问题,有关科研机构和高等院校先后在我国北方的典型地区开展了比较深入的观测和研究工作,观测研究内容包括风沙移动规律、荒漠化成因、荒漠化发展状况、荒漠化评价等,出版和发表了许多专著和文献。

③ 20 世纪 90 年代以来:荒漠生态系统观测与研究逐步与国际长期观测接轨,荒漠生态系统的多学科系统研究正式起步。90 年代以来,可持续发展思想逐渐深入人心,开拓了人们的思路,促使人们从更综合的角度来认识荒漠生态问题;科学的发展正趋向于不同学科的交叉和综合,新学科不断涌现,特别是地学和生物学的有机结合和景观生态学的迅速崛起促进了荒漠生态观测与基础研究的发展;同时,遥感、地理信息系统(GIS)等技术手段日新月异,使得开展系统的多学科的荒漠生态研究成为可能。

目前,分布在干旱、半干旱和亚湿润干旱区的国家重点野外台站包括:沙坡头沙漠试验研究站、阜康荒漠生态试验站、策勒沙漠研究站、鄂尔多斯沙地草地生态定位研究站、奈曼沙漠化研究站、民勤荒漠草地生态系统定位研究站。此外,我国林业部门已按照气候分区(极端干旱区、干旱区、半干旱区、干旱亚湿润区)以及荒漠化类型(风蚀、水蚀、冻融等)以及人为干预影响程度(自然生态系统,人工生态系统、半自然或半人工生态系统),建成了纵横交错、分布合理、类型齐全的集"观测—研究—示范"于一体并与荒漠化防治和生态建设等多种需求相适应的长期观测与研究网络。这些站网(台站)在荒漠生态系统的气候、植被、水文、土壤、物候以及荒漠生态系统的自然分布特征、演替规律和人工防风固沙林的防风固沙效益、生态功能等方面进行了大量的调查研究和定位观测研究,在科研、实验与管理人员的素质和能力上已经具备了开展更大尺度和区域范围合作研究的实力。为了促进和加强对全球或区域生态学现象的了解,实现大时空尺度上的预测模拟,网络正积极参与和寻求跨站点、跨网络、跨国家、跨区域的合作项目研究,以便为全球变化对荒漠生态系统的影响、旱地土地的有效管理提供研究与决策信息并奠定科学的理论基础。

9.4.3 荒漠生态系统长期定位观测的内容

荒漠生态系统长期定位观测的内容主要集中在水文、土壤、气象、生物等主要生态要素上，既包括地面常规定位观测，也包括遥感观测，同时还开展了与荒漠生态系统相关的人类活动、社会经济等方面的观测，具体的观测指标涉及土壤物理学、土壤化学、大气与气候学、风沙地貌、生态学、生态水文学和植物生理学等多门学科。

(1) 地面气象观测

主要包括对能表征干旱荒漠区域内气象特征的温度、湿度、气压、风、云、降水、辐射等指标的观测。通过对地面气象指标的观测，可以直接或间接获得荒漠生态系统的以下信息：

①能量平衡(即荒漠对太阳辐射能的吸收利用和转化的规律)：包括荒漠的净辐射、空气增温、土壤温度等分量的变化规律。

②荒漠生态系统对大气降水的分配、移动、收支规律及其效应。

③荒漠的动量平衡：包括戈壁对大气中的热量和水汽的影响等。

④特殊气象条件：包括旱灾、雪害、沙尘暴等。

(2) 土壤观测

主要包括对土壤地表状况、土壤水分、土壤物理性质、土壤化学性质等指标的观测。地表状况主要指地表的覆沙厚度、沙丘移动距离和土壤风蚀量等。土壤物理性质包括土壤腐殖质层厚度、容重、机械组成以及土壤水分等指标，其状况可以表征土壤的水、热、肥、气的情况和协调程度。土壤化学特性主要包括土壤的酸碱度、阳离子交换量、交换性钙和镁、交换性钠、有机质、烧失量，以及各种营养元素、微量元素和重金属元素含量等。

(3) 水文观测

主要包括指示荒漠生态系统水文过程的指标，包括径流、蒸发(散)凝结、土壤水和地下水等。通过水文生态过程的长期观测，获取长期野外观测资料，可以了解生态系统水量平衡规律、生态水文过程特征，为生态系统恢复与重建、荒漠化治理提供科学依据。

(4) 生物学观测

主要内容包括植物群落种类组成与结构、生物多样性状况、植物群落物质生产与循环、植物群落动态、动物群落种类组成与结构、微生物种类组成与结构等。通过对荒漠生态系统中反映生物状况的重要参数(如动植物种类组成、生物量)和关键生境因子的长期观测，可以达到以下目的：

①了解不同时段生态系统结构与功能状况。

②揭示荒漠生态系统和生物群落的动态变化与演替规律。

③了解和分析生物多样性的动态变化和趋势。

④了解环境变化及其对荒漠生态系统的影响等。

此外，人类活动、社会经济等方面的观测内容包括：土地利用类型和变化、农牧业等产业发展状况、水资源状况及变化、人口数量及变化、区域经济发展状况、生态建设等生态系统保护和修复措施以及荒漠化治理活动等。

9.4.4 荒漠生态系统长期定位观测的规范化和标准化

长期定位观测的标准化和规范化，是对荒漠生态系统观测的最基本要求，也是荒漠生态系统实现联网观测、数据共享和比较研究的前提，是提升长期观测能力和研究水平的重要保障。只有在规范化和标准化的前提下，才能把各观测站网（台站）的观测工作有效的集成起来，建立一套长序列、能共享、可比较、易交流的功能强大生态系统数据库，对于荒漠生态系统研究从单要素、短时序、局地性的静态分散模式向系统化、标准化、网络化的动态集成模式发展具有重要意义。

我国已经组织开展了相关标准的制修订工作，发布实施了《荒漠生态系统定位观测指标体系》（LY/T 1698—2007）、《荒漠生态系统定位观测技术规范》（LY/T 1752—2008）、《荒漠生态系统观测研究站建设规范》（LY/T 1753—2008）等 10 余项林业行业标准，标准范围涵盖台站建设、指标体系、观测技术和服务评估等主要内容，取得了初步成效。目前，荒漠生态系统观测领域还存在标准数量不足、结构不合理，标准体系不完善等问题，不能满足长期观测对标准的需求。针对荒漠生态系统长期定位观测标准发展状况和存在问题，研究和构建科学、完善的标准体系，制定建设、观测和管理所必需的重要技术标准和规范，对于加速长期观测的标准化进程、提升观测能力和研究水平具有重要的现实意义，已经成为我国荒漠生态系统长期定位观测面临的重要任务之一。荒漠生态系统长期定位观测标准化的基本内容包括荒漠生态系统长期观测的台站建设、观测指标和方法、数据处理等 7 个方面。

(1) 观测台站建设标准的研制

荒漠生态系统观测站网和台站是长期定位观测研究的基础平台，特别是台站建设。观测台站的标准化建设是开展野外观测的基础和根本保障，涉及野外综合观测楼，水文、土壤、气象和生物等观测要素的基础设施和仪器设备配置等诸多方面内容，需要在荒漠生态系统观测台站建设要求、工程项目建设技术以及观测样地设置等方面研制统一的观测台站建设标准，并规范各台站在观测仪器配置、数据管理以及信息共享系统建设等方面的同步性与一致性。

(2) 观测指标和方法标准的研制

观测指标的制定是统一和规范荒漠生态系统长期定位观测的前提，根据观测研究对象的不同，需要开展沙漠、沙地、戈壁、盐碱地等典型荒漠生态系统观测指标的研制。在观测技术和方法标准研制方面，需要根据荒漠生态系统水文、土壤、气象和生物等观测要素以及水热通量、碳平衡等特殊观测内容，开展包括野外调查、观测、监测、试验测试、实验分析等多种技术和方法的标准研制。

(3) 观测数据处理标准的研制

为了提高观测数据信息采集、传输、接收、存储、分析、加工利用的准确性、完整性、连续性、规范性和安全性，保证各种数据信息的准确和规范，需要制定出一系列科学、系统、合理和完善的数据采集、传输与分析加工等观测数据处理有关的方法和技术标准。

（4）观测数据质量保证与控制标准的研制

为使观测数据和数据集的质量控制、检查和管理工作做到科学性、规范性，需要提出并研制荒漠生态系统观测数据质量控制标准和检查程序，制定数据质量监控制度和措施，协调各个质量控制环节，修订有关质量标准、规范和质量管理制度，执行数据质量检查、分析和评价。在标准中需要规范和要求数据质量检查方式、工作模式以及审查报告和数据质量评估报告的提交。

（5）数据管理和信息共享标准的研制

数据管理和共享标准化是建立荒漠生态系统数据库、实现信息共享的关键。需要规范观测数据的管理和共享机制，研制观测数据的来源、精度、尺寸、指标、时间和空间等属性标准，建立统一的荒漠生态系统数据库管理规范，完善数据成果分级分类标准，制定有偿或无偿的数据共享和服务利用方案。

（6）服务评估

基于长期连续观测数据，结合资源清查结果，制（修）订荒漠生态系统生态服务评估技术规范和标准，用以评估我国荒漠生态系统服务功能的物质量和价值量；同时要围绕"三北"防护林工程、防沙治沙工程等与荒漠生态系统长期观测领域相关的国家重点生态工程实施情况，兼顾开展有关工程效益评价标准制修订工作，用以客观评价各类生态保护与修复工程的生态效益，科学反映林业生态建设成效，支撑重大生态工程建设。

（7）运行管理

荒漠生态系统长期观测网络和台站的规范化运行管理，是本领域其他工作的前提和保障。运行管理的标准化内容包括：观测站网运行管理规范，观测台站考核评估标准，野外观测人员队伍配置规范，观测设施和仪器设备管理规范，运行经费管理规范，开放研究基金设置标准和研究成果奖励标准，以及试验示范和技术推广应用规范等。

9.4.5　荒漠生态系统长期定位观测的未来发展趋势

当前，国际生态系统观测研究网络的观测尺度从站点走向流域和区域，关注的对象从生态系统扩展到地表系统，逐渐将自然生态要素与社会经济相结合，深化了联网观测和联网研究；在观测手段上实现了地面观测和遥感多尺度观测的有机结合，日益注重数据共享和集成；在站网建设和运行过程中，不断加大数字化、信息化和智能化方面力度，以应对诸如全球变化、生态系统结构变化、土地利用动态以及生物地球化学循环等大尺度生态问题。

荒漠生态系统长期定位观测作为基础性工作和土地荒漠化防治的重要手段得到了空前的发展，从未来发展趋势上看主要有以下特点。

（1）国家、区域和全球水平的观测标准化和一体化

随着观测网络的建设，网络设计和规划逐渐趋向一体化，观测内容和观测方法的规范和标准化问题也逐渐提到了议事日程。例如，美国国家生态观测站网络在科学发展战略中设计的生态研究基础设施就包括定位观测设施和仪器系统、移动部署平台、空中观测平台等多个观测系统和数据采集平台,网络内基础设施光传感器就达15 000多个。这些高新信息化技术在长期生态观测应用过程中会面临台站(站网)基础条件差异化、观测数据格式规范化、海量数据管理、数据产品开发、专业技术人员不足等问题和挑战。标准化和规范化研究可能会在解决这些问题和挑战中起到重要的保障作用,因此,这一领域的标准有待提升。因此,国家、区域和全球水平的观测标准化和一体化将是荒漠生态系统长期定位观测的主要发展趋势之一。

(2)观测技术和手段向高、精、尖方向发展

近五十年来,一批高新的信息获取及处理技术的突破,为国际对地、对空观测体系的建设提供了所需的先进设备和关键技术。包括:具有图像和数据获取、处理、分析、应用等先进能力的空、天、地一体化的对地观测系统;以自适应光学望远镜技术和激光雷达系统为代表的新的空间观测技术;经过更新,具有实用性、精确性和自动化程度高等特点的常规实验设备和观测仪器;以及近地表层物质通量的观测技术及其新型观测仪器的研制和观测系统等。对荒漠生态系统观测而言,上述对地、对空以及常规观测技术为其提供了宏观观测的可能性,通过航片、卫片解译,可以观测荒漠区沙漠、植被等的现状与动态,特别是空间格局的变化。因此,这些观测技术必将逐渐被应用到荒漠生态系统长期定位观测上来,为长期观测研究工作提供了技术保障,大大提升相关网络或台站的观测能力和效率。

(3)天、地、生观测的同步与耦合观测

目前,生态系统的尺度转换以及天、地、生观测的同步与耦合已成为陆地生态系统野外观测的热点和难点。只有利用先进的对地、对空观测技术并辅之以地面长期定位观测手段对天、地、生开展同步观测并将观测信息加以耦合,才能深入认识外界环境对陆地生态系统的影响及其响应以及系统本身变化的机理过程和演替轨迹,才能更好地为系统的未来演替进行分析预测,并采取可行有效的措施保证系统的可持续发展。目前,涉及不同生态系统类型的,与天、地、生观测相关的一些大型多学科跨国研究项目陆续展开,包括样地对比研究、长期生态观测研究以及典型生物群区大气圈—生物圈相互作用的测量试验等。这些项目的相继启动为了解这些典型陆地生态系统和全球变化的相互作用做出了很大的贡献。同样,荒漠生态系统长期定位观测也必将适应这一发展趋势,进一步加强天、地、生观测的同步与耦合能力。

(4)信息传输的信息化、数据资源的全方位共享

目前,国际上的陆地生态系统观测网络普遍具备高速宽带的网络接入,采用先进的数据库和GIS平台等先进的计算机网络应用技术,建立了可以反映整个生态系统全貌的网络数据库,并形成生态系统长期观测网络和计算机数据库通讯网络,从而实现了包括从观测、收集、整理到分析、处理、共享的数据自动化管理流程,并以观测数据为依托建立"3S"技术集成、对地球复杂系统综合模拟、模型发展、软件研制和基于高速网络科技环境的遥感应用支撑系统以及空间数据共享体系,最大限度地满足科学研究和公众用户的需要。荒漠生态系统观测与其他科学研究领域一样,国际合作日益加强,各国的行动都在与《防治荒漠化公约》《大气系统保护公约》以及《生物多样性保护公约》等国际公约接轨,重视各国之间数据联系,力争实现在世界范围内的数据共享。

思 考 题

1. 简述荒漠生态系统长期观测的概念及其科学意义。
2. 简述荒漠生态系统长期定位观测标准化的基本内容。

推荐阅读书目

1. 荒漠生态系统观测方法. 卢琦, 李新荣, 肖洪浪, 等. 中国环境科学出版社, 2004.
2. 陆地生物群落调查观测与分析. 董鸣. 中国标准出版社, 1996.
3. 植物群落的调查与分析·草地生态研究方法. 李博. 农业出版社, 1988.
4. 动物生态学原理(第2版). 孙儒泳. 北京师范大学出版社, 1992.

参考文献

崔振东, 1989. 土壤动物采集方法介绍[J]. 动物学杂志(3): 42-44.

董鸣, 1996. 陆地生物群落调查观测与分析[M]. 北京: 中国标准出版社.

宫曼丽, 任南琪, 邢德峰, 2004. DGGE/TGGE技术及其在微生物分子生态学中的应用[J]. 微生物学报(44): 845-848.

菅沼孝之, 1978. 草地植被的组成和结构草地调查法手册[M]. 姜恕, 译. 北京: 科学出版社.

姜恕, 等, 1988. 草地生态研究方法[M]. 北京: 农业出版社.

康乐, 陈永林, 1992. 典型草原蝗虫种群数量、生物量和能值的比较研究[M]. //草原生态系统研究(第4集). 北京: 科学出版社.

康乐, 陈永林, 1992. 草原蝗虫时空异质性的研究[M]. //草原生态系统研究(第4集). 北京: 科学出版社.

李博, 1988. 植物群落的调查与分析·草地生态研究方法[M]. 北京: 农业出版社.

梁顺林, 2009. 定量遥感[M]. 北京: 科学出版社.

刘莉扬, 崔鸿飞, 田埂, 2013. 高通量测序技术在宏基因组学中的应用[J]. 中国医药生物技术(8): 196-200.

梅安新, 彭望禄, 秦其明, 等, 2002. 遥感导论[M]. 北京: 高等教育出版社.

木村允, 1981. 陆地植物群落的生产量测定法[M]. 姜恕, 等译. 北京: 科学出版社.

潘剑君, 2010. 土壤调查与制图[M]. 北京: 中国农业出版社.

秦楠, 栗东芳, 杨瑞馥, 2011. 高通量测序技术及其在微生物学研究中的应用[J]. 微生物学报(51): 445-457.

青木淳一, 1973. 土壤动物学[M]. 东京: 化隆馆.

盛和林, 王岐山, 1982. 脊椎动物学野外实习指导[M]. 北京: 高等教育出版社.

盛和林, 徐宏发, 1992. 哺乳动物野外研究法[M]. 北京: 中国林业出版社.

孙儒泳, 1992. 动物生态学原理[M]. 2版. 北京: 北京师范大学出版社.

孙欣, 高莹, 杨云锋, 2013. 环境微生物的宏基因组学研究新进展[J]. 生物多样性(21): 393-400.

土壤微生物研究会, 1983. 土壤微生物实验法[M]. 叶维青, 等译. 北京: 科学出版社.

王庚辰, 2000. 气象和大气环境要素观测与分析[M]. 北京: 中国标准出版社.

吴邦灿, 费杰, 2000. 现代环境观测技术[M]. 北京: 环境科学出版社.

吴波，慈龙骏，2001. 毛乌素沙地景观格局变化研究[J]. 生态学报，21(2)：191-196.

吴金水，2006. 土壤微生物生物量测定方法及其应用[M]. 北京：气象出版社.

席劲瑛，胡洪营，钱易，2003. Biolog 方法在环境微生物群落研究中的应用[J]. 微生物学报(43)：138-141.

许光辉，郑洪元，1986. 土壤微生物分析方法手册[M]. 北京：农业出版社.

闫峰，吴波，王艳姣，2013. 2000—2011 年毛乌素沙地植被生长状况时空变化特征[J]. 地理科学，33(5)：602-608.

闫峰，吴波，2013. 近 40 年毛乌素沙地荒漠化过程研究[J]. 干旱区地理，36(6)：987-996.

颜慧，蔡祖聪，钟文辉，2006. 磷脂脂肪酸分析方法及其在土壤微生物多样性研究中的应用[J]. 土壤学报(43)：851-859.

伊藤嘉昭，村井实，1986. 动物生态学研究法(上、下册)[M]. 邬祥光，等译. 北京：科学出版社.

张甘霖，龚子同，2012. 土壤调查实验室分析方法[M]. 北京：科学出版社.

张仁华，2009. 定量热红外遥感模型及地面实验基础[M]. 北京：科学出版社.

章家恩，2007. 生态学常用实验研究方法与技术[M]. 北京：化学工业出版社.

赵哈林，2012. 沙漠生态学[M]. 北京：科学出版社.

赵士洞，2005. 美国国家生态观测站网络(NEON)——概念、设计和进展[J]. 地球科学进展，20(5)：578-583.

中国科学院南京土壤研究所微生物室，1985. 土壤微生物研究法[M]. 北京：科学出版社.

中国森林生态系统结构与功能规律研究项目组，1993. 森林生态系统定位观测提纲及数据库设计[M]. 北京：科学出版社.

中国生态系统研究网络丛书，2007. 陆地生态系统生物观测规范[M]. 北京：中国环境科学出版社.

中国生态系统研究网络丛书，2007. 陆地生态系统水环境观测规范[M]. 北京：中国环境科学出版社.

中国生态系统研究网络丛书，2007. 陆地生态系统土壤观测规范[M]. 北京：中国环境科学出版社.

周纪伦，郑师章，扬持，1992. 植物种群生态学[M]. 北京：高等教育出版社.

Ahmad I, Khan MSA, Aqil F, et al., 2011. Microbes and microbial technology[M]. New York：Springer.

Cox G W, 1972. Laboratry manual of general ecology[M]. Dubuque：W. C. Brown Company Publishers.

Curtis J T, Cottan G, 1962. Plant ecology work book [M]. Burgess：Burgess publishing company.

Ellenberg D M D, 1974. Aims and methods of vegetation ecology[M]. New York：John Wiley Son.

Goldsmith F B, Harrison C M, 1980. 植被的描述与分析[M]//植物生态学的方法. 李博，等译. 北京：科学出版社.

Kershaw K A, 1964. Quantitative and dynamic ecology [M]. 1st ed. London：Edword Arnold Ltd.

MacLean D, Jones J D, Studholme D J, 2009. Application of next generation sequencing technologies to microbial genetics [J]. Nature Reviews Microbiology(7)：287-296.

Mav R M, 1981. Theoretical ecology[M]. 2nd ed. Oxford：Blackwell Scientific Publications.

Morris R F, 1960. Sampling insect populations[J]. Annual Review of Entomology(5)：243-264.

Richards O W, 1961. The theoretical and practical study of natural insect populations [J]. Annual Review of Entomology(6)：147-162.

Samways M J, 1993. Insect in biodiversity conservation：some perspectives and directives[J]. Biodiversity & Conservation(2)：258-282.

Sandhole I, Rassmussen K, Andersen J, 2002. A simple interpretation of the surface temperature-vegetation index space for assessment of surface moisture status〔J〕. Remote Sensing of Enviroment（79）：213 – 214.

Southwood T R E, 1978. Ecological methods-with particular reference to the study of insect populations〔M〕. Virginia Beach：Chapman & Hall CRC.

Strickland A H, 1961. Sampling crop pests and their hosts〔J〕. Annual Review of Entomology（6）：201 – 220.

Whittaker R H, 1986. 植物群落排序[M]. 王伯荪，译. 北京：科学出版社.

第 9 章附属数字资源

第**10**章
荒漠生态系统服务评估

[**本章提要**]本章简述了荒漠生态资产和荒漠生态系统服务等概念，论述了荒漠生态系统服务与人类福祉的关系，构建了荒漠生态系统服务评估指标体系和评估模型，并选择一定年度为例，估算了荒漠生态系统服务的实物量和价值量。

荒漠生态系统是我国西北地区最为重要的生态系统类型，面积约有 $452 \times 10^4 \ \mathrm{km}^2$，蕴藏着大量珍稀、濒危、特有物种和珍贵的野生动植物基因资源，具有独特的生态资产和服务功能。这些生态资产和服务功能不仅为生活在干旱区的人们提供着赖以生存和发展的基本物质，也为推动经济发展、维持社会稳定和区域乃至全球生态安全提供了重要保障。

10.1 荒漠生态系统服务概述

荒漠生态系统提供的生态资产和服务与人类福祉息息相关，过去人类只知其有害，不知其益处，因此对其进行全面了解，提高对荒漠生态系统的认识十分必要。

10.1.1 荒漠生态系统服务的相关概念和内涵

(1)荒漠自然资本

自然资本(natural capital)的概念是由英国环境经济学家 Pearce 和 Turner 于 1990 年在《自然资源与环境经济学》中首先提出的，把经济学生产函数中的资本理解为人造资本(cultivated capital)，与人造资本相对应提出了自然资本概念。不过，他们并没有给出自然资本的明确定义。随后很多生态经济学家纷纷响应，提出一些自然资本的具体实例，如有学者认为，自然资本包括石油、鱼类、森林、臭氧等有形的生态物质；还有学者把水文循环等生态过程作为自然资本的实例，而经常被列用为自然资本的是生物多样性。

经济学中的资本是指能够为未来提供有用产品流和服务流的存量。据此，Daly(1996)把自然资本定义为能够在现在或未来提供有用的产品流或服务流的自然资源及环境资产的存量。生态经济学家认为，自然资本符合资本的内在规定性，完全可以按照人造资本那样对自然资本进行投资；生态学家则认为，自然资本不能充分描述生态系统的动态特征，不赞成自然资本的提法。虽然对自然资本的概念存在争论，但这个概念仍然得到了广泛的应用。因此，参考 Daly 对自然资本的定义，可以把荒漠自然资本界定为能够在现在或未来提供有用的产品流或服务流的荒漠自然资源的存量。

(2) 荒漠生态资产

生态资产(ecological asset)的概念最初源于可持续发展思想。1987 年，布伦特兰在《我们共同的未来》的报告中阐述可持续发展思想时直接提到了生态资本(ecological capital)。国内学者分别从不同角度对生态资产进行了界定，王健民和王如松(2001)认为，生态资产是一切生态资源的价值形式，是国家拥有的能以货币计量的，并能带来直接、间接或潜在利益的生态经济资源，这一定义在强调生态资产权属的同时，也强调其潜在的经济收益性；陈百明和黄兴文(1999)把生态资产理解为所有者对其实施所有权并且所有者可以从中获得经济利益的生态景观实体，该定义强调了生态资产所有权、使用权的归属性，生态环境景观的整体性以及潜在经济收益性；高吉喜和范小杉(2007)认为，生态资产应包括一切能为人类提供服务和福利的自然资源和生态环境，其服务和福利的形式包括有形的、实物形态的资源供给，如矿产、果实、木材、水资源等，也包括无形的、非实物形态的生态服务，如空气的净化、氧气的供给、气候调节、景观享受等(图 10-1)。严立冬等(2009)对生态资产、生态资源、生态资本 3 个概念进行了区分，并阐述了生态资源向生态资产，再向生态资本的转化过程，认为生态资源指能为人类提供生态服务或生态承载能力的各类自然资源；生态资产是具有明确的所有权、且在一定技术经济条件下能够给所有者带来效益的稀缺自然资源；生态资本是一种存量，能产生未来收入流的生态资产。生态资源资产化的过程就是将生态资源转化为具有明晰产权的生态资产，再将生态资产作为要素投入到社会经济生产过程中便形成了具体的生态资本，生态资本通过运营将其价值转化到生态产品和生态服务中，由

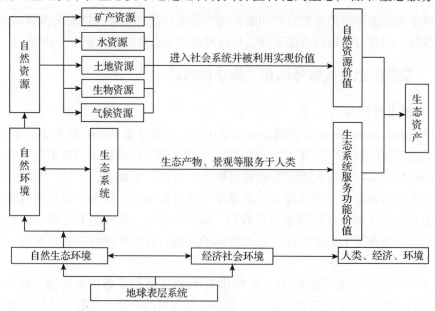

图 10-1　生态资产组成与概念

(高善喜和范小杉，2007)

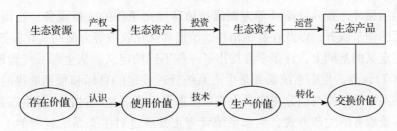

图 10-2　生态资本的形态转换与价值实现路径
(严立冬等，2010)

此完成了生态资本的形态转换，即生态资源—生态资产—生态资本—生态产品。生态资本是生态资源最终的转化形态，生态资本化是生态资源价值实现的重要途径与表现形式(图 10-2)。

生态资本形态转换的背后是生态资本价值实现的内在逻辑，即存在价值—使用价值—生产要素价值—交换价值。具体来说，生态资源的存在价值转换为生态资产的使用价值，生态资产的使用价值作为要素投入生产过程便形成生产要素价值，生产要素价值通过生态资本的具体运营过程转化到生态产品中形成交换价值，最后通过生态市场的生态消费交易实现交换价值的货币化。因此，参考以上生态资产的定义，荒漠生态资产为荒漠生态系统一切能为人类提供服务和福利的自然资源。

(3)荒漠生态系统服务

第一次提出生态系统为人类提供"服务"这一概念的著作是关键环境问题研究小组(SCEP)于 1970 年出版的《人类对全球环境的影响》。这本著作首次使用"环境服务"(environmental services)的概念，并列出一系列自然系统提供的环境服务，如害虫控制、昆虫传粉、土壤形成、水土保持、气候调节、洪水控制、物质循环与大气组成等。Holdren 和 Ehrlich(1974)研究了生态系统在土壤肥力与基因库维持中的作用，系统分析了生物多样性的丧失将会怎样影响生态服务，以及能否用先进的科学技术来替代自然生态系统的服务等问题，将"环境服务"概念拓展到"全球环境服务"。Westman(1977)提出，应该考虑生态系统收益的社会价值，以使社会可以做出更加合理的政策和管理决策，并把这些社会收益称为"自然的服务"(nature's services)。Ehrlich(1982)对"环境服务""自然服务"等相关概念进行了梳理，将 Westman 界定的"自然的服务"首次称为生态系统服务(ecosystem services)。此后，生态系统服务这一术语逐渐得到公众和学术界的接受，并被广泛使用。荒漠生态系统服务是人类从荒漠生态系统获得的各种收益。主要包括防风固沙、土壤保育、水资源调控、固碳、生物多样性保育、生态景观等方面。目前，学术界广泛引用的生态系统服务的定义主要有 3 个。

①生态系统服务是自然生态系统及其组成物种所提供的能够维持和满足人类生存的条件与过程。它们能够维持生物多样性和各种生态系统产品(如海产品、草料、木材、生物燃料、天然纤维以及许多医药和工业产品及其生产原料)的生产。

②生态系统产品(如食物)与服务(如废弃物处理)是指人类直接或者间接地从生态系统功能中获得的收益，将产品与服务合称为生态系统服务。

③生态系统服务是指人类从生态系统获得的收益，包括生态系统在提供食物和水

等方面的供给服务，在养分循环等方面维持地球生命条件的支持服务，在调控洪水和疾病等方面的调节服务，以及在提供精神、消遣和文化收益等方面的文化服务。

在上述定义的基础上，许多学者提出了一些不同的定义。从生态系统管理的角度，Wallace(2007)认为，生态系统服务是生态系统管理设定的目标和预期取得的成果，应当根据生态系统的结构与组分来定义生态系统服务。生态系统过程不是生态系统服务，而是生态系统服务的生产方式，生态系统管理正是通过对生态系统过程的干预来获得预期的生态系统服务。从构建环境核算体系的角度，Boyd 和 Banzhaf(2007)认为，生态系统服务是核算人类从自然界获得收益的合适单位，但是生态系统服务的外延过于宽泛，他们提出了"终端生态系统服务"(final ecosystem services)概念，并将之界定为"人类为创造福祉而直接使用或者消费的自然组分"，强调终端生态系统服务是人类直接使用或者消费的自然界的最终产品。

虽然学术界对生态系统服务内涵的理解有所不同，但是基本认可生态系统服务是指人们从生态系统获得的收益。在使用生态系统服务这一概念时，应当根据研究目的给出明确的定义与具体内涵。需要注意的是，一方面，如果把生态系统服务定义的比较严格，就可能忽略一些对于人类的长远福祉更为重要的生态系统过程；另一方面，如果定义的比较宽泛，又可能增加操作的难度。

10.1.2　荒漠生态系统服务的组成和分类

荒漠生态系统是陆地生态系统主要类型之一，因此生态系统的组成和分类是荒漠生态系统服务组成和分类的基础。

(1)生态系统服务组成和分类

生态系统服务的分类存在多种方式，目前比较有代表性的分类主要包括以下 4 种。

①基于生态系统功能提出的生态系统服务分类：把生态系统功能定义为生态系统的自然组分与过程提供直接或者间接地满足人类需求的产品与服务的能力，把生态系统功能分为调节功能(regulation function)、生境功能(habitat function)、生产功能(production function)、信息功能(information function)4 大类，然后又细分为 23 项具体功能，进而划分了与每项功能相对应的生态系统服务。

②千年生态系统评估(MA)的分类：MA 把生态系统服务划分为支持服务(supporting services)、调节服务(regulating services)、提供服务(provisioning services)和文化服务(cultural services)4 大类，然后又细分为 30 个二级类别和 37 个三级类别。

③Wallace 分类：Wallace(2007)根据与特定的人文价值相对应的各种需求进行划分，提出基于人文价值的生态系统服务分类。

④谢高地根据我国民众和决策者对生态服务的理解提出的生态系统服务分类：谢高地等(2008)把生态服务划分为供给服务、调节服务、支持服务和社会服务 4 个一级类别，初级产品提供、淡水供给等 14 个二级类别，以及食物生产、原材料生产等 32 个三级类别。

生态系统服务分类应依据生态系统与生态系统服务的特征以及研究目的而定，因此不存在适用于多数情形的普适性生态系统服务分类。每种分类都包含特定的动机并有特定的适用情境，比如 de Groot 等(2002)提出的分类紧密结合生态系统功能，适用于生态系统服务方面的机理研究；MA 与谢高地等的分类具有综合性，易于理解和接受，因此更适用于生态系统服务方面的教育和知识传播。

(2)荒漠生态系统服务的组成和分类

基于我国荒漠生态系统的实际情况，可以把荒漠生态系统服务大致划分为防风固沙、水文调节、固碳、生物多样性保育、生态旅游、沙尘循环 6 大类。防风固沙是荒漠生态系统提供的特有的、也是最为重要的生态服务，主要表现为荒漠植被通过降低风沙流动从而减少在农业、工业、交通及土壤肥力等方面的损失及形成新土壤的功能和价值。水文调节是荒漠生态系统最重要的功能之一，主要通过植被和土壤等影响系统的水分分配、消耗和水平衡等水文过程，进而影响其生态服务。固碳功能是荒漠生态系统重要的功能，在维持地球大气中 CO_2 的动态平衡、减少温室效应以及提供人类生存的基础来说有着不可替代的作用。我国荒漠生态系统气候严酷、环境条件十分恶劣，但地域宽广，自然环境复杂，为许多珍稀动植物及微生物物种提供了生存与繁衍的场所，因而生物多样性保育成为荒漠生态系统核心功能之一。景观游憩功能是荒漠生态系统最主要功能之一，也是目前荒漠生态系统获得收益最直接的功能。景观游憩价值一般是指荒漠生态系统为人类提供休闲和娱乐及工作场所而产生的价值，通常包括直接价值和间接价值两部分。大气沉降是大气中沙尘进入海洋的一种重要途径，是海洋初级生产力限制性营养元素(如氮、磷、硅、铁)的重要来源之一。因此，沙尘循环也是最具荒漠生态系统特色的生态服务。

10.2 荒漠生态系统服务与人类福祉

荒漠是地球上面积最大、分布范围最为广泛的生态系统类型之一，虽然生态环境极其恶劣，但仍有大量生命活动存在。除了动物、植物和微生物之外，人类也是荒漠中的重要居民。荒漠产生的沙尘天气等也经常影响其他地区人类的生活，因此，荒漠与人类福祉有着千丝万缕的联系。如果没有荒漠，地球生态系统如何运转都难以想象。2005 年，联合国千年生态系统评估把生态系统服务划分为支持服务、调节服务、供给服务和文化服务 4 大类。

10.2.1 支持服务

荒漠为提供其他的荒漠生态系统服务而必需的生态系统服务，如初级生产力、沙尘循环、土壤形成、固沙、养分循环、水循环以及物种保育等。

10.2.1.1 初级生产力

初级生产力(primary productivity)是指绿色植物利用太阳光进行光合作用，把无机碳(CO_2)固定、转化为有机碳(如葡萄糖、淀粉等)过程的能力。一般以每天每平方米有机碳的含量(克数)表示。初级生产力又可分为总初级生产力和净初级生产力。总初级生产力(gross primary productivity，*GPP*)是指单位时间内生物(主要是绿色植物)通过光合作用途径所固定的有机碳量。净初级生产力(net primary productivity，*NPP*)是植物自身生物学特性与外界环境因子相互作用的结果，是植物光合作用有机物质的净积累。

我国荒漠区地域广阔、植被类型多样，具有巨大的初级生产力。卢玲（2004）利用 1 km 分辨率逐旬 SPOT/VEGETATION 遥感数据、全球 1.50×1.50 格网化逐日气象数据以及碳通量估算模型 C-FIX，估算了 2002 年中国西部地区植被净初级生产力（NPP）。结果表明：2002 年我国西部地区植被年 NPP 总量约为 0.96 Pg C（1 Pg = 10^{15} g = 10^9 t）。区域内 NPP 最高值达 1 714 g/（m^2·a）C，出现在西藏东部的横断山区。最低值为 0，大多分布在塔克拉玛干沙漠四周以及青藏高原的昆仑山脉一线。在西部干旱区的各大内陆河流域，NPP 积累量和空间格局沿河床走向呈现上游地区向下游地区递减的特点，如塔里木河流域、黑河流域以及疏勒河流域等，反映水分是我国西北干旱内陆区植被 NPP 的主要制约因子。整个西部地区平均 NPP 仅为 168 g/（m^2·a）C，远远低于全国的平均 NPP 水平。从 NPP 的平均水平来说，林地的净初级生产力水平最高。农业植被由于人类的精耕细作，NPP 平均水平也比较高，约为 497 g/（m^2·a）C，仅次于森林。虽然西部地区草地年 NPP 总量相当高，其 NPP 平均水平却仅次于林地和农业用地，从高覆盖度草地到中覆盖度草地和低覆盖度草地的净初级生产力水平呈下降趋势。在未利用土地类型中沼泽地的平均 NPP 较高，其次为寒漠；其他类型的 NPP 平均水平都相当低，仅在 50 g/（m^2·a）C 左右。由此可见，中国西部地区具有较大的初级生产力，但各种土地利用类型的生产力水平差异很大且空间分布十分不均衡，如果能够充分利用，将会产生巨大的经济、生态和社会效益。

10.2.1.2 沙尘循环

我国是世界上干旱、半干旱区面积较大的国家之一，每年冬春季节由于沙尘暴、扬沙、浮尘等天气过程的影响和作用，将大量沙尘输入到大气中，形成沙尘气溶胶。长期以来，人们更加关注沙尘暴或沙尘过程给当地人们的生活和财产的危害性，即其环境负面效应，然而从大陆或全球尺度上看，沙尘对人类的影响也具有两面性。沙尘可通过"阳伞效应""冰核效应"和"铁肥效应"影响全球的气候，沙尘气溶胶已成为了与 CO_2 增温相对应的重要的地球制冷剂之一。

（1）沙尘暴的环境负效应

沙尘暴，作为一种灾害性天气，是影响大气环境质量的重要因素之一。我国每年因沙漠化、沙尘暴造成的直接经济损失达 540 亿元。沙尘暴以大风的形式破坏建筑物、树木等，以风沙流的形式破坏农田、铁路、草场等，并污染大气环境，引起人类各种呼吸道疾病的发生，对人们的日常生活和身心健康造成严重影响。

（2）沙尘的环境正效应

虽然沙尘存在各种环境负效应，但从沙尘全球生物地球化学循环角度看，它也存在一系列的正面环境效应。其正环境效应包括以下几个方面。

①沙尘的气候环境效应：沙尘天气除了能在较短时间内对生态、环境和人类生活带来巨大的危害，漂浮在大气里的沙尘气溶胶还通过自身的光学特性以及与云、水汽等因子的相互作用，对气候变化产生重要影响。其作用方式主要有以下 3 种：第一，沙尘通过对太阳短波的散射和吸收，以及对地面长波的吸收、发射，即直接辐射效应，改变了大气层和地表辐射通量值，造成地气系统不同的辐射作用（正的辐射强度表示能

量的增加，起增暖作用；负值表示能量的损失，起冷却作用），引起能量收支平衡变化，从而影响气候，这是所谓的沙尘"阳伞效应"。第二，沙尘气溶胶可以作为云的凝结核或冰核，通过与云的相互作用，改变云滴大小、数量、浓度、粒子分布等物理、光学特性，同时也能改变云的生命周期和云量，间接使云对辐射的影响产生了变化，造成了辐射平衡变化，进而影响云的形成、辐射特性和降水，产生间接的气候效应，即所谓的"冰核效应"。第三，由于沙尘气溶胶在大气中的垂直分布，直接吸收的辐射能量可以转而加热不同高度的大气，从而改变大气温度的垂直分布，蒸发底层大气中的水汽，减少垂直温度梯度，抑制云的形成和减弱水循环，即半直接效应。（由于间接辐射效应和半直接效应涉及云的反馈等相互作用，目前没有准确的观测证明，2007 年第四次 IPCC 报告将此归结为气候反馈，而并非气候强迫）。此外，沙尘粒子在传输过程中由于干、湿沉降作用落在冰川和积雪地表，可以减小这类地表的对太阳辐射的反射率，从而使更多的短波能量被地表吸收，加快冰雪的融化。

②沙尘中和酸雨效应：煤炭作为我国的主要能源，燃烧过程中产生大量二氧化硫、氮氧化物等酸性污染物。这些物质融于雨雪形成酸雨，导致我国成为世界上受酸雨危害较为严重的国家。沙尘作为我国西北地区的重要生物地球化学循环物质，由于其所携带的碳酸盐和自由可溶盐是碱性碳库的重要来源，其氢氧根离子可以与大气中工业排放的大量酸性离子发生中和，吸收硫酸/硝酸，形成硫酸盐/硝酸盐，从而减少对我国北方和韩国、日本的酸沉降，这就是沙尘的中和酸雨效应。我国南北方的工业酸性污染物排放量大致相当，但酸雨却主要出现于长江以南，北方只有零星分布，这是主要是因为北方常有沙尘天气，来自沙漠的沙尘和北方的土壤都偏碱性，其中的硅酸盐和碳酸盐富含钙离子等碱性阳离子，能够中和大气中的绝大部分酸性污染物，避免酸雨形成。现在，科学家已经初步测算出沙尘暴对酸雨的影响，即沙尘及土壤粒子的中和作用使我国北方降水的 pH 值增加 $0.18 \sim 2.15$，韩国增加 $0.15 \sim 0.18$，日本增加 $0.12 \sim 0.15$。

③沙尘的"铁肥效应"：大气沉降是大气物质进入海洋的一种重要途径，是海洋初级生产力限制性营养元素（如氮、磷、硅、铁）的重要来源。大气沉降，特别是沙尘的沉降是这些限制性营养物质的重要来源。对某些开阔大洋区域而言，大气沉降是生物可利用性营养物质的主要来源，也是近海营养物质的重要补充或者是造成富营养化的因素之一。全球海洋存在高营养低叶绿素的海区，在这些海区中，铁元素为浮游植物光合作用的主要限制因子，铁的增加会促进海洋的初级生产，而海洋中浮游生物量的增加可消耗大量的碳，并可以通过"生物泵"的作用向深海埋藏，进而降低大气中 CO_2 的浓度而影响气候。高营养低叶绿素海区占全球海洋面积的 20%，主要包括赤道太平洋、亚极地太平洋、广阔的南大洋以及个别的强上升流区（如美国加利福尼亚上升流区和秘鲁的上升流区）。亚洲沙尘可以影响赤道太平洋和亚极地太平洋的高营养低叶绿素海区，而作为南半球沙尘的主要源区，澳洲沙尘是南大洋海区铁供应的重要来源。来自我国西北的沙尘，约有 1/2 最后被输送到我国海区以及遥远的北太平洋，并能够引起某些海区初级生产力的大幅度上升。

10.2.1.3　土壤形成

沙尘的土壤形成服务主要通过风力搬运过程完成。沙尘暴将表层土壤从一个地方搬运到另一地方，当沙尘落到陆地上经过发育即形成了可以满足植物生长的肥沃土壤。例如，黄土高原即是 200 万~300 万年以来北半球的西风带搬运我国西北部和中亚内陆的沙漠和戈壁沙尘的产物。根据北京多年监测的降尘数据，北京的降尘主要来自境内扬尘，同时境外尘源也不可忽略，尤其在春季，高空的浮尘主要来源于境外。尽管北京的降尘呈下降趋势，但我们仍然可以变害为利，充分的利用降尘的土壤保持效应。2002 年 3 月 20~22 日一场特大沙尘暴席卷北京，这次特大沙尘暴给北京土壤带来了粉沙粒 2.44×10^4 t、黏粒 0.55×10^4 t。粉沙粒由于物理性能良好，能较好地满足植物对养分、空气、水分的需要，是植物生长最适宜的物理颗粒，而粉沙粒又是北京土壤中所缺少的物理颗粒，这样大量的粉沙粒侵入到北京土壤中，为北京土壤（特别是沙地）物理性质的改善起到良好作用，也给北京土壤提供了丰富的天然物理肥料。同时，强沙尘暴降尘给北京土壤带来了适量有机质与氮素，补充了北京土壤的有机肥料，也直接影响了北京土壤的耐肥性、保墒性、缓冲性、耕性、通气状况和土壤温度等，提高了北京土壤的肥力。此外，强沙尘暴降尘给北京土壤带来了大量有效养分与交换性离子，丰富了北京土壤中对植物生长必需的 N、P、K、Ca、Mg、B 等元素，这说明强沙尘暴给北京土壤带来了大量的天然有效的化学肥料。

已有研究表明，绿洲是大气粉尘的一个主要沉积区，塔里木盆地绿洲内的降尘量为戈壁区的 3 倍，沙坡头地区覆盖度为 25%~40% 的植被可拦截 30% 的飘尘，科尔沁沙地也是一个重要的降尘沉积区。由于林地能有效降低林内及其周边的气流流速，当含尘量较多的气流通过林地时，就会有较多的粉尘沉降于林地庇护区内，这对土壤的再造和保持具有重要的意义。经野外定位实测法研究表明（2002—2004 年），科尔沁沙地 24 a 龄人工固沙杨树（*Populus simonii*）林庇护区内 4、5 月的降尘量较多，分别为 273 kg/hm² 和 437 kg/hm²，6 月的降尘量较少，为 171 kg/hm²；林地中央的滞尘效应在风蚀季节和强沙尘暴天气过程中十分显著；林地庇护区内的降尘中粒径 <0.02 mm 颗粒含量占 60.7%。

在内蒙古荒漠草原，采用地表铺撒松散杂草（秸秆）后用尼龙网罩固定的方法，拦截沙尘暴所携带的尘土进行土壤再造，结果显示，再造后的土壤掩埋了裸露的植物根系和地表面的砾石，相比对照，土壤有效锌增加了 114.8%、有机质增加 33.3%、全氮增加 77.1%、有效磷增加 150.0%、速效钾增加 7.8%、pH 值降低了 1.3%。结果显示，如果措施得当荒漠化草原表土再造是一项行之有效的荒漠化地区土壤保持途径。

10.2.1.4　固沙

植被作为荒漠生态系统中一种重要的自然资源，具有明显的防风固沙功能。植被覆盖的存在显著改变沙粒起动风速状况，随着植被覆盖度的增加，临界侵蚀风速也会相应增大，从而在风蚀过程中显著减少风蚀输沙量等。其中，土壤风蚀率与植被覆盖度呈负指数关系。植被覆盖程度越差，表层土壤为强风提供沙尘的可能性和危险性就越高。当植被覆盖度达 30% 时，风洞试验中土壤的风蚀可以大幅减轻，当植被覆覆盖度达35%~40%时，几乎没有风蚀通过。董治宝等（1996）通过风洞实验得出土壤风蚀率与植被覆盖度的关系式为：

$$E = 830.14 \times (8.20 \times 10^{-5})^{Vc} \qquad (10-1)$$

式中　E——风蚀速率，g/min；

　　　Vc——植被覆盖度，%。

黄富祥等（2001）基于实验观测，植被覆盖率需达到40%~50%。在乌兰布和沙区开展的监测研究结果显示：在7.0 m/s、8.2 m/s、9.0 m/s、11.9 m/s四个不同等级的风速下，随着植被覆盖度的增加，输沙量均大幅度降低。油蒿固定沙丘和半固定沙丘的平均输沙量较流动沙丘分别减少91.66%和71.88%；白刺固定沙丘和半固定沙丘的输沙量较流动沙丘分别减少95.31%和90.41%。程皓等（2007）对塔里木河下游灌木降低风速观测表明：50%覆盖度灌木降低风速最明显，防风效能为49.21%；25%的覆盖度灌木降低风速较明显，防风效能为24.44%；10%的覆盖度灌木对风速降低有一定作用，防风效能为9.15%。在7.7 m/s风速下，植被覆盖度为10%、25%的沙地输沙率分别为无植被覆盖沙地的62.44%和8.37%；在10 m/s风速下，植被覆盖度50%的沙地仅有轻微的风蚀。植被固沙机理主要表现为以下几个方面：植被覆盖地表使被覆盖部分免受风力作用；植被增加了地表粗糙度，当运动气流通过植被覆盖的地表时，植被部分分解运动气流的剪应力，分散了地面上一定高度内的风动量，减弱到达地面的风力作用，从而消弱风的强度和携沙能力，拦截沙粒运动，使其沉积，减少土壤流失和风沙危害；植被通过根系固结表层土壤，改善土壤结构，提高土壤抗蚀能力。

10. 2. 1. 5　物种保育

物种是地球上生命存在的基本形式。它既是遗传多样性的载体，又是生态系统中最重要的组成成分。荒漠生态系统虽然气候严酷、环境条件十分恶劣，但也为许多珍稀动植物及微生物物种提供了生存与繁衍的场所，从而起到保育作用。荒漠中有独特的动植物，我国北方荒漠分布着9个植被型和28个植被亚型。

荒漠生态系统相对其他生态系统植物种数相对贫乏，丰富度不高，但分布着大量的古老物种，甚至有白垩纪的残遗种类。特有属有革苞菊属、四合木属、绵刺、肉苁蓉、锁阳等。

荒漠生态系统特有动物有野骆驼、野牦牛、藏羚羊、普氏原羚、西藏野驴、雪豹等。

据中国物种信息服务数据库统计，在我国荒漠区12个省（自治区）的412个县（市）范围内，鸟类有5 120种、两栖类268种、爬行类740种、哺乳类6 291种、植物2 280种、极危物种24种、濒危物种774种、易危物种498种、近危物种291种。动物物种分为鸟纲、两栖纲、哺乳纲、爬行纲4个类型，昆虫纲未计入；植物则以被子植物和裸子植物为主。

10. 2. 2　供给服务

供给服务为人类从荒漠生态系统中直接获得的产品，如淡水、光能、风能、食品、木材、纤维、燃料、药材、氧气和遗传资源等。

（1）淡水

荒漠生态系统主要体现在淡水提供方面。在荒漠区，区域降水及区外地表径流，经土壤渗滤后形成地下水，形成地下水库，蒸发量极小，非常有利于水资源保存。部分地下水在一些区域汇集以泉水形式出露。无论地下水还是泉水，水质均较好，是沙区的主要水源，不仅可供人类经济活动开发利用，而且是沙区动植物重要的水资源。

2000年以来，在许多沙漠已发现有地下水库存在。如额济纳盆地深层承压地下水来自巴丹吉林沙漠，塔克拉玛干沙漠有储量丰富的地下水、储量超过 $80\ 000 \times 10^8\ m^3$、矿化度多在 $3 \sim 7\ g/L$。

（2）光能

荒漠生态系统的光能（或太阳能）主要来自太阳的短波辐射、自地面发出的长波辐射以及大气物质对外来辐射的反射与散射等。一般太阳以短波辐射方或向外传递 $1.256\ 1 \times 10^{38}$ J辐射能，其波长为 $0.15 \sim 4.00\ \mu m$。以日地平均距离、地球大气上界垂直于太阳光线的平面计算将每平方厘米每分钟得到的太阳辐射能量称为太阳常数，平均 $8.16\ J/(cm^2 \cdot min)$（或 $1\ 360\ W/m^2$）。太阳辐射在穿透大气层时，受到各种气体分子和水汽、尘埃等杂质的吸收，以及散射和反射等作用，到达地表的辐射能量比太阳常数要小得多。地球表面全年平均的太阳辐射能量为 5.44×10^{24} J。其中我国总辐射最高值区在西藏高原，达 $669 \sim 794\ kJ/(cm^2 \cdot a)$；青海、内蒙古、新疆次之，约为 $501 \sim 669\ kJ/(cm^2 \cdot a)$；长江流域和部分华南地区总辐射约为 $376 \sim 501\ kJ/(cm^2 \cdot a)$；总辐射最低值在四川盆地峨眉山，约为 $376\ kJ/(cm^2 \cdot a)$。可见，荒漠生态系统具有丰富的光资源。

荒漠生态系统丰富的光资源为植物生长提供了充足的能量，因此我国西北荒漠区生产的粮食、蔬菜、水果一般水分含量低、易储藏、含糖量高、口感好，多数是优质农产品。例如，新疆的大枣、葡萄、香梨、苹果世界闻名，已成为新疆名片。尽管如此，由于荒漠区气候恶劣，多数地方不适合植物生长，植被覆盖率低，所利用的光资源比例很小，绝大多数光资源在被白白浪费，因此提高荒漠区光资源利用率正在成为各国政府、科研部门及企业关注的热点。

太阳能是一种取之不尽、用之不竭，又没有污染的自然能资源。目前，太阳灶、太阳能热水器、太阳能蒸馏器、太阳能空调、沙漠温室、太阳能畜舍、太阳能发电等开发利用方式层出不穷、日新月异，正在荒漠区社会经济发展中扮演着越来越着重要的角色，发挥着越来越大的作用。

（3）风能

当风速为 $5 \sim 6\ m/s$（相当于 $3 \sim 4$ 级风）时，沙漠里的沙子就可以被风吹起来，风速等于和大于这样的风称作起沙风。荒漠地区不仅风力较大，而且频繁。据统计，大部分沙漠地区的起沙风每年可达300次以上，差不多每天都可以发生。《地面气象观测规范 风向和风速》（GB/T 227—2007），大风日数以 $17.2\ m/s$ 出现的日数为统计标准，荒漠区大风日数位于 $0.3 \sim 137.1\ d$ 之间。其中西藏各地大风日数在 $10 \sim 148.9d$ 之间；内蒙古东部年均大风日数为 $32.4\ d$。

荒漠生态系统具有丰富的风力资源，这些资源不仅为荒漠区带来了许多灾害，同时也带来了许多益处。例如，调节了气候循环、风力发电等。总体而言，荒漠生态系统风能除了形成土壤以外还有以下几方面的正、负作用。

①环境污染和净化作用：沙尘暴途径地区空气中悬浮颗粒增加，短时间内空气质量下降。但是，如果没有风的净化作用，许多城市污染将会更加严重。

②植被破坏和繁殖体传播作用：大风对荒漠植被会产生大的破坏力，但同时许多植被是风媒植物，没有风的传播作用，花粉无法活动，不能完成授粉，就不能产生种子完成繁殖后代。风对种子和孢子传播常见于荒漠区河流岸边杨树、柳树的自行繁殖现象。许多植物种子，如蒲公英、柳树、柳兰、铁线莲等植物的种子可被传播到几千米以外。

③动力和阻力作用：人类很早就会利用风力进行生产，利用风力作为动力，如风车、帆船、风能发电等。但如果逆风而行，则会产生较大阻力，造成较大困难。

④携带水分和丧失水分作用：风是携带水分、运输水分、蒸腾水分的工具，为自然界生命的活动带来了活力。同时，风也会使植物丧失水分，降低叶温，可抑制和减少植物呼吸 CO_2，增大植物死亡率。

大风所携带的能量较高，只要风速提高 1 倍，风的能量就提高 8 倍。所以大风也是一种能源。特别是由于沙漠地区风力集中在风季，为风能利用提供了有利条件，能够比其他年平均风速一样的地区得到更多的能量。即使在年平均风速不大的地区，也能提供相当大的风能。

(4) 食物

在人类历史的不同的时期，约有 7 000 种植物和几百种动物被人类当做食物。野生食物来源对贫困人口和无地者显得尤为重要，可为他们提供略微均衡的饮食。我国荒漠生态系统地域宽广，自然环境复杂，动植物资源丰富多样，大量的人口依赖于当地生物多样性提供的食物供给。由于外在地理环境和历史文化背景与内在饮食文化传统和饮食审美心理的相互关联，各个区域的饮食文化并不相同。例如，青藏高原地区的人们以游牧、农耕及贸易为主要的生产经营方式，主要食物为牛羊肉、青稞、小麦、土豆、奶酪等；甘肃省主要粮食作物为小麦、玉米、糜谷、水稻、豆类、青稞、马铃薯等 20 多种，肉食品包括牛、马、骆驼、驴、骡、猪、鸡等。除了经济作物，种类丰富的野生植物也作为食物和饲料为人类服务。例如，毛乌素沙区食用资源食物有 320 种，其中野生饲料植物最多，为 106 种；蒙古高原及其毗邻地区蒙古族传统饮食植物有 48 科 162 属 198 种，包括芨芨草、沙鞭、白沙蒿、家榆、沙蓬、蒙古扁桃、沙枣、白刺、锁阳、黄花蒿等；青海省南部的黄河源区食用植物涉及 21 科 460 多种，占全区植物总种数的 30.4%。新疆盐生食用植物近 40 种，饲料牧草植物约 200 种。取自植物、动物和微生物的大量食物产品，直接维系着人类的福祉，保证了人畜的食品供给安全，是荒漠生态系统生物多样性功能重要的组成部分。

(5) 木材和燃料

据国家林业局第八次森林资源清查结果，位于我国荒漠区的内蒙古、甘肃、宁夏、新疆、青海、西藏 6 省份，乔木林面积达 $3\ 041.66 \times 10^4\ hm^2$，为荒漠区提供了足够的木材资源，较大程度满足了荒漠区社会经济发展中建筑和家居材料的需求。

与此同时，荒漠生态系统也为当地老百姓提供了大量燃料。在发展中国家，木材提供的能量占所消耗能源的一半以上。我国沙漠化地区年需薪柴 $4\ 189 \times 10^4$ t，而这些地区只有 26.7×10^4 hm² 薪炭林，每年可供薪柴 580×10^4 t。如此庞大的能源需求，目前主要依靠秸秆、薪柴、草根、畜粪，以致破坏大量天然林、人工林来解决。青海农村能源消费结构中，生活用能高达 89%，生物质直接燃烧占其 85.7%，其中农作物秸秆占 21.5%，畜粪占 56.0%，毛柴占 15.9%，草皮占 6.6%；新疆喀什地区农村生活用能消耗结构中，81% 是生物质能源。西藏全区的牛羊粪、薪柴等传统生活能源消耗模式以炊饮和取暖为主。西藏大部分地区农村能源主要依靠畜粪、柴草等生物质能，辅以电能、太阳能。据调查，农村能源消费中畜粪占 52.93%，柴草占 36.78%，秸秆占 10.17%，其他（油、电、太阳能）仅占 0.12%。但传统的薪柴、畜粪能源利用效率低，造成大气污染，影响人居环境，应积极开发太阳能、沼气等新能源和清洁能源作为主要替代形式，提高能源资源利用率。

(6) 药材

许多医药、生物灭杀剂、食物添加剂（如藻酸盐）和生物原料都是来自生态系统。荒漠生态系统由于其地理和气候因素的特异性，生物资源中蕴藏了大量的可供人类利用的药用资源。例如，青海药用植物共有 1 461 种，有 151 种中药包含在全国普查的 363 个中药品种中，其中植物药 131 种；西藏有中医药 2 004 种，其中药用植物 1 460 种，药用动物 540 种，药用矿物 4 种，藏药资源 2 294 种，其中植物 2 085 种，动物 159 种，矿物 50 余种，其中属于国家重点保护野生植物的药材 10 种；新疆药用植物包括 157 科 214 种。由于生态的破坏和环境的变化，许多药用植物正在失去其正常生存和依托的环境，物种灭绝和药用植物的过度采集降低了这些资源的可利用率。

(7) 氧气

氧气是人类赖以生存和不可替代的物质，细胞代谢、生物呼吸、燃料燃烧等都需要氧气，荒漠区氧气的主要来源是荒漠植被。荒漠植被有着巨大的释氧能力。研究表明，每公顷植被每天可吸收 1 000 kg 的 CO_2，释放 730 kg 的氧气，也就是说每公顷植被可供 1 000 人呼吸氧气之用。这一功能对于人类社会、整个生物界以及全球大气平衡，都具有极为重要的意义。

10.2.3　调节服务

荒漠生态系统调节服务是指为人类从生态系统调节过程中所获得的惠益，主要包括气候调节、CO_2 调节、净化水质等内容。

(1) 气候调节

树木本身虽然可以通过吸收 CO_2 而抵消掉向空气中散发的热量，但是整个过程极为缓慢，至少要经历数十年的时间。由于有了荒漠，整个过程就不会这样耗时，因为它们反射阳光和辐射红外线的能力较强，有助于散热，可以起到很快降温的作用。不仅如此，包括沙尘在内的大气中的微粒，可大量反射入射地球的太阳辐射，大约可抵消掉因工业大量排放造成的全球变暖升温值的 20%。而荒漠对地球上湿气的交换也充当了重要角色。

（2）固定 CO_2

植被固定并减少大气中的 CO_2 和提高并增加大气中的 O_2，这对维持地球大气中 CO_2 和 O_2 的动态平衡、减少温室效应以及提供人类生存的基础来说，有着不可替代的作用。荒漠生态系统中植被固碳的计量主要根据光合作用化学反应式，即植被每积累 1 g 干物质，可以固定 1.63 g CO_2。

（3）净化水质

荒漠生态系统把大气降水和雪融水等地表水通过土壤的渗透、过滤、净化转化成可供生物生存饮用的地下水，成为理想的水源，而且某些具有特殊组分与性质的地下水——矿水，还可用来治病或当作饮料。杜虎林等（2008）已证明沙漠中深层地下水绝大多数达到了一级饮用水标准。荒漠区部分地下水在一些区域汇集以泉水形式出露，无论地下水还是泉水，水质均较好，是沙区的主要水源，不仅可供人类经济活动开发利用，而且是沙区动植物重要的水资源。

10.2.4 文化服务

荒漠生态系统文化服务是指通过丰富精神生活、发展认知、思考、消遣娱乐以及美学欣赏等方式，而使人类从荒漠生态系统获得的非物质收益，包括旅游、教育以及美学价值等方面。

10.2.4.1 美学价值

随着人类文明的发展和社会的进步，人类从生物多样性中获得的精神满足、认知发展、思考和美学体验等收益也在不断变化。一些物种由于其美学或精神价值而受到高度重视。对生态系统和生物多样性的破坏可能会减弱其美学功能，引起艺术价值的丧失，特别是当与宗教相关的物种栖息地受到威胁时，可能导致社会关系的恶化。我国荒漠生态系统由于地理和历史的原因，成为多个少数民族的家园，包括蒙古族、回族、藏族、维吾尔族、哈萨克族、门巴族等，其信仰和传统对其价值观发挥着重要作用。有些物种对于宗教仪式、维系和祖先的关系是必不可少的。牦牛是藏族历史上重要的图腾崇拜物，考古发现了许多牦牛题材的原始岩画和雕刻有牛头纹饰的青铜器；而蒙古族的图腾则是狼，其民族精神吸收了狼身上的优点；甘肃出的彩陶绘画多有蛇、龙的形象，至今当地仍保留有供奉祭祀的习俗；藏羚羊作为青藏高原特有物种，许多产品和企业都利用了其形象，其卡通形象还作为 2008 年北京奥运会吉祥物福娃之一（迎迎）。荒漠生态系统为人类提供了众多的艺术作品和宗教哲学的精神来源，做好物种和其栖息地的保护工作对人类文明健康发展具有重要意义。

10.2.4.2 景观价值

我国荒漠地貌主要分布在西北的内陆盆地或高原地区，旅游吸引功能较大的景观类型主要有：沙漠、戈壁、雅丹和绿洲等。主要旅游功能如下。

（1）观光

①沙漠奇观：沙漠是荒漠生态系统分布最广的一种类型，景观多变。正如《国家地

理》所说"如果你没有到过沙漠，你就无法真正理解生命；如果你没有深入到沙漠腹地，你就无法真正领会茫茫瀚海的雄浑与壮美。当你翻过巴丹吉林的沙山，走过塔克拉玛干的沙海，穿过古尔班通古特的梭梭林，你会不可救药地爱上沙漠，你的梦里，会想起驼铃的声音。"如被称为"上帝画下的曲线"的巴丹吉林沙漠，沙山绵连起伏，如同波浪，这里有奇峰、鸣沙、湖泊、神泉，具有独特的雄浑苍凉之美，给人以无尽的遐想。沙漠地区风沙活动强烈，常形成各种风成地貌景观，具有很高的旅游价值，"黄沙西海际，百草北连天"，这是唐代诗人岑参(约 715—770 年)对新疆沙漠的描述，各种形态的沙漠风姿绰约，奇特的沙生植物，埋没其间的古文化遗址，更赋予沙漠迷人的魅力。

②雅丹地貌："雅丹"(Yardang)在维吾尔语中是"陡壁的小丘"的意思，是河湖相岩层经风力"雕琢"后形成的大片险峻崎岖地形。风蚀地貌景观是荒漠地区又一大自然奇观，有石窝、风蚀蘑菇和风蚀柱、风蚀谷、风蚀残丘和风蚀雅丹等，岩性复杂，色彩多样，形成独特美丽的雅丹地貌。以新疆的罗布泊洼地、乌尔禾"风城"、将军戈壁上的"魔鬼城"最为典型。

③戈壁景观：戈壁是干旱风沙地貌中另一特殊的具有吸引力的景观类型。这里植被稀少，砾石满布，给人以野旷辽阔之感。戈壁中最负盛名的是"蜃景幻影"，虽是一种物理现象，却能带给游人无比美好的遐想和向往之情。

④绿洲：绿洲是荒漠地区人类最主要的聚居地。绿洲地区有比较充沛的水源，热量充足，十分有利于农业生产，盛产以汁多味甜而著称的水果。另外，由于人类活动的影响，如绿洲植被破坏导致很多古代的绿洲成为今日沙漠中的废墟，所以荒漠绿洲遗址的观光和考察也是荒漠生态旅游的重要内容，可以更好地展示人与自然之间的关系。

⑤荒漠植物：是荒漠的伴生或组合旅游景观，如肉质植物仙人掌、龙舌兰属植物；胡杨林，盘根错节、枝丫虬蟠，稀疏蜿蜒地点缀在沙漠之中，具有极强的艺术观赏价值，是大自然漫长进化过程中幸存下来的宝贵物种。沙漠灌丛，有大量枝条从树干基部长出来，上面长有较厚的小叶片，分散分布的植株个体之间的差距非常有规律，彼此之间有很大的空地以降低对稀缺资源的竞争，是人们探索生态知识的良好场所。

(2)休闲度假

全球沙漠分布地区大多数具有规模不等的沙漠旅游度假地。如著名的阿联酋迪拜海岸是与沙漠完美结合的旅游度假胜地，墨西哥—加利福尼亚湾东岸的佩尼亚斯科沙漠也是旅游度假胜地。目前，我国北方地区已开发的沙漠旅游景区(点)近 80 个，距离城镇人口较密集的沙漠开发比较集中、功能多样，又以娱乐休闲为主的综合性沙漠旅游区为主，如东部科尔沁、敦煌鸣沙山等。典型景区是宁夏沙湖旅游区和内蒙古腾格里沙漠的月亮湖景区。它们都是以湖泊为依托，具有典型沙漠景观的区域，是集观光、休闲娱乐、度假、康体疗养为主的综合性旅游景区。尤其是沙湖旅游区，集江南水乡风光与大漠风情于一体，被誉为"塞上明珠"。

(3)科考探险

现代交通工具的发展和沙漠公路修建，使我国沙漠旅游显示出逐渐向沙漠深处推进的发展趋势。科普考察或科研、沙漠线路旅游，如塔克拉玛干沙漠公路风景线、巴丹吉林沙漠探险考察等项目。典型代表是新疆塔克拉玛干沙漠的若干旅游区。楼兰古城是汉代通往西域的必经之地，罗布泊神秘悠远，这些是探险家探访大漠的主要目的地。从罗布泊至库尔勒与古丝绸之路中线会合，此线路分布着众多的驿站、佛寺、古塔、烽燧和汉长城等，是考古游的理想选择。巴丹吉林沙漠连绵起伏的高大沙山也是探险的良好去处，曼德拉岩画、海森楚鲁风蚀地貌则是开展科教和考古的最佳场所。自20世纪至今，有过很多次穿越塔克拉玛干等大的科学考察、探险、考古等活动，但这些活动具有很强的专题性，并非大众性质的旅游行为。随着沙漠越野工具和装备的逐步发达(如专门的沙漠越野改装车、摩托车及野营帐篷、便携野营炊具、压缩食品等)，越来越多的游客可参与沙漠越野并深入沙漠腹地进行观光和探险性质的旅游活动。如巴丹吉林沙漠探险旅游深入沙漠约20 km，自甘肃民勤县深入腾格里沙漠约40 km到达头道湖景区，塔克拉玛干沙漠开通的两条沙漠公路使游客比较容易地乘车沿公路深入沙漠腹地250 km。相对沙漠边缘地带景区来说，上述旅游景区已经向沙漠腹地推进了几十至几百千米不等，但是相对于规模巨大的沙漠区来说仍处于外围区域。更深入腹地的旅游活动大多属于探险专项旅游而非大众可普遍参与的旅游项目。

(4)综合性服务

我国荒漠旅游区的开发类型及其特色主要有：风景主导类型、地质公园类型、生态展示类型、集观光、游憩、度假于一体的综合性类型、探险、考古、科考、科普教育功能突出的类型和主题公园(游乐园)类型。沙漠作为旅游资源能够吸引游客的另一个不容忽视的因素即是沙漠与其他旅游资源的组合效应。如甘肃省敦煌市鸣沙山，其与月牙泉的完美组合促使其知名度大大提高，宁夏沙湖则由于沙与湖的结合而每年吸引50万~60万人次游客。从我国目前已获得国家1A~5A级的沙漠旅游景区来看，绝大多数景区是沙漠与其他旅游资源相组合的。就我国已开发的沙漠景区来看，主要资源组合类型有沙漠与湖泊、绿洲、河流、植被、历史遗迹、民俗风情等。无疑，沙漠与其他旅游资源的组合提升了沙漠旅游地的整体吸引力。资源组合类型的荒漠旅游区是集观光、休闲娱乐、度假、康体疗养为主的综合性旅游景区，游客在度假的过程中可以康体健身，如近年兴起的沙浴、沙疗也引人注目；吐鲁番地区有几处沙山，沙中含有大量磁铁矿粉末，进行沙浴等于"磁疗"，对神经衰弱、风湿性关节炎、高血压病有较好的疗效。

10.3 荒漠生态系统服务评估方法

经过多年研究，中国林业科学研究院构建了以下荒漠生态系统服务评估指标体系和模型。

10.3.1 荒漠生态系统服务评估指标体系

荒漠生态系统服务评估指标是进行评估的基础和工具，评估指标体系是描述和评估荒漠生态系统服务实物量与价值量的基本框架。因此，评估指标体系的构建是荒漠生态系统服务评估工作的首要环节。

（1）荒漠生态系统服务评估指标的选取原则

筛选荒漠生态系统服务评估指标应遵循以下原则。

①系统性：指标的选定应以科学、系统地评估荒漠生态系统的服务为目标，为科学评价荒漠生态系统对生态环境的作用，为采取正确的保护与管理措施提供依据。在指标的选择上，要保证指标为同水平且形成一个完整的评估系统。

②先进性：以符合国家标准为首要依据，如有国际标准则尽可能选择国际标准；若没有国家标准和国际标准，则选用国内外现有的同类型的研究中普遍使用的评估指标。以研究现状和需要为基础，兼顾未来 20 年生态学发展的需求，体现前瞻性和先进性。

③连续性：所确定的评估指标要符合野外台站长期观测使用的要求，观测数据应具有时间的连续性，以便于对全国荒漠生态系统的动态变化进行研究；所确定的评估指标要相对稳定，以便为区域和国家荒漠生态系统服务评估和重点野外台站长期定位观测使用。

④可比性：全国与区域的荒漠生态系统评估指标体系应一致，其数据具有可比性；除仪器设备的统一外，指标既要反映当地实际，又要做到尽可能统一。

⑤可操作性：指标必须适合荒漠生态系统服务评估工作的要求，尽可能选择信息量大又比较敏感且评估公式成熟的指标。在先进、长期、稳定的基础上，指标应具有操作简便、内涵明确、易于掌握、可以度量等特点；对内涵不够明确指标的设立，应遵循目前国际上认可或普遍接受的观测手段和方法。

⑥基础性：按照研究进行观测获得的科学、翔实而又准确的长期定位观测数据，尽可能与当前项目研究的基础数据一致，既可以满足荒漠生态系统服务评估需要，又可以为相关项目研究所用。

⑦代表性：考虑到目前我国的物力和财力并不充足、在基础观测研究方面的投入也不可能很大的国情，在选取指标时，应体现宏观观测指标和微观观测指标相结合原则，在满足目标任务的同时，尽量精简评估指标。

⑧可扩展性：指标体系设计采用分层式结构，既要符合当前观测技术、方法和理论的标准，又具有良好的扩充和发展弹性，用于评估的指标体系可根据科学技术的进步不断发展、充实和完善。

（2）荒漠生态系统服务评估指标的筛选思路和方法

科学、合理的评估指标体系建立直接关系评估结果是否正确，因此，筛选评估指标一定要慎重。本章采用如下步骤筛选评估指标、构建评估指标体系。

筛选评估指标时，遵循上述原则，即系统性、先进性、连续性、可比性、可操作性、基础性、代表性和可扩展性，综合考虑多项原则对指标进行筛选。一方面，参考国内外相关的指标体系，选取目前多数研究者认可的指标；另一方面，根据我国荒漠生态系统的结构、功能以及区域特殊性增加反映其本质内涵的指标。

筛选指标的方法主要有专家咨询法、层次分析法和频度分析法等。荒漠生态系统服务评估指标体系的构建主要采用了频度分析法和专家咨询法。首先对国内外众多研究文献中的各种指标进行统计分析，选择计量方法成熟可靠、使用频度较高的指标，对于一些过去没有的特征指标，选择十分必要且筛选理由充分的指标；然后结合我国荒漠生态系统的背景特征、主要问题以及不同区域的生态条件等，进行分析比较，综合筛选出针对性较强、反映荒漠生态系统主要特征的指标构成荒漠生态系统服务评估指标体系框架；最后，在多个指标体系框架基础上，召开专家咨询会，征询有关专家意见，对指标进行筛选及调整，修改完善形成我国荒漠生态系统服务评估指标体系。

(3)荒漠生态系统服务评估指标体系的建立

根据前述荒漠生态系统服务评估指标的筛选原则、思路和方法，认真分析国内外各种评估指标体系，结合我国荒漠生态系统背景特征，采用频度分析法结合专家咨询法，筛选出我国荒漠生态系统防风固沙、水文调节、固碳、生物多样性保育、生态旅游、沙尘循环6大方面13个评估指标，最终提出荒漠生态系统服务评估指标体系，即1级指标6个，2级指标13个(图10-3)。

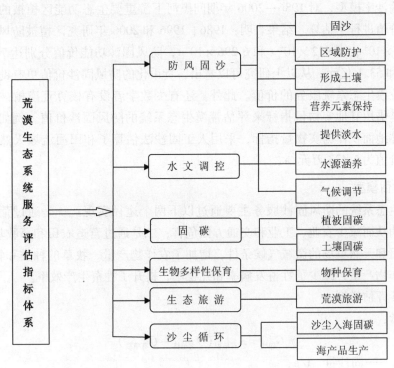

图10-3 荒漠生态系统服务评估指标体系

(卢琦等，2015)

10.3.2 荒漠生态系统服务评估模型

在构建的荒漠生态系统服务评估指标体系基础上，对评估指标详细分析研究，提出了每个评估指标的实物量和价值量评估模型。

10.3.2.1 防风固沙服务评估

(1)研究进展

目前国内外关于定量评估防风固沙服务的研究较少。一些学者对不同荒漠植被的防风固沙效果进行了研究，在植被覆盖率与风蚀输沙率之间建立了一些定量模型。这些风蚀输沙率模型的构建与完善，有助于评估荒漠生态系统的防风固沙价值，这是因为：一般来说，评估防风固沙价值需要先测算植被固沙量，而植被固沙量则需要借助风蚀输沙率模型来测算。在得出植被固沙量之后，还需要设定土壤层厚度和土壤容重等物理参数，把植被固沙量转化为由防风固沙功能所保护的土地面积。

在核算出防风固沙实物量的基础上，已有研究主要采用机会成本法、恢复成本法等方法来估算荒漠生态系统的防风固沙价值。例如，莫宏伟等（2006）依据黄富祥等（2001）建立的风蚀输沙率模型，测算了 1988—2003 年期间榆阳区北部风沙草滩区林草植被的防风固沙量年均增加 1.38×10^6 t，并以榆林市治沙所将沙荒地恢复为农用地的平均成本 3.45 万元/hm² 来估算防风固沙价值，结果表明该生态系统 2003 年的防风固沙价值比 1988 年增加了 3 469 万元。韩永伟等（2011）在遥感和地理信息系统的支持下，利用风蚀输沙率模型，对 1986—2006 年期间黑河下游重要生态功能区植被的防风固沙功能及其价值进行了估算。结果表明：1986、1996 和 2006 年研究区植被防风固沙量分别为 $9\,056 \times 10^4$ t、$4\,972 \times 10^4$ t 和 $6\,296 \times 10^4$ t，防风固沙功能价值分别达 76.4 亿元、41.8 亿元和 53.1 亿元。从以上研究可以看出，货币化的防风固沙价值更有助于人们了解和认识荒漠生态系统服务的价值。此外，还有少数学者没有核算荒漠植被的防风固沙量，而是借用其他实物量指标来评估荒漠生态系统的防风固沙价值。例如，杨丽雯等直接以林地面积作为实物量指标，采用人工固沙法估算了和田河流域天然胡杨林的防风固沙价值为 1 433 万元/a。

（2）评估模型

荒漠生态系统的防风固沙服务主要通过以下两个途径实现：一是通过荒漠植被降低风沙流动从而减少农业、工业和交通方面危害；二是通过营造农田和草牧场防护林，改善了农田和天然草场的微域气候条件，增加了农作物产量、牧草的种类和牧草产量，提高了农作物产量，减少了牲畜发病率和死亡率，提升了牲畜生产效率。

①固沙评估模型：

实物量：

$$G_{固沙} = A_{有植被}(Q_{无植被} - Q_{有植被}) \tag{10-2}$$

式中 $G_{固沙}$——固沙量，t/a；

$A_{有植被}$——有植被覆盖的区域面积，km²；

$Q_{无植被}$——无植被覆盖区域面积的单位面积输沙量，t/(hm²·a)；

$Q_{有植被}$——有植被覆盖区域面积的单位面积输沙量，t/(hm²·a)。

价值量：

$$V_{固沙} = C_{固沙} \cdot G_{固沙} \tag{10-3}$$

式中 $V_{固沙}$——荒漠生态系统固沙的总价值，元/a；

$C_{固沙}$——单位重量沙尘清理费用或沙尘造成的经济损失，元/t；

$G_{固沙}$——固沙量，t/a。

②区域防护评估模型：

实物量：

$$G_{畜牧} = A_{牧场} \cdot R_{畜牧} \cdot B_{畜牧} \tag{10-4}$$

$$G_{农作物} = A_{农田} \cdot R_{农田} \cdot B_{农作物} \tag{10-5}$$

式中 $G_{畜牧}$——由于牧场防护林存在每年增加的荒漠生态系统畜牧业总产量，t/a；

$A_{牧场}$——牧场防护林防护面积，hm²；

$R_{畜牧}$——畜牧产量增加率，%；

$B_{畜牧}$——单位面积畜牧业平均产量，t/(hm² · a)；

$G_{农作物}$——由于农田防护林存在增加的荒漠生态系统农作物总产量，t/a；

$A_{农田}$——农田防护林防护面积，hm²；

$R_{农田}$——农作物产量增加率，%；

$B_{农作物}$——单位面积农作物平均产量，t/(hm² · a)。

价值量：

$$V_{区域防护} = C_{畜牧} \cdot G_{畜牧} + C_{农田} \cdot G_{农田} \tag{10-6}$$

式中 $V_{区域防护}$——由于牧场防护林和农田防护林存在增加的荒漠生态系统畜牧业和农
作物方面总价值，元/a；

$C_{畜牧}$——畜牧产品价格，元/t；

$C_{农田}$——农作物产品价格，元/t；

$G_{畜牧}$——由于牧场防护林存在每年增加的荒漠生态系统畜牧业总产量，t/a；

$G_{农田}$——由于农田防护林存在每年增加的荒漠生态系统粮食总产量，t/a。

荒漠生态系统区域防护服务评估中，最为关键的是估算粮食增产系数($R_{农田}$)与畜
牧增产系数($R_{畜牧}$)。

③土壤形成模型：

实物量：

$$G_{土壤形成} = A \cdot M_{土壤} \cdot R_{土壤} \tag{10-7}$$

价值量：

$$V_{土壤形成} = \frac{C_{土地} \cdot G_{土壤形成}}{\rho} \tag{10-8}$$

式中 $G_{土壤形成}$——荒漠生态系统通过风力或水力等搬运形式每年流失土壤形成新土壤
的数量，t/a；

$M_{土壤}$——单位面积荒漠平均每年流失的土壤数量，t/(hm² · a)；

$R_{土壤}$——流失土壤形成新土壤的比例，%；

A——荒漠面积，hm²；

$V_{土壤形成}$——荒漠生态系统每年土壤形成的总价值，元/a；

$C_{土地}$——挖取和运输单位体积土方所需费用，元/m³；

ρ——土壤容重，t/m³。

④营养元素保持模型：

实物量：

$$G_{保持} = A_{有植被}(M_{无植被} - M_{有植被}) \tag{10-9}$$

价值量：

$$V_{保持} = G_{保持} \left(\frac{N \cdot C_1}{R_1} + \frac{P \cdot C_1}{R_2} + M \cdot C_2 \right) \tag{10-10}$$

式中　$G_{保持}$——荒漠生态系统固沙量，t/a；

$\quad\quad M_{无植被}$——无植被覆盖条件下单位面积荒漠土壤流失量，t/(hm^2 · a)；

$\quad\quad M_{有植被}$——有植被覆盖的单位面积荒漠土壤流失量，t/(hm^2 · a)；

$\quad\quad A_{有植被}$——有植被覆盖的荒漠面积，hm^2；

$\quad\quad V_{保持}$——荒漠生态系统土壤营养元素保持服务价值，元/a；

$\quad\quad N$——荒漠土壤平均含氮量，%；

$\quad\quad P$——荒漠土壤平均含磷量，%；

$\quad\quad M$——荒漠土壤有机质含量，%；

$\quad\quad R_1$——磷酸二铵化肥含氮量，%；

$\quad\quad R_2$——磷酸二铵化肥含磷量，%；

$\quad\quad C_1$——磷酸二铵化肥价格，元/t；

$\quad\quad C_2$——有机质价格，元/t。

（3）局限性

防风固沙服务评估首先要估算全国荒漠生态系统的土壤风蚀量，统计荒漠区域各沙区风蚀活动期内临界侵蚀风速以上各等级风速的累计时间和不同风速下的输沙量。然而，在如此大面积的研究区域，测定与收集各沙区输沙量数据存在一定的困难，且整理和统计气象站风速观测数据困难也较大。关于区域防护服务评估，粮食增产与畜牧增产估算在荒漠边缘的地区会有一定误差。

10.3.2.2　水文调节服务评估

（1）研究进展

荒漠生态系统的水资源调控价值主要表现为植被涵养水源和土壤凝结水。荒漠生态系统中在水资源丰富的地方常有大量植被分布，而植被具有涵养水源的功能，主要表现为拦蓄降水、补充地下水、调节径流和净化水质等。由于难以直接核算植被涵养水源的价值，因此，通常采用替代工程法，即把涵养水源功能等效于一个蓄水工程，该工程的修建成本就是涵养水源的价值。利用替代工程法评估水源涵养价值需要先估算水源涵养量。常运用水量平衡法来估算水源涵养量，也可根据土壤蓄水能力和区域径流量来估算。杨丽雯等（2006）采用水量平衡法估算了和田河流域天然胡杨林生态系统水源涵养量为 $5\,548 \times 10^4\ m^3$，再运用替代工程法评估出涵养水源的价值为 372 万元/a。

在荒漠地区，土壤凝结水是非常重要的水资源，具有显著的生态作用，是维持沙地表土和沙丘稳定的重要因素，是维系荒漠生态系统中主要食物链的水分来源，发挥减少土壤蒸发损失的重要作用。由于我国对荒漠地区凝结水的研究还处于起步阶段，目前国内学者在评估荒漠生态系统服务价值时并没有考虑土壤凝结水的价值。随着对荒漠生态系统中土壤凝结水重要性的认识日益加深以及测量方法的不断完善，非常有必要把土壤凝结水的价值纳入荒漠生态系统服务价值之中。

(2)评估模型

评估方法主要基于荒漠生态系统水循环过程、调控功能及其相对应的水资源服务等进行实物量估算和价值核算形成。以往不同生态服务价值通量往往套用条件估值法的结果，缺乏生态系统过程、物质流及相应生态服务的机理基础和针对性。本章所采用的实物量计算方法主要基于荒漠生态系统水文过程及其调控功能得到，且根据不同气候区荒漠生态系统不同的类型进行了精细化计算，在国际上还未见到相关报道。

实物量：

$$G_{淡水} = \Delta W_{地下水} + \Delta W_{地表水} \tag{10-11}$$

$$G_{水源涵养} = \Delta W_{土壤} + 10A(P - E_{蒸发散}) - W_{快速地表径流} \tag{10-12}$$

$$G_{气候调节} = 10A \cdot E_{蒸发散} + W_{凝结水} \tag{10-13}$$

式中 $G_{淡水}$——荒漠生态系统提供淡水量，t/a；

$\Delta W_{地下水}$——荒漠区地下水变化量，t/a；

$\Delta W_{地表水}$——荒漠区地表水变化量，t/a；

$\Delta W_{土壤}$——土壤含水变化量，t/a；

A——荒漠评估区面积，hm^2；

P——荒漠区年均降水量，mm；

$E_{蒸发散}$——荒漠区年均蒸发散(包括植被蒸腾和土壤蒸发等)，mm；

$W_{快速地表径流}$——下雨后2 h内地表径流量，t/a；

$G_{水源涵养}$——荒漠区水源涵养水量，t/a；

$G_{气候调节}$——荒漠区气候调节水量，t/a；

$W_{凝结水}$——荒漠区年均凝结水量，t/a。

价值量：

$$V_{水文} = C_{水价} \cdot G_{淡水} + C_{库容} \cdot G_{水源涵养} + C_{价值通量} \cdot G_{气候调节} \tag{10-14}$$

式中 $V_{水文}$——荒漠生态系统水文调节总价值，元/a；

$C_{水价}$——饮用水的价格，元/t；

$C_{库容}$——地下水库库容造价，元/t；

$C_{价值通量}$——单位水量的气候调节费用，元/t；

$G_{淡水}$，$G_{水源涵养}$，$G_{气候调节}$——荒漠生态系统淡水提供、水源涵养、气候调节的实
物量。

(3)局限性

由于荒漠生态系统横跨我国北方半湿润、半干旱、干旱和极端干旱区及青藏高原高寒荒漠区，通常缺乏完整全面的研究区本底资料，如荒漠生态系统不同类型面积、区域次降雨及其降水分配等，且由于对荒漠、荒漠化、沙漠化、沙化土地等概念的不同界定，造成了对荒漠生态系统分布区域认定存在差异；再者，目前的气候调节服务研究大多是针对气体调节服务进行的，对于气候调节，尤其是局地蒸散发水汽对大气水循环调节贡献基本没有涉及，还缺乏适宜的价值评价方法和相应的价值通量方面的研究。这些局限性都不同程度地制约着对荒漠生态系统水文调控生态服务价值评估的准确性和真实性。

对于气候变化和人类活动驱动下荒漠化过程中的动态价值评估，以及不同气候区不同植被类型、地表覆盖、土壤性质等条件下的水文调控分区评估将是今后需要进一步开展研究的方向。

10.3.2.3　固碳服务评估

(1)研究进展

固碳属于生态系统的一种气体调节服务。生态系统通过植物光合作用和呼吸作用固定大气中的 CO_2，同时释放出 O_2，有利于维持大气中 CO_2 和 O_2 的动态平衡、减缓温室效应，以及为人类生存提供最基本条件。已有研究主要通过先估算生态系统的净初级生产力(net primary productivity，NPP)，再利用光合作用和呼吸作用的反应方程式来推算植被固定 CO_2 和释放 O_2 实物量，即植物每生成 1 g 干物质，就可以固定 1.63 g CO_2、释放 1.19 g O_2。学者们关于释放 O_2 实物量的核算并不存在异议，但是，关于固定 CO_2 实物量的核算范围则持有不同看法。其中，一部分学者认为，生态系统固定 CO_2 的实物量只包括植被固定的 CO_2 的实物量；另一部分学者则认为，生态系统固定 CO_2 的实物量还应该包括土壤固定 CO_2 的实物量。Lal(1999)对土壤碳吸收潜力的研究表明，沙漠的土壤碳积累率为 0.2 $t/(hm^2 \cdot a)$。荒漠生态系统中沙漠面积大，因此，在核算固定 CO_2 的实物量时有必要包括土壤固定 CO_2 的数量。

与其他生态系统类似，荒漠生态系统固定 CO_2 的价值主要采用碳税法、造林成本法、人工固定 CO_2 法来评估，释放 O_2 的价值主要采用工业制氧法、造林成本法来评估。杨丽雯等(2006)运用碳税法和造林成本法对和田河流域天然胡杨林的固碳价值进行了评估，计算出固定 CO_2 的价值为 3 300 万元/a，同时运用造林成本法和工业制氧法对释放 O_2 的价值进行了核算，得出释放 O_2 的价值为 3 400 万元/a。任鸿昌等(2007)运用碳税法估算了我国西部地区荒漠生态系统固定 CO_2 的价值为 197.51 亿元/a，运用工业制氧法估算释放 O_2 的价值为 211.53 亿元/a。在此说明两点，一是这些研究估算出的仅是植被固定 CO_2 的价值，不包括土壤固定 CO_2 的价值；二是相对于 CO_2 固定量和 O_2 释放量核算的精细，相关研究对价值参数的选取过于粗糙，既缺少对价值参数来源的说明，又缺少对价值参数的调整。例如，用碳税法来评估固定 CO_2 的价值时，已有研究选取的碳税率多是 2000 年以前的国际水平，不但缺少碳税率数据来源的必要说明，而且没有根据汇率与物价波动进行相应调整。21 世纪以来，碳排放权交易的国际市场(如欧盟的 BlueNext 交易所)已初步建立，用碳排放权交易的最新动态价格来衡量 CO_2 的价值，能够更准确地评估生态系统固定 CO_2 的价值。

(2)评估模型

植被固定并减少大气中的 CO_2 和提高并增加大气中的 O_2，这对维持地球大气中 CO_2 和 O_2 的动态平衡、减少温室效应以及提供人类生存的基础来说，有着巨大和不可替代的作用。光合作用所固定的碳被重新分配到荒漠生态系统的 3 个碳库：植被碳库、土壤碳库和动物碳库。由于动物碳主要来源于植被，为防止重复计算，只选择植被固碳和土壤固碳两个指标评估固碳生态服务。

实物量：

植被固碳量

$$G_{植被固碳} = 1.63A \cdot B_年 \tag{10-15}$$

土壤固碳量

$$G_{土壤固碳} = A \cdot F_{土壤碳} \tag{10-16}$$

式中　$G_{植被固碳}$——荒漠生态系统植被年固定 CO_2 量，t；

　　　　$B_年$——荒漠植被净生产力 $t/(hm^2 \cdot a)$；

　　　　A——荒漠面积，hm^2；

　　　　$G_{土壤固碳}$——荒漠生态系统土壤年固定 CO_2 量，t；

　　　　$F_{土壤碳}$——单位面积荒漠土壤年固定 CO_2 量，$t/(hm^2 \cdot a)$。

价值量：

$$V_{固碳} = C_{CO_2}(G_{植被固碳} + G_{土壤固碳}) \tag{10-17}$$

式中　$V_{固碳}$——荒漠生态系统年固碳价值，元/a；

　　　　C_{CO_2}——每吨 CO_2 的固定价格，元/t；

　　　　其他参数意义同式(10-15)和式(10-16)。

10.3.2.4　生物多样性保育服务评估

(1)研究进展

生物多样性是指生物和其组成的系统的总体多样性和变异性，主要包括遗传多样性(或基因多样性)、物种多样性和生态系统多样性3个层次。与其他环境资源一样，生物多样性的价值主要包括使用价值和非使用价值两方面，其中，使用价值由直接使用价值和间接使用价值组成，非使用价值由选择价值、遗产价值和存在价值组成。生物多样性的价值由"功能"维(生物多样性的功能)、"感知领域"维(人类对生物多样性的感知)和"存在状态"维(生物多样性的存在状况)构成。针对不同的价值需要运用不同的评估方法，具体来说，对生物多样性的使用价值多采用直接市场评价法，而对非使用价值多采用模拟市场法(如意愿评估法)。由于生态系统生物多样性的复杂性，难以对生物多样性的价值进行较全面的评估，已有研究大多采用意愿评估法从整体上大体估算生物多样性的非使用价值，很少有学者基于具体物种的价值来核算生物多样性价值。

有关荒漠生态系统生物多样性价值评估的研究较少。Richardson(2005)在估算加利福尼亚荒漠的经济价值时，没有直接估算该地区的生物多样性价值，而是以稀有物种的存在状况(稀少的、受威胁的、濒于灭绝的)来间接反映生物多样性价值。杨丽雯等(2006)在评估和田河流域天然胡杨林的生态服务价值时，从动物栖息地、增加生物多样性、生物控制3个方面估算了该生态系统的生物多样性价值为1.64亿元。可见，为了评估荒漠生态系统的生物多样性保育价值，还需要深入研究荒漠生态系统中代表性物种(特别是稀有野生动植物)的价值。

(2)评估模型

本章采用成本替代法来评估荒漠生态系统的生物多样性保育服务。由于生物多样性房屋方面可量化的指标有限，这里仅考虑物种保育方面。

荒漠生态系统物种保育的评估公式为：

实物量：

$$G_{物种} = D_1 + D_2 \tag{10-18}$$

式中 $G_{物种}$——荒漠生态系统物种(包括动物和植物)种类的总数量;

       D_1——荒漠植物物种种类个数,个/hm²;

       D_2——荒漠动物物种种类个数,个/hm²。

价值量:

$$V_{物种} = \sum_{i=1}^{D_1}(C_i \cdot S_i) + \sum_{j=1}^{D_2}(C_j \cdot S_j) \tag{10-19}$$

式中 $V_{物种}$——荒漠生态系统物种保育的总价值,元/a;

       S_i——荒漠植物物种第 i 个种类的数量,个;

       C_i——荒漠植物物种第 i 个种类的平均价值,元;

       S_j——荒漠动物物种第 j 个种类的数量,个;

       C_j——荒漠动物物种第 j 个种类的平均价值(人工抚育成本及遗传价值等),元。

(3)局限性

模型误差在于我国在生物种群数量和活动区域的监测状况仍然非常落后,导致物种数据的评估困难。随着政府对于物种保育的投入和监测技术的改进,基础数据会更加完整,评估结果会更准确。对于稀缺性价值部分,目前还缺乏评估的指标体系和依据,需要在以后研究中完善。

10.3.2.5 荒漠旅游服务评估

(1)研究进展

20 世纪 60 年代以前,旅游资源经济价值核算理论主要基于成本效益分析(cost-benefit analysis, CBA),60 年代,随着世界旅游业的发展以及旅游与环境冲突问题的日益严重,Krutilla(1967)提出了"舒适性资源的经济价值理论",认为出于科学研究、生物多样性保护和不确定性等原因,需要对一些稀有的珍奇的景观和生态等舒适性资源进行保护,在可再生限度内严格控制使用。70 年代,随着福利经济学对消费者剩余、机会成本、非市场化商品与环境等公共产品价值的思考,旅游资源货币价值评价逐步形成理论体系。80 年代,旅行费用法(travel cost approach, TCA)与享乐定价法(hedonic price approach, HPA)在旅游资源货币价值评价中得到广泛应用。90 年代以来,条件价值法(contingent valuation method, CVM)在旅游资源经济价值货币化评价中处于主导地位,但同时也受到不同方面的质疑,主要集中在 CVM 理论的合理性与有效性等方面。

旅游资源价值核算理论和方法主要有两类:一是替代市场技术评价法,如旅行费用法、机会成本法、费用支出法、市场价值法、享乐定价法等,主要适合无市场交换但有市场价格部分的评价,采用影子价格和消费者剩余来表达旅游资源的货币价值;二是模拟市场技术评价法,它以支付意愿来表达旅游资源的货币价值,如条件价值法。

TCM 是目前国际上最流行的景观游憩价值核算方法,有些学者就采用旅行费用法对荒漠地区的旅游资源开展了评估。例如,郭剑英和王乃昂运用旅行费用法评估出敦煌旅游资源 2001 年的国内旅游价值为 7.90 亿元;吕君等利用旅行费用法估算出内蒙古四子王旗草原生态系统的旅游价值为 0.64 亿元,是其旅游统计收入的 12.27 倍。此外,也有学者运用 CVM 来评价荒漠地区的旅游资源。例如,郭剑英和王乃昂(2005)运用意愿评估法估算出敦煌旅游资源 2020 年的非使用价值为 0. 12 亿元。

（2）评估模型

基于目前国内游憩资源价值计算方法综合评估以及荒漠生态系统特点，国家林业局发布了《荒漠生态系统服务评估规范》（LY/T 2006—2012），给出了荒漠生态系统旅游与文化功能服务价值评估模型，本章将采用该模型来评估荒漠生态系统生态旅游服务。其评估公式为：

$$V_{旅游} = \frac{A \cdot N_人 \cdot E}{R_{旅游}} \qquad (10\text{-}20)$$

式中 $V_{旅游}$——荒漠生态系统生态旅游每年的总价值，元；

A——评估的荒漠面积，hm^2；

$N_人$——单位面积荒漠合理环境容量范围内适宜的旅游人数，人次/hm^2；

E——人均每次游览在景区内支付的直接旅游费用，元/人次；

$R_{旅游}$——景区游览费用占旅游总收入的比例，%。

$$N_人 = \frac{S}{s} \cdot \frac{T}{t} \cdot \frac{D}{S_{景区}} \qquad (10\text{-}21)$$

式中 S——景区适宜开展旅游的面积，m^2；

s——景区内人均占用面积，m^2；

T——景区每天开放时间，h；

t——景区内人均游览时间，h；

D——一年内适宜开放的天数，d；

$S_{景区}$——景区面积，hm^2。

（3）局限性

区别于其他类型景区，荒漠景区的面积是一个相对模糊的概念，其属性决定了单位面积的游客数量，故利用人均占有面积推算景区游客数量具有有限性。荒漠景区和荒漠省份面积广大的客观实际以及蓬勃发展的荒漠旅游，决定了更进一步精细研究的必要性。大量的实地调查及基础序列数据的收集仍然是影响计算结果的重要方面。

10.3.2.6 沙尘循环服务评估

（1）研究进展

作为全球生物地球化学的重要组成部分，沙尘在全球生物地球化学循环过程中发挥了重要作用，其通过减缓全球气候变暖、中和酸雨、为海洋提供大量的沙尘和铁元素等形式影响全球生态系统循环过程。目前，全球已对森林、草地、湿地、农田、水域等类型的生态系统的服务价值进行了核算与评估，特别是在固碳释氧、涵养水源、营养循环、水土保持等方面进行了大量的研究工作。2000—2005 年，联合国开展了千年生态系统评估研究；2007—2010 年国家林业局也对全国森林生态系统服务进行了功能评估与价值核算，取得了重要进展。然而，沙尘作为荒漠生态系统的特有循环物质，它在全球生物地球化学循环过程中提供的服务价值核算研究目前未见报道。

由于沙尘生物地球化学循环的复杂性，且存在很大的时空变异性，在生物地球化学循环机制等方面还有很多方面不清楚，评估其生态服务难度极大。从全球范围来看，从荒漠生态系统中吹走的沙尘会影响海洋浮游生物的净初级生产力、酸雨发生频率以及区域大气降水等。沙尘增益是荒漠生态系统提供的最为独特的生态服务，但是，由于缺乏对沙尘化学循环的全球环境影响机理的深入研究，目前仍没有学者尝试评估这类生态系统服务的价值。

(2) 评估模型

荒漠生态系统沙尘生物地球化学循环功能评估即是沙尘效益的实物量评估，主要是通过明确沙尘循环路径，进而评估沙尘释放量、传输量和沉降量等过程完成。

沙尘在远距离输送进入海洋后促进了海洋生物的生长与发育，促进了海洋初级生产力的形成，从而为促进了海洋浮游生物、海洋渔业、海水植物生产等海产品，满足了人类的基本生产生活需要。由于沙尘进入海洋的区域范围大，无法通过捕捞量来进行核算。本项目通过核算沙尘可能为海洋浮游生物利用的可溶性铁的量来估算海洋生物初级生产力，以此作为海产品的初级物质量，并选取海产品价格来核算沙尘可能提供的海洋生物价值。

①沙尘入海固碳：沙尘通过其提供的铁促进了海洋生物初级生产力，固定了大量的 CO_2，从而起到减缓气候变暖的作用，利用以下公式核算沙尘入海促进海洋生物固碳的价值。

$$V_{沙固碳} = C_{碳} \cdot G_{沙固碳} \tag{10-22}$$

式中　$V_{沙固碳}$——沙尘入海每年增加的海洋生物固碳价值，元；

　　　$C_{碳}$——每吨 CO_2 的固定价值，元；

　　　$G_{沙固碳}$——沙尘入海每年增加的海洋生物固定 CO_2 数量，t。

②海产品生产：沙尘循环促进海产品生产的评估模型见下式。

$$V_{沙} = C_{海产品} \cdot G_{沙NPP} \cdot R_{能量} \tag{10-23}$$

式中　$V_{沙}$——沙尘循环每年增加的海产品价值，元；

　　　$G_{沙NPP}$——沙尘循环增加的海洋 NPP，t/a；

　　　$R_{能量}$——海洋 NPP 转换为海产品系数。

10.4　我国荒漠生态系统服务评估结果

在以上评估模型基础上，通过参数整合、筛选、校正，测算，得到以下评估结果。

10.4.1　实物量

2009 年度的评估结果表明，我国荒漠地区植被固沙量 378.35×10^8 t；荒漠植被的农田防护作用增加荒漠地区种植的农作物产量 262.44×10^4 t；荒漠植被的牧场防护作用增加的牲畜肉产量相当于 411.17 万只羊的出肉量；荒漠地区的沙尘经风力搬运后形成土壤 151.98×10^8 m^3；沙漠和沙地 2009 年产生凝结水 70.14×10^8 m^3、提供淡水 190.34×10^8 m^3；植被固定 CO_2 6.11×10^8 t，土壤固定 CO_2 0.42×10^8 t，沙尘落入海洋固定 CO_2 37.95×10^8 t；植被生物量碳总量为 10.13×10^8 t，土壤有机碳总量为 332.77×10^8 t，荒漠生态系统碳总量为 342.90×10^8 t；2009 年我国荒漠地区沙尘向海洋输送铁量 4.83×10⁴ t，增加海产品产量 1.62×10⁸ t。同时，荒漠生态系统也为 12 419 种动物、2 280 种植物提供了生存和繁衍场所。其中包括受威胁物种 1 807 种、极危物种 244 种、濒危物种 774 种、易危物种 498 种和近危物种 291 种。而且，荒漠特殊的景观资源和文化遗址每年旅游人数达到了 1 711.43 万人，为 7.36 万人提供了就业机会。

10.4.2 价值量

评估结果表明，2009 年我国荒漠生态系统产生的生态服务价值为 42 368.35 亿元。其中荒漠植被的防风固沙价值 17 862.72 亿元，占总价值的 57.92%；水文调节价值 7 445.33 亿元，占总价值的 17.57%；固碳价值 784.49 亿元，占总价值的 1.85%；生物多样性保育价值 134.81 亿元，占总价值的 0.32%；生态旅游 59.08 亿元，占总价值的 0.14%；沙尘循环 16 081.92 亿元，占总价值的 37.96%。

思 考 题

1. 荒漠生态资产与荒漠生态系统服务有何区别？简述荒漠生态系统与人类福祉的关系。
2. 荒漠生态系统服务指标体系包括哪些指标？哪些为荒漠特有的指标？你认为还应增加哪些指标？

推荐阅读书目

1. 荒漠生态系统功能评估与服务价值研究. 卢琦，郭浩，吴波，等. 科学出版社. 2016.
2. 国家林业行业标准《荒漠生态系统服务评估规范》(LY/T 2006—2012). 卢琦，郭浩，崔向慧，等. 中国标准出版社. 2013.

参考文献

安芷生，2009. 全球铁联系及其在减缓全球变暖中的作用[J]. 科学观察，4(6)：49 - 50.

边巴多吉，普穷，2009. 西藏国家重点保护野生植物药用资源[J]. 西藏科技(4)：61 - 64.

蔡国田，张雷，2006. 西藏农村能源消费及环境影响研究[R]. 资源开发与市场，22(3)：238 - 244.

陈百明，黄兴文，2003. 中国生态资产评估与区划研究[J]. 中国农业资源与区划，24(6)：20 - 24.

陈进华，杨军，2007. 中国沙尘气溶胶研究的若干进展[J]. 环境研究与监测，20(2)：1 - 4.

程皓，李霞，侯平，等，2007. 塔里木河下游不同覆盖度灌木防风固沙功能野外观测研究[J]. 中国沙漠，27(6)：1022 - 1026.

崔向慧，2009. 陆地生态系统服务功能及其价值评估——以中国荒漠生态系统为例[D]. 北京：中国林业科学研究院.

邓坤枚，石培礼，谢高地，2002. 长江上游森林生态系统水源涵养量与价值的研究[J]. 资源科学，24(6)：68 - 73.

邓祖琴，韩永翔，白虎志，等，2008. 中国大地沙尘气溶胶对海洋初级生产力的影响[J]. 中国环境科学，28(10)：872 - 876.

董光荣，李长治，金炯，1987. 关于土壤风蚀风洞实验的某些结果[J]. 科学通报，32(4)：

277 – 301.

董治宝，陈渭南，董光荣，等，1996. 植被对风沙土风蚀作用的影响[J]. 环境科学学报，16 (4)：437 – 442.

杜虎林，肖洪浪，郑威，等，2008. 塔里木沙漠油田南部区域地表水与地下水水化学特征[J]. 中国沙漠，28(2)：388 – 394.

段百灵，黄蕾，班婕，等，2010. 洪泽湖生物多样性非使用价值评估[J]. 中国环境科学，30 (8)：1135 – 1141.

樊恒文，贾晓红，张景光，等，2002. 干旱区土地退化与荒漠化对土壤碳循环的影响[J]. 中国沙漠，22(6)：525 – 533.

甘枝茂，马耀峰，2000. 旅游资源与开发[M]. 天津：南开大学出版社，45 – 46.

高吉喜，范小杉，2007. 生态资产概念、特点与研究趋向[J]. 环境科学研究，20(5)：137 – 143.

高庆先，李令军，张运刚，等，2000. 我国春季沙尘暴研究[J]. 中国环境科学，20(6)：495 – 500.

高尚玉，2008. 京津风沙源治理工程效益[M]. 北京：科学出版社.

高永，邱国玉，丁国栋，等，2004. 沙柳沙障的防风固沙效益研究[J]. 中国沙漠，24(3)：365 – 370.

郭慧敏，刘宝剑，韩臻，等，2006. 参与式发展与我国荒漠化防治[J]. 甘肃农业(8)：56 – 57.

郭剑英，王乃昂，2004. 旅游资源的旅游价值评估——以敦煌为例[J]. 自然资源学报，19(6)：811 – 817.

郭剑英，王乃昂，2005. 敦煌旅游资源非使用价值评估[J]. 资源科学，27(5)：187 – 192.

郭婧，徐谦，荆红卫，等，2006. 北京市近年来大气降尘变化规律及趋势[J]. 中国环境监测，22 (4)：49 – 52.

海春兴，刘宝元，赵烨，2002. 土壤湿度和植被盖度对土壤风蚀的影响[J]. 应用生态学报，13 (8)：1057 – 1058.

韩永伟，拓学森，高吉喜，等，2011. 黑河下游重要生态功能区植被防风固沙功能及其价值初步评估[J]. 自然资源学报，26(1)：58 – 65.

韩永翔，奚晓霞，方小敏，等，2005. 亚洲大陆沙尘过程与北太平洋地区生物环境效应：以2001 年4月中旬中亚特大沙尘暴为例[J]. 科学通报(50)：2649 – 2655.

韩永翔，张强，董光荣，等，2006. 沙尘暴的气候环境效应研究进展[J]. 中国沙漠，26(2)：307 – 311.

贺学林，2007. 毛乌素沙区食用资源植物调查[J]. 中国农学通报(9)：532 – 540.

胡建忠，2004. 沙棘作为农村能源植物分析的可行性分析[J]. 国际沙棘研究与开发(4)：36 – 43.

胡孟春，刘玉璋，乌兰，等，1991. 科尔沁沙地土壤风蚀的风洞实验研究[J]. 中国沙漠，11 (1)：22 – 29.

黄富祥，牛海山，王明星，等，2001. 毛乌素沙地植被覆盖率与风蚀输沙率定量关系[J]. 地理学报，56(6)：700 – 710.

黄湘，李卫红，2006. 荒漠生态系统服务功能及其价值研究[J]. 环境科学与管理，31(7)：64 – 70.

黄耀丽，李凡，郑坚强，2006."旅游体验"视角下的特色旅游开发与管理问题探讨——以我国北方沙漠旅游为例[J]. 人文地理(4)：94 – 97.

贾璇，王文彩，陈勇航，等，2010. 华北地区沙尘气溶胶对云辐射强迫的影响[J]. 中国环境科学，30(8)：1009 - 1014.

姜文来，2003. 森林涵养水源的价值核算研究[J]. 水土保持学报，17(2)：34 - 36.

李朝，2008. 青藏高原饮食民俗文化圈及特征研究[J]. 青海师范大学学报(哲学社会科学版)，(3)：78 - 82.

李洪波，白爱宁，张国盛，等，2010. 毛乌素沙地土壤凝结水来源分析[J]. 中国沙漠，30(2)：241 - 246.

李江风，魏文寿，2012. 荒漠生态气候与环境[M]. 北京：气象出版社.

李娟，2009. 中亚地区沙尘气溶胶的理化特性、来源、长途传输及其对全球变化的可能影响[D]. 上海：复旦大学.

刘新平，何玉惠，赵学勇，等，2009. 科尔沁沙地不同生境土壤凝结水的试验研究[J]. 应用生态学报，20(8)：1918 - 1924.

刘玉璋，董光荣，金炯，等，1994. 塔里木盆地大气降尘初步观测研究[J]. 中国沙漠，14(3)：18 - 24.

卢玲，李新，2004. 利用 SPOT/VEGETATION 数据估算中国西部地区植被净初级生产力[C]// 2004 环境遥感学术年会. 2004 环境遥感学术年会论文集.

卢琦，郭浩，吴波，等，2015. 荒漠生态系统功能评估与服务价值研究[M]. 北京：科学出版社.

鲁春霞，刘铭，冯跃，等，2011. 羌塘地区草食性野生动物的生态服务价值评估——以藏羚羊为例[J]. 生态学报(24)：7370 - 7378.

吕君，汪宇明，刘丽梅，2006. 草原生态系统旅游价值的评估——以内蒙古自治区四子王旗为例[J]. 旅游学刊，21(8)：69 - 74.

马晓岗，杨川陵，永杰，等，2007. 青海药用植物资源调查[J]. 青海科技(4)：7 - 10.

马晓强，朱大元，1994. 新疆药用植物资源分布[C]//中国自然资源学会天然药物资源专业委员会. 中国自然资源学会天然药物资源专业委员会成立大会暨第一次学术研讨会会刊.

孟祥江，侯元兆，2010. 森林生态系统服务价值核算理论与评估方法研究进展[J]. 世界林业研究，23(6)：8 - 12.

莫宏伟，任志远，王欣，2006. 植被生态系统防风固沙功能价值动态变化研究——以榆阳区为例[J]. 干旱区研究，23(1)：56 - 59.

瞿章，许宝玉，贺慧霞，等，1997. 我国沙尘暴灾害的概况和对策[M]//牛生杰. 中国沙尘暴研究. 北京：气象出版社.

任鸿昌，孙景梅，祝令辉，等，2007. 西部地区荒漠生态系统服务功能价值评估[J]. 林业资源管理(6)：67 - 69.

任晓旭，2012. 荒漠生态系统服务功能监测与评估方法研究[D]. 北京：中国林业科学研究院.

司剑华，胡文忠，盛海彦，等，2005. 黄河源区植物组成及其资源分析[J]. 中国农学通报(7)：370 - 373.

谭启生，2008. 荒漠及荒漠化地区人居环境适宜模式初探[D]. 西安：西安建筑科技大学.

王健民，王如松，2001. 中国生态资产概论[M]. 南京：江苏科学技术出版社.

王式功，杨德保，金炯，等，1995. Study on the formative causes and counter measures of the catastrophic sandstorm occurred in northwest China[J]. 中国沙漠，5(1)：19 - 30.

王涛，2003. 中国沙漠与沙漠化[M]. 石家庄：河北科学技术出版社.

王文瑞，伍光和，2010. 中国北方沙漠旅游地开发适宜性研究[J]. 干旱区资源与环境，24(1)：184 - 187.

文倩，关欣，崔卫国，2002. 和田地区大气降尘对土壤作用的研究[J]，干旱区研究，19(3)：1 - 5.

吴焕忠, 2002. 我国沙尘暴灾害述评及减灾对策[J]. 农村生态环境, 18(2): 1 - 5.

郗金标, 张福锁, 毛达如, 等, 2005. 新疆盐渍土分布与盐生植物资源[J]. 土壤通报(3): 299 - 303.

肖洪浪, 张继贤, 李金贵, 1997. 腾格里沙漠东南缘降尘粒度特征和沉积速率[J]. 中国沙漠, 17 (2): 127 - 132.

谢高地, 张钇锂, 鲁春霞, 等, 2001. 中国自然草地生态系统服务价值[J]. 自然资源学报, 16 (1): 47 - 53.

谢高地, 甄霖, 鲁春霞, 等, 2008. 生态系统服务的供给、消费和价值化[J]. 资源科学, 30 (1): 93 - 99.

谢焱, 汪松, 2004. 中国物种红色名录(第一卷)[M]. 北京: 高等教育出版社.

徐国昌, 陈敏连, 吴国雄, 1979. 甘肃省特大沙暴分析[J]. 气象学报, 37(4): 26 - 35.

徐嵩龄, 2001. 生物多样性价值的经济学处理: 一些理论障碍及其克服[J]. 生物多样性, 9(3): 310 - 318.

薛达元, 1999. 自然保护区生物多样性经济价值类型及其评估方法[J]. 农村生态环境, 15(2): 54 - 59.

薛达元, 2000. 长白山自然保护区生物多样性非使用价值评估[J]. 中国环境科学, 20(2): 141 - 145.

严立冬, 陈光炬, 刘加林, 等, 2010. 生态资本构成要素解析——基于生态经济学文献的综述 [J]. 中南财经政法大学学报(5): 3 - 10.

严立冬, 谭波, 刘加林, 2009. 生态资本化: 生态资源的价值实现[J]. 中南财经政法大学学报 (2): 3 - 8.

杨达源, 2012. 自然地理学[M]. 2 版. 北京: 科学出版社.

杨丽雯, 何秉宇, 黄培, 等, 2006. 和田河流域天然胡杨林的生态服务价值评估[J]. 生态学报, 26(3): 681 - 689.

杨跃晶, 次仁罗布, 李金祥, 等, 2008. 浅谈西藏牛羊粪、薪柴等传统生活能源替代[J]. 西藏科 技(7): 32 - 35.

尹郑刚, 2011. 我国沙漠旅游景区开发的现状和前景[J]. 干旱区资源与环境, 25(110): 221 - 225.

张华, 李锋瑞, 伏乾科, 等, 2004. 沙质草地植被防风抗蚀生态效应的野外观测研究[J]. 环境 科学, 25(2): 119 - 124.

张宁, 黄维, 1998. 沙尘暴降尘在甘肃沉降状况研究[J]. 中国沙漠, 18(1): 32 - 37.

张万儒, 杨光滢, 2005. 强沙尘暴降尘对北京土壤的影响[J], 林业科学研究, 18(1): 66 - 69.

张永利, 杨锋伟, 王兵, 等, 2010. 中国森林生态系统服务功能研究[M]. 北京: 科学出版社.

赵哈林, 2012. 沙漠生态学[M]. 北京: 科学出版社.

赵山志, 田青松, 那日苏, 等, 2011. 利用沙尘暴进行荒漠化草原表土再造技术原理及实践[J]. 现代农业科技(3): 321 - 323.

赵同谦, 欧阳志云, 郑华, 等, 2004. 中国森林生态系统服务功能及其价值评价[J]. 自然资源 学报, 19(4): 480 - 491.

郑新军, 王勤学, 刘冉, 等, 2009. 准噶尔盆地东南缘盐生荒漠生态系统的凝结水输入[J]. 自 然科学进展, 19(11): 1175 - 1185.

中央气象局, 1979. 地面气象观测规范[M]. 北京: 气象出版社.

朱洪革, 蒋敏元, 2006. 国外自然资本研究综述[J]. 外国经济与管理, 28(2): 1 - 6.

庄国顺, 郭敬华, 袁蕙, 等, 2001. 2000 年我国沙尘暴的组成、来源、粒径分布及其对全球环境的影响[J]. 科学通报, 46(3): 191 - 197.

庄艳丽, 赵文智, 2008. 干旱区凝结水研究进展[J]. 地球科学进展, 23(1): 31 - 38.

Arimoto R, Duce R A, Savoie D L, et al. , 1996. Relationships among aersol constituents from Asia and the Noth Pacific during PEM-West [J]. Journal of Geophysical Research, 101(D1): 2011 - 2023.

Bishop J K B, Davis R E, Sherman J T, 2002. Robotic observations of dust storm enhancement of carbon biomass in the north Pacific [J]. Science(298): 817 - 821.

Boyd J, Banzhaf S, 2007. What are ecosystem services? The need for standardized environmental accounting units [J]. Ecological Economics, 63(2): 616 - 626.

Boyd P W, Jickells T, Law C S, et al. , 2007. Mososcale iron enrichment experiments 1993—2005: Synthesis and future directions [J]. Science(315): 612 - 617.

Boyd P W, McTainsh G H, Sherlock V, et al. , 2004. Episodic enhacement of phytoplankton stocks in New Zealand subantarctic water: Contribution of atmospheric and oceanic iron supply [J]. Global Biogeochemical Cycles, 18(1): 1 - 23.

Costanza R, d'Arge R, de Groot R, et al. , 1997. The value of the world's ecosystem services and natural capital [J]. Nature(387): 253 - 260.

Daily G, 1997. Nature's services: Societal dependence on natural ecosystems [M]. St. Louis: Island Press.

Daly H E, 1996. Beyond growth: The economics of sustainable development [M]. Boston: Summer Beacon Press.

de Groot R S, Wilson M A, Boumans R M J, 2002. A typology for the classification, description and valuation of ecosystem functions, goods and services [J]. Ecological Economics, 41(3): 393 - 408.

Duce R A, Unni C K, Ray B J, et al. , 1980. Long-range atmospheric transport of solid dust from Asia to the tropical North Pacific: Temporal variability[J]. Science(209): 1522 - 1524.

Ehrlich P R, Ehrlich A H, 1982. Extinction: The causes and consequences of the disappearance of species [M]. London: Gollancz.

Feng Q, Cheng G D, Mikami M, 2001. The carbon cycle of sandy lands in China and its global significance [J]. Climatic Change, 48(4): 535 - 549.

Feng Q, Cheng G D. Endo K, 2000. Carbon storage in desertified lands: A case study from North China [J]. Geojoumal, 51(3): 181 - 189.

Feng Q, Endo K N, Cheng G D, 2002. Soil carbon in desertified land in relation to site characteristics [J]. Geoderma, 106(1 - 2): 21 - 43.

Fisher B, Turner R K, Morling P, 2009. Defining and classifying ecosystem services for decision making [J]. Ecological Economics, 68(3): 643 - 653.

Hicks J, 1974. Capital Controversies: Ancient and modern [J]. The American Economic Review, 307 - 316.

Hinterberger F, Luks F, Schmidt-Bleek F, 1997. Material flows vs "natural capital": What makes an economy sustainable? [J]. Ecological Economics, 23(1): 1 - 14.

Holdren J P, Ehrlich P R, 1974. Human population and the global environment [J]. Readings in Environmental Impact, 62(3): 274.

Krutilla J V, 1967. Conservation reconsidered [J]. The American Economic Review, 777 - 786.

Lal R, 1999. Soil management and restoration for C sequestration to mitigate the accelerated greenhouse effect [J]. Progress in Environmental Science, 1(4): 307 - 326.

Lal R, 2002. Carbon sequestration in dryland ecosystems of West Asia and North Africa [J]. Land Degradation & Development，13（1）：45 – 59.

Martin J H，1990. Glacial-interglacial CO_2 change：The iron hypothesis ［J］. Paleoceanography，199 （5）：1 – 13.

Matsumoto K，Minami H，Uyama Y，et al.，2009. Size partitioning of particulate inorganic nitrogen species between the fine and coarse mode ranges and its implication to their deposition on the surface ocean ［J］. Atmospheric Environment（43）：4259 – 4265.

Pearce D W，Turner R K，Pearce D W，et al.，1990. Economics of natural resources and the environment［J］. International Journal of Clinical & Experimental Hypnosis，40（1）：21 – 43.

Richardson R B，2005. The economic benefits of California desert wildlands：10 years since the California desert protection act of 1994 ［R］. The Wilderness Society.

SCEP，1970. Man's Impact on the Global Environment ［M］. Massachusetts：MIT Press.

Wallace K J，2007. Classification of ecosystem services：problems and solutions ［J］. Biological Conservation，139（3）：235 – 246.

Westman W E，1977. How much are nature's services worth? ［J］. Science（197）：960 – 964.

Wolfe S A，Nickling W G，1993. The protective role of sparse vegetation in wind erosion ［J］. Progress on Physical Geography（17）：50 – 68.

Wong G T，Tseng C M，Wen L S，et al.，2007. Nutrient dynamics and N-anomaly at the SEATS stations ［J］. Deep-sea Research Ⅱ（54）：1528 – 1545.

Yoshioka K，Kamiya H，Kano Y，et al.，2009. The relationship between seasonal variations of total-nitrogen and total-phosphorus in rainfall and air mass advection paths in Matsue ［J］. Atmospheric Environment （43）：3496 – 3501.

Yuan W，Zhang J，2006. High correlations between Asian dust events and biological productivity in the western North Pacific ［J］. Geophysical Research Letters（33），doi：10. 1029/2005gl025174.

Zhuang G，Yi Z，Duce R A，et al.，1992. Link between iron and sulfur cycles suggested by detection of iron in remote marine aerosols ［J］. Nature，355：537 – 539.

Ziegler C L，Murray R W，Plank T，et al.，2008. Sources of Fe to the equatorial Pacific Ocean from the the Holocene to Miocene［J］. Eath & Plantetary Science Letters（270）：258 – 270.

第 10 章附属数字资源

第11章

荒漠生态系统综合管理

[**本章提要**]本章阐述了综合生态系统管理的理念、特征、内涵和管理原则；论述了综合生态系统管理方法在国际荒漠化防治领域的探索和具体实践；介绍了我国荒漠生态保护与建设的法律、政策和制度；总结了荒漠化防治的对策与技术、荒漠生态资源保护措施与方法、荒漠生态产业化发展模式及其取得的成效；分析了在全球气候变化、人口增长和经济发展等背景下，综合荒漠生态系统管理面临的挑战和机遇。

当今世界，由于人类活动与气候变化的影响，以荒漠化为主要表现形式的土地退化，已经成为危及全人类生存与发展的重大生态问题，直接影响全球和区域经济、社会和文化的发展。伴随着全球土地荒漠化程度的加剧，各国政府和人民根据实际需要果断地制定了不同的荒漠化防治规划（计划）和战略对策，同时启动了多项预防、治理工程和方案，从法律、政策、投入、科研、管理、开发等多方面开展了荒漠化防治工作，经过多年的探索和反复实践，在自然生态系统管理和荒漠化防治方面取得了很大成效，积累了丰富的经验。但是，土地荒漠化发生、发展的特点决定了荒漠化防治工作是一项复杂的社会系统工程，土地荒漠化形势仍然非常严峻，在防治方面还存在巨大挑战。进入21世纪，在生态系统管理理论基础上发展起来的综合生态系统管理理念和方法已成为解决人口—资源—环境—经济—社会巨系统问题的重要突破口之一。综合生态系统管理作为一种可持续自然资源管理的重要理念和方法，综合考虑生态、社会、经济、法律和政策多方面因素，可以有效解决资源利用、生态保护和生态系统退化的问题，在国际荒漠化防治、自然资源管理和土地可持续管理领域得到了广泛认同和应用。

11.1　生态系统管理的理念、特征与内涵

生态系统管理概念是在20世纪60年代提出来的，反映出人们开始用生态的、系统的、平衡的视角来思考资源环境问题；在20世纪70~80年代，生态系统管理在基础理论和应用实践上都得到了长足发展，逐渐形成了完整的理论—方法—模式体系；进入20世纪90年代、特别是进入21世纪后，更为先进的综合生态系统管理（integrated ecosystem management，IEM）理论和实践开始迅速发展。

（1）生态系统管理的理念

综合生态系统管理作为规范性理念，最早是在 1995 年召开的《生物多样性公约》大会上提出的。综合生态系统管理是指管理自然资源和自然环境的一种综合管理战略和方法，它要求综合对待生态系统的各组成成分，综合考虑社会、经济、自然（包括环境、资源和生物等）的需要和价值，综合采用多学科的知识和方法，综合运用行政的、市场的和社会的调整机制，来解决资源利用、生态保护和生态系统退化的问题，以达到创造和实现经济的、社会的和环境的多元惠益，实现人与自然的和谐共处。作为一种自然资源可持续管理的重要方法，综合生态系统管理将生态学、经济学、社会学和管理学原理巧妙地应用到对生态系统的管理之中，以产生、修复和长期保持生态系统整体功能和期望状态。

（2）生态系统管理的内涵

目前，国际上对综合生态系统管理存在以下主要认识：①承认并重视人与自然之间存在的必然联系，承认并重视人类与其所依赖的自然环境资源有着直接或间接的必然联系；②要求全面、综合地理解和对待生态系统及其各个组分，了解其自然特征、人类社会对其的依赖，以及社会、经济、政治、文化因素对生态系统的影响；③要求综合考虑社会、经济、自然和生物的需要、价值和功能，特别是健康的生态系统提供的环境功能、服务和社会经济效益，生态系统中的自然资源对人类福祉和生计需要的满足；④要求多学科的知识（如农学、生态学、环境学、管理学、社会学、经济学和法学等），需要自然技术科学和人文社会科学的结合，重视将生态学、经济学、社会学和管理学原理综合应用到对生态系统的管理之中，需要不同部门机构的协调和合作，特别是负责林业、农业、畜牧业、水利、环保、国防、科技、财政、规划以及立法和司法机构的协调和合作；⑤创立一种跨部门、跨行业、跨区域的综合管理框架，确保生态系统的生产力、生态系统的健康和人类对生态系统的可持续利用，以达到创造和实现多元惠益的目的；⑥要求从生态环境的整体性上去综合考虑各个因素间的相互联系，将跨部门参与方式运用到自然资源管理的计划和实施中去，以优化资源和资金配置、创新管理体制、完善运行机制。

（3）生态系统管理的特征

概括综合生态系统管理理念和内涵，可以将其特征归纳为以下几个方面。

①综合性：注重运用现代科学的基本理论，综合考虑生态、社会、经济、法律和政策多方面因素，从生态系统整体上考虑其功能和生产力，系统地分析生态系统内部和外部因素及其相互关系，寻求一种综合效益最佳的发展模式，推进生态系统的健康发展。

②系统性：跨部门、跨区域、多主体参与的系统管理，不局限于单一的土地类型、保护区域、政治或行政单位，涵盖所有的利益相关者，将经济和社会因素有效整合到管理目标中。

③持续性：照顾到长期的可持续发展，避免"竭泽而渔、毁林而猎"的短期行为，遵循长短结合的方针，在更大的空间和更长的时间尺度上，综合地权衡各种生态系统的功能、优势资源和生产能力，有效地、可持续地利用其多种多样的产品和效益。

④科学性：尊重自然发展的客观规律，注意保持其生产潜力，在生态系统功能的极限内进行管理，措施力求科学和谨慎。陷入受威胁状态的物种要通过保护来恢复，但种群增长过量也必须采取适当的调节措施，否则对整个生态系统也会带来不利的影响。

⑤人本性：把人类需求放在适当位置，承认并允许人类在不过分损坏自然的基本原则下，最大限度地发挥其生产能力。同时，一旦发现已超过生态系统允许的限度，就应立即改变计划，将人类的需求控制在合理的范围。

⑥灵活性：管理计划因时因地制宜，充分考虑不同地区自然、经济、社会条件的特点，以及生态系统的区域差异性、复杂性，做到因地制宜。同时，考虑生态系统的动态性和不确定性，管理计划应具有一定的灵活性和适应性，以便管理策略能对出现的新情况进行相应调整，对发现的问题做出适当的修改与纠正。

以上特征彼此密不可分，不能过分强调某一方面，而应根据不同生态系统管理的实际，因时因地予以灵活运用。

11.2　生态系统管理的原则

《生物多样性公约》第五次缔约方大会提出综合生态系统管理的 5 项指导准则和 12 项管理原则，认为综合生态管理不仅对生物多样性保护和管理具有指导意义和促进履约作用，而且对其他一些国际公约，如《联合国防治荒漠化公约》的执行也有积极的指导意义。5 项指导准则包括：

①综合生态系统管理是有关土地、水和生物资源综合管理的策略，目的是采用一种公平的方法促进其保护和可持续利用。

②综合生态系统管理是建立在合理的科技方法基础上的，特别是建立在对生物圈各层次开展的科学研究的基础上。

③综合生态系统管理中的生态系统的定义并不需要同生物群系和生态区保持协调，但是它能特指任何尺度的任何功能单位，例如，它可能是一个池塘、一片森林、一个生物群系甚至整各个生物圈。

④综合生态系统管理要求采用合适的管理手段来处理有关生态系统的复杂和动态性问题，并能应对诸如人类对生态系统功能认知存在不充分这样的问题。

⑤综合生态系统管理并不排斥其他的管理和保持方法，例如，生物圈保护、保护区、单一种类保护项目，以及在现行国家政策和立法框架下的其他方法，相反它可以综合所有这些方法来处理复杂的问题，不存在单一的方法来实施综合生态管理。

综合生态系统管理原则不仅仅是理论，更是指导行为的指南。为了更方便地指导国家和区域的行政和立法行为，世界自然保护同盟生态系统管理委员会提出一种简化理解的方法，将《生物多样性公约》第五次缔约方大会提出的 12 项原则按照一定的同类相关性归纳为四类。

第一类是关于区域和利益相关者的原则，要求对生物资源进行管理，首先应当选出区域和其对应的利益相关者。依赖资源程度最高的是首要利益相关者，程度较低的是第二和第三利益相关者，如政府官员和国际保护组织。利益相关者一旦确定，管理关系和责任也得以明确。

第二类是关于生态系统维护和管理的原则，要求生态系统管理目标的确定应是专家和当地居民合作决策的过程，借助联合绘图，地表勘察和监测练习等手段，提供信息并建立互信关系；采用生态系统嵌入区域管理以平衡保护和利用的关系，将"最低可能层次"的管理转化为个体农民、社区、地区、国家和国际主体的在不同合适层次的使用管理。

第三类是关于收益问题，要求成本和惠益的公平分配应因生态系统的所在地区而异，必须制定规则来协调不同居民对生态系统的经济需求的分歧。

第四类是关于适应性管理的原则，介于一个地区改变管理对其邻近地区的影响是渐进、缓慢的，此类原则要求建立高质量的监测和良好的流通渠道以便将不断深化了的知识传达给决策者。

综合生态系统管理的 5 项指导准则准确、系统把握了综合生态管理的科学内涵和管理方法。对于荒漠生态系统管理而言，应该创立一种跨越部门、行业或区域的综合管理框架，在制定国家土地荒漠化防治规划时，要求从生态环境的整体性上去综合考虑各个因素间的相互联系，进而从根本上保护生态环境、防治土地荒漠化。

11.3　生态系统管理的探索与实践

11.3.1　国际的探索与实践

在国际上，美国、澳大利亚和加拿大等国都曾经由于粗放的土地利用方式和不适当的政策，导致干旱地区严重的土地退化和生态系统的破坏。但他们经过反复的探索和实践，在综合的自然资源和生态系统管理方面，分别走出了自己的成功之路。举一个美国的案例：美国南方大草原尘暴区的综合生态系统管理。

20 世纪 30 年代，美国南方大草原由于农民和牧场主过度开垦土地，造成严重沙化，沙尘暴不停地袭来。1935 年，震惊世界的特大沙尘暴横扫美国 2/3 的领土，从西海岸到东北海岸刮起了约 3×10^8 t 表土，不仅导致大批贫穷农民的迁移，而且还导致土地状况的剧变。从 1940 年开始，美国采取一系列综合的防治措施，经过 50 多年的治理，土地沙化问题得以有效遏制。具体综合措施包括：

①美国总统罗斯福启动了"大草原各州林业工程"，植树规模在当时首屈一指。南部 6 个州在 8 a 中共营建林带近 3×10^4 km，保护了 30 000 多个农场的 162×10^4 hm^2 农田。这一重大工程在国际上产生了巨大影响。

②在开展造林工程的同时，国家通过立法成立了美国农业部土壤保持局，鼓励各州采取土壤保持措施。如从农民手中租用土地，并实行土地保护措施，土壤保持局向农民支付实行土地保护措施的费用；农田免耕、休耕和粮草轮作等措施得到广泛推广。

③向农民购买大片土地用作示范项目，种植草与灌木，数百万公顷易受旱灾的农田退耕还草，改为牧场，形成永久的再生植被。

④人口自动迁移。在黑风暴肆虐的几年中，几百万大平原居民举家迁往西海岸的洛杉矶、旧金山等城市。废弃的农田无人干预，植被恢复后有效遏制了沙化的蔓延。

11.3.2 我国的探索与实践

面对严峻的土地退化和荒漠化形势，我国政府和行业管理部门适应国际生态建设和可持续发展的潮流，加强国际合作与交流，与全球环境基金（GEF）在生态领域第一次以长期规划的形式，将综合生态系统管理理念引入到中国西部土地退化和荒漠化治理事业中来，在中国开始广泛的实践。在探索和实践中，主要从以下4个层面全力推动了中国西部的土地退化和荒漠化防治工作。

(1)科学认识土地退化和荒漠化规律

土地退化和荒漠化的成因很复杂，科学地认识土地退化和荒漠化规律，全面、持久地开展综合生态系统管理活动非常必要。在实践中，始终坚持系统、深入地分析中国土地退化和荒漠化防治所面临的各种矛盾和问题，抓住并针对不同地区的主要矛盾和问题开展工作，发展基于现代科学、技术和政策、制度框架的综合生态系统管理的新的成功模式并加以推广，探索出了中国西部地区干旱生态系统综合管理的最佳实践技术和途径。

(2)准确把握综合生态系统管理方法

实施综合生态系统管理是可持续自然资源管理的重要途径，也是全新的尝试，需要在实践中不断探索和完善，准确把握，正确运用。对综合生态系统管理的运用，只有遵循整体性原则，从全球着眼，从局部着手，采用多学科交叉的方法，揭示退化过程的机理，才能从系统和整体的高度上，提出土地退化的趋势预测、影响评估和可行对策。中国西部地区土地退化和荒漠化治理是一项宏大的系统工程，既要从局部治理着手，又要有整体规划，运用综合生态系统管理的方法，以达到总体上最优的生态平衡。在土地退化和荒漠化防治实践中，有关部门尤其是在低产农田园地改造、退耕还林还草、水土流失治理、水资源管理、沙漠化防治、生态环境保护、湿地保护、土地恢复与复垦、草地恢复与草场管理、森林保护、植树造林等方面，运用了综合生态系统管理的方法，提高了退化土地防治的成效。

(3)加强多部门的协调与合作

综合生态系统管理需要不同部门机构的协调和合作，特别是负责林业、农业、畜牧业、水利、环保、国土、科技、财政、规划以及立法的机构。土地退化和荒漠化防治的行政管理涉及农业、林业、环保、水利、自然资源等许多政府部门。因此，在土地退化和荒漠化防治中，各部门共同参与和积极配合，部门之间、中央与地方之间以及中国政府与亚洲开发银行（Asian Development Bank，ADB）之间密切合作，中外专家队伍之间实现开放式交流与合作，充分发挥了各方面积极性。同时，还进一步加强实践过程中的指导、监督、检查和管理，把握每一个环节，加强宣传，扩大影响，为土地退化和荒漠化防治的实施创造了更加有利的环境和条件。

(4)加强各类人员培训和能力建设

综合生态系统管理需要自然科学和社会科学的结合，采用农学、畜牧学、林学、生态学、动物学、植物学、社会学、经济学和法学等多学科知识来解决问题。关键是要更好地理解生态系统的自然特征，以及社会、经济和政治因素对生态系统的影响。

土地退化和荒漠化防治工作涉及面广、业务性强，要求各部门、各地区参与人员不仅要具有较强的专业水平，还要熟悉相关法律、法规和政策，特别是要熟悉和掌握综合生态系统管理知识与方法，这是确保防治工作顺利实施并取得重大成效的关键。为此，在土地退化和荒漠化防治工作中，依托《联合国防治荒漠化公约》国际培训中心这一国际性平台，广泛开展国际间的培训与交流，充分利用国内外科技资源和人才资源，加强综合生态系统管理及其在控制和防治土地退化和荒漠化领域的思想传播与技术培训工作，为我国乃至全球土地退化和荒漠化防治的科技水平、管理水平和工程建设水平的提高做出了贡献，也为中国其他地区乃至世界其他发展中国家提供了范例和经验。

实践证明，由于综合生态系统管理涉及对多学科、多部门之间的综合管理，在处理重大的生态问题时，需要考虑包括生态、社会、经济、立法及政治因素在内的多种因素，单纯依靠某个因素是无法起作用的。对于严重退化和荒漠化土地的恢复是一项缓慢的过程，需要各级政府、民间组织、土地使用者、科学家以及技术人员的多方合作。在实践中，应根据实际进展，不断地调整计划，完善管理措施；必须坚定成功的信念，坚持长期不懈努力。

11.4　生态系统管理的措施与方法

伴随着 20 世纪 80 年代世界各国生态恢复研究热潮的兴起，我国在干旱荒漠区的生态保育与恢复研究也蓬勃发展起来，基于综合生态系统管理理念的荒漠生态保护法律与政策、荒漠化防治技术与对策、荒漠生态资源保护措施与方法、荒漠生态产业化发展技术和模式也得到普遍实践与应用，并且取得了显著成效。

11.4.1　立法与政策

（1）立法支撑

自 20 世纪 70 年代以来，为了应对荒漠区土地利用导致的生态破坏和土地荒漠化问题，中国先后颁布实施了近 20 部涉及荒漠生态建设和保护的相关法律及一系列法规和标准，形成了以《防沙治沙法》为核心，以《水土保持法》《土地管理法》《环境保护法》和《草原法》为重要支撑的法律体系。

《防沙治沙法》于 2001 年 8 月 31 日正式颁布。该法确立了防沙治沙的基本原则、责任、义务、管理体制、主要制度、保障措施以及违反《防沙治沙法》应当承担的法律责任，为快速健康推进防沙治沙工作奠定了坚实的基础。《防沙治沙法》的颁布与实施，进一步理顺了防沙治沙管理体制，规范了沙区经济行为，使中国的荒漠化防治工作完成了从人治到法制的世纪跨越，成为我国乃至世界上第一部防沙治沙的专项法案，翻开了环境立法的新篇章，对世界其他国家具有积极的启示和借鉴意义。我国制定和颁布实施的上述立法体系，在干旱荒漠区的生态保护与建设实践中发挥了重要作用。主要表现在 3 个方面：①促进了干旱区生态保护与经济社会的协调发展；②为荒漠生态保护与建设的规范管理提供了坚实基础；③保障了荒漠生态保护与建设各项制度和措施的有效高效实施。当然，由于法律法规大都是针对自然环境中的某一特定要素制定的，没有考虑到自然生态环境的有机整体性和各生态要素的相互依存关系，还存在一定的缺陷和不足，特别是缺少一部综合性的生态保护法。

(2)政策支持

在政策方面，我国政府将"可持续发展"作为国家发展的重大战略，把保护环境确定为基本国策，实施经济、社会、资源、环境和人口相协调的发展战略。并将防治荒漠化作为保护环境和实现可持续发展的重要行动纳入国家国民经济和社会发展计划，先后制订了《中国21世纪议程》《中国环境保护21世纪议程》《中国21世纪议程林业行动计划》《全国生态环境规划》《生物多样性行动保护计划》《全国生态脆弱区保护规划纲要》《中国履行联合国防治荒漠化公约国家行动方案》《全国防沙治沙规划(2011—2020年)》《西部地区重点生态区综合治理规划纲要(2012—2020年)》等重要文件，坚持经济建设和环境保护同步规划、同步实施、同步发展。

干旱区荒漠生态保护与建设作为一项长期的社会性、公益性事业，一直受到各级政府部门的高度重视，我国各级政府为此制定并出台了许多政策和规划。1999年6月，我国政府正式启动"西部大开发战略"，其中一个重要目标就是确保西部地区自然资源的可持续经营。20世纪90年代末，中央政府启动了退耕还林(草)、封山禁牧、京津风沙源治理和移民等一系列的生态治理政策，启动了内陆河流域综合治理与试验示范项目、草原保护和建设工程以及水土保持项目等一批有关防沙治沙的工程项目，在国家层面上确立并实施了以生态建设为主的林业发展战略。国家实施重大生态治理政策以来，在政府加强对土地利用管理和监督过程中，农户的生态意识发生了很大变化，土地沙漠化快速蔓延的趋势得到遏制，呈现出"治理与破坏相持"的局面。与国家的政策相配套，地方政府在省(直辖市、自治区)层面上实施了"禁牧、移民搬迁、结构调整"等生态治理政策，形成了"国家投资、地方实施、农户参与"的治理模式。这些政策的实施范围涉及全国97%以上的县(市、区、旗)，其中，内蒙古自治区的退耕还林涉及96个旗(县)，累计完成退耕还林任务0.35亿亩。通过实施退牧还草、围栏封育、退耕还林(草)等生态治理政策，我国土地荒漠化快速蔓延的趋势在整体上得到遏制，为实现沙化土地整体逆转发挥了重要作用，有力地保障了荒漠生态保护与建设工作的顺利进行。

此外，我国还从1995年6月17日第一个世界防治荒漠化和干旱日开始，每年6月17日举办宣传活动，使全社会防治荒漠化意识显著提高，人民群众的科学治沙意识普遍增强，为荒漠生态保护与建设的实施提供了良好的群众基础。

11.4.2 技术和方法

11.4.2.1 荒漠化防治技术与对策

我国的荒漠生态治理技术研究起步于20世纪50年代中后期，先后对八大沙漠、四大沙地进行了综合科学考察，并建立了许多定位、半定位的治沙试验站，积累了大量基础数据和资料；在沙地水分运移规律、沙区乔灌草的选育和扩繁、农田防护林和防风固沙林建设、铁路和公路防沙、退化植被恢复重建、飞播造林以及土地沙化监测与评价等方面开展了一系列研究，特别是全国防沙治沙工程实施以来，在不同沙化类型区，根据不同区域的自然条件，研发和集成了许多先进的防沙治沙实用技术与模式，并在防沙治沙生产实践中得到广泛应用。

(1)荒漠生态治理技术、模式及成效

主要荒漠生态治理技术包括：

①固沙与阻沙技术：主要有工程防沙技术(如高立式沙障阻沙、草方格固沙)、化学固沙技术(如沥青乳液覆盖沙面固沙)、生物防治技术(营造防护林、飞播造林、封沙育林育草)。

②沙区节水技术：主要有渠道防渗、低压管道输水、喷灌、微喷灌、田间节水等技术。

③荒漠化土地综合治理与开发技术：农业方面主要有引水拉沙造田、老绿洲农田改造、沙地衬膜水稻栽培、盐碱土改良、抗风蚀农业耕作、日光温室、地膜覆盖栽培和无土栽培等技术；牧业方面主要有合理轮作、饲草加工、草场改良和温室养殖等技术，农牧综合技术主要有"小生物圈"技术、"多元系统"技术和"生态网"技术等。

以上述技术为依托，经过优化集成，形成了一批适合不同地区、不同行业、各具特色的防沙治沙模式。主要包括：

①赤峰模式——半湿润区荒漠化土地治理与开发模式。

②榆林模式——半干旱区荒漠化土地治理与开发模式。

③临泽模式——干旱区绿洲土地荒漠化防治模式。

④和田模式——极端干旱区绿洲土地荒漠化防治模式。

⑤沙坡头模式——干旱区铁路防沙固沙模式。

⑥塔里木模式——极端干旱区沙漠公路防沙治沙模式。

⑦东胜模式——半干旱区煤田矿区荒漠化土地整治模式。

⑧贵南模式——青藏高原半干旱区旱作农业风蚀防治模式等。

上述治理技术和模式在中国北方 8 个省份得以应用和推广，建成各具特色的试验示范区 18 个，完成试验示范任务 31.8 万亩，推广面积 700 万亩；获得新产品 20 项，新技术、新工艺 112 项，新材料 54 种，获国家专利 26 项。多项技术成果在生产上直接推广应用，有些成果得到了商品化，获得巨大的社会、经济和生态效益。代表性技术成果包括绿洲开发生态风险分析评价方法、高寒干旱区荒漠化土地治理技术、河西走廊盐渍化土地"三系统"治理技术、沙质荒漠化指标体系及动态评估技术、生态安全下沙区土地利用结构优化模式、利用放射性核素示踪法测定和评价土壤风蚀技术、生物防护体系水分—生物管理和咸水调灌技术等。

(2)荒漠化重点治理工程

我国地域辽阔，荒漠生态系统类型多样，社会经济状况差异大，根据实际情况，陆续启动实施了"三北"防护林建设工程(1978 年)、全国防沙治沙工程(1991 年)等林业生态工程，对我国防沙治沙事业产生了强有力的推动作用。进入 21 世纪，国家又先后启动实施了京津风沙源治理工程(2001 年)和以防沙治沙为主攻方向的"三北"防护林体系建设四期、五期工程，我国的防沙治沙步入了以大工程带动大发展的新阶段。

我国荒漠化防治重点工程分三个层次：①国家级重点荒漠化防治工程，主要包括京津风沙源治理工程、"三北"防护林建设工程、草地沙化防治和退牧还草工程；②区域性的荒漠化防治工程，包括新疆和田地区生态建设工程、拉萨市及周边地区造林绿化工程、青藏高原并冻融保护项目；③示范区建设，主要是指在全国范围内建设的防沙治沙示范区和示范点。简要介绍以下4类荒漠化防治工程。

①京津风沙源治理工程：京津风沙源治理工程建设范围西起内蒙古的达尔罕茂明安联合旗，东至内蒙古的阿鲁科尔沁旗，南起山西的代县，北至内蒙古的东乌珠穆沁旗，东西横跨近700 km，南北纵跨近600 km。工程主要对沙化草原、浑善达克沙地、农牧交错地带沙化土地和燕山丘陵山地水源保护区沙地进行治理，重点是加强植被建设和保育，同时，适度安排生态移民任务。

②"三北"防护林建设工程："三北"防护林建设工程主要对沙化最为严重的半干旱农牧交错区、绿洲外围、水库周围和毛乌素、科尔沁和呼伦贝尔三大沙地沙化土地进行治理。规划期内，重点是植被建设和保育，完成营造林、治理沙化土地、有效保护工程区内现有森林资源等任务，建成一批较为完备的区域性防护林体系，扭转"三北"地区生态恶化的势头，使"三北"地区的沙化土地得到初步治理，基本遏制沙化趋势，使风沙危害程度和沙尘暴发生频率有所降低。

③草原沙化防治和退牧还草工程：草原沙化防治工程主要通过围栏封育、划区轮牧等措施保护现有草地，通过人工种草、飞播牧草、草场改良等措施，以建促保；退牧还草工程覆盖所有沙化类型区，主要对由于人工樵采、过渡开垦、过度放牧、陡坡耕种等原因造成的植被破坏、水土流失加剧和土地沙化草原退化的地区实行退耕还林退牧还草。同时，通过退牧还草，恢复和增加草原植被，增强抵御风沙危害的能力。

④区域性建设项目：根据全国不同沙化类型区的自然、气候特点和经济状况，在不同沙化类型区的典型区域布设一批防沙治沙综合示范区。通过优化现有生态建设布局，以及通过机制创新、科技创新、制度创新、模式创新等，探索防沙治沙的多种有效实现形式及新形势下防沙治沙与地方经济发展、群众脱贫致富相结合的有效途径，以点带面推动全国防沙治沙工作全局。2003年国家林业局全面启动了防沙治沙综合示范区工作，首批启动29个示范区，其中包括2个跨区域示范区、6个地市级示范区、21个县级示范区。2007年增列宁夏灵武市等8个示范区。目的是扩大辐射面，探索新形势下不同沙化类型区防沙治沙的政策措施、技术模式和管理体制，推进全国防沙治沙工作。

中华人民共和国成立以来，由于党和政府的高度重视，我国的荒漠生态治理特别是防沙治沙工作取得了巨大成就，在防沙治沙的应用基础和应用技术研究方面取得了长足进步。我国荒漠生态治理正逐步走向多学科、多部门的协作，科学研究与工程建设相结合，并与国际接轨、跨入国际先进行列。

11.4.2.2　荒漠生态资源保护措施与技术

(1)荒漠自然保护区建设

在广袤的荒漠区建立自然保护区是保护荒漠生态、生物多样性和自然资源的最有效措施之一。我国荒漠生态系统类型自然保护区建设始于1983年建立的新疆阿尔金山自然保护区。截至2011年，全国共建立此类型自然保护区33个，面积达40.92×10^8 km^2，占我国荒漠总面积的24.85%。我国已建的荒漠生态系统类型自然保护区虽然数量不多，仅占保护区总数的1%，但面积很大，约占全国自然保护区总面积的45%。这些保护区在维持和改善我国西北地区的自然环境、保护野生动物和植被资源、保护脆弱的荒漠生态系统、维护生态平衡以及改善区域生态环境中，发挥了巨大作用。荒漠区的动植物资源及其栖息地，特别是国家重点保护的珍稀濒危野生动植物物种，都在保护区内得到了有效保护。如以极旱荒漠生态系统为主要保护对象的甘肃安西极旱荒漠国家级自然保护区，自1987年批准建立以来，不仅有效保护了区内的红砂、珍珠、泡泡刺、合头草等四大荒漠植被类型，13种国家重点保护植物，雪豹、野驴、北山羊、金雕等26种国家重点保护野生动物，而且建立了戈壁植物园，移栽培育了荒漠珍稀濒危植物7科18种50 000株，有效地发挥了示范作用。

（2）沙化土地封禁保护区建设

考虑到沙漠是重要的荒漠生态系统类型之一，保持一个相对稳定的沙漠生态系统对保护陆地生态平衡十分重要，而采用封禁办法既是保持沙漠自然生态系统稳定，也是恢复已严重退化的沙区植被最有效、最经济的办法。因此，《防沙治沙法》将设立沙化土地封禁保护区作为一项重要规定，对不具备治理条件或者因为保护生态需要不宜治理和开发利用的连片沙化土地实行封禁保护。《防沙治沙法》中有关条款规定：

①在沙化土地封禁保护区范围内，禁止一切破坏植被的活动。

②禁止在沙化土地封禁保护区范围内安置移民。对沙化土地封禁保护区范围内的农牧民，县级以上地方人民政府应当有计划地组织迁出，并妥善安置；沙化土地封禁保护区范围内尚未迁出的农牧民的生产生活，由沙化土地封禁保护区主管部门妥善安排。

③未经国务院或者国务院指定的部门同意，不得在沙化土地封禁保护区范围内进行修建铁路、公路等建设活动。

封禁保护，就是对地质时期形成的沙漠、沙地和戈壁，实行全面的封禁；对沙漠周边，人为破坏严重，沙化扩展加剧，当前暂不具备治理条件的沙化土地划定为若干个沙化土地封禁保护区，消除放牧、开垦、挖采等人类活动的影响，保护和促进林草植被的自然恢复，遏制沙化扩展。国内外经验表明，实施封禁保护后，沙区植被在若干年内能够自然恢复，即使是没有植被覆盖的沙地，表面也会形成一种保护性"结皮"，将沙尘盖住，从而显著减少沙尘源区或路径区的起沙和起尘量，减轻沙尘暴的频次和强度。通过建立封禁保护区，可有效降低人畜对区域生态环境的破坏，对于改善当地生态环境，促进地方经济可持续发展，缓解对周边地区的沙害压力，减少沙尘暴的发生，保护沙区内的珍稀濒危物种、生物多样性等都具有重要意义。

为稳妥、有序推进沙化土地封禁保护区建设，加快我国防治治沙进程，改善沙区生态状况，构建北方防沙治沙生态屏障，根据《中华人民共和国防沙治沙法》的有关要求，财政部和国家林业局决定从2013年起开展沙化土地封禁保护补助试点工作。同时，2013年颁布实施的《全国防沙治沙规划（2011—2020年）》也提出，将对我国沙化土地实施封禁保护，范围涉及内蒙古、西藏、陕西、甘肃、宁夏、青海和新疆等7个省、自治区，主要分布于内蒙古中西部、甘肃河西走廊西北部、新疆塔里木盆地和准噶尔盆地以及东疆地区、青海柴达木盆地和共和盆地、陕西西北部、宁夏西北部、藏西等干旱及半干旱地区。实行封禁保护后，我国北方广阔的沙区将成为"无人区"或"无人活动区"，对于全国的生态环境和当地的经济社会发展影响巨大。

(3)封育修复技术

封育修复是一种有效的保护环境和资源的自然恢复方式，就是在原有植被遭到破坏或有条件生长植被的生态区域，实施一定的保护措施(如设置围栏)，建立必要的保护组织(护林站)，禁止人类活动的干扰，如封山，禁止垦荒、放牧、砍柴等人为的破坏活动，给植物以繁衍生息的时间，使天然植被逐渐恢复，从而起到防风固沙的作用。荒漠区封育技术措施主要包括封育类型确定、封育的方法、封禁制度的建立和人工促进措施等几个方面内容。

①封育类型：主要包括全封、半封和轮封。全封又称死封，即在封育初期禁止一切不利于林草生长繁育的人为活动，如开垦、放牧、砍柴、割草等。半封又叫活封，分为按季节封育和按植物种封育两类。轮封就是将整个封育区划片分段，实行轮流封育。在不影响育林育草固沙的前提下，划出一定范围，暂时作为群众樵采、放牧，其余地区实行封禁；通过轮封，使整个封育区都达到植被恢复的目的；这种办法能较好地照顾和解决目前生产和生活上的实际需要，特别适于草场轮牧。

②封育方法：确定封育区的位置、范围(或宽度)，并根据封育的目的和立地状况确定封育的类型和期限。为防止牲畜侵入和人为干扰，在划定的封育区边界上通常要建立防护设施，如垒土(石)墙、挖深沟，设枝条栅栏、刺丝围栏、电围栏等。在封育面积较大的情况下，还要建立防护哨所、瞭望台等其他防护设施，并竖立标牌、修建道路。

③封育制度建立：建立封育制度是关系封育成效好坏的重要内容之一，一般包括宣传制度、组织管理制度以及管护和奖惩制度等。

④人工促进措施：在有条件的地方，采用一定的人工措施，可提高恢复速度，丰富植物种类，起到事半功倍的作用。人工促进措施主要包括：人工压沙或设沙障、引水灌溉、合理平茬、人工雨季播种、飞机播种、重点地段的人工造林等。

实践证明，封育恢复植被非常有效，成本最低，是植物治沙中投资少、见效快的一项治沙措施。据计算，封育成本仅为人工造林的1/20(旱植)到1/40(灌溉)，为飞播造林的1/3。在我国沙区，尤其是降雨量比较多的地区，采用封沙育林育草技术，几年内即可使流沙地达到固定、半固定状态。2000年制定的我国防沙治沙工程十年规划中，要求全国封育治沙面积达$266.7 \times 10^4 \text{ hm}^2$，占治沙面积的40%，比人工造林(占20%)和飞机播种(占10%)两项之和还多。由此可见，封沙育林育草措施的重要性。

(4)荒漠生物多样性保护实践

我国干旱荒漠区幅员辽阔，自然条件差异大，生态环境复杂多样，动植物资源非常丰富，并且具有抗旱、抗盐碱、抗病虫害等抵抗极端环境的特殊性，是蕴涵着丰富的具有特殊功能的生物基因库。我国政府一直重视生物多样性的保护工作，于1993年批准了《生物多样性公约》，20多年来开展了一系列履行国际公约和保护生物多样性工作。除了建立自然保护区对荒漠区的物种个体、种群或群落进行"就地保护"的措施外，还通过建设沙生植物园、野生动物繁育中心等场所对荒漠区的重点物种特别是濒危物种开展了"迁地保护"。通过这一手段，挽救了许多濒危物种，而且在迁地保护中，通过调整种群结构、遗传改良、疾病防治和营养管理等人工措施，减弱了随机因素对小种群的影响，使其有效种群达到最大。保护和恢复干旱荒漠区的生物多样性，不仅改善了生态环境，维持了荒漠地区的经济社会可持续发展，同时也为我国未来开发利用生物基因资源做出了巨大贡献。

我国具有一定规模和影响的荒漠植物园有两个，即甘肃民勤沙生植物园和新疆吐鲁番沙漠植物园。

①甘肃民勤沙生植物园：占地面积为 400 hm^2，引种栽培的沙生、旱生植物及乡土植物共计 470 余种，其中珍稀濒危植物 13 种，收藏植物标本 700 余种，是我国第一座沙漠植物园。民勤沙生植物园以沙生、旱生植物的引种驯化为中心，主要从事发掘沙区野生植物资源，选育良种，繁殖推广等工作，已经成为目前国内最具规模的荒漠植物种质资源立体基因库。

②中国科学院吐鲁番沙漠植物园：在我国西北广大荒漠地区进行荒漠野生植物资源引种繁育，露地栽培荒漠植物近 700 种，迁地保育荒漠植物的各属种数已经占我国荒漠地区分布总数的 80%。荒漠珍稀濒危保护植物 43 种，特有种 47 种，特色植物类群有柽柳属、沙拐枣属、沙冬青属等，不少种属是我国荒漠特有种类。吐鲁番沙漠植物园已成为我国西北荒漠区的植物种质资源迁地保护和荒漠植物生物多样性保护的研究基地。

我国荒漠地区目前已建立了多个以保护野生动物为目的的野生动物困养设施和繁育中心，对绝灭物种(野马、高鼻羚羊)的引进和增加濒危物种(蒙古野驴、野骆驼)的种群数量正在发挥作用。

①新疆野马繁殖研究中心：该中心是我国最早建立的八个重点保护拯救工程之一。中心的主要任务是通过人工饲养繁殖扩大种群，进行野化研究实验，最终放归大自然，重建野生种群。2001 年 8 月实现了我国首次野放试验，先后放归 62 匹野马，野外繁殖 45 匹野马，野放试验去的探索性成功，得到国内外的认可。

②青海野生动物救护繁育中心：该中心不仅有野生动物的活动场所外，还设置了动物救护、康复以及繁殖的场所。野生动物种类达到 200 种以上，总数达 2 500 ~ 3 000 头(只)，国家一类、二类濒危保护动物繁殖种群达到 15 种以上，大大提高了野生动物的收容、拯救和繁育能力，使青海省野生动物资源得到有效的保护和发展。

③甘肃武威濒危野生动物繁育中心：该中心核心建设区面积为 1×10^4 hm^2，是拯救、保护、繁育、研究濒危珍稀动物的基地。该中心内有神州野生动物园，园中有从国内外引进的濒危珍稀动物，其中国家 Ⅰ、Ⅱ级保护动物有高鼻羚羊、普氏野马、白唇鹿等。近年来，在保护好濒危动物的过程中，该中心又建成了 10 万亩的丰放野区围栏，1 000 亩的饲草料基地，已完成治理沙漠面积 15 万亩；建成经济林、酿酒葡萄、沙生苗木、中华速生杨、三倍体毛白杨、刺柏、云杉、杏苗基地 1 100 亩，为压沙造林，保护濒危动物创造了良好的条件。

11.4.2.3　荒漠生态产业化发展技术和模式

我国干旱荒漠区经过多年的探索，利用沙区光、热、风、土地资源优势，充分发挥荒漠区特有的工业原料林、饲料林、中药材、食用植物资源优势，通过调整产业结构，在地表水资源允许的条件下，开发出了适合当地经济发展和生态保护自然资源保护及开发利用技术和模式，大力发展沙产业，促进了区域经济发展，增加了农牧民收入，实现了生态保护、经济发展双赢，对于更好地保护沙区自然资源和生态环境起到了重要作用。

(1) 生物资源保护与利用技术

干旱荒漠区的生物资源主要指植物资源、动物资源和其他特殊的生物资源，如荒漠生物结皮种的苔藓、地衣、藻类等叶状体植物和微生物，以及沙漠固氮生物资源和大型真菌资源等。

①植物资源保护与利用技术：植物资源按用途可划分为：食用植物资源，如沙枣等；药用植物资源，如木麻黄、肉苁蓉等；工业用植物资源，如胡杨等；防护和改造环境用植物资源，如沙拐枣等；种质植物资源，如四合木等。干旱荒漠区生态环境脆弱，植物资源应重点保护和合理利用。荒漠植物资源的保护和合理利用技术可归结为两方面。一方面是荒漠植物人工种植技术：转变砍伐和挖掘野生植物资源的利用方式，通过科学的种植技术，开展部分可利用植物资源的人工栽培（产业化栽培），是可实现保护和合理利用荒漠植物资源的有效途径。例如，从 20 世纪 80 年代开始，内蒙古阿拉善地区就已开展肉苁蓉人工培育技术的研究，推广面积达 1 334 hm^2，最近规划了近 2×10^4 hm^2 的培育基地，获得了成功，并开始对外推广应用。另一方面是优良品种培育技术：荒漠区野生植物的遗传资源，开展科学研究和试验，培育为人类所需要并能大量生产的栽培优良品种，是保护和合理利用植物资源的一个重要方向。例如，从 1985 年开始，中国林业科学研究院开展了"沙棘遗传改良的系统研究"，经过 10 多年的努力，目前已经选育出了一批优良品种，这些品种适应范围广，单位面积产量可提高10~20 倍，有些品种单株产果量可相当于野生沙棘的亩产量，该研究成果获得了国家科技进步一等奖。

②动物资源保护与利用：干旱荒漠区养育了大量与区域自然环境相适应的野生动物资源，有野生和引种饲养脊椎动物 700 余种，其中哺乳动物（兽类）有 154 种。有蒙古野驴、普氏野马、普氏原羚等珍稀濒危物种，也有白尾地鸦、双峰野骆驼等特有物种。荒漠野生动物资源也存在一定的开发利用价值，具有食用、毛皮、革用、羽用、药用以及观赏和饲养等其他用途。我国荒漠区也开展了一些兽类的驯养和培育技术研究，通过对马鹿和鹌鹑等的人工饲（驯）养，牛蛙、野鸭等的引种散放等措施，实现了一定规模的产业化发展。

③沙漠大型真菌资源利用：在沙漠区，还有一些可供食用和药用的大型真菌资源，如阿魏菇和羊肚菌等，具有丰富的蛋白质、氨基酸、维生素等特点。目前这些资源在得到有效保护的基础上已进行了开发与应用，在新疆实现了产业化发展，在北京等地也进行了异地培植。

(2) 气候资源的开发利用

太阳能、风能将是未来新能源利用的重要方面，对完善我国能源结构有着十分重要的意义。我国荒漠区有丰富的光能、热量和风能资源，为发展沙产业创造了良好条件。

①太阳能资源的开发利用：在我国西北干旱荒漠区开发和利用太阳能是解决当地缺少能源的重要途径，不仅可以减少对其他能源的交通运输负担，而且可以保护荒漠

区的生态环境(如减少樵采、降低污染等),对于固定流沙、改善气候和环境条件起到重要作用。正如钱学森院士指出,在我国近20亿亩干旱区戈壁、沙漠及半干旱沙地选日照充足而又风沙不大的1亿亩作为太阳能发电区,年平均电功率逾10×10^8 kW,相当于30个三峡水库的装机总容量。可见,沙区太阳能开发潜力极大。太阳能的利用形式包括:一是把太阳辐射能直接转换成热能,如太阳能热水器、太阳灶、温室、地膜、太阳房等;二是利用太阳能电池发电,可通过半导体材料直接将太阳辐射能转换成电能,如电信部门通信光缆的中继站、铁路沿线的信号灯等都可用太阳能电池提供电源。我国太阳能利用多以光伏发电技术与太阳热能综合利用技术为主,应大力开发推广太阳能低温热利用。太阳能开发利用前景广阔,应把太阳能利用作为西部干旱区经济可持续发展的战略选择之一。

②风能资源的开发利用:近10年的实际情况表明,风能是全世界增长最快的能源,风能技术已经成功地吸引了多国公司的关注和投资。我国陆上可开发的风能总量约为2.7 kW,大多集中在内蒙古、新疆、甘肃和宁夏等地区的沙漠、戈壁地带。其中内蒙古和新疆两地风能蕴藏总量约占全国70%以上,可装机容量达1.90×10^8 kW。截至2008年10月,内蒙古风电并网装机规模已超过206.68×10^4 kW,约占全国37%,居全国首位。内蒙古自治区绿色能源发展规划提出,通过建设大基地、融入大电网、对接大市场,使全区风力发电装机在"十二五"末达到$3\,000 \times 10^4$ kW,超过三峡水库的装机容量。我国最大的风电站为新疆达坂城二期风电场,其风电装机容量已达到18.80×10^4 kW,由于使用风机综合造价低廉,与传统电力的价格竞争优势已初步显现。

③水资源开发利用技术与措施:在我国西北干旱区,虽然总体上以干旱气候背景为主,但由于其幅员辽阔,高原和高山众多,因此既有独特的内陆水循环过程,同时又是全球水循环的重要组成部分。长期以来,该地区水资源依靠自然界独特的水分循环过程基本保持着脆弱的平衡关系。在西北干旱地区,水资源主要以冰川、降水、径流、湖泊(水库)蓄水以及地下水、土壤水等形式存在。

近年来,由于气候变化和人类对水资源的过度开发利用,流域用水矛盾日益尖锐,下游地区入境地表径流大幅度减少,生态环境严重恶化。为了解决水资源开发利用过程中存在的问题和矛盾,各级政府和当地居民也开发了一系列水资源开发利用技术与措施,主要包括节水灌溉技术、土壤改良技术、集雨补灌技术、旱作农业技术水资源优化配置技术、沙地温室节水技术以及径流形成区水资源保护技术、地下水资源保护技术等。这些技术和措施都不同程度地取得了成效,对保护当地脆弱的荒漠生态系统起到了积极作用。

11.5 生态系统管理未来发展方向

综合生态系统管理方法在全球的探索和实践表明:应用综合生态系统管理的理念和方法开展土地退化和荒漠化防治以及荒漠生态系统管理,能够兼顾生态系统利用与保护,有效地平衡经济社会发展近期与长远目标,以及不同利益群体所处不同发展阶段的多目标需求,在可持续发展的框架下寻找到退化土地恢复、脆弱生态保护和荒漠资源利用的方法和途径。必须客观承认,在自然资源管理中寻求最佳的综合生态系统管理，将是人类追求的目标。

当今世界，气候变化是全球最为关注的重大环境问题，气候变化与当今人类面临的诸多生态环境问题交织一起，相互影响和相互作用，已经成为影响土地退化、生物多样性、自然生态系统以及人类生存发展的最大胁迫因素。在加快土地退化和荒漠化防治、荒漠生态资源有效管理的同时，力争与保护生物多样性、应对气候变化等相结合，实现土地可持续管理，已成为世界各国的普遍共识和共同行动。控制干旱地区生态系统退化的可持续土地管理(SLM)对减缓气候变化和保护生物多样性具有重要贡献。通过综合生态系统管理和可持续土地管理的理念与方法的有机融合，不仅可以为全球变化背景下的土地退化和荒漠化防治确立新理念，而且能从实现多目标土地资源可持续利用的高度，从更广的视角、更高的层次，改善区域生态环境，应对全球气候变化，处理人口、资源、环境和经济社会发展问题。

联合国最新数据显示，已经退化或正在退化的土地面积所占比例已经从1991年的15%上升到2008年的24%。其中，超过20%的耕地面积、30%的天然森林和25%的草地正在经受不同程度的退化。由于农田遭侵蚀，每年有大约240×10^8 t肥沃土壤流失。全世界有15亿人直接受到沙漠化、土地退化和干旱影响。土地退化带来的损失占全球农业GDP的5%，约合每年4 900亿美元。2012年，联合国可持续发展大会将土地退化列为制约可持续发展的重大问题，提出实现"土地退化零增长"的愿景，表明在新的可持续发展目标框架中，土地问题备受关注。"土地退化零增长"是至关重要的、可实现的可持续发展目标。在实现这一目标的过程中，需要各国政府增进理解、科学辨识，求同存异、凝聚共识，着眼现在、面向未来，大胆探索、积极实践，共享成功经验，携起手来，为实现"到2030年土地退化零增长"目标，为建设全人类生态文明而共同努力。

就中国土地退化和荒漠化防治而言，不论综合生态系统管理和可持续土地管理的理念与方法，还是"土地退化零增长"的可持续发展目标，都具有很好的借鉴意义和广阔的应用前景。在荒漠化防治以及荒漠生态系统保护、利用和管理过程中，需要借助多学科知识，协调部门内部、多个部门之间的各种关系，在多尺度上规划土地景观系统各要素，高效配置土地资源、水资源与生物资源，优化经济、社会和环境目标，找出利益冲突和目标权衡的解决方案，把生态系统管理与应对气候变化、保护生物多样性、消除贫困和实现千年发展目标和我国生态文明建设目标紧密结合，发挥优势资源，为实现应对全球气候变化、保护生物多样性、减少和消除贫困目标作出更大贡献。

思 考 题

1. 如何认识综合生态系统管理？它具有哪些特征？
2. 试论述综合生态系统管理的理念和方法。
3. 我国荒漠生态产业开发技术和模式主要有哪些？如何看待荒漠资源开发利用和生态保护之间的关系？

推荐阅读书目

1. 综合生态系统管理．江泽慧．中国林业出版社，2006.
2. 综合生态系统管理理论与实践．江泽慧．中国林业出版社，2009.
3. 中国的荒漠化及其防治．慈龙骏，等．高等教育出版社，2005.
4. 全球沙尘暴警示录．卢琦，杨有林．中国环境科学出版社，2001.

参考文献

陈亚宁，2009. 干旱荒漠区生态系统与可持续管理[M]．北京：科学出版社．

卢琦，吴波，2002. 中国荒漠化灾害评估及其经济价值核算[J]．中国人口资源与环境，12(2)：29-33.

卢琦，杨有林，王森，等，2004. 中国治沙启示录[M]．北京：科学出版社．

卢琦，杨有林，2001. 全球沙尘暴警示录[M]．北京：中国环境科学出版社．

卢琦，2000. 中国沙情[M]．北京：开明出版社．

潘伯荣，尹林克，1991. 我国干旱荒漠区珍稀濒危植物资源的综合评价及合理利用[J]．干旱区研究，8(3)：29-39.

潘晓玲，党荣理，伍光和，2001. 西北干旱荒漠区植物区系地理与资源利用[M]．北京：科学出版社．

任鸿昌，吕永龙，姜英，等，2004. 西部地区荒漠生态系统空间分析[J]．水土保持学报，24(5)：54-59.

唐麓君，2005. 治沙造林工程学[M]．北京：中国林业出版社．

吴正，2009. 中国沙漠及其治理[M]．北京：科学出版社．

张克斌，杨晓晖，2006. 联合国全球千年生态系统评估——荒漠化状况评估概要[J]．中国水土保持学报，4(2)：47-52.

赵建民，陈海滨，李景侠，2003. 西北干旱荒漠区植物多样性的保护与可持续发展[J]．西北林学院学报，18(1)：29-31.

中国生物多样性国情研究报告编写组编，1998. 中国生物多样性国情研究报告[M]．北京：中国环境科学出版社．

周志宇，朱宗元，刘钟，等，2010. 干旱荒漠区受损生态系统的恢复重建与可持续发展[M]．北京：科学出版社．

朱震达，1999. 中国沙漠、沙漠化、荒漠化及其治理的对策[M]．北京：中国环境科学出版社．

第11章附属数字资源

附 录

基础生态 100 问

对于自然管理中的问题，基础生态学研究可以为解决方案提供基础知识。在 2013 年英国生态学会创立 100 周年之时，为了展望未来的工作重点，Sutherland 等著名生态学家向全球生态学家征集并总结了 100 个基本的生态学问题（Sutherland et al. ，2013）。这些问题反映了生态学当前许多重要的概念和技术问题。例如，许多问题涉及环境变化的动态、复杂的生态系统相互作用、生态和进化之间的相互作用。这些问题揭示了学科的动态，也涌现出了新的二级学科领域。例如，一系列问题是致力于疾病和微生物、人类影响和全球变化，反映了几十年前未预见的新二级学科的出现。同时，还有一些问题让生态学家困惑了几十年，而这些问题仍然是当前亟需解答的关键问题。例如，人口动态和生命史进化之间的联系。总体而言，这 100 个问题集中反映了生态学研究现状。将这些问题作为未来研究的目标将会有效促进对生态规律的认知，对保护生物多样性和生态系统功能具有非常重要的意义。

生态学的基本目标是理解生物体与生物、非生物环境相互作用，而不是解决社会、保护或经济的特定问题。因此，基于研究问题对于生态学的重要性，生态学家们筛选出了这 100 个问题，尤其集中在基础科学。其中有些问题已经取得了实质性的突破，有些仍难以解决。未来生态学家的工作重点应集中在哪些方面？这是生态学应该深度思考的问题。而对于极易受环境影响的脆弱荒漠生态系统，我们尤为需要从这些问题选择重点进行突破。希望这 100 个生态学问题能给相关研究人员提供借鉴。

（一）进化与生态学

1. 物种间联系的紧密程度的变化，如生境破碎化使物种间联系减少、或全球化使物种间联系增强，会产生什么样的进化后果？

2. 进化能在多大程度上改变我们在自然中观察到的尺度关系？

3. 物种适应有多大程度的区域性？

4. 表观遗传变异的生态学原因和后果是什么？

5. 不同尺度（基因、个体、种群）的环境选择对生活史进化和种群动态的相对贡献是多少？

6. 什么选择压力能产生生活史中的性别差异？它们对种群动态有什么影响？

7. 当个体和适合度的概念很难定义（如真菌）时，进化和生态学的理论应该如何修改？

8. 密度制约的强度与方式如何影响种群动态与生活史进化之间的反馈作用？

9. 表型可塑性如何影响物种进化轨迹？

10. 生活史权衡的生理学基础是什么？

（二）种　群

11. 物种分布范围的进化和生态学机制是什么？

12. 如何将个体尺度的过程外推到种群尺度的格局？

13. 物种和种群的性状与景观单元空间配置的相互作用如何影响传播距离？

14. 扩散和运动行为的遗传基础是什么？

15. 在扩散或休眠的分布曲线尾部，个体是否具有独特的基因型或表型？

16. 在扩散、迁移、觅食或寻找配偶过程中，生物体如何做运动决策？

17. 不同空间尺度上，不同种群数量特征是否可预测？这些尺度特征如何影响种群的时空动态？

18. 种群数量特征和空间结构如何调控环境随机性对种群动态影响？

19. 环境随机性与环境变化如何与密度制约相互作用产生种群动态与物种分布？

20. 生活史的跨代遗传效应（如母体效应）多大程度上影响种群动态？

21. 物种历史上经历的环境对个体生活史和种群动态会产生多大程度和多长时间的延滞效应？

22. 一些海洋生态系统中种群更新的巨大变异的机制是什么？

23. 生活史性状之间的共变性如何影响种群动态？

24. 在决定一个物种对其他物种的影响时，直接（消费、竞争）与间接（诱导的行为变化）作用的相对重要性有多大？

25. 个体变异对种群、群落和生态系统的动态有多重要？

26. 什么种群数量性状决定了自然种群对干扰和扰动的弹性？

（三）疾病和微生物

27. 多重感染在疾病动态中有多重要？

28. 寄生者与共生者对于宿主物种多样性的产生与维持有什么作用？

29. 地下生物多样性与地上生物多样性如何相互影响？

30. 微生物多样性（功能型、物种、基因型）与群落和生态系统功能之间有什么关系？

31. 微生物在多大程度上影响宏观生物群落的组成与多样性？

32. 植物－土壤的生物和非生物反馈对植物生长的相对重要性分别是什么？

33. 微生物和宿主间的共生关系如何影响消费者和更高营养级物种间的相互作用？

34. 寄生虫在何种生态环境中能成为种群动态的关键调节因子？

35. 宏观生物和微生物是否都适用于宏观生态学模式？影响宏观和微观生态学模式的生态学过程是否相同？

36. 微生物的模型群落如何有助于我们认识宏观生物群落？

37. 种内多样性如何影响寄生和共生关系的动态？

（四）群落和多样性

38. 如何利用物种性状预测营养关系的强度？

39. 如何基于简单性状（如体型、叶面积）预测群落属性及其对环境变化的响应？

40. 物种性状如何影响生态网络结构？

41. 在何种情形中，大量难以测量的弱相互作用的叠加效果强于少量易于测量的强相互作用？

42. 在生态群落中，种间间接作用（如似然竞争、似然互惠）的普遍性和重要性如何？

43. 环境的时空异质性在不同尺度上如何影响生物多样性？

44. 物种丧失如何影响剩余物种的灭绝风险？

45. 对于群落的生物多样性和组成，随机过程和确定性过程哪个更重要？它们的相对重要性是否会因生态系统类型不同而异？

46. 如何机理性地预测一个特定区域有多少物种共存？

47. 局域物种组成与多样性在多大程度上受限于扩散和区域物种库？

48. 生物地理因素和进化历史如何影响现存生态学过程？

49. 初级生产者的多样性能够多大程度地驱动更广泛的群落的多样性？

50. 在不同的生物入侵群落，群落构建规则有多大的相关性？

51. 营养性和非营养性的关系对于群落组成分别有多大的相对重要性？

52. 在破碎化景观中，物种的灭绝和迁入的动态平衡在物种聚集群维持中有多重要？

53. 草本与木本植物在大量类型的生态系统中长期共存的机制是什么？

54. 资源脉冲如何影响资源利用和生物体间的相互作用？

55. 稀有种对于生态群落的功能有多重要？

56. 生物多样性与多样化之间有什么反馈？

57. 他感作用对自然植物群落具有什么功能性影响？

（五）生态系统和功能

58. 哪些生态系统容易出现临界点？为什么？

59. 我们如何判断一个生态系统是否接近临界点？

60. 哪些因素和机制决定了生态系统对干扰的弹性？如何测定弹性？

61. 哪些生态系统和属性对群落组成变化最敏感？

62. 生物多样性变化如何影响生态系统功能？

63. 生物多样性在不同组织水平（基因、物种丰富度、物种特性、功能特性、功能多样性）对生态系统功能有什么贡献？

64. 海洋、淡水、陆地的生物区系在生态系统属性和动态方面的共性是什么？

65. 生态相互作用的网络结构如何影响生态系统的功能和稳定性？

66. 空间结构如何影响生态系统功能？如何将空间尺度内和尺度间相结合以评估生

态系统功能?

67. 除了氮和磷(以及海洋中的铁),其他养分元素如何影响生态系统的生产力?

68. 生物入侵与本地种丧失在多大程度上塑造了不同属性的生态系统?

69. 认识较少的生态系统(如深海、地下水)是否具有全球重要性的生态系统功能?

70. 在随机或定向的环境变化中,哪些物种在功能上是冗余的?

71. 滞后现象是生态系统的例外还是常态?

72. 能否基于物种性状来预测生态系统对环境变化的响应?

(六)人类影响与全球变化

73. 自然生境的破碎化和丧失会产生多大的灭绝债务?何时偿还?

74. 在生态系统的受损后恢复和对松弛选择的响应中,进化有什么作用?

75. 收获生物量会对生态系统的结构和动态产生什么间接影响?

76. 在气候变化的背景下,陆地生态系统和大气圈之间的主要反馈和相互作用是什么?

77. 决定海洋和陆地未来碳汇规模的关键因素是什么?

78. 大气变化将如何影响陆地生态系统的初级生产力?

79. 海洋酸化如何影响海洋生态系统的初级生产力?

80. 通过影响物候,气候变化会在多大程度上解耦合种间营养关系?

81. 在全球气候变化背景下,自然群落对极端天气事件频率的增加产生什么响应?

82. 面对快速的环境变化,什么因素决定了物种的命运是适应环境、改变生存范围还是灭绝?

83. 什么因素决定了物种分布对气候变化的响应速度?

84. 古生态分布范围的变化能在多大程度上有助于理解 21 世纪的变化?

85. 在何种情况下,廊道和垫脚石等景观结构对物种的分布和丰富度具有重要作用?

86. 生物地理屏障的破除(例如西北通道的永久开放)能在多大程度上导致局域生物多样性的持续变化?

87. 种间作用如何影响物种对全球变化的响应?

88. 全球顶级捕食者的数量减少如何影响生态系统?

89. 更新世巨型动物灭绝如何影响当代生态系统?

(七)生态学方法

90. 其他学科的理论对生态学研究有什么启示?反之亦然。

91. 为了理解自然系统,我们如何最好地开发和利用经验模型系统?

92. 过去的生态学预测有多成功?为什么?

93. 已发表的生态学误差的本质是什么?这些误差如何影响学术认知与政策制定?

94. 出版偏见如何影响我们对生态学的理解?

95. 什么新技术最能推进生态学认知?

96. 为了做出稳健的生态推断,我们如何结合多种尺度和监测类型(从野外到地球观测)?

97. 被广泛研究的生态格局(物种-丰度分布、物种-面积关系等)在多大程度上是统计学的结果而不是生态过程?

98. 确定生态变化的幅度和方向的最适基线是什么?

99. 通过模拟在研究观测中的反馈过程(例如生物对数据采集器的响应),我们可以在多大程度上提高对生态学过程的推断能力?

100. 在生态模型中如何考虑人类行为和生态动态之间的反馈?

(翻译:贾晓红,校对:兰志春)

Indentification of 100 Fundamental Ecological Question

1. What are the evolutionary consequences of species becoming less connected through fragmentation or more connected through globalization?

2. To what extent can evolution change the scaling relationships that we see in nature?

3. How local is adaptation?

4 What are the ecological causes and consequences of epigenetic variation?

5. What are the relative contributions of different levels of selection (gene, individual, group) to life – history evolution and the resulting population dynamics?

6. What selective forces cause sex differences in life history and what are their consequences for population dynamics?

7. How should evolutionary and ecological theory be modified for organisms where the concepts of individual and fitness are not easily defined (e. g. fungi)?

8. How do the strength and form of density dependence influence feedbacks between population dynamics and life – history evolution?

9. How does phenotypic plasticity influence evolutionary trajectories?

10. What are the physiological bases of life – history tradeoffs?

11. What are the evolutionary and ecological mechanisms that govern species' range margins?

12. How can we upscale detailed processes at the level of individuals into patterns at the population scale?

13. How do species and population traits and landscape configuration interact to determine realized dispersal distances?

14. What is the heritability/genetic basis of dispersal and movement behaviour?

15. Do individuals in the tails of dispersal or dormancy distributions have distinctive genotypes or phenotypes?

16. How do organisms make movement decisions in relation to dispersal, migration, foraging or mate search?

17. Do different demographic rates vary predictably over different spatial scales, and how do they then combine to influence spatio – temporal population dynamics?

18. How does demographic and spatial structure modify the effects of environmental stochasticity on population dynamics?

19. How does environmental stochasticity and environmental change interact with density dependence to generate population dynamics and species distributions?

20. To what degree do trans – generational effects on life histories, such as maternal effects, impact on population dynamics?

21. What are the magnitudes and durations of carry – over effects of previous environmental experiences on an individual's subsequent life history and consequent population dynamics?

22. What causes massive variability in recruitment in some marine systems?

23. How does covariance among life – history traits affect their contributions to population dynamics?

24. What is the relative importance of direct (consumption, competition) vs. indirect (induced behavioural change) interactions in determining the effect of one species on others?

25. How important is individual variation to population, community and ecosystem dynamics?

26. What demographic traits determine the resilience of natural populations to disturbance and perturbation?

27. How important are multiple infections in driving disease dynamics?

28. What is the role of parasites and mutualists in generating and maintaining host species diversity?

29. How does below – ground biodiversity affect aboveground biodiversity, and vice versa?

30. What is the relationship between microbial diversity (functional type, species, genotype) and community and ecosystem functioning?

31. To what extent is macroorganism community composition and diversity determined by interactions with micro – organisms?

32. What is the relative importance of biotic vs. abiotic feedbacks between plants and soil for influencing plant growth?

33. How do symbioses between micro – organisms and their hosts influence interactions with consumers and higher trophic levels?

34. In what ecological settings are parasites key regulators of population dynamics?

35. Do the same macroecological patterns apply to micro – organisms and macroorganisms, and are they caused by the same processes?

36. What can we learn from model communities of micro – organisms about communities of macroorganisms?

37. How does intraspecific diversity contribute to the dynamics of host – parasite and mutualistic interactions?

38. How can we use species' traits as proxies to predict trophic interaction strength?

39. How well can community properties and responses to environmental change be predicted from the distribution of simple synoptic traits, e. g. body size, leaf area?

40. How do species traits influence ecological network structure?

41. When, if ever, can the combined effect of many weak interactions, which are difficult to measure, be greater than the few strong ones we can easily measure?

42. How widespread and important are indirect interactions (e. g. apparent competition, apparent mutualism) in ecological communities?

43. How do spatial and temporal environmental heterogeneity influence diversity at different scales?

44. How does species loss affect the extinction risk of the remaining species?

45. What is the relative importance of stochastic vs. deterministic processes in controlling diversity and composition of communities, and how does this vary across ecosystem types?

46. How do we predict mechanistically how many species can coexist in a given area?

47. To what extent is local species composition and diversity controlled by dispersal limitation and the regional species pool?

48. What are the contributions of biogeographical factors and evolutionary history in determining present day ecological processes?

49. To what extent is primary producer diversity a driver of wider community diversity?

50. How relevant are assembly rules in a world of biological invasion?

51. What is the relative importance of trophic and nontrophic interactions in determining the composition of communities?

52. How important are dynamical extinction – recolonization equilibria to the persistence of species assemblages in fragmented landscapes?

53. Which mechanisms allow the long – term coexistence of grasses and woody plants over a wide range of ecosystems?

54. How do resource pulses affect resource use and interactions between organisms?

55. How important are rare species in the functioning of ecological communities?

56. What is the feedback between diversity and diversification?

57. What are the functional consequences of allelopathy for natural plant communities?

58. Which ecosystems are susceptible to showing tipping points and why?

59. How can we tell when an ecosystem is near a tipping point?

60. Which factors and mechanisms determine the resilience of ecosystems to external perturbations and how do we measure resilience?

61. Which ecosystems and what properties are most sensitive to changes in community composition?

62. How is ecosystem function altered under realistic scenarios of biodiversity change?

63. What is the relative contribution of biodiversity at different levels of organization (genes, species richness, species identity, functional identity, functional diversity) to ecosystem functioning?

64. What are the generalities in ecosystem properties and dynamics between marine, freshwater and terrestrial biomes?

65. How does the structure of ecological interaction networks affect ecosystem functioning and stability?

66. How does spatial structure influence ecosystem function and how do we integrate within and between spatial scales to assess function?

67. How do nutrients other than nitrogen and phosphorus (and iron in the sea) affect productivity in ecosystems?

68. To what extent is biotic invasion and native species loss creating ecosystems with al-

tered properties?

69. Are there globally significant ecosystem functions provided by poorly known ecosystems (e. g. deep oceans, ground water)?

70. Which, if any, species are functionally redundant in the context of stochastic or directional environmental changes?

71. Is hysteresis the exception or the norm in ecological systems?

72. Can we predict the responses of ecosystems to environmental change based on the traits of species?

73. What is the magnitude of the 'extinction debt' following the loss and fragmentation of natural habitats, and when will it be paid?

74. What is the role of evolution in recovery from exploitation and responses to other forms of relaxed selection?

75. What are the indirect effects of harvesting on ecosystem structure and dynamics?

76. What are the major feedbacks and interactions between the Earth's ecosystems and the atmosphere under a changing climate?

77. What are the key determinants of the future magnitude of marine and terrestrial carbon sinks?

78. How will atmospheric change affect primary production of terrestrial ecosystems?

79. How will ocean acidification influence primary production of marine ecosystems?

80. To what extent will climate change uncouple trophic links due to phenological change?

81. How do natural communities respond to increased frequencies of extreme weather events predicted under global climate change?

82. In the face of rapid environmental change, what determines whether species adapt, shift their ranges or go extinct?

83. What determines the rate at which species distributions respond to climate change?

84. To what extent can we extrapolate from palaeoecological range shifts to understand 21st - century change?

85. Under what circumstances do landscape structures such as corridors and stepping stones play important roles in the distribution and abundance of species?

86. To what extent will the breakdown of biogeographical barriers (e. g. the more permanent opening of the Northwest Passage) lead to sustained changes in local diversity?

87. How do interspecific interactions affect species responses to global change?

88. What are the ecosystem impacts of world - wide top predator declines?

89. What is the legacy of Pleistocene megafauna extinctions on contemporary ecosystems?

90. What unexploited theories used by other disciplines could inform ecology, and vice versa?

91. How do we best develop and exploit empirical model systems for understanding natural systems?

92. How successful have past ecological predictions been and why?

93. What is the nature of published ecological errors and how do errors affect academic understanding and policy?

94. How is our understanding of ecology influenced by publication bias?

95. What new technologies would most advance ecological understanding?

96. How do we combine multiple scales and types of monitoring (from field to earth observation) to make robust ecological inferences?

97. To what extent are widely studied ecological patterns (species – abundance distribution, species – area relationship, etc.) the outcomes of statistical rather than ecological processes?

98. What are the most appropriate baselines for determining the magnitude and direction of ecological changes?

99. How much does modelling feedbacks from the observation process, such as the responses of organisms to data collectors, improve our ability to infer ecological processes?

100. How can the feedbacks between human behavior and ecological dynamics be accounted for in ecological models?

资料来源：Sutherland W J, Freckleton R P, Godfray H C J, et al., 2013. Identification of 100 fundamental ecological questions[J]. Journal of Ecology, 101(1): 58 – 67.